PHPフレームワーク
Laravel
Webアプリケーション開発

竹澤 有貴／栗生 和明／新原 雅司／大村 創太郎［共著］

バージョン
5.5 LTS
対応

CONTENTS

●商標等について

・ Laravel is a trademark of Taylor Otwell.
・ Copyright© Taylor Otwell.
・ その他、本書に記載されている社名、製品名、ブランド名、システム名などは、一般に商標または登録商標で、それぞれ帰属者の所有物です。
・ 本文中では、©、®、™は表示していません。

●諸注意

・ 本書はソシム株式会社が出版したもので、本書に関する権利、責任はソシム株式会社が保有します。
・ 本書に記載されている情報は、2018年9月現在のものであり、URLなどの各種の情報や内容は、ご利用時には変更されている可能性があります。
・ 本書の内容は参照用としてのみ使用されるべきものであり、予告なしに変更されることがあります。また、ソシム株式会社がその内容を保証するものではありません。本書の内容に誤りや不正確な記述がある場合も、ソシム株式会社は一切の責任を負いません。
・ 本書に記載されている内容の運用によっていかなる損害が生じても、ソシム株式会社および著者は責任を負いかねますので、あらかじめご了承ください。
・ 本書のいかなる部分についても、ソシム株式会社との書面による事前の同意なしに、電気、機械、複写、録音、その他のいかなる形式や手段によっても、複製、および検索システムへの保存や転送は禁止されています。

はじめに

実際のアプリケーションで、下記の問題に遭遇したことはありませんか?

・複雑なアプリケーション仕様でフレームワークを使ってもソースコードがごちゃごちゃ!
・仕様変更のたびに影響範囲の調査が発生し、開発するまでが大変!
・アプリケーションが大規模になり、さまざまな要因で改善や開発が進まない!

　これらの問題はフレームワークの使い方だけではなくさまざまな原因があります。その1つがアプリケーション設計であり、Laravelをはじめとするフレームワークの機能と適切な設計技法を組み合わせることで、対処することが可能になります。

　アプリケーションはリリース後も、いろいろな要求や機能拡張によって変化や進化を遂げるため、さまざまな設計技法を習得しなければ対応が難しくなっていきます。仕様を整理するための知識と概念、デザインパターンなどを活用して影響範囲を小さくする、オブジェクト指向プログラミングのテクニックなどと多岐にわたります。

　そこで、本書はアプリケーション課題を解決するための設計技法とともに、Laravelの実践的な内容を中心に取り上げています。また、複雑化の問題に対応するには、フレームワークの使い方だけではなく、アプリケーション設計の知識も重要です。そのため、MVC以外に近年のモダンなPHPアプリケーションで採用されることが多いADR、クラス分割するための概念や手法といった設計パターンの解説、アプリケーションの仕様に応えるのに必要なフレームワークの機能拡張なども実践的に解説しています。

　本書の内容は初心者の方には少しばかり難しいかもしれません。しかし、取り扱っている内容の多くは、Laravelのバージョンに限らず、多くのPHPアプリケーションでも導入できるように配慮しています。本書がLaravelアプリケーション開発の手助けに留まらず、アプリケーション設計への挑戦や改善などの一助となれば幸いです。

2018年9月

執筆者代表　竹澤 有貴

CONTENTS

1. Laravelの概要　　　1

1-1　Laravelとは　　　2

1-1-1　Laravelの特徴　　　2

1-1-2　開発情報　　　4

1-2　環境構築　　　5

1-2-1　Homesteadを利用した環境構築　　　5

1-2-2　Laradockを利用した環境構築　　　17

1-3　最初のアプリケーション　　　24

1-3-1　Laravelのディレクトリ構成　　　24

1-3-2　Welcomeページの処理　　　26

1-3-3　はじめてのページ　　　29

1-3-4　はじめてのテストコード　　　31

1-3-5　ユーザー登録の実装　　　33

1-3-6　ユーザー認証　　　42

1-3-7　イベント　　　47

2. Laravelアーキテクチャ　　　51

2-1　ライフサイクル　　　52

2-1-1　Laravelアプリケーション実行の流れ　　　52

2-1-2　エントリポイント　　　53

2-1-3　HTTPカーネル　　　55

2-1-4　ルータ　　　56

2-1-5　ミドルウェア　　　57

2-1-6　コントローラ　　　58

2-2　サービスコンテナ　　　60

2-2-1　サービスコンテナとは　　　60

2-2-2　バインドと解決　　　61

IV

2-2-3	バインド	63
2-2-4	解決	69
2-2-5	DIとサービスコンテナ	70
2-2-6	ファサード	75

2-3　サービスプロバイダ　79

| 2-3-1 | サービスプロバイダの基本的な動作 | 80 |
| 2-3-2 | deferプロパティによる遅延実行 | 82 |

2-4　コントラクト　84

| 2-4-1 | コントラクトの基本 | 84 |
| 2-4-2 | コントラクトを利用した機能の差し替え | 86 |

3. アプリケーションアーキテクチャ　91

3-1　MVCとADR　92

| 3-1-1 | MVC (Model View Controller) | 92 |
| 3-1-2 | ADR (Action Domain Responder) | 99 |

3-2　アーキテクチャへの入口　106

3-2-1	フレームワークとアーキテクチャ設計	106
3-2-2	アーキテクチャ設計のポイント	107
3-2-3	レイヤードアーキテクチャ	108
3-2-4	レイヤードアーキテクチャの一歩先の世界	113

4. HTTPリクエストとレスポンス　115

4-1　リクエストハンドリング　116

4-1-1	リクエストの取得	116
4-1-2	Inputファサード・Requestファサード	117
4-1-3	Requestオブジェクト	120
4-1-4	フォームリクエスト	122

CONTENTS

4-2	バリデーション		**125**
	4-2-1	バリデーションルールの指定方法	126
	4-2-2	バリデーションルール	127
	4-2-3	バリデーションの利用	130
	4-2-4	バリデーション失敗時の処理	134
	4-2-5	ルールのカスタマイズ	137

4-3	レスポンス		**139**
	4-3-1	さまざまなレスポンス	139
	4-3-2	リソースクラスを組み合わせたREST APIレスポンスパターン	144

4-4	ミドルウェア		**154**
	4-4-1	ミドルウェアの基本	154
	4-4-2	デフォルトで用意されているミドルウェア	155
	4-4-3	独自ミドルウェアの実装	157

5. データベース 161

5-1	マイグレーション		**162**
	5-1-1	マイグレーション処理の流れ	162
	5-1-2	マイグレーションファイルの作成	163
	5-1-3	定義の記述	165
	5-1-4	マイグレーションの実行とロールバック	170

5-2	シーダー		**173**
	5-2-1	シーダーの作成	173
	5-2-2	シーダークラスを利用するための設定	175
	5-2-3	シーディングの実行	175
	5-2-4	Fakerの利用	176
	5-2-5	Factoryを利用する例	177

5-3	Eloquent		**181**
	5-3-1	クラスの作成	181

5-3-2	規約とプロパティ	182
5-3-3	データ検索・データ更新の基本	185
5-3-4	データ操作の応用	189
5-3-5	関連性を持つテーブル群の値をまとめて操作する（リレーション）	194
5-3-6	実行されるSQLの確認	197

5-4　クエリビルダ　199

5-4-1	クエリビルダの書式	200
5-4-2	クエリビルダの取得	200
5-4-3	処理対象や内容の特定	202
5-4-4	クエリの実行	205
5-4-5	トランザクションとテーブルロック	206
5-4-6	ベーシックなデータ操作	207

5-5　リポジトリパターン　209

5-5-1	リポジトリパターンの概要	209
5-5-2	リポジトリパターンの実装	210

6. 認証と認可　219

6-1　セッションを利用した認証　220

6-1-1	認証を支えるクラスとその機能	220
6-1-2	認証処理を理解する	221
6-1-3	データベース・セッションによる認証処理	224
6-1-4	フォーム認証への適用	228
6-1-5	認証処理のカスタマイズ	231
6-1-6	パスワードリセット	235

6-2　トークン認証　238

6-2-1	api_tokenを保持するテーブルの作成	239
6-2-2	シーダーを用いたレコードの作成	240
6-2-3	独自認証プロバイダの作成	242
6-2-4	トークン認証の利用方法	248

CONTENTS

6-3	JWT認証	250
6-3-1	tymon/jwt-authのインストール	250
6-3-2	tymon/jwt-authの利用準備	251
6-3-3	tymon/jwt-authの利用方法	252
6-3-4	トークンの発行	253

6-4	OAuthクライアントによる認証・認可	257
6-4-1	Socialite	257
6-4-2	GitHub OAuth認証	258
6-4-3	動作拡張	261
6-4-4	OAuthドライバの追加	263

6-5	認可処理	268
6-5-1	認可処理を理解する	268
6-5-2	認可処理	268
6-5-3	Bladeテンプレートによる認可処理	278

7. 処理の分離　　281

7-1	イベント	282
7-1-1	イベントの基本	282
7-1-2	イベントの作成	283
7-1-3	イベントを利用した堅実なオブザーバーパターン	286
7-1-4	イベントのキャンセル	289
7-1-5	非同期イベントを利用する分離パターン	290

7-2	キュー	293
7-2-1	キューの基本	293
7-2-2	非同期実行ドライバの準備（Queueドライバ）	294
7-2-3	キューの仕様	295
7-2-4	キューによるPDFファイル出力パターン	295
7-2-5	Supervisorによる常駐プログラムパターン	300
7-2-6	手軽な分散処理パターン	304

7-3	イベントとキューによるCQRS	307
7-3-1	CQRS（コマンドクエリ責務分離）	307
7-3-2	アプリケーション仕様	308
7-3-3	アプリケーション実装の準備	311
7-3-4	口コミ登録機能の実装	316
7-3-5	口コミ投稿コントローラ実装	319
7-3-6	リスナークラスによるElasticsearch操作	320
7-3-7	Commandの実行・Queryの実装	324

8. コンソールアプリケーション 327

8-1	Commandの基礎	328
8-1-1	クロージャによるCommandの作成	328
8-1-2	クラスによるCommandの作成	329
8-1-3	Commandへの入力	332
8-1-4	Commandからの出力	335
8-1-5	Commandの実行	337

8-2	Commandの実装	340
8-2-1	サンプル実装の仕様	340
8-2-2	Commandの生成	342
8-2-3	ユースケースクラスとサービスクラスの分離	344
8-2-4	ユースケースクラスの雛形を作成する	345
8-2-5	サービスクラスの実装	347
8-2-6	ユースケースクラスの実装	348
8-2-7	Commandクラスの仕上げ	351

8-3	バッチ処理の実装	354
8-3-1	バッチ処理の仕様	354
8-3-2	Commandクラスの実装	356
8-3-3	ユースケースクラスの実装	357
8-3-4	Commandクラスの仕上げ	361
8-3-5	バッチ処理のログ出力	365

CONTENTS

| 8-3-6 | チャットサービスへの通知（チャットワーク） | 370 |

9. テスト　375

9-1　ユニットテスト　376

9-1-1	テスト対象クラス	376
9-1-2	テストクラスの生成	378
9-1-3	テストメソッドの実装	383
9-1-4	データプロバイダの活用	385
9-1-5	例外のテスト	388
9-1-6	テストの前処理・後処理	391
9-1-7	テストの設定	393

9-2　データベーステスト　395

9-2-1	テスト対象のテーブルとクラス	395
9-2-2	データベーステストの基礎	402
9-2-3	Eloquentクラスのテスト	407
9-2-4	サービスクラスのテスト	409
9-2-5	モックによるテスト（サービスクラス）	411

9-3　WebAPIテスト　414

9-3-1	WebAPIテスト機能	414
9-3-2	テスト対象のAPI	419
9-3-3	APIテストの実装	426
9-3-4	WebAPIテストに便利な機能	432

10. アプリケーション運用　437

10-1　エラーハンドリング　438

| 10-1-1 | エラー表示 | 438 |

10-1-2	エラーの種別	438
10-1-3	エラーハンドリングの基本	439
10-1-4	Fluentdの活用	440
10-1-5	例外の描画テンプレート変更	442
10-1-6	エラーハンドリングパターン	444

10-2 ログ活用パターン 447

10-2-1	ログの基本	447
10-2-2	ログ出力設定	448
10-2-3	権限によるログファイル分離方法	453
10-2-4	カスタムログドライバの実装	457
10-2-5	Laravel 5.6でのElasticsearchログドライバ	458
10-2-6	Laravel 5.5でのElasticsearchログドライバ	461

11. テスト駆動開発の実践 465

11-1 テスト駆動開発とは 466

11-1-1	コツはできるだけ小さく	466
11-1-2	サンプルアプリケーション仕様	467
11-1-3	データベース仕様	468
11-1-4	APIエンドポイント	470

11-2 APIエンドポイントの作成 472

11-2-1	アプリケーションの作成・事前準備	472
11-2-2	最初のテスト	473
11-2-3	テストメソッドに何をどのように書くか	475
11-2-4	最低限の実装	477
11-2-5	2つ目以降のテスト	478
11-2-6	1つのテストメソッドに検証は1つの原則	480
11-2-7	テストコードの確認	481

XI

CONTENTS

11-3 テストに備えるデータベース設定　484

11-3-1	データベース設定	484
11-3-2	マイグレーション・モデル・ファクトリ	486
11-3-3	初期データ投入用シーダーの準備	493

11-4 データベーステスト　495

11-4-1	テスト用トレイトの利用・初期データの投入	495
11-4-2	データベースが絡むテスト	496
11-4-3	仮実装で素早くテストを成功させる	498
11-4-4	最初のリファクタリング	499
11-4-5	返却値の内容を検証	500
11-4-6	成功が分かっているテストの追加	502
11-4-7	データ追加の検証	503
11-4-8	既存テストの修正	505
11-4-9	バリデーションテスト	507

11-5 リファクタリングユースケース　510

11-5-1	そろそろコントローラを使う	510
11-5-2	フレームワークの標準に寄せていくリファクタリング①	513
11-5-3	正確なテストが書けない時の対処法	514
11-5-4	フレームワークの標準に寄せていくリファクタリング②	518
11-5-5	サービスクラスへの分離	519

INDEX　522

謝辞　530

著者紹介　531

Chapter 1

第一部

Laravelの概要

Laravelの特徴と仮想環境を利用した
動作環境の構築方法を学ぶ

本章では、Laravelフレームワークの特徴をはじめ、開発を進める上で
参考となる情報源を紹介します。Vagrantなどの仮想環境を利用して、
Laravelアプリケーションの動作環境を構築し、会員登録やログインな
ど簡単な機能を実装することでLaravelフレームワークに触れます。

| 第一部 Laravelの基礎 | 第二部 実践パターン | 第三部 Laravelアプリケーション開発手法 |

1-1 Laravelとは

PHPフレームワーク「Laravel」の特徴と参考となる情報源を紹介

Laravel（ララベル）は、Taylor Otwell氏が開発を進めているPHPのフレームワークです。PHPにはCakePHPやSymfony、CodeIgniter、Zend Frameworkなど多くのフレームワークが存在しますが、Laravelは比較的後発のフレームワークで、日本ではバージョン4がリリースされた2013年頃から徐々に注目され始め、現在ではほかの多くのフレームワークを凌ぐ支持を得ています。

1-1-1 Laravelの特徴

Laravelの特徴を紹介しましょう。本項では下記の5項目を取り上げます。

1. 容易な学習
2. Symfonyベース
3. 多機能
4. 積極的なバージョンアップ
5. 高い拡張性

1. 容易な学習

Laravelの特徴はまず学習コストの低さです。例えば、Laravelの特徴的な機能の1つであるFacade（ファサード）を使うと、PHPのstaticなクラスメソッドをコールする要領で各機能を利用できます。

リスト1.1.1.1：セッションファサードを使ってキー値を取得する

```
// セッションファサードを使って name キーの値を取得する例
$name = \Session::get("name");
```

上記のコード例は、一見するとSessionクラスのクラスメソッドを呼んでいるようですが、実は別クラスのインスタンスメソッドを実行しています。フレームワーク内部の複雑な仕組みを上手く隠蔽して、使いやすいインターフェースを提供しています。なお、ファサードに関しては、「2-2-6 ファサード」で説明します。

2. Symfony[1] ベース

　Laravelはコア部分にSymfony Componentsを使用しています。Symfonyは、古くからさまざまなシステム開発に利用され、実績があるフレームワークです。Laravelはこの高い信頼性を持つSymfonyの上に成り立っています。

3. 多機能

　Laravelは多くの機能を持つフレームワークです。ルーティングやコントローラ、ビュー、ORM（Object/Relational Mapping）などの基本的な機能のほか、パスワードやOAuthによる認証、イベント、キュー、ユニットテスト、DIコンテナなど充実した機能を備えています。また、サービスプロバイダとサービスコンテナで、コアクラスの差し替えや機能追加が容易なことも特徴の1つです。なお、サービスコンテナに関しては、「2-2 サービスコンテナ」で説明します。

4. 積極的なバージョンアップ

　Laravelは積極的に新しい機能を取り込みながらバージョンアップを続けています。本書執筆時の最新バージョン5.6では、対応するPHPバージョンが7.1.4以上に引き上げられ、使用するSymfony Componentsが最新のSymfony 4ベースになるなど、より最新の環境でLaravelを利用できます（2018年8月現在）。

　現時点では約半年ごとにマイナーリリースが公開されています。バグ修正はリリースから半年間、脆弱性対応は1年間であり、PHPフレームワークの中では比較的早いリリースサイクルです。

　そのため、2年ごとにLTS（Long Term Support）版がリリースされ、バグフィックスは2年間、脆弱性対応は3年間と、長期的なプロジェクトでも安心して導入できます。最新のLTS版は2017年8月に公開されたLaravel 5.5です。プロジェクトの性質に応じて、利用者は適切なバージョンを選択することが可能です。なお、本書は最新LTS版である5.5に対応しています。

5. 高い拡張性

　インストール直後のLaravelは、app/Http配下にControllersディレクトリ、resources配下にviewsディレクトリが作成されますが、ディレクトリ配置は強制されるものではありません。Laravelは各機能の依存性やパッケージの管理にComposerを使用しており、クラスをオートロードできさえすれば、ディレクトリ構成は開発者が自由に定められるスタンスを採っています。

　MVC（Model View Controller）パターンでの開発はもちろん可能ですが、そのほかにもADR（Action

---

1　https://symfony.com/

Domain Responder）やリポジトリパターンを使用したり、レイヤードアーキテクチャやヘキサゴナルアーキテクチャといったドメイン駆動設計の文脈で採用されるアーキテクチャも利用できます。開発者が作るWebアプリケーションはその種類もその規模もさまざまです。開発チームに即した手法やアプリケーションの方針に沿って開発を進めることができます。

1-1-2　開発情報

Laravelに関する情報が掲載されているWebサイトを紹介します。

- 公式サイト：https://laravel.com
- 公式ドキュメント：https://laravel.com/docs
- 日本語訳ドキュメント（川瀬裕久氏）：https://readouble.com/laravel/
- GitHubリポジトリ：https://github.com/laravel

Laravelに関する質問や情報交換が行なわれているWebサイトを紹介します。

- PHPユーザーズ（日本語）（Laravelチャンネルあり）：https://phpusers-ja.slack.com
- Larachat-jp：https://larachat-jp.slack.com
- Laravel.jp（Facebook）：https://www.facebook.com/groups/laravel.jp/
- Q&Aサイト
  - teratail：https://teratail.com/
  - stackoverflow（日本語）；https://ja.stackoverflow.com/

　本節ではLaravelの特徴を紹介しました。Laravelは多彩な機能と開発の容易性を兼ね備え、開発者のアプリケーション開発速度と効率を上げてくれるフレームワークです。しかし、多機能で制約が少ないフレームワークであるが故に、開発方針を誤ってしまうと、コードの複雑化や処理速度が上がらないアプリケーションを生み出してしまう可能性もあります。

　そこで本書では設計を行なう際のヒントや、コードの複雑化を防ぐためのアプローチをサンプルを交えながら解説します。

1-2 環境構築

HomesteadやLaradockを使ってLaravelアプリケーションの動作環境を構築

　本節ではLaravelを動作させるための環境構築手順を説明します。macOSもしくはWindows上に仮想環境を構築し、その上でLaravelが動作する環境を構築します。本節では2種類の方法、HomesteadとLaradockによる実行環境の構築を紹介し、次節でHomesteadによる環境をベースにコードを書きながらLaravelの動作を確認していきます。

　Homesteadは、Laravelの実行に必要な基本構成（PHP、nginx Webサーバ、MySQL）のほか、PostgreSQLやSQLiteなど複数のRDBMS、Redisやmemcachedなどキャッシュ向けのミドルウェア、簡易メールサーバのMailhog、Gulpを含むNodeなどがセットになっています。一方、Laradockは標準で利用できるのはPHPとnginx、MySQLとなり、必要に応じて設定ファイルに手を加えながら他のソフトウェアを追加する流れです。

　Homesteadは最初からさまざまなソフトウェアがすべて揃っていることが利点です。初学者からヘビーユーザーまでLaravelが持つ機能を存分に利用できるでしょう。次節の解説もこちらを利用します。

　Laradockはyamlファイルの編集やコマンドライン操作が比較的多いため、Laradockが利用する仮想環境（Docker）の仕組みに精通したユーザーには馴染みやすい構築手段です。Homesteadと比較して軽快に動作することも利点ですので、挑戦してみるのもよいでしょう。

　環境構築には、いくつかのアプリケーションをダウンロードする操作が含まれます。ダウンロードは数分から数十分程度を要します。ネットワーク状況がよい環境で実行しましょう。

　また、画面上のリンクやアイコンをクリックするグラフィカルな操作だけではなく、「コマンドライン」と呼ばれるキーボードから文字を入力して操作する手順が含まれます。本文中に「コマンドライン」と記述がある場合、Windows環境では「Git Bash」を、macOSでは「ターミナル」を起動して操作を行ないます。なお、「Git Bash」のインストールは「1-2-1 Homesteadを利用した環境構築」で実行します。

1-2-1　Homesteadを利用した環境構築

　本項では、Homesteadを使った開発環境の構築手順を説明します。HomesteadはLaravelが公式に提供している開発環境です。Vagrantと呼ばれるツールを利用して、Laravelの開発環境を簡単に構築することが可能です。

　本項では、下表のディレクトリを作成し、構築に利用します（表1.2.1.1）。

| 第一部 Laravelの基礎 | 第二部 実践パターン | 第三部 Laravelアプリケーション開発手法 |

表1.2.1.1：各種設定ディレクトリ

場所	項目	パス
仮想環境	nginxドキュメントルート	/home/vagrant/code/sampleapp/public
	Laravelプロジェクトディレクトリ	/home/vagrant/code/sampleapp
	物理環境との共有ディレクトリ	/home/vagrant/code
物理環境	仮想環境との共有ディレクトリ	(ユーザーホームディレクトリ)/code
	Laravelプロジェクトディレクトリ	(ユーザーホームディレクトリ)/code/sampleapp
	Homesteadダウンロード先	(ユーザーホームディレクトリ)/Homestead

　Homesteadの動作には、Git、VirtualBox、そして前述のVagrantの3つが必要となるため、環境構築の前に準備します。各ツールのインストール方法を、Windows環境とmacOS環境それぞれで説明します。

1a. Gitのインストール（Windows）

　はじめにGitをインストールします。Gitはソースコードなどの変更履歴を記録するための分散型バージョン管理システムです。

　まずは、Gitの公式ダウンロードページ[1]にアクセスします。[Windows]のリンクから最新バージョンをダウンロードします。ダウンロードしたファイルを展開し、画面の指示にしたがってインストール操作を実行します。インストールが済んだら、Windowsのスタートメニューから［すべてのアプリ］→［Git］→［Git Bash］を選択して、Git Bashを起動します。

　Git Bashのコマンドラインで「git --version」を実行して、下記の通り、バージョン番号が表示されたら、Gitが正しくインストールされています。

リスト1.2.1.2：Gitインストール完了確認

```
$ git --version
git version 2.8.1.windows.1
```

1b. Gitのインストール（macOS）

　macOSでは、XCode（Xcode Command Line Tools）がインストール済みであれば、Gitは既にインストールされています。Windows環境でのインストール確認と同様、「ターミナル」のコマンドラインから「git --version」を実行して、バージョンが表示されることを確認しましょう。万が一、表示されない場合は前述のWindows環境と同様、Git公式サイトからインストール操作を行なってください。

---

1 https://git-scm.com/downloads

2. VirtualBoxのインストール

　次にVirtualBoxのインストールです。VirtualBoxは、お使いのOS（ホストOS）上で別のOS（ゲストOS）を「仮想サーバ」として動作させるためのソフトウェアです。例えば、WindowsやmacOSが動作しているコンピュータ上でLinuxを利用できます。

　VirtualBoxの公式ダウンロードページ[2]にアクセスします。ページ内の[VirtualBox（バージョン番号）platform packages]にある[Windows hosts]または[OS X hosts]を選択してダウンロードします。

　ダウンロードしたファイルを展開して、画面の指示にしたがってインストールします。インストール完了後は、Windows環境では「Program Files」フォルダ、macOSでは「アプリケーション」フォルダの中にVirtualBoxがインストールされていることを確認しましょう。

3. Vagrantのインストール

　続いてVagrantをインストールします。Vagrantは、インストールしたVirtualBoxなど仮想化ソフトウェアの操作を支援するツールです。仮想化ソフトウェアに対して起動や停止などの操作を指示できます。Homesteadには、Vagrant経由で仮想環境を操作するための設定が含まれています。

　Vagrantの公式ダウンロードページ[3]にアクセスします。ページ内の[Windows]または[macOS]を選択してダウンロードします。ダウンロードしたファイルを展開して、画面の指示にしたがってインストールします。インストール完了後はコマンドラインで「vagrant --version」を実行しましょう。下記に示す通り、バージョン番号が表示されたら、Vagrantが正しくインストールされています。

リスト1.2.1.3：Vagrantインストール完了確認

```
$ vagrant --version
Vagrant 2.1.1
```

4. Homesteadのダウンロード

　ツールのインストールが完了したところで、Homesteadをインストールします。はじめに「box」と呼ばれる、Homesteadを実行するために必要なOSやソフトウェアがあらかじめ設定された仮想環境のセットをダウンロードします。コマンドラインで下記のコマンドを実行します。

リスト1.2.1.4：Homesteadをダウンロードするコマンド

```
$ vagrant box add laravel/homestead
```

2　https://www.virtualbox.org/wiki/Downloads
3　https://www.vagrantup.com/downloads.html

使用する仮想環境ソフトウェア（プロバイダ）の種類を聞かれます（リスト1.2.1.4）。本節ではVirtualBoxを使用するので、「2」を指定します。

リスト1.2.1.5：プロバイダの指定

```
This box can work with multiple providers! The providers that it
can work with are listed below. Please review the list and choose
the provider you will be working with.

1) hyperv
2) virtualbox
3) vmware_desktop

Enter your choice: 2      ←「2」を入力してEnterを押す
```

あとは処理が終わるのを待ちましょう。下記のメッセージが表示されたら完了です（リスト1.2.1.6）。

リスト1.2.1.6：ダウンロード完了を知らせるメッセージ

```
==> box: Successfully added box 'laravel/homestead' (v6.0.0) for 'virtualbox'!
```

続いて、Homesteadのboxを使用する際の設定がまとめられたファイルをダウンロードします。このファイルはGitHub上にあるため、GitHubのWebサイト[4]から最新版をダウンロードするか、gitコマンドを使って取得します。なお、ファイルは以下の場所にダウンロードするものとします。

- macOSの場合：/Users/（アカウント名）/Homestead
- Windowsの場合：C:¥Users¥（アカウント名）¥Homestead

リスト1.2.1.7：gitコマンド使ってダウンロードする（macOSの場合）

```
# ホームディレクトリに移動
$ cd

# git cloneコマンドでダウンロードする
$ git clone https://github.com/laravel/homestead.git Homestead
```

4　https://github.com/laravel/homestead/releases

リスト1.2.1.8：gitコマンド使ってダウンロードする（Windowsの場合）

```
# ホームディレクトリに移動
$ cd $USERPROFILE

# git cloneコマンドでダウンロードする
$ git clone https://github.com/laravel/homestead.git Homestead
```

　環境に即した上記のコマンドを実行し、下記のメッセージが表示されたら完了です（リスト1.2.1.9）。ユーザーのホームディレクトリに「Homestead」ディレクトリが作成されていることを確認しましょう（リスト1.2.1.10）。

リスト1.2.1.9：ダウンロード完了を知らせるメッセージ

```
Cloning into '~/Homestead'...
remote: Counting objects: 2879, done.
remote: Compressing objects: 100% (15/15), done.
remote: Total 2879 (delta 10), reused 16 (delta 7), pack-reused 2854
Receiving objects: 100% (2879/2879), 573.28 KiB | 1.32 MiB/s, done.
Resolving deltas: 100% (1707/1707), done.
```

リスト1.2.1.10：ダウンロードされたHomesteadディレクトリ

```
Homestead
├── CHANGELOG.md
├── LICENSE.txt
├── Vagrantfile
├── bin/
├── composer.json
├── composer.lock
├── init.bat
├── init.sh
├── phpunit.xml.dist
├── readme.md
├── resources/
├── scripts/
├── src/
└── tests/
```

　なお、Webサイトからダウンロードした場合は、ユーザーのホームディレクトリにHomesteadディレクトリを新規作成し、その中にダウンロードしたファイルを展開してください。

5. Homesteadの初期化

Homesteadのダウンロードに続いて、Homesteadの初期化を実行します。コマンドラインで Homesteadの設定ファイルをダウンロードしたディレクトリに移動し、環境に即したコマンドを実行します（リスト1.2.1.11～1.2.1.12）。

リスト1.2.1.11：Homesteadの初期化（macOSの場合）

```
$ cd ~/Homestead
$ bash init.sh
```

リスト1.2.1.12：Homesteadの初期化（Windowsの場合）

```
$ cd $USERPROFILE/Homestead
$ ./init.bat
```

初期化コマンドが正しく実行されると、「Homestead initialized!」と表示されます。Homesteadディレクトリ内に、after.sh、aliases、Homestead.yamlが作成されていることを確認しましょう。

6. Homesteadの設定

初期化に続いてHomestadを設定します。初期化コマンドで作成されたHomestead.yamlを編集します（リスト1.2.1.13）。

リスト1.2.1.13：デフォルトのHomestead.yaml

```
---
ip: "192.168.10.10"
memory: 2048
cpus: 1
provider: virtualbox   # ① プロバイダの設定

authorize: ~/.ssh/id_rsa.pub

keys:
  - ~/.ssh/id_rsa

folders:   # ② 共有ディレクトリの設定
  - map: ~/code
    to: /home/vagrant/code
```

```
sites:      # ③ サイトの設定
   - map: homestead.test
     to: /home/vagrant/code/public

databases:
   - homestead

# ports:
#    - send: 50000
#      to: 5000
#    - send: 7777
#      to: 777
#      protocol: udp

# blackfire:
#    - id: foo
#      token: bar
#      client-id: foo
#      client-token: bar

# zray:
#  If you've already freely registered Z-Ray, you can place the token here.
#    - email: foo@bar.com
#      token: foo
#  Don't forget to ensure that you have 'zray: "true"' for your site.
```

　上記のHomestead.yamlは初期化コマンドで作成直後のデフォルト状態です。コード例の①～③で示した項目を編集して設定します。

① プロバイダの設定（provider）

　Homestead.yamlでは、仮想化で使用するソフトウェア（プロバイダ）を「provider」と記述します。本項ではVirtualBoxを使用しますが、Homestead.yamlの初期値が同じであるため変更する必要はありません。

リスト1.2.1.14：providerの設定

```
provider: virtualbox
```

② 共有ディレクトリの設定（folders）

　仮想環境とホスト側のOSで共有するディレクトリを指定します。本項では、ユーザーのホームディレクトリに「code」ディレクトリを作成して共有します。yamlファイルの設定は初期値のままで変更する必要はありません。「code」ディレクトリはのちほど作成します。

11

リスト1.2.1.15：共有ディレクトリの設定

```
folders:
    - map: ~/code
      to: /home/vagrant/code
```

③ **サイトの設定（sites）**

Webブラウザから仮想環境にアクセスする場合の設定を行ないます。本項では、「homestead.test」にアクセスしたら、LaravelのWelcome画面が表示されるように設定します。

リスト1.2.1.16：ブラウザからのアクセス設定

```
sites:
    - map: homestead.test                            # (A)
      to: /home/vagrant/code/sampleapp/public        # (B)
```

上記コード例（リスト1.2.1.16）の「map」値は初期値のままとします（A）。「to」には、Laravelのpublicディレクトリのパスを記述します。本項では「code」ディレクトリの下に「sampleapp」の名前でLaravelプロジェクトディレクトリを配置するので、設定値は/home/vagrant/code/sampleapp/publicとなります（B）。

以上で、Homestead.yamlでの設定は完了です。

共有ディレクトリの作成

「② 共有ディレクトリの設定（folders）」で説明した共有ディレクトリを作成します。下記に示す通り、コマンドラインでユーザーのホームディレクトリに移動し、codeディレクトリを作成します。

リスト1.2.1.17：codeディレクトリの作成（macOSの場合）

```
$ cd
$ mkdir code
```

リスト1.2.1.18：codeディレクトリの作成（Windowsの場合）

```
$ cd $USERPROFILE
$ mkdir code
```

hosts設定

　「③ サイトの設定（sites）」で説明した通り、「homestead.test」の名前でHomestead環境にアクセス可能にするため、hostsファイルに設定を加えます。hostsファイルは、macOSでは/etcディレクトリに、Windowsの場合はC:¥Windows¥System32¥drivers¥etcディレクトリにあります。
　下記コード例に示す通り、末尾に以下の1行を追加します（リスト1.2.1.19）。

リスト1.2.1.19：ホスト定義の追加

```
##
# Host Database
#
# localhost is used to configure the loopback interface
# when the system is booting.  Do not change this entry.
##
127.0.0.1       localhost
255.255.255.255 broadcasthost
::1             localhost
192.168.10.10   homestead.test  # 追加する
```

7. Vagrantの起動

　Homesteadの設定が完了したら仮想環境を起動しましょう。環境に応じて下記のコマンドを実行します（リスト1.2.1.20〜1.2.1.21）。

リスト1.2.1.20：Vagrantの起動（macOSの場合）

```
# Homesteadディレクトリに移動する
$ cd ~/Homestead

# Vagrantを起動する
$ vagrant up
```

リスト1.2.1.21：Vagrantの起動（Windowsの場合）

```
# Homesteadディレクトリに移動する
$ cd $USERPROFILE/Homestead

# Vagrantを起動する
$ vagrant up
```

仮想環境の起動は、Homesteadディレクトリで「vagrant up」コマンドを実行します。起動中は下記に示すメッセージが表示されます。コマンドラインが入力待ちの状態になるまで待ちましょう。

リスト1.2.1.22：Vagrant起動中のメッセージ

```
$ vagrant up
Bringing machine 'homestead-7' up with 'virtualbox' provider...
==> homestead-7: Checking if box 'laravel/homestead' is up to date...
==> homestead-7: Clearing any previously set forwarded ports...
==> homestead-7: Clearing any previously set network interfaces...
==> homestead-7: Preparing network interfaces based on configuration...
    homestead-7: Adapter 1: nat
    homestead-7: Adapter 2: hostonly
(中略)
==> homestead-7: Machine already provisioned. Run `vagrant provision` or use the
`--provision`
==> homestead-7: flag to force provisioning. Provisioners marked to run always will still
run.
$
```

Vagrantの起動が完了したら、Webブラウザで「http://homestead.test」にアクセスしましょう。

図1.2.1.23：Vagrant起動直後の画面

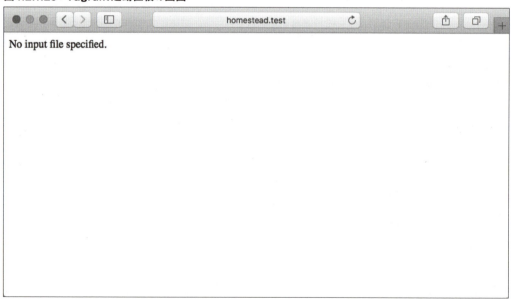

現時点では、Laravel本体のファイルをダウンロードしていないため、表示するファイルがないことを示すメッセージ、「No input file specified.」が表示されます。

8. Laravelプロジェクトの作成

　Laravelプロジェクトを作成します。この操作は仮想環境にログインして行ないます。コマンドラインから下記のコマンドを実行します（リスト1.2.1.24）。

リスト1.2.1.24：仮想環境へのログイン

```
$ vagrant ssh
```

　仮想環境にログインした直後のディレクトリは/home/vagrantです。「code」ディレクトリに移動して、新規のLaravelプロジェクトを作成します。Laravelプロジェクトを作成するには、2通りの方法があります。composerコマンドを利用する方法（リスト1.2.1.25）とlaravelコマンドを利用する方法（リスト1.2.1.26）です。

　いずれの方法でも同じ新規プロジェクトを作成可能ですが、Laravelのバージョンを指定できるのはcomposerコマンドを利用する方法だけです。本書ではバージョン5.5をベースに解説を進めるため、本項ではバージョンを指定できる「composerコマンドを利用する方法」を選択します。

リスト1.2.1.25：composerを使った新規プロジェクト作成（Laravelのバージョン指定が可能）

```
$ cd ~/code/
$ composer create-project laravel/laravel sampleapp --prefer-dist "5.5.*"
```

リスト1.2.1.26：Laravelインストーラを使った新規プロジェクト作成（最新のLaravelで作成される）

```
$ cd ~/code/
$ laravel new sampleapp
```

　プロジェクトを作成すると、codeディレクトリ内にsampleappの名前でディレクトリが作成されます（Laravelのアプリケーションディレクトリ）。Laravelのプログラムファイル一式が入っています。

リスト1.2.1.27：sampleappディレクトリの構成

```
sampleapp
├── app/
├── artisan
├── bootstrap/
├── composer.json
├── composer.lock
├── config/
├── database/
```

　Laravelプロジェクトの新規作成が完了したところで、あらためてhttp://homestead.testにアクセスしてみましょう。次図に示す通り、LaravelのWelcome画面が表示されます。

図1.2.1.28：LaravelのWelcome画面

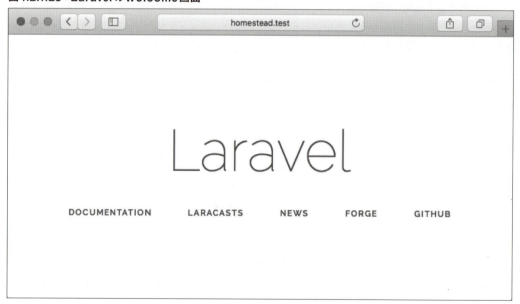

9. Vagrantの終了

　Vagrantの終了は、下記のコマンドで行ないます。コマンドを実行してしばらく待つと、「Attempting graceful shutdown of VM…」と画面に表示されてVagrantが終了します。

リスト1.2.1.29：Vagrantの終了

```
$ vagrant halt
```

1-2-2 Laradockを利用した環境構築

前項「Homesteadを利用した環境構築」に続いて、Laradockを使った開発環境の構築手順を説明します。本項では下表のディレクトリを作成して構築に利用します（表1.2.2.1）。

表1.2.2.1：各種設定ディレクトリ

場所	項目	パス
仮想環境	nginxドキュメントルート	/var/www/public
	Laravelプロジェクトディレクトリ	/var/www/
	物理環境との共有ディレクトリ	/var/www
物理環境	仮想環境との共有ディレクトリ	(ユーザーホームディレクトリ)/laravel_docker/sampleapp
	Laravelプロジェクトディレクトリ	(ユーザーホームディレクトリ)/laravel_docker/sampleapp
	Laradockダウンロード先	(ユーザーホームディレクトリ)/laravel_docker/laradock

1. DockerとLaradock

「Laradock」は、Laravelコミュニティの有志がメンテナンスしているオープンソースのLaravel開発環境です。仮想化ソフトウェア「Docker」上で動作します。

Dockerとは、コンテナと呼ばれる仮想環境を作成・実行できるソフトウェアです。前項で説明したVirtualBoxと比較して、軽量で高速に起動・停止できることが特徴です。また、ミドルウェアのインストールや各種環境の設定をコード化して管理できるため、そのコードから環境を容易に再現可能です。

Laradockは、Laravelの動作に必要な環境構築の内容をコード化したファイルで、GitHub上で配布されており、その内容をもとにDockerが実行環境を構築します。Laradockには下記の機能が含まれており、それぞれは別々のコンテナとして独立して動作しながら協調することで、Laravelの実行環境として動作します。

- nginx (Webサーバ)
- php-fpm (PHPの実行環境)
- MySQL (RDBMS)
- workspace（Laravelの開発に必要な環境がまとまっているもの）
- phpMyAdmin (MySQLをWeb上から操作できるアプリケーション)

まずは、Laradockの動作に必要となる、DockerとGitをセットアップします。

| 第一部 | Laravelの基礎 | 第二部 | 実践パターン | 第三部 | Laravelアプリケーション開発手法 |

Dockerのインストール

Dockerの公式ダウンロードページ[5]にアクセスします。ページ内の［Docker CE］のリンクをクリックして、環境に応じて［Docker Community Edition for Windows[6]］または［Docker Community Edition for Mac］を選択してダウンロードしてください（Docker IDが必須）。ダウンロードファイルを展開して、画面の指示にしたがってインストールします。インストールが終わったら、Dockerを起動しておきましょう。

Gitのインストール

LaradockのダウンロードにはGitが必要なためGitをインストールします。インストール方法は、前項「Homesteadを利用した環境構築」で説明した「Gitのインストール」を参照してください。

2. Laradockのダウンロード

続いて、LaradockをGitHubからダウンロードします。コマンドラインからユーザーのホームディレクトリ配下に「laravel_docker」の名前でディレクトリを作成して、そのディレクトリ内でダウンロードします（リスト1.2.2.2）。

リスト1.2.2.2：Laradockのダウンロード（実行コマンド）

```
# ホームディレクトリに移動
$ cd
# 「laravel_docker」ディレクトリを作り、移動
$ mkdir laravel_docker
$ cd laravel_docker

# git cloneでLaradockをダウンロード
$ git clone https://github.com/Laradock/laradock.git
```

git cloneコマンドでダウンロードを開始します。下記のメッセージが表示されればダウンロードは完了です（リスト1.2.2.3）。laravel_dockerディレクトリ直下にlaradockディレクトリが作成されていることを確認しましょう。

リスト1.2.2.3：Laradockのダウンロード（終了部分）

```
(略)
Cloning into 'laradock'...
```

5　https://store.docker.com
6　2018年8月現在、Docker for Windowsは64bitのWindows 10 ProfessionalまたはEnterpriseのみサポートしています。

```
remote: Counting objects: 8008, done.
remote: Compressing objects: 100% (9/9), done.
remote: Total 8008 (delta 0), reused 3 (delta 0), pack-reused 7999
Receiving objects: 100% (8008/8008), 7.56 MiB | 2.55 MiB/s, done.
Resolving deltas: 100% (4244/4244), done.
Checking connectivity... done.
$

# laravel_docker配下にlaradockディレクトリが作成される
$ ls
laradock
```

3. コンテナの初期化

　ダウンロードしたLaradockの内容をもとにコンテナを初期化しますが、その前に、設定ファイルを作成しましょう。コマンドラインで「2. Laradockのダウンロード」で作成されたlaradockディレクトリに移動し、ディレクトリ内にあるenv-exampleファイルをコピーして、.envファイルを作成します。

リスト1.2.2.4：.envファイルの作成

```
# laradockディレクトリに移動し、env-exampleから.envを作成
$ cd laradock
$ cp env-example .env
```

　続いて、docker-compose upコマンドを使って必要なファイルをダウンロードし、コンテナを利用可能な状態にします。「laradock」ディレクトリで下記のコマンドを実行します（リスト1.2.2.5）。

リスト1.2.2.5：コンテナの初期化（実行コマンド）

```
$ docker-compose up -d nginx mysql workspace phpmyadmin
```

　コンテナの初期化処理では、nginxやMySQLなど各コンテナの動作に必要なファイルのダウンロードや設定が実行されるため、数十分程度の時間を要します。次に示すメッセージが表示されて、処理が終了します。

リスト1.2.2.6：コンテナの初期化（終了部分）

```
（略）
 ---> Running in 3268c4d2e3e0
Removing intermediate container 3268c4d2e3e0
 ---> f0cbff980d0c
```

| 第一部 | Laravelの基礎 | 第二部 | 実践パターン | 第三部 | Laravelアプリケーション開発手法 |

```
Step 10/11 : CMD ["nginx"]
 ---> Running in d904c95aa9a4
Removing intermediate container d904c95aa9a4
 ---> 3cb4b11b1444
Step 11/11 : EXPOSE 80 443
 ---> Running in 2f605dd230f1
Removing intermediate container 2f605dd230f1
 ---> 0c049c853b5c
Successfully built 0c049c853b5c
Successfully tagged laradock_nginx:latest
Creating laradock_docker-in-docker_1 ... done
Creating laradock_mysql_1            ... done
Creating laradock_workspace_1        ... done
Creating laradock_phpmyadmin_1       ... done
Creating laradock_php-fpm_1          ... done
Creating laradock_nginx_1            ... done
$
```

　初期化が完了するとコンテナは起動状態となります。docker psコマンドを実行すると、起動中のコンテナの一覧を確認できます（図1.2.2.7）。

図1.2.2.7：docker psコマンドの出力

　5つのコンテナ（nginx、php-fpm、MySQL、workspace、phpMyAdmin）に加えて、Docker上でDockerを動かすための「docker:dind」、合計6つのコンテナが起動します。

　「http://localhost」にWebブラウザでアクセスすると、現時点ではLaravel本体のファイルをダウンロードしていないため、残念ながら「404 Not Found」と表示されます。

4. Laravelプロジェクトの作成

　Laravelプロジェクトを作成しましょう。Laravelプロジェクトは「workspace」コンテナ上に作成します。コマンドラインで下記のコマンドを実行して、仮想環境にログインします。

リスト1.2.2.18：仮想環境へのログイン

```
$ docker-compose exec --user=laradock workspace bash
```

20

ログインはあらかじめ用意されている「laradock」ユーザーで行ないます。ログインすると、/var/wwwディレクトリに入ります。続いて、このディレクトリで下記のcomposerコマンドを実行して、新規プロジェクトを作成します。

リスト1.2.2.9：新規プロジェクト作成

```
$ composer create-project laravel/laravel sampleapp --prefer-dist "5.5.*"
```

新規プロジェクトを作成すると、Laravelのプログラムファイル一式が入ったディレクトリが、sampleappの名前で作成されます（ディレクトリの内容リスト1.2.1.27と同じ）。新規プロジェクトの作成が完了したら、いったんコンテナからログアウトします。

リスト1.2.2.10：コンテナからログアウト

```
$ exit
```

laradockディレクトリの.envファイルを開き、共有ディレクトリの設定を変更します。下記コード例に示す通り、APP_CODE_PATH_HOSTの値を書き換えます。

リスト1.2.2.11：.envのAPP_CODEPATH_HOSTを書き換え

```
#######################################################
##################### General Setup ###################
#######################################################

### Paths ###########################################

# Point to the path of your applications code on your host
# APP_CODE_PATH_HOST=../          # コメントアウトして
APP_CODE_PATH_HOST=../sampleapp   # 値を書き換える
（略）
```

.envファイルを修正して保存したら、設定変更を反映させるためコンテナを停止させて、再起動します。下記に示す通り、docker-compose stopコマンドで終了させて、docker-compose up -d nginx mysqlコマンドで起動します。

リスト1.2.2.12：コンテナの再起動

```
# サービスの終了
$ docker-compose stop
```

```
Stopping laradock_nginx_1              ... done
Stopping laradock_php-fpm_1            ... done
Stopping laradock_phpmyadmin_1         ... done
Stopping laradock_workspace_1          ... done
Stopping laradock_mysql_1              ... done
Stopping laradock_docker-in-docker_1 ... done
# 再起動
$ docker-compose up -d nginx mysql
Recreating laradock_docker-in-docker_1 ... done
Recreating laradock_workspace_1        ... done
Starting laradock_mysql_1              ... done
Recreating laradock_php-fpm_1          ... done
Recreating laradock_nginx_1            ... done
```

　再起動後に、Webブラウザでhttp://homestead.testにアクセスします。前節「1-2-1 Homestead を利用した環境構築」でも紹介した、LaravelのWelcome画面（図1.2.1.27）が表示されます。

5. コンテナの停止

　コンテナの停止には、docker-compose stopコマンドを使います。下記のログが表示され、コンテナが停止します。

リスト1.2.2.13：コンテナの停止

```
$ docker-compose stop
Stopping laradock_nginx_1              ... done
Stopping laradock_php-fpm_1            ... done
Stopping laradock_phpmyadmin_1         ... done
Stopping laradock_workspace_1          ... done
Stopping laradock_mysql_1              ... done
Stopping laradock_docker-in-docker_1 ... done
```

6. Dockerをより深く知る

　Laradockによって構築される環境は、nginx、PHP、MySQLを利用してLaravelを動かします。個々の機能は「Dockerイメージ」として「Docker Hub」[7]から提供されています。さまざまなイメージが公開されているので、PHPのバージョンを変えたり、MySQL以外のデータベースを利用したりするなど、自由にミドルウェアを組み合わせてシステムの実行環境を作ることも可能です。Docker Hubで公開されているPHPアプリケーション開発に関連するDockerイメージをいくつか紹介しましょう。

7　https://hub.docker.com

- PHP： https://hub.docker.com/_/php/
- nginx： https://hub.docker.com/_/nginx/
- MySQL： https://hub.docker.com/_/mysql/
- Redis： https://hub.docker.com/_/redis/
- memcached： https://hub.docker.com/_/memcached/
- elasticsearch： https://hub.docker.com/_/elasticsearch/
- php-zendserver： https://hub.docker.com/_/php-zendserver/
- phpMyAdmin： https://hub.docker.com/r/phpmyadmin/phpmyadmin/

　Dockerに搭載されている、各種ミドルウェアのインストールや環境設定をコード化して管理する技術はIaC（Infrastracture as Code）と呼ばれ、ソフトウェア開発のバージョン管理や自動化の仕組みを、サーバなどの設定にも適用したものです。この技術により、同じ環境をどこでも構築できるとともに、作成した環境を配布できるため、開発環境だけではなくCIと組み合わせて本番環境の構築に導入することも可能です。

　サービスの拡張に伴ってスケールアウトが必要になった場合も、Dockerイメージがあればクラスタ構成を容易に構築できます。「Kubernetes[8]」と呼ばれるコンテナ向けのオーケストレーションツールなど、Dockerの周辺技術も充実してきています。ビジネス要件やサービス仕様に応じて、効果的に取り入れてみてください。

8　https://kubernetes.io/

| 第一部 | Laravelの基礎 | 第二部 | 実践パターン | 第三部 | Laravelアプリケーション開発手法 |

1-3 最初のアプリケーション

Laravelを使ったシンプルなアプリケーションの作成（会員・ログイン・ログアウト）

　本節では、前節の「1-2 環境構築」のHomesteadで構築したプロジェクトを使って、実際にコードを書きながらLaravelを学んでいきます。Laravelの機能に関して詳しくは、「第二部：実践パターン」（Chapter 4〜Chapter 10）で詳しく説明しますが、本節では概要を掴んでおきましょう。

1-3-1　Laravelのディレクトリ構成

　前節でインストールした「sampleapp」ディレクトリを開き、Laravelのディレクトリ構成を確認します（ホームディレクトリのcodeディレクトリの下）。各ディレクトリの役割を把握しましょう。

リスト1.3.1.1：Laravelのディレクトリ構成

```
sampleapp
├── app/
├── artisan
├── bootstrap/
├── composer.json
├── composer.lock
├── config/
├── database/
├── package.json
├── phpunit.xml
├── public/
├── readme.md
├── resources/
├── routes/
├── server.php
├── storage/
├── tests/
├── vendor/
└── webpack.mix.js
```

- app/

    Console、Exceptions、Http、Providers の各ディレクトリがあります。コントローラやミドルウェア、例外クラス、コンソール、サービスプロバイダなど、アプリケーションの主要な処理クラスはappディレクトリ配下に配置します。

24

- bootstrap/

  アプリケーションで最初に実行される処理やオートローディング設定が入っています。

- config/

  アプリケーションの設定値を記載したファイルを入れます。

- database/

  データベース関連のファイルが入っています。マイグレーションファイルや初期投入データなどを置きます。

- public/

  Webアプリケーションとして公開する場合、このフォルダをドキュメントルートに設定します。エントリポイントとなるindex.phpが入っているほか、JavaScriptやCSSなどそのまま公開できるファイルを配置するディレクトリです。

- resouces/

  Viewのテンプレートファイルや、LESSやSASSなどメタ言語ファイルを配置します。

- routes/

  アプリケーションのルート定義ファイルを置きます。

- storage/

  プログラム実行時にLaravelが作成するファイルの出力先です。ログファイルやファイルキャッシュのほか、コンパイルされたテンプレートファイルなども保存されます。

- tests/

  テストコードを記載したファイルを置きます。

- vendor/

  Composerによりダウンロードされる各種パッケージのディレクトリです。本書にはLaravelのコードを追いながら機能を説明する章がありますが、LaravelやSymfony本体のコードもこちらに入っています。vendorディレクトリの配下にある「laravel」ディレクトリが、Laravel本体のコードの配置場所です。

1-3-2　Welcomeページの処理

　次に、http://homestead.testにアクセスした際に表示される「Welcomeページ」がどのように表示されているか、処理の流れを見ていきましょう。Welcome画面が表示されるまでの処理の流れを下図に示し（図1.3.2.1）、各項目を説明します。

図1.3.2.1：Welcomeページの処理の流れ

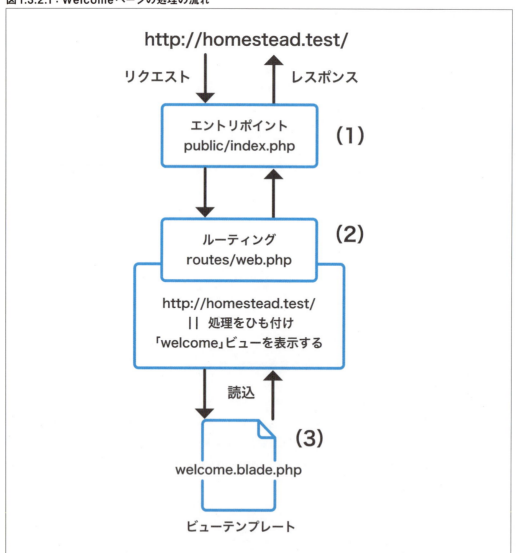

1. エントリポイント

　前節では、http://homestead.test/へのアクセスはpublicディレクトリを参照するように設定しています。sampleapp/publicディレクトリにはindex.phpがあり、このファイルがLaravelの各処理への入口です。index.phpはクライアントからのリクエストを受けて、フレームワークの各機能の準備や設定値を読み込むなどの前処理を行なったのち、ルーティングの処理を行ないます。

2. ルーティング

　ルーティングとは「○○のURLにアクセスがあったら××の処理を呼び出す」といった関連付けのことを指します。Welcomeページでは、「http://homestead.test/にアクセスがあったら、Welcome画面を表示する」処理がルーティングによって行なわれています。
　ルーティング処理を定義するファイルは、routesディレクトリに入っています。

リスト1.3.2.2：routesディレクトリ

```
routes
├── api.php
├── channels.php
├── console.php
└── web.php
```

　上記ディレクトリ構成のweb.phpが、Webアプリケーションのルーティングを定義するファイルです。ファイルの内容を確認してみましょう。

リスト1.3.2.3：routes/web.php（コメントは削除しています）

```php
<?php

Route::get('/', function () {
    return view('welcome');
});
```

　上記コード例に示す通り、「Route::get」関数で処理が行なわれているのが分かります。get関数は第1引数にURLを指定し、第2引数には関連付ける処理を記述します。Welcomeページでは、第1引数にトップページのURL/、第2引数に無名関数（クロージャ）が指定されています。クロージャ内には、「view」ヘルパ関数で「welcome」の名前のビューを呼び出す処理が記述されています。

3. ビュー

　続いて、ビューファイルの内容を確認しましょう。ビューのテンプレートファイルは「resouces」ディレクトリの中の「views」ディレクトリにあります。

リスト1.3.2.4：viewsディレクトリ

```
resources/views
└── welcome.blade.php
```

　ディレクトリ内に「welcome.blade.php」があることが分かります。ファイルの内容を確認してみましょう。

リスト1.3.2.5：welcome.blade.php

```
<!doctype html>
<html lang="{{ app()->getLocale() }}">
    <head>
        <meta charset="utf-8">
        <meta http-equiv="X-UA-Compatible" content="IE=edge">
        <meta name="viewport" content="width=device-width, initial-scale=1">

        <title>Laravel</title>

(中略)

    </head>
    <body>
        <div class="flex-center position-ref full-height">
            @if (Route::has('login'))
                <div class="top-right links">
                    @auth
                        <a href="{{ url('/home') }}">Home</a>
                    @else
                        <a href="{{ route('login') }}">Login</a>
                        <a href="{{ route('register') }}">Register</a>
                    @endauth
                </div>
            @endif

            <div class="content">
                <div class="title m-b-md">
                    Laravel
                </div>

                <div class="links">
```

28

```
                <a href="https://laravel.com/docs">Documentation</a>
                <a href="https://laracasts.com">Laracasts</a>
                <a href="https://laravel-news.com">News</a>
                <a href="https://forge.laravel.com">Forge</a>
                <a href="https://github.com/laravel/laravel">GitHub</a>
            </div>
        </div>
    </div>
    </body>
</html>
```

　上記コード例のwelcome.blade.phpは、そのほとんどがHTMLで記述されたファイルですが、一部に{{...}}で囲まれた処理や@から始まるif文などが含まれています。これはLaravelに標準で組み込まれているテンプレートエンジン「Blade」の構文です。welcome.blade.phpは、先にroutes/web.phpの説明で触れた、view('welcome')の内部でBladeによって処理されてHTMLとなり、ブラウザに表示されています。

　本項ではWelcomeページの動きを説明しました。次項では実際にコードを記述しながら、Laravelに触れていきましょう。

1-3-3　はじめてのページ

　本項以降でユーザー登録とログイン機能を備えた簡単なアプリケーションを作成します。作成する画面は下表に示す通りです（表1.3.3.1）。

表1.3.3.1：作成する画面・機能の一覧

ID	URI	機能
1	/home	トップ画面表示
2	/auth/register	ユーザー登録およびメール送信
3	/auth/login	ログイン
4	/auth/logout	ログアウト

　まずは、トップ画面を作成しましょう。

　Webブラウザでhttp://homestead.test/homeにアクセスしたら、次図の画面が表示されるようにします（図1.3.3.2）。

図1.3.3.2：トップ画面

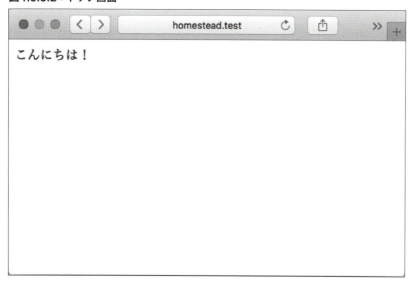

　まずルーティング定義を追加します。routes/web.phpを開き、ファイルの最後に下記コード例に示す3行を追加します（リスト1.3.3.3）。第1引数にはURLである/homeを、第2引数には「home」の名前のテンプレートファイルを表示するようにクロージャで定義します。

リスト1.3.3.3：ルーティング定義の追加

```
Route::get('/home', function () {
    return view('home');
});
```

　続いてテンプレートファイルを用意しましょう。下記コード例の内容でファイルを新規作成して、home.blade.phpのファイル名で保存し、resouces/viewsディレクトリに配置します。

リスト1.3.3.4：トップ画面のHTML(home.blade.php)

```
<html>
<head>
<meta charset='utf-8'>
</head>
<body>
こんにちは！
</body>
</html>
```

作成したら、Webブラウザからhttp://homestead.test/homeにアクセスして、トップ画面（図1.3.3.2）が表示されることを確認しましょう。

1-3-4　はじめてのテストコード

本項ではテストコードの記述を説明しましょう。Laravelには、PHPを代表するテストフレームワークの「PHPUnit」が同梱されているほか、ブラウザを使った自動操作によるテストが可能な「Laravel Dusk」など、開発者のテストを支援する機能が備わっています。

本項ではPHPUnitを使い、前項で作成したトップ画面に対して下記の2つのテストを行ないます。

- トップ画面のHTTPステータスコード200が返却されること
- トップ画面のレスポンスに"こんにちは！"の文字が含まれていること

それでは、テストコードを書いてみましょう。コマンドラインでsampleappフォルダに移動し、下記のコマンドを実行して、テストコードファイルを作成します。

リスト1.3.4.1：トップ画面のテストコードファイルを作成する

```
$ php artisan make:test HomeTest
Test created successfully.
```

「Test created successfully.」とメッセージが表示され、tests/FeatureディレクトリにHomeTest.phpが作成されます。ファイルを開き、下記コード例に示す通り記述します。

リスト1.3.4.2：トップ画面のテストコードを記述する

```php
<?php

namespace Tests\Feature;

use Tests\TestCase;

class HomeTest extends TestCase
{
    public function testStatusCode()
    {
        $response = $this->get('/home');

        $response->assertStatus(200);
```

```
    }

    public function testBody()
    {
        $response = $this->get('/home');

        $response->assertSeeText("こんにちは！");
    }
}
```

　テストクラスはTests\TestCaseクラスを継承して作成されます。また、テストメソッドの名前は先頭に「test」を付与します。上記コード例では、testStatusCodeがステータスコード200を確認するメソッド、testBodyがレスポンスに文字列「こんにちは！」を含むことを確認するメソッドです。

　準備できたら、コマンドラインからsampleappフォルダに移動し、下記のコマンドを実行しましょう。

リスト1.3.4.3：トップ画面のテストを実行する

```
$ vendor/bin/phpunit tests/Feature/HomeTest.php
PHPUnit 7.2.4 by Sebastian Bergmann and contributors.

..                                                          2 / 2 (100%)

Time: 1.37 seconds, Memory: 12.00MB

OK (2 tests, 2 assertions)
```

　PHPUnitを実行するコマンドはvendor/bin/phpunitです。引数には対象のテストクラスファイルを指定します。なお、引数を指定しない場合はtestフォルダ以下のテストファイルがすべて実行されますので、用途に応じて使い分けるとよいでしょう。

　今回のケースでは、最後に「OK (2 tests, 2 assertions)」と出力されれば、トップ画面のテストをクリアしています。テストは「Chapter 9 テスト」で詳述します。

1-3-5 ユーザー登録の実装

本項では、ユーザー登録の機能を実装しながらリクエストの受信とバリデーション機能を説明します。Laravelに標準で用意されている認証・登録機能のクラスを利用して、下記の手順で進めます。

1. データベースを準備する
2. 認証/登録機能クラスのコードを確認し、ルーティングに追加する
3. 登録画面を作る

1. データベースを準備する

はじめにユーザー情報を登録するテーブルを作成します。テーブル作成には「マイグレーション」と呼ばれる機能を使います。マイグレーションとは、データベースのスキーマ作成やデータ投入などをプログラムコードを使って処理できる機能です。

マイグレーションを行なうためのファイルはdatabase/migrationsにあります。databaseディレクトリの内容を確認しましょう。

リスト1.3.5.1：databaseディレクトリの内容

```
database
├── factories
│    └── UserFactory.php
├── migrations
│    ├── 2014_10_12_000000_create_users_table.php
│    └── 2014_10_12_100000_create_password_resets_table.php
└── seeds
     └── DatabaseSeeder.php
```

database/migrationsディレクトリには、2014_10_12_000000_create_users_table.phpと2014_10_12_100000_create_password_resets_table.phpと、2つのマイグレーションファイルが既に用意されています。2014_10_12_000000_create_users_table.phpの内容を確認すると、下記コード例に示す記述があります。

リスト1.3.5.2：マイグレーションファイル（2014_10_12_000000_create_users_table.php）

```php
<?php

use Illuminate\Support\Facades\Schema;
use Illuminate\Database\Schema\Blueprint;
use Illuminate\Database\Migrations\Migration;

class CreateUsersTable extends Migration
{
    public function up() // ①
    {
        Schema::create('users', function (Blueprint $table) { // ②
            $table->increments('id');
            $table->string('name');
            $table->string('email')->unique();
            $table->string('password');
            $table->rememberToken();
            $table->timestamps();
        });
    }

    public function down() // ③
    {
        Schema::dropIfExists('users');
    }
}
```

　上記のファイルにはupメソッド（①）とdownメソッド（③）の2つのメソッドが定義されています。これはマイグレーションファイルに共通するメソッドです。upメソッドには作成の処理を、downメソッドにはupメソッドで作成した内容を元に戻す処理を記載します。

　また、「users」テーブルを作成する処理が記述されています（②）。このコードで下表1.3.5.3に示すスキーマがデータベースに作成されます（データベースがMySQLの場合）。

表1.3.5.3：usersテーブル定義

カラム	型	制約	備考
id	AUTO_INCREMENT	PRIMARY KEY	
name	VARCHAR(255)		ユーザー名
email	VARCHAR(255)	UNIQUE	メールアドレス
password	VARCHAR(60)		パスワード
remember_token	VARCHAR(100)	NULL可	自動ログイン用トークン
created_at	TIMESTAMP		作成日時
updated_at	TIMESTAMP		更新日時

ディレクトリ内のもう一方のファイル2014_10_12_100000_create_password_resets_table. phpには、パスワードリセットの情報を保持する「password_resets」テーブルを生成するコードが記述されています。

　これらのマイグレーションファイルの定義をデータベースに適用するには、artisan migrateコマンドを使います。コマンドラインでsampleappフォルダに移動し、下記のコマンドを実行します。コマンド実行後に下記のメッセージが表示されたら、マイグレーションは完了です（リスト1.3.5.4）。

リスト1.3.5.4：マイグレーションの実行

```
$ php artisan migrate
Migrating: 2014_10_12_000000_create_users_table
Migrated:  2014_10_12_000000_create_users_table
Migrating: 2014_10_12_100000_create_password_resets_table
Migrated:  2014_10_12_100000_create_password_resets_table
```

　MySQLに接続して、テーブルの作成を確認しましょう。コマンドラインからHomesteadにSSH接続し、下記のコマンドを実行します。migrationsとusers、password_resetsの3テーブルが表示されます（リスト1.3.5.5）。

リスト1.3.5.5：MySQLに接続しテーブルを確認する

```
// MySQLに接続する
$ mysql --host=localhost --user=homestead --password=secret homestead
// テーブル一覧を表示
mysql> show tables from homestead;
+---------------------+
| Tables_in_homestead |
+---------------------+
| migrations          |
| password_resets     |
| users               |
+---------------------+
3 rows in set (0.00 sec)
```

　なお、Laravelのデータベースに関する機能は、「Chapter 5 データベース」で詳しく説明します。

2. 認証 / 登録機能クラスのコードを確認し、ルーティングに追加する

　続いて、認証/登録機能クラスのコードを確認して、ルーティングに設定を追加します。

　登録処理はコントローラで処理します。コントローラはMVC（Model-View-Controller）アーキテクチャを構成する要素の1つです。サービス利用者からの入力の受信、結果を返却するためのビューの選択、生成などを担います。MVCをはじめとした設計パターンに関しては「Chapter 3 アプリケーションアーキテクチャ」で詳しく取り上げます。

　登録処理は、RegisterControllerクラスの「showRegistrationForm」メソッドと「register」メソッドで行ないます。両方のメソッドともLaravelのインストール時に既に用意されているメソッドです。本項ではこれらを利用して登録画面を実装します。

　RegisterControllerクラスは、app/Http/Controllers/Authフォルダ内にあるので、内容を確認しましょう（リスト1.3.5.6）。

リスト1.3.5.6：RegisterControllerクラス（コメントは除外）

```php
<?php

namespace App\Http\Controllers\Auth;

use App\User;
use App\Http\Controllers\Controller;
use Illuminate\Support\Facades\Hash;
use Illuminate\Support\Facades\Validator;
use Illuminate\Foundation\Auth\RegistersUsers;

class RegisterController extends Controller
{
    use RegistersUsers;

    protected $redirectTo = '/home';

    public function __construct()
    {
        $this->middleware('guest');
    }

    protected function validator(array $data)
    {
        return Validator::make($data, [
            'name' => 'required|string|max:255',
            'email' => 'required|string|email|max:255|unique:users',
            'password' => 'required|string|min:6|confirmed',
        ]);
    }
```

```
    protected function create(array $data)
    {
        return User::create([
            'name' => $data['name'],
            'email' => $data['email'],
            'password' => Hash::make($data['password']),
        ]);
    }
}
```

　上記ファイルには、showRegistrationFormメソッドやregisterメソッドは見当たりません。それで
はどこにあるのでしょうか。RegisterControllerがuseしている「RegistersUsers」トレイトに実装が
あります。

　RegistersUsersトレイトは、vendorsフォルダのlaravel/framework/src/Illuminate/
Foundation/Auth/フォルダにあります。ファイル内のメソッドを確認してみましょう。

リスト1.3.5.7：showRegistrationFormメソッド（RegistersUsers.php）

```
    public function showRegistrationForm()
    {
        return view('auth.register'); // ①
    }
```

　showRegistrationFormメソッドでは「auth.register」の名のビューを表示します。テンプレート名
のドット「.」はフォルダの区切りを表すため、「auth.register」は「authフォルダの中のregisterビュー」
を意味します。

リスト1.3.5.8：registerメソッド（RegistersUsers.php）

```
    public function register(Request $request)
    {
        $this->validator($request->all())->validate();

        event(new Registered($user = $this->create($request->all())));

        $this->guard()->login($user);

        return $this->registered($request, $user)
                    ?: redirect($this->redirectPath());
    }
```

また、registerメソッドは、上記コード例に示す通り、validatorを使って入力値を確認して、create
メソッドでデータベースに登録します。続いてログイン処理を行なって画面をリダイレクトしています。

処理内で使用されているバリデーションルール（$this->validator）やデータ登録（$this->create）
の実装は、前述のコード例（リスト1.3.5.6）で示したRegisterControllerクラスにあります。2つのファ
イルを行き来しながら、処理を確認しましょう。

ルーティング定義を追加するため、routes/web.phpを開き、ファイル末尾に下記の記述を追加しま
す（リスト1.3.5.9）。

リスト1.3.5.9：ルーティング定義の追加

```
Route::get('auth/register', 'Auth\RegisterController@showRegistrationForm');
Route::post('auth/register', 'Auth\RegisterController@register');
```

上記の追加で、/auth/registerにgetメソッドでアクセスした場合は、Auth\RegisterControllerク
ラスのshowRegistrationForm関数が呼ばれ、/auth/registerへPOSTメソッドを使ってデータを送
信した場合には、register関数が呼ばれます。

3. 登録画面を作る

最後に会員登録の画面を作成します。下記コード例に示す内容を、register.blade.phpのファイル名
でresouces/views/authディレクトリに保存します（authディレクトリは新規で作成します）。

リスト1.3.5.10：登録画面を作成する

```
<html>
<head>
    <meta charset='utf-8'>
</head>
<body>
<h1>ユーザー登録フォーム</h1>
<form name="registform" action="/auth/register" method="post">
    {{ csrf_field() }}
    名前:<input type="text" name="name" size="30"><span>{{ $errors->first('name') }}</
span><br />
    メールアドレス:<input type="text" name="email" size="30"><span>{{ $errors->first('email')
}}</span><br />
    パスワード:<input type="password" name="password" size="30"><span>{{ $errors-
>first('password') }}</span><br />
    パスワード(確認):<input type="password" name="password_confirmation" size="30"><span>{{
$errors->first('password_confirmation') }}</span><br />
    <button type='submit' name='action' value='send'>送信</button>
```

```
  </form>
  </body>
  </html>
```

　上記コード例の{{ csrf_field() }}は、CSRFトークンを挿入するための記述です。フレームワーク の機能で画面表示の際に発行され、送信時に値チェックが行なわれます。

　入力項目としては、「名前」「メールアドレス」「パスワード」「パスワード（確認）」の4項目を用意しま す。各入力欄の右側には{{ $errors->first(フィールド名) }}と記述しています。［送信］ボタンを押した 後に入力値を確認しますが（バリデーション）、エラー発生時にエラー内容を表示するための記述です。 画面の下部には［送信］ボタンを表示し、ボタンを押したら/auth/register画面に送信する設定です。

　ここまで準備したコードで会員登録機能の完成です。ここで、作成済みのhome.blade.phpに変更を 加えます。ログイン中と非ログインのときでメッセージを変更します。

リスト1.3.5.11：トップ画面を変更する（resources/views/home.blade.php）

```
<html>
<head>
    <meta charset='utf-8'>
</head>
<body>
こんにちは！
@if (Auth::check())
    {{ \Auth::user()->name }}さん
@else
    ゲストさん<br />
    <a href="/auth/register">会員登録</a>
@endif
</body>
</html>
```

　上記コード例に示す通り、Auth::check()でログイン状態を確認して、ログイン済みであればユーザー 名を表示します。非ログイン状態であれば「ゲストさん」と表示し、会員登録画面へのリンクを表示し ます（リスト1.3.5.11）。

　ログイン状態によって表示内容を変更する実装したら、Webブラウザでhttp://homestead.test/ homeへアクセスします。上記で変更したトップ画面が表示されることを確認します（図1.3.5.12）。

図1.3.5.12：非ログイン状態で表示されるトップ画面

続いて、上図に表示された［会員登録］リンクをクリックし、前述のコード例（リスト1.3.5.10）で作成した登録フォームが正しく表示されることを確認しましょう（図1.3.5.13）。

図1.3.5.13：ユーザー登録フォーム

ユーザー登録フォームが表示されたら、下表の項目を入力して［送信］ボタンをクリックします（表1.3.5.14）。

表1.3.5.14：サンプル入力値

項目	入力値
名前	ララベル
メールアドレス	laravel@example.com
パスワード	password

　登録が正常に処理されると、/homeにリダイレクトされ、下図に示す通り、ログイン後の画面が表示されます（図1.3.5.15）。

図1.3.5.15：送信ボタンを押した後の画面

　正しくデータが保存されたか確認します。リスト1.3.5.5で紹介した方法でMySQLに接続して、select文「select * from users;」を実行してデータの登録を確認しましょう（図1.3.5.15）。

図1.3.5.15：データベースを確認する

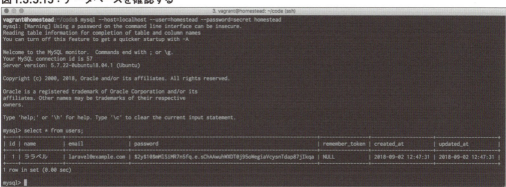

|第一部 Laravelの基礎 | 第二部 実践パターン | 第三部 Laravelアプリケーション開発手法|

1-3-6　ユーザー認証

ユーザー登録処理が準備できたところで、本項ではログイン処理を実装します。

まずは、ルーティングを設定します。routes/web.phpに下記コード例に示す内容を追加します（リスト1.3.6.1）。

リスト1.3.6.1：ログイン機能のルーティングを追加する

```
Route::get('/auth/login', 'Auth\LoginController@showLoginForm');
Route::post('/auth/login', 'Auth\LoginController@login');
```

登録処理と同様、標準で用意されているコントローラクラス、App\Http\Controllers\Auth\LoginControllerを利用してログイン処理を作成します。前述のRegisterControllerと同様に、LoginControllerにはshowLoginFormメソッドもloginメソッドもありません。AuthenticatesUsersトレイトに実装されています。AuthenticatesUsersトレイトは、vendorsフォルダのlaravel/framework/src/Illuminate/Foundation/Auth/フォルダにあります。

showLoginFormメソッドでは、下記コード例に示す通り、auth.loginテンプレートを読み込みます（リスト1.3.6.2）。

リスト1.3.6.2：AuthenticatesUsersトレイトのshowLoginFormメソッド

```
public function showLoginForm()
{
    return view('auth.login');
}
```

下記コード例に示す通り、loginメソッドでは入力された値をチェックし（①）、ログイン処理を行なって（②）、画面をリダイレクトしています（③）。

リスト1.3.6.3：AuthenticatesUsersトレイトのloginメソッド

```
public function login(Request $request)
{
    $this->validateLogin($request); // ①

    if ($this->hasTooManyLoginAttempts($request)) {
        $this->fireLockoutEvent($request);
```

```
            return $this->sendLockoutResponse($request);
        }

        if ($this->attemptLogin($request)) { // ②
            return $this->sendLoginResponse($request); // ③
        }

        $this->incrementLoginAttempts($request);

        return $this->sendFailedLoginResponse($request);
    }
```

　次にログイン画面を実装します。resources/views/auth/login.blade.phpを作成して、下記コード例に示す内容を記述します（リスト1.3.6.4）。

リスト1.3.6.4：ログインフォーム

```
<html>
<head>
    <meta charset='utf-8'>
</head>
<body>
<h1>ログインフォーム</h1>
@isset($message)
    <p style="color:red">{{$message}}</p>
@endisset
<form name="loginform" action="/auth/login" method="post">
    {{ csrf_field() }}
    メールアドレス:<input type="text" name="email" size="30" value="{{ old('email') }}"><br />
    パスワード:<input type="password" name="password" size="30"><br />
    <button type='submit' name='action' value='send'>ログイン</button>
</form>
</body>
</html>
```

　続いて、ログアウト機能も実装しましょう。下記に示すコードをroutes/web.phpに追加します（リスト（1.3.6.5）。

リスト1.3.6.5：ログアウト機能のルーティングを追加する

```
Route::get('/auth/logout', 'Auth\LoginController@logout');
```

　logoutメソッドは、AuthenticatesUsersトレイトに定義されているメソッドですが、ログアウト後のリダイレクト先がルートディレクトリ（/）になっています。ログアウトしたら/homeの画面を表示させたいので、トレイトのlogoutメソッドをオーバーライドします。

下記コード例に示す通り、app\Http\Controllers\Auth\LoginController.phpの内容を修正します。

リスト1.3.6.7：ログアウト後の遷移先を変更する

```php
public function logout(\Illuminate\Http\Request $request)
{
    $this->guard()->logout();

    $request->session()->invalidate();

    // redirectヘルパの引数を / から /home へ変更
    return $this->loggedOut($request) ?: redirect('/home');
}
```

ログイン機能とログアウト機能を実装したところで、home.blade.phpを変更します。下記コード例に示す通り、ログインへのリンクとログアウトのリンクを追加します。

リスト1.3.6.8：トップ画面を変更する

```html
<html>
<head>
    <meta charset='utf-8'>
</head>
<body>
こんにちは！
@if (Auth::check())
    {{ \Auth::user()->name }}さん<br />
    <a href="/auth/logout">ログアウト</a>
@else
    ゲストさん<br />
    <a href="/auth/login">ログイン</a>
    <a href="/auth/register">会員登録</a>
@endif
</body>
</html>
```

上記コード例に示す通り、Auth::check()でログイン状態を確認し、ログイン済みであればユーザー名とログアウトへのリンクを表示します。非ログイン状態では「ゲストさん」と表示し、ログイン画面と会員登録画面へのリンクを表示します。

それでは、動作を確認しましょう。
Webブラウザからhttp://homestead.test/auth/loginにアクセスします。

図1.3.6.9：会員登録機能から継続してログイン機能を実装し、アクセスした際のホーム画面（ログイン状態）

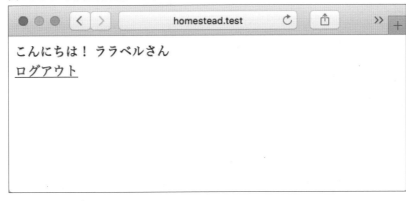

　上図に示す通り、ログイン後の画面が表示されました。会員登録を確認したときに登録したユーザーでログインした状態になっています（図1.3.6.9）。[ログアウト]をクリックして、ログアウト状態にしましょう。

図1.3.6.10：非ログイン状態のホーム画面

　あらためて認証の動作を通して確認します。
　上図で[ログイン]をクリックして（図1.3.6.10）、ログイン画面を表示します。

図1.3.6.11：ログイン画面

　上図のログイン画面で、先ほど登録したメールアドレス「laravel@example.com」とパスワード「password」を入力して、［ログイン］ボタンをクリックします。ログインが成功すると/homeにリダイレクトされ、「こんにちは！ララベルさん」と表示されることを確認します。

図1.3.6.12：ログイン成功メッセージ

　前図で［ログアウト］ボタンをクリックするとログアウト処理が行なわれ、非ログイン状態のホーム画面が表示されることを確認できます。
　なお、認証と認可に関しては、「Chapter 6 認証と認可」で詳細に説明します。

1-3-7 イベント

前項までで会員登録とログイン・ログアウトの機能を実装しました。本項ではイベントを使用して、会員登録時にメールを送信する機能を追加します。

イベントとは、プログラムで発生するさまざまな事象（イベント）を別のオブジェクトに通知し、その事象に対応した処理（リスナー）を実行できる機能です。ビジネスロジックでイベントを発行できるほか、Laravelフレームワークの内部でもさまざまなイベントが発行されており、イベントをフックすることで任意の処理を差し込めることも特徴です。

本項では、下記の順番で説明を進めます。

1. メール送信設定
2. イベントとリスナーのファイル作成
3. リスナークラスの実装

1. 下準備：メール送信設定

下準備としてメール送信の設定を行ないます。

本項でMailHogを使用します。MailHogはHomesteadに同梱されているSMTPサーバです。Webブラウザでhttp://homestead.test:8025/にアクセスすると、MailHogの画面が表示され、プログラムから送信したメールをWebブラウザ上で簡単に確認できます（図1.3.7.1）。

図1.3.7.1：MailHog画面

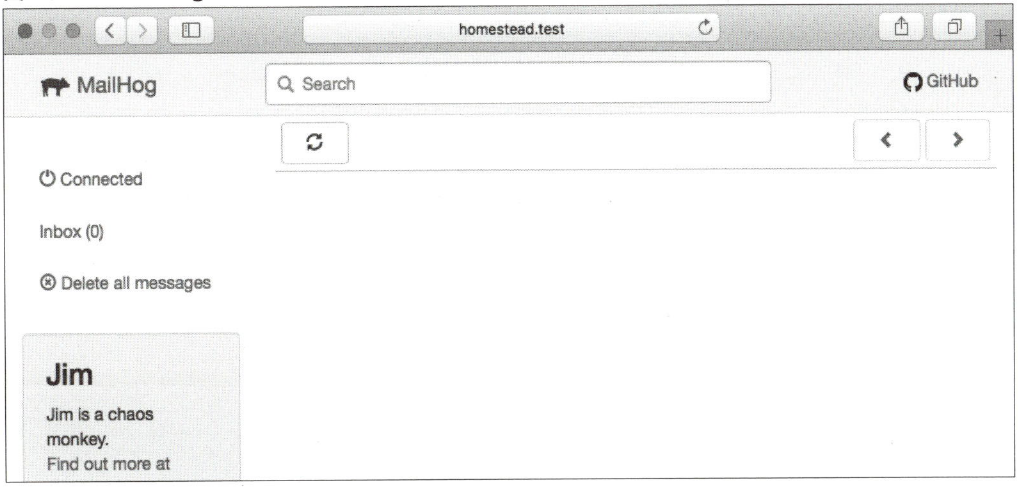

続いて、sampleappディレクトリにある.envファイルを開き、メールに関する設定を下記コード例に示す通り変更しましょう。

リスト1.3.7.2：.envファイルのメール設定を変更

```
MAIL_DRIVER=smtp
MAIL_HOST=localhost
MAIL_PORT=1025
MAIL_USERNAME=null
MAIL_PASSWORD=null
MAIL_ENCRYPTION=null
```

2. リスナーのファイル生成

下準備のメール送信設定が完了したところで、ログイン成功時のログインした利用者の情報をログ出力する処理を作成します。通常、イベントとリスナーの両方を実装する必要がありますが、本項で利用するイベントクラスは、Laravelの認証処理に標準で含まれているのでリスナーのみを実装します。

下記コード例に示す内容を、app/Providers/EventServiceProvider.phpに追加しましょう（リスト1.3.7.3）。

リスト1.3.7.3：リスナーを定義する

```
protected $listen = [
    'App\Events\Event' => [
        'App\Listeners\EventListener',
    ],
    // 会員登録イベントのリスナーを発行(追加)
    'Illuminate\Auth\Events\Registered' => [
        'App\Listeners\RegisteredListener',
    ],
];
```

続いて、コマンドラインでsampleappフォルダに移動して、下記のコマンドを実行してリスナークラスを作成します。実行すると「Events and listeners generated successfully!」と表示されます（リスト1.3.7.4）。

リスト1.3.7.4：リスナークラスを作成するコマンド

```
$ php artisan event:generate
Events and listeners generated successfully!
```

appフォルダに「Listeners」フォルダができて、EventListener.phpとRegisteredListener.phpが作成されていることを確認しましょう。本項ではRegisteredListener.phpに変更を加えます。

3. リスナークラスの実装

会員登録時に実行されるリスナークラスであるRegisteredListener.phpを開き、メールを送信する処理を記述します。イベントが発生した場合、デフォルトではhandleメソッドが実行されるため、こちらに処理を追加します（リスト1.3.7.5）。

リスト1.3.7.5：会員登録成功イベントに対応するRegisteredListenerクラス

```php
<?php

namespace App\Listeners;

use App\User;
use Illuminate\Auth\Events\Registered;
use Illuminate\Mail\Mailer;

class RegisteredListener
{
    private $mailer;
    private $eloquent;

    public function __construct(Mailer $mailer, User $eloquent)
    {
        $this->mailer = $mailer;
        $this->eloquent = $eloquent;
    }

    public function handle(Registered $event)
    {
        $user = $this->eloquent->findOrFail($event->user->getAuthIdentifier());
        $this->mailer->raw('会員登録完了しました', function ($message) use ($user){
            $message->subject('会員登録メール')->to($user->email);
        });
    }
}
```

これで準備は完了です。試しにWebブラウザから会員登録を行ない、MailHogの画面でメールが送信されていることを確認しましょう（図1.3.7.6）。

図1.3.7.6：MailHog画面を確認する

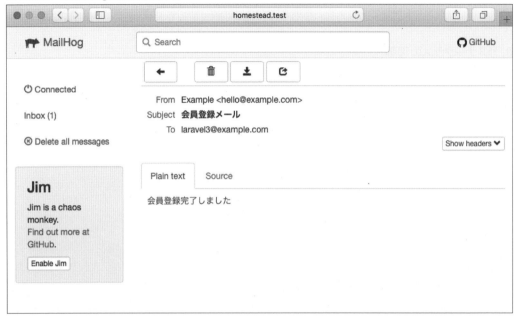

　本節では、画面表示とデータベース設定、認証、イベント、そしてテストと、一般的な機能を一通り使用するアプリケーションを実装しました。次章以降では各機能をさらに掘り下げて説明し、実践に即した開発パターンを紹介していきます。
　なお、イベントに関しては、「Chapter 7 処理の分離」で詳しく説明します。

Chapter 2

第一部

Laravel
アーキテクチャ

アプリケーション実装で重要なLaravelのアーキテクチャを学ぶ

実践的なLaravelアプリケーションの実装を学ぶ上で大切なのは、Laravelフレームワークそのものを知ることです。フレームワークとアプリケーションがどのように協調して動くかを知ることで、俯瞰した視点でアプリケーションの動作を見ることができます。本章では、Laravelアプリケーションの骨組みとなるアーキテクチャを解説します。

2-1 ライフサイクル

Laravelアプリケーションの起動から終了までの流れを追う

　Webアプリケーションでは、HTTPリクエストを起点として処理が実行され、最終的にHTTPレスポンスを返します。これは、Laravelアプリケーションも同様で、HTTPリクエストを受けるエントリポイントがあります。本節では、このエントリポイントからアプリケーションの実行、そしてHTTPレスポンスの返却までの流れを説明します。

2-1-1　Laravelアプリケーション実行の流れ

　Laravelアプリケーションにおける、HTTPリクエストからHTTPレスポンス返却までの流れを俯瞰した流れを下図に示します（図2.1.1.1）。

図2.1.1.1：Laravelアプリケーション実行の流れ

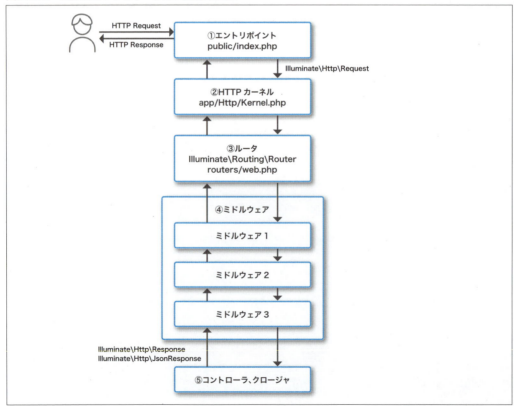

HTTPリクエストからアプリケーションの実行

　送信されたHTTPリクエストは、エントリポイント（①）となるpublic/index.phpにて処理します。HTTPリクエストを元にIlluminate\Http\Requestインスタンス（以下Request）を生成して、HTTPカーネルに引き渡します。HTTPカーネル（②）ではアプリケーションをセットアップし、ルータにRequestをディスパッチします。

　ルータ（③）では、routes/web.phpなどで定義されたルート定義の中から、Requestの内容を元に処理すべきコントローラのメソッドやクロージャを決定します。適合するルート定義があれば、Requestを与えて実行します。この時、実行すべきミドルウェア（④）があれば、それぞれのミドルウェアの処理を実行し、最後にコントローラ（⑤）を実行します。

アプリケーションの実行結果からHTTPレスポンスの出力

　コントローラでは、ビジネスロジックの実行やデータベースアクセス、ビューの生成などを行ない、HTTPレスポンスで返すための値をIlluminate\Http\ResponseもしくはIlluminate\Http\JsonResponseインスタンスとして返します（⑤）。この値はHTTPリクエスト処理時とは逆の順序で、ミドルウェア（④）からルータ（③）、HTTPカーネル（②）へと戻されていきます。最後にエントリポイント（①）に値が返されるので、HTTPレスポンスとして出力して終了します。

　以降、それぞれの処理を担う各コンポーネントを解説します。

2-1-2　エントリポイント

　エントリポイントは、Laravelアプリケーションの起点となります。public/index.phpがそれに相当します。Laravelアプリケーションで処理する全HTTPリクエストを受ける必要があるので、ドキュメントルート配下に設置して、index.phpにHTTPリクエストが割り当てられるようにWebサーバ（Apacheやnginx）を設定[1]します。設定方法は公式マニュアルを参照して下さい[2]。

　エントリポイントは単純な実装なので、下記に示すコードで全体像を見てみましょう（リスト2.1.2.1）。本項では説明のためコメントは省いています。

リスト2.1.2.1：エントリポイント（public/index.php）

```
// ① オートローダの読み込み
define('LARAVEL_START', microtime(true));
require __DIR__.'/../vendor/autoload.php';
```

1　通常、publicディレクトリをドキュメントルートとして設定します。
2　https://laravel.com/docs/5.5#web-server-configuration

```
// ② フレームワークの起動
$app = require_once __DIR__.'/../bootstrap/app.php';

// ③ アプリケーションの実行
$kernel = $app->make(Illuminate\Contracts\Http\Kernel::class);
$response = $kernel->handle(
    $request = Illuminate\Http\Request::capture()
);

// ④ HTTPレスポンスの送信
$response->send();

// ⑤ 終了処理
$kernel->terminate($request, $response);
```

　上記コード例に示す通り、まずオートローダ[3]の読み込みを行ないます（①）。この記述により、フレームワークのクラスファイルなどをrequire文などで読み込まなくても利用できます。

　次にフレームワークのセットアップを行ないます（②）。require_once文で読み込んでいるファイルbootstrap/app.phpには、フレームワークをセットアップするコードが含まれており、ファイルを読み込むことで実行されます。実行結果として、Illuminate\Foundation\Applicationのインスタンスが返されます。これはサービスコンテナと呼ばれるLaravelの中核を成すコンポーネントです。

　なお、サービスコンテナはLaravelを理解する上で重要なコンポーネントであり、「2-2 サービスコンテナ」で詳細に説明します。

　生成されたサービスコンテナを利用して、HTTPカーネルを生成してhandleメソッドを実行します（③）。これによりアプリケーションが実行されます。handleメソッドの引数にはRequestを与える必要があるため、Illuminate\Http\Request::capture()でHTTPリクエストからRequestを生成しています。アプリケーション実行後、HTTPレスポンスを示すResponseが戻り値として返ります。

　アプリケーション実行の戻り値として返されたResponseのsendメソッドで、HTTPレスポンスを返します（④）。最後に、HTTPカーネルのterminateメソッドで終了処理を実行します（⑤）。

　多くのコンポーネントが連携して複雑な処理を実行するLaravelアプリケーションですが、エントリポイントは単純なコードで構成されています。このコードを読むだけでもアプリケーション実行の大きな流れを俯瞰できます。どのようにフレームワークが動作してアプリケーションを実行しているかを知りたい場合は、このエントリポイントを起点にコードを読み進めるとよいでしょう。

3　クラスやインターフェース、トレイトが定義されたPHPファイルを自動で読み込む仕組み。参照：http://php.net/manual/ja/language.oop5.autoload.php

2-1-3 **HTTPカーネル**

　HTTPカーネルでは、アプリケーションのセットアップやミドルウェアの設定を行ない、ルータを実行します。ルータにはエントリポイントから与えられたRequestを与え、実行で生成されたResponseをエントリポイントに返します。

　デフォルトで実行されるHTTPカーネルはApp\Http\Kernelクラスです。このクラスはミドルウェアの設定のみが記述されており、実際の処理は基底クラスであるIlluminate\Foundation\Http\Kernelクラスに実装されています。下記コード例に、エントリポイントから実行されるhandleメソッドを示します（リスト2.1.3.1）。

リスト2.1.3.1：HTTPカーネルのhandleメソッド（Illuminate\Foundation\Http\Kernel）

```
public function handle($request)
{
    try {
        $request->enableHttpMethodParameterOverride();

        // ① ルータを実行
        $response = $this->sendRequestThroughRouter($request);
    } catch (Exception $e) {
        // ② 例外発生時処理
        $this->reportException($e);

        $response = $this->renderException($request, $e);
    } catch (Throwable $e) {
        // ②' 例外発生時処理
        $this->reportException($e = new FatalThrowableError($e));

        $response = $this->renderException($request, $e);
    }

    // ③ イベント発火
    $this->app['events']->dispatch(
        new Events\RequestHandled($request, $response)
    );

    return $response;
}
```

　上記コード例に示す通り、handleメソッドではいくつかの処理が実行されていますが、重要なのはsendRequestThroughRouterメソッドの実行です（①）。このメソッドにはhandleメソッドの引数

で受け取ったRequestを渡しています。sendRequestThroughRouterメソッドの中では、ルータに Requestを渡して実行しています。これによりルータに処理が移ります。

なお、この処理はtryブロック内で行なわれ、catch句で例外ハンドラが定義されています（②）。ア プリケーションで発生した例外はここでキャッチされて、renderExceptionメソッドの中でエラー時 のResponseが生成されます[4]。さらに、Events\RequestHandledイベントが発火されているので[5]（③）、これに対するリスナーを設定すればこの時点で呼び出されます。

2-1-4 **ルータ**

ルータでは、定義されたルートの中からRequestにマッチするルートを探して、ルートに定義され たコントローラやアクションクラス、クロージャといったアプリケーションコードを実行します。
実行結果として、コントローラやミドルウェアからレスポンスとして返される値を返すことで、これ をIlluminate\Http\ResponseもしくはIlluminate\Http\JsonResponseのインスタンスに変換して 返します。
ルートの定義は、routes/web.php（APIの場合は routes/api.php）で設定します。下記にroutes/ web.phpのコード例を示します（リスト2.1.4.1）。コード例では3つのルートを定義しています。

リスト2.1.4.1：routes/web.phpの例

```php
<?php

// ① App\Http\Controllers\TaskControllerクラスのgetTasksメソッドを実行
Route::get('/tasks', 'TaskController@getTasks');
// ② App\Http\Controllers\AddTaskActionの__invokeメソッドを実行
Route::post('/tasks', 'AddTaskAction');
// ③ クロージャを実行
Route::get('/hello', function (Request $request) {
    return view('hello');
});
```

上記コード例では、URIが/tasksへのGETリクエストに対して、TaskControllerクラスのgetTasks メソッドを割り当てています（①）。デフォルトではコントローラ名の前にApp\Http\Controllersの名 前空間が適用されるので、実際は、App\Http\Controllers\HelloControllerクラスのhelloメソッド が対象となります。
このようにコントローラメソッドを指定する場合、コントローラ名とメソッド名を「@」で連結します。

---

4 エラーハンドラは、「10-1 エラーハンドリング」で解説します。
5 イベントは、「7-1 イベント」で解説します。

続いて、URIが/tasksへのPOSTリクエストに対して、AddTaskActionクラスを指定しています（②）。このようにクラス名のみを指定した場合、__invokeメソッドが存在すれば、そのメソッドを実行します。

そして、URIが/helloに対するGETリクエストにクロージャを指定します（③）。簡易な処理であれば、クロージャで対応する処理を実装できます。しかし、実際のアプリケーションでは、上記の2つのうちいずれかの方法で指定することがほとんどです。

2-1-5　ミドルウェア

ミドルウェアでは、ルートで指定された処理を実行する前後に任意の処理を実行可能です。主な用途としては、RequestやResponseに含まれる値の変更や暗号化（復号）やセッション実行、認証処理などがあります。複数のミドルウェアを数珠繋ぎに連結できるので、それぞれのミドルウェアは1つの責務を担い、それらを組み合わせて任意の処理を実行します。

ミドルウェアの動作を見るために、Cookieの暗号化や復号を行なうIlluminate\Cookie\Middleware\EncryptCookiesクラスのhandleメソッドのコード[6]を見てみましょう（リスト2.1.5.1）。

リスト2.1.5.1：ミドルウェアの例（Illuminate\Cookie\Middleware\EncryptCookiesから抜粋）

```php
<?php

namespace Illuminate\Cookie\Middleware;

(中略)

class EncryptCookies
{
    (中略)
    public function handle($request, Closure $next)
    {
        // ① Requestに含まれる暗号化されたCookieを復号したRequestを取得
        $decrypted = $this->decrypt($request);
        // ② 次のミドルウェアを実行して、Responseを取得
        $response = $next($decrypted);

        // ③ ResponseのCookieを暗号化して返す
        return $this->encrypt($response);
    }
    (中略)
}
```

6　説明のためhandleメソッドの実装を一部変更しています

コード例のhandleメソッドが、ミドルウェアとして実行されるメソッドです。引数にはRequestと次に実行するクロージャを取ります。クロージャでは、次に実行するミドルウェアがあればミドルウェアを、なければコントローラを実行します。

decryptメソッドで、Requestに含まれる暗号化されたCookieを復号します（①）。このメソッドでは、Requestを返すので、実際は復号されたCookieを含むRequestが返されます。

クロージャを実行して、次のミドルウェアもしくはコントローラを実行します（②）。引数には①で生成した復号済みのRequestを与えます。この処理で、以降はCookieを平文として扱うことができます。クロージャはコントローラで生成したResponseを返します。

encryptメソッドを利用してResponseに含まれるCookieを暗号化します（③）。このメソッドでは、暗号化Cookieを含むResponseを返すので、これをhandleメソッドの戻り値として返します。つまり、このミドルウェアより上位のコンポーネントでは、Cookieは暗号化された状態となります。

この通り、ミドルウェアを利用することでRequestやResponseに対する処理を差し込むことが容易です。Laravelでもこうしたミドルウェアが多く用意されており、ミドルウェアの有効・無効を切り替えることで、機能の追加・削除が可能です。なお、ミドルウェアの詳細は、「4-4 ミドルウェア」で解説します。

2-1-6　コントローラ

コントローラではHTTPリクエストに対応する処理を実行します。狭義の意味ではアプリケーション実行の起点ともいえます。コントローラからビジネスロジックの実行やデータベースアクセスなどの処理を行ないます。処理が完了すれば、Responseを生成して戻り値として返します。

下記にコントローラのコード例を示します（リスト2.1.6.1）。実務で扱う複雑なアプリケーションではコントローラ内で処理が完結することはほとんどなく、多くの場合は、サービスクラスやユースケースクラスなどほかのコンポーネントを利用して実装します。

リスト2.1.6.1：コントローラの例

```php
<?php
declare(strict_types=1);

namespace App\Http\Controllers;
```

```php
use Illuminate\Http\Request;
use App\Services\TaskService;

class TaskController extends Controller
{
    public function getTasks(Request $request, TaskService $service)
    {
        // ① HTTPリクエストの値を参照
        $isDone = $request->get('is_done');

        // ② ビジネスロジックの実行
        $tasks = $service->findTasks($isDone);

        // ③ レスポンスを返す
        return response($tasks);
    }
}
```

　上記コード例に示す通り、getTasksメソッドではRequestとビジネスロジックを実行する
TaskServiceというサービスクラスのインスタンスを引数に取ります。これらは、サービスコンテナ
の機能でインスタンスが与えられます。サービスコンテナは、「2-2 サービスコンテナ」で解説します。
　このメソッドでは、Requestを利用してHTTPリクエストで送信された値を取得します（①）。次に、
サービスクラスを利用してビジネスロジックを実行します（②）。最後に、ビジネスロジックで取得し
た値をresponse関数でIlluminate\Http\Responseインスタンスに変換して返します（③）。

| 第 一 部 | Laravelの基礎 | 第 二 部 | 実践パターン | 第 三 部 | Laravelアプリケーション開発手法 |

2-2 サービスコンテナ

Laravelフレームワークのキモ、サービスコンテナの仕組みを学ぶ

　フレームワークはさまざまな機能を持つ数多くのクラスで構成されています。私たちが開発するコントローラやモデルもクラスです。これらのクラスのインスタンスを管理するのがサービスコンテナです。本節では、Laravelの主要機能であるサービスコンテナを説明します。

2-2-1 サービスコンテナとは

　アプリケーション開発にフレームワークを導入する利点の1つは、データベースやファイルの操作、セッションやクッキーの管理、ログ出力など、アプリケーションでよく使う機能が既に用意されているため、必要な機能を簡単に利用できるおかげで開発者がビジネスロジックに専念できることです。

　通常、クラスの機能を利用する場合、下記コード例に示す通り、対象となるクラスのインスタンスを生成しメソッドをコールします（リスト2.2.1.1）。

リスト2.2.1.1：通常のクラスメソッド利用

```
$hoge = new \App\Services\HogeService();
$hoge->doSomething();
```

　アプリケーション内の複数のクラスが同じ機能を利用する場合、利用するクラスに応じてインスタンスが生成されることになります。機能には環境設定の値管理やキャッシュ保持など、システム全体でインスタンスを1つだけ生成すればよいクラスもありますが、そのような制御をビジネスロジックで行なうことはコードの複雑化に繋がります。また、機能には設定値の読み込みなどの初期処理を必要とするものもあります。必要なクラスが個別に処理を実行するのでは効率が悪く、処理の漏れなどによる不具合を招く可能性も高くなりかねません。

　上述の課題に対して、Laravelフレームワーク内におけるインスタンス管理の役割を担っているのがサービスコンテナです。ビジネスロジックはサービスコンテナに対してインスタンスを「要求」するだけです。サービスコンテナは各クラスのインスタンスやインスタンスの生成方法を保持し、ビジネスロジックから要求されると、所定の手順にしたがってインスタンスを生成して返却します。要求されたクラスがシングルトンのクラスであれば、サービスコンテナは内部にキャッシュしているインスタンスを返却します。こうした役割をサービスコンテナが担うことで、開発者はインスタンス管理に悩まされることなく、Laravelの多彩な機能を利用することが可能です。

また、クラス内で必要となる機能クラスのインスタンスを、コンストラクタやメソッドの引数などを使って外部から渡す（＝注入する）、「Dependency Injection」（DI／依存性の注入）パターンを利用する場合も、注入するインスタンスの生成やクラスへの注入をサービスコンテナが担います。

　サービスコンテナにインスタンス管理を任せるためには、あらかじめインスタンス生成の方法をサービスコンテナに知らせる必要があります。Laravelに用意されているデータベース操作やキャッシュ管理などのクラスも、前節「2-1 ライフサイクル」で紹介したアプリケーションの初期化処理内で、サービスコンテナへの登録処理が実行されています。本節ではサービスコンテナへの登録と取得の方法を説明します。

2-2-2　バインドと解決

　サービスコンテナに対してインスタンスの生成方法を登録する処理は、「バインド」（bind／binding）と呼ばれ、指定されたインスタンスをサービスコンテナが生成して返すことを「解決する」（resolve／resolving）」と呼びます。

図2.2.2.1：サービスコンテナの概念図

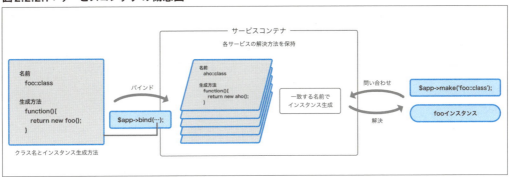

　サービスコンテナの操作は、Illuminate\Foundation\Applicationクラスのインスタンスに対してメソッドを実行します。まずは、インスタンスを取得する方法を下記コード例に示します（リスト2.2.2.2）。

リスト2.2.2.2：サービスコンテナのインスタンス取得方法

```
// app関数から取得する
$app = app();

// Application::getInstanceメソッドから取得
```

```
$app = \Illuminate\Foundation\Application::getInstance();

// Appファサードから取得
$app = \App::getInstance();
```

サービスコンテナの実体はIlluminate\Foundation\Applicationクラスで、Illuminate\Container\Containerクラスを継承しており、サービスコンテナの機能の多くはこのクラスに実装されています。

　続いて、簡単なバインドと解決のコード例を下記に示します（リスト2.2.2.3）。FooLoggerクラスをサービスコンテナにバインドして解決する例です。

リスト2.2.2.3：バインドと解決の簡単な例

```
use Illuminate\Foundation\Application;
use Monolog\Logger;
use Psr\Log\LoggerInterface;

class FooLogger
{
    protected $logger;

    public function __construct(LoggerInterface $logger)
    {
        $this->logger = $logger;
    }
}

app()->bind(FooLogger::class, function (Application $app) { // ①
    $logger = new Logger('my_log');
    return new FooLogger($logger);
});

$foologger = app()->make(FooLogger::class); // ②
```

　上記の①がバインドの一例です。「bind」メソッドを利用して、ビジネスロジックがFooLoggerクラスを要求したときに実行する、インスタンスの生成処理をクロージャで指定しています。
　解決の一例が②です。「make」メソッドを利用して解決対象の文字列を引数で指定しています。FooLoggerクラスを要求しているので、①でバインドしたクロージャが実行され、その戻り値（FooLoggerクラスのインスタンス）が返されます。

2-2-3　バインド

バインドには下記にあげる通り、いくつかの方法があります。本節では主要な方法を具体的なコード例も含めて説明します。

1. bindメソッド
2. bindIfメソッド
3. singletonメソッド
4. instanceメソッド
5. whenメソッド

bindメソッド

bindはもっとも利用されるバインドメソッドです。第1引数に文字列、第2引数にインスタンスの生成処理をクロージャで指定します。下記コードに利用例を示します。

リスト2.2.3.1：bindメソッドの例

```
class Number
{
    protected $number;

    public function __construct($number = 0)
    {
        $this->number = $number;
    }

    public function getNumber()
    {
        return $this->number;
    }
}

// ① バインド処理
app()->bind(Number::class, function () {
    return new Number();
});

$numcls = app()->make(Number::class); // ②
$number = $numcls->getNumber();
```

上記コード例のバインド処理（①）では、Numberクラスのクラス名に対して、インスタンス生成処理をクロージャで指定しバインドしています。クロージャはNumberクラスのインスタンスを生成し返却します。この戻り値が解決時に返されます（②）。

なお、bindメソッドで指定した場合、バインドしたクロージャは解決されるたびに実行されるため、上記コード例では常に新しく生成されたNumberインスタンスが返されます。

クロージャに引数を設定すれば、解決時にパラメータを渡すことが可能です。下記にコード例を示します（リスト2.2.3.2）。

リスト2.2.3.2：解決時にパラメータを指定する例

```
use Illuminate\Foundation\Application;

// クロージャで引数を受け取り、Numberクラスのコンストラクタに渡す
app()->bind(Number::class, function (Application $app, array $parameters) {
    return new Number($parameters[0]);
});

// 解決時に引数で値を指定すると、クロージャの第二引数に格納される
$numcls = app()->make(Number::class, [100]);
echo $numcls->getNumber();

// echoの実行結果
100
```

また、bindメソッドの第1引数に連想配列を指定すると、別名でのバインドが可能です。連想配列のキーに対象の文字列、値に別名を指定します。

リスト2.2.3.3：別名をバインドする例

```
// Numberクラスに対してnumという名前を割り当てる
app()->bind([Number::class => 'num']);

// Numberクラスのインスタンスが返される
$numcls = app()->make('num');
$number = $numcls->getNumber();
```

bindIfメソッド

前述のbindメソッドと引数の指定方法は同じですが、引数で指定された文字列に対するバインドが存在しない場合のみバインド処理を行なうメソッドです。同名のバインドが既に存在する場合は何も行ないません。

下記に示すコード例では、文字列「Number100」に対してbindIfメソッドを2回呼んでいます（リスト2.2.3.4）。①の時点ではバインドされていないため処理が実行されますが、②では既に同名でバインドされているため無効となります。

リスト2.2.3.4：bindIfメソッドの例

```
app()->bindIf('Number100', function () { // ①
    return new Number(100);
});
app()->bindIf('Number100', function () { // ②
    return new Number(200);
});

$numcls = app()->make('Number100');
$number = $numcls->getNumber();
// $number = 100
```

singletonメソッド

　インスタンスを1つのみにする場合は、singletonメソッドを利用します。サービスコンテナが解決したインスタンスはキャッシュされ、次からはキャッシュされたインスタンスが返されます。下記に利用例を示します（リスト2.2.3.5）。

リスト2.2.3.5：singletonメソッドの例

```
// リスト2.2.5のNumberクラスを継承
class RandomNumber extends Number
{
    public function __construct()
    {
        // Numberクラスのコンストラクタにランダムな値を渡す
        parent::__construct(mt_rand(1, 10000));
    }
}

app()->singleton('random', function () { // ①
    return new RandomNumber();
});

$number1 = app('random'); // ②
$number2 = app('random'); // ③
// $number2 は新規に生成されずキャッシュされたインスタンスが返されるため
// $number1->getNumber() === $number2->getNumber() となる
```

上記コード例では、singletonメソッドで「random」の名前を解決する処理をバインドしています（①）。クロージャ内ではRandomNumberクラスのインスタンスを生成して返します。

続いて、サービスコンテナからRandomNumberを2回取得しています。1回目の解決ではバインドされたクロージャが実行され、生成されたインスタンスが$number1に返されます（②）。このときインスタンスはサービスコンテナでキャッシュされ、2回目の解決ではキャッシュされたインスタンスを$number2に返します（③）。結果として、$number1と$number2は同じインスタンスとなり、それぞれ同じプロパティ値を保持しています。

instanceメソッド

instanceメソッドは、既に生成したインスタンスをサービスコンテナにバインドします。下記コードに利用例を示します（リスト2.2.3.6）。

リスト2.2.3.6：instanceメソッドの例

```
$numcls = new Number(1001);
app()->instance('SharedNumber', $numcls);

$number1 = app('SharedNumber');
$number2 = app('SharedNumber');
// $number1->getNumber() === $number2->getNumber()
```

上記のコード例では、あらかじめ生成したNumberクラスのインスタンスをバインドします。このインスタンスはsingletonメソッドと同様にサービスコンテナにキャッシュされ、解決では同じインスタンスが返されます。

別の文字列による解決処理のバインド

バインドメソッドの第2引数を文字列にすると、第1引数で指定した文字列を解決するときに、第2引数で指定した文字列を解決して結果を返すことが可能です。

この機能を利用すると、解決する名前にインターフェース名を指定して、そのインターフェースを実装した具象クラスのインスタンスを返すことができます。ちなみに、前節「2-1 ライフサイクル」で紹介したフレームワークの起動処理で、Kernelをバインドする際にこの処理が利用されています。

リスト2.2.3.7：別の文字列として解決する処理をバインドする例

```
$app->singleton(
    Illuminate\Contracts\Http\Kernel::class,
```

```
    App\Http\Kernel::class
);

// App\Http\Kernelというクラス名により解決される
$app = app(Illuminate\Contracts\Http\Kernel::class);
```

複雑なインスタンス構築処理のバインド

　クラスのインスタンスを生成するとき、ほかのクラスのインスタンスが必要なケースや前処理を必要
とするケースがあります。このような処理をまとめてバインドすることもできます。下記にコード例を
示します。

リスト2.2.3.8：複雑なインスタンス生成処理をバインド

```
use Monolog\Logger;
use Psr\Log\LoggerInterface;
use Illuminate\Foundation\Application;

class Complex
{
    protected $logger;

    public function __construct(LoggerInterface $logger)
    {
        $this->logger = $logger;
    }

    // 初期化処理を行なう
    public function setup()
    {
        // do preprosessing
    }
}

app()->bind(Complex::class, function (Application $app) {
    $logger = $app->make(Logger::class);
    $complex = new Complex($logger); // ①
    $complex->setup(); // ②

    return $complex;
});
```

　上記コード例では、インスタンス生成処理を行なうクロージャで、はじめにComplexクラスが依存
するPsr\Log\LoggerInterfaceインターフェースを実装したMonolog\Loggerのインスタンスを取得
し、Complexクラスのコンストラクタに渡して、Complexクラスのインスタンスを生成します（①）。

67

続いて、setupメソッドを呼び初期化処理を行なってからインスタンスを返します（②）。

この処理で、Complexを利用するときには、サービスコンテナでComplexクラスのクラス名で解決すれば、生成と初期化処理が実行されたインスタンスを取得できます。

バインドの定義場所

バインドの定義場所ですが、アプリケーション内で解決するクラス名のバインド処理は、app\ProvidersフォルダにServiceProviderクラスを作成して定義するのがよいでしょう。また、既に用意されているAppServiceProviderクラス内に定義しても構いません。

リスト2.2.3.9：AppServiceProviderクラスの中身

```php
<?php

namespace App\Providers;

use Illuminate\Support\ServiceProvider;

class AppServiceProvider extends ServiceProvider
{
    public function boot()
    {
        //
    }

    public function register()
    {
        //
    }
}
```

ServiceProviderクラスにはregisterメソッドとbootメソッドがあります。これらのメソッドはアプリケーションの起動処理内で呼ばれ、そのあとビジネスロジックが実行されます。

通常、バインド処理はregisterメソッドに記載します。bootメソッドが実行されるときはほかの機能のバインド処理も済んでいるため、インスタンス生成時にほかのクラスを利用する必要があるクラスをバインドする場合は、bootメソッドでバインドするとよいでしょう。

なお、ServiceProviderに関しては、「2-3 サービスプロバイダ」で後述します。

2-2-4 解決

　本項ではバインドに続いて解決を説明します。サービスコンテナが解決したインスタンスを取得する方法は以下の通りです。

1. makeメソッド
2. appヘルパ関数

　makeメソッドは引数に対象の文字列を指定します。メソッドを実行すると、指定された文字列にバインドされた処理を実行して、その戻り値を返します。

リスト2.2.4.1：makeメソッドによる解決

```
app()->bind(Number::class, function () {
    return new Number();
});

$number1 = app()->make(Number::class);
```

　appヘルパ関数の引数はmakeメソッドと同じです。文字列を指定すると、サービスコンテナが解決を行ないインスタンスを返します。

リスト2.2.4.2：app関数による解決

```
app()->bind(Number::class, function () {
    return new Number();
});

$number2 = app(Number::class);
```

バインドしていない文字列の解決

　サービスコンテナにはバインドしていない文字列を解決する機能もあります。解決する文字列がクラス名であり、かつ具象クラス（インスタンス化できるクラス）であれば、バインドされた処理がなくても、サービスコンテナがそのクラスのコンストラクタを実行してインスタンスを生成します。次にコード例を示します（リスト2.2.4.3）。

リスト2.2.4.3：バインドしていない文字列の解決

```
class Unbinding
{
    protected $name;

    public function __construct($name = '')
    {
        $this->name = $name;
    }
}

$unbinding1 = app()->make(Unbinding::class); // ①
$unbinding2 = app()->make(Unbinding::class, ['Hoge']); // ②
```

　上記コード例では、Unbindingクラスのクラス名に対する解決を行なっています。①は「Unbinding」のクラス名をバインドしていない状態ですが、具象クラスのコードがあるため、これを使って自動でインスタンスが生成され返されます。パラメータを指定して解決することも可能で、②ではUnbindingクラスのコンストラクタに、指定したパラメータが渡されます。

2-2-5　DIとサービスコンテナ

　アプリケーションの変更や拡張に柔軟に対応するためには、拡張可能なプログラム設計が不可欠です。機能やクラス同士が密接に依存する設計になっている場合、たった1つのクラスの差し替えが、プログラムに広範囲な影響を及ぼし、多くの修正やテストが必要になる可能性があります。

　下記にサンプルとして示すのは、利用者に対してメールで通知を送るコード例です。

リスト2.2.5.1：クラスが別クラスと依存関係にあるコード

```
class UserService
{
    public function notice($to, $message)
    {
        $mailsender = new MailSender();
        $mailsender->send($to, $message);
    }
}

class MailSender
{
```

```
    public function send($to, $message)
    {
        // send mail ...
    }
}
```

　上記コード例に示すUserServiceクラスは、利用者に対する操作を受け持つクラスです。notice メソッドでMailSenderクラスのインスタンスを生成して利用します。noticeメソッドの動作、ひいてはUserServiceクラスの動作にはMailSenderクラスが必要です。つまり、UserServiceクラスはMailSenderクラスに依存しています。

　例えば、メールではなくメッセージングサービスやプッシュ通知に置き換える場合は、コードの変更が必要になります。UserServiceクラスは、常に通知手段に気を配る必要があり、モックに差し替えてテストコードを記述することも困難です。

　こうした状態を避けるため、下記コード例に示す通り、noticeメソッドの引数としてMailSenderクラスのインスタンスを渡すように修正します。

リスト2.2.5.2：引数でインスタンスを与えるコード

```
class UserService
{
    public function notice(MailSender $mailsender, $to, $message)
    {
        $mailsender->send($to, $message);
    }
}
```

　上記の通りに変更することで、noticeメソッドではMailSenderクラスだけでなく、その継承クラスも利用可能になり、特定クラスとの依存関係を排除できます。このようにクラスやメソッド内で利用する機能を外部から渡す設計パターンがDI（依存性の注入）です。

　さらに、「メールを送る」「メッセージを送る」など具体的な処理ではなく、「（何らかの手段で）通知する」インターフェースとして、より抽象的な役割をインターフェースとして持たせることで、前述のコード例（リスト2.2.5.1）は下記の通り実装することもできます。

リスト2.2.5.3：抽象クラス（インターフェース）に依存したコード

```
class UserService
{
    public function notice(NotifierInterface $notifier, $to, $message)
    {
```

```
        $notifier->send($to, $message);
    }
}

interface NotifierInterface
{
    public function send($to, $message);
}

class MailSender implements NotifierInterface
{
    public function send($to, $message)
    {
        // send mail
    }
}

class PushSender implements NotifierInterface
{
    public function send($to, $message)
    {
        // send push notification
    }
}
```

　上記に示したコード例では、「通知する」役割を担うNotifierInterfaceインターフェースを定義し、UserServiceクラスのnoticeメソッドの引数は、Notifierインターフェースへ依存するように変更しています。メール送信を行なうMailSenderクラスとプッシュ通知を行なうPushSenderクラスに対して、このインターフェースを実装しています。

　この変更で、noticeメソッドに対して、NotifierInterfaceを実装したクラスであれば何でも引数として渡すことが可能になります。noticeメソッド側は、渡されるクラスが何を送信するかを考える必要はなく、単にSenderインターフェースを持ち、何らかの通知を送ることだけを認識して利用します。

　上述の通り、具象クラスではなく抽象クラス（インターフェース）に依存させることで、クラス間の関係はさらに疎結合となり、DIの恩恵をより受けることが可能になります。こうした実装を採用するかどうかはコンテキストによりますが、実装コードの差し替えが発生しうる処理や複雑な依存関係を持つクラスでは、ここで説明した抽象に依存する方法を検討するとよいでしょう。

コンストラクタインジェクション

　クラスのコンストラクタの引数でインスタンスを注入する方法を、コンストラクタインジェクションと呼びます。コンストラクタインジェクションでは、機能を渡されるクラスのコンストラクタ仮引数で、必要なクラスをタイプヒンティングで指定します。次のコードに実装例を示します（リスト2.2.5.4）。

リスト2.2.5.4：コンストラクタインジェクションの例

```
class UserService
{
    protected $sender;

    public function __construct(NotifierInterface $notifier)
    {
        $this->notifier = $notifier;
    }

    public function notice($to, $message)
    {
        $this->notifier->send($to, $message);
    }
}

$user = app()->make(UserService::class);
$user->send('to', 'message');
```

　上記コード例でのサービスコンテナの役割は、解決を依頼されたクラス名のコンストラクタ仮引数定義を読み取り、タイプヒンティングがクラス名やインターフェース名であればその解決を行ない、取得したインスタンスをコンストラクタメソッドの引数に渡します（インターフェース名の場合は、解決方法がバインドされている必要があります）。

　タイプヒンティングにインターフェースや抽象クラスを指定する場合は、あらかじめインターフェース名や抽象クラス名を解決する処理をバインドする必要があります。下記コード例にインターフェースのバインド例を示します。

リスト2.2.5.5：インターフェースのバインド例

```
app()->bind(NotifierInterface::class, function () {
    return new MailSender();
});
```

　UserServiceクラスのクラス名をサービスコンテナで解決すると、コンストラクタインジェクションで、上記コード例で解決されたMailSenderクラスのインスタンスが注入されます。
　なお、バインドせずにコンストラクタインジェクションを行なうと、インターフェース名は解決できず例外が発生します。

メソッドインジェクション

メソッドインジェクションは、メソッドの引数で必要とするインスタンスを渡す方法です。メソッドインジェクションを行なうには、コンストラクタインジェクションと同様にメソッドの仮引数を使って、タイプヒンティングで必要とするクラスを指定します。サービスコンテナのcallメソッドで対象メソッドを実行すると、リフレクションでタイプヒンティングのクラス名を取得し、サービスコンテナで解決し取得したインスタンスをメソッドに渡す流れになります。

前述のコード例（リスト2.2.5.4）で使用したUserServiceクラスを変更し、メソッドインジェクションを使用する形にしたコード例を下記に示します（リスト2.2.5.6）。

リスト2.2.5.6：メソッドインジェクションのコール例

```
class UserService
{
    public function notice(NotifierInterface $notifier, $to, $message)
    {
        $notifier->send($to, $message);
    }
}

$service = app(UserService::class);
app()->call([$service, 'notice'], ['to', 'message']); // ①
```

サービスコンテナのcallメソッドでは、第1引数に実行するクラス変数とメソッド名を指定し、第2引数にはメソッドインジェクションで注入する値以外の引数を配列で指定します。

上記のコード例では、UserServiceクラスのnoticeメソッドの仮引数にタイプヒンティングでNotifierInterfaceを指定します。サービスコンテナのcallメソッドでこのメソッドを実行すると、前述のコード例（リスト2.2.5.5）でのバインド定義からMailSenderのクラス名で解決が行なわれ、インスタンスが引数として注入されます（①）。

コンテキストに応じた解決

タイプヒンティングにインターフェース名を指定し、呼び出すクラス名で異なる具象クラスのインスタンスを取得することも可能です。例えば、ユーザーの属性で通知手段を分けるケースです。この場合、whenメソッドを使ってバインドを行ないます。下記にコード例を示します（リスト2.2.5.7）。

リスト2.2.5.7：異なるインスタンスを要求するクラス

```
class UserService
{
```

```
    protected $notifier;

    public function __construct(NotifierInterface $notifier)
    {
        $this->notifier = $notifier;
    }
}
class AdminService
{
    protected $notifier;

    public function __construct(NotifierInterface $notifier)
    {
        $this-> notifier = $notifier;
    }
}

app()->when(UserService::class)
    ->needs(NotifierInterface::class)
    ->give(PushSender::class); // ①

app()->when(AdminService::class)
    ->needs(NotifierInterface::class)
    ->give(MailSender::class); // ②
```

　上記コード例に示す通り、whenメソッドでは引数に注入先のクラス名を指定します。続けて、needsメソッドで対象のタイプヒンティングを指定します。さらに、サービスコンテナで解決する文字列をgiveメソッドで指定します。これで、UserServiceのコンストラクタではPushSenderクラスのインスタンスを注入（①）、AdminServiceクラスのコンストラクタではMailSenderクラスのインスタンス（②）をそれぞれ注入できます。

2-2-6　ファサード

　ファサードは、クラスメソッド形式でフレームワークの機能を簡単に利用できるもので、Laravelを代表する機能の1つです。ファサードも裏側ではサービスコンテナの機能が使われています。本項ではその仕組みを紹介します。例としてConfigファサードを取り上げます。次に示すコードは、getメソッドでconfig/app.phpのdebugキーの値を取得する例です。

リスト2.2.6.1：Configファサードから値を取得する

```
$debug = \Config::get('app.debug');
```

このコード例は一見すると、Configクラスにgetメソッドが実装されているように見えますが、実はConfigクラスは存在しません。このクラスはIlluminate\Support\Facades\Configクラスの別名です。

「2-1 ライフサイクル」で紹介したアプリケーションの起動処理で、config/app.phpのaliasesキーの定義にしたがって、「Config」とIlluminate\Support\Facades\Configクラスが関連付けられています。この処理はPHPのクラスに対して別名を付けるclass_alias関数で実現されています。

下記コード例に、config/app.phpのaliasesキーを一部抜粋したものを示します（リスト2.2.6.2）。

リスト2.2.6.2：config/app.phpのaliasesキー定義

```
'aliases' => [
    'App' => Illuminate\Support\Facades\App::class,
    'Artisan' => Illuminate\Support\Facades\Artisan::class,
    'Auth' => Illuminate\Support\Facades\Auth::class,
    'Blade' => Illuminate\Support\Facades\Blade::class,
    'Broadcast' => Illuminate\Support\Facades\Broadcast::class,
    'Bus' => Illuminate\Support\Facades\Bus::class,
    'Cache' => Illuminate\Support\Facades\Cache::class,
    'Config' => Illuminate\Support\Facades\Config::class,
    // （以下略）
],
```

上記コード例に示す通り、文字列「Config」にIlluminate\Support\Facades\Configクラス名が関連付けられています。aliasesキーの連想配列はアプリケーションの起動処理で、要素の値であるクラス名と別名として、キーの名前がclass_alias関数で設定されています。Config以外にも、ファサードで利用するクラス名が同じ仕組みで定義されています。

下記コード例に、Configクラスの実体であるIlluminate\Support\Facades\Configクラスのコードを示します（リスト2.2.6.3）。

リスト2.2.6.3：Illuminate\Support\Facades\Configクラス

```php
<?php

namespace Illuminate\Support\Facades;

class Config extends Facade
{
    protected static function getFacadeAccessor()
    {
        return 'config';
    }
}
```

上記コード例に示す通り、ConfigクラスにはgetFacadeAccessorメソッドしかなく、getメソッド
は定義されていません。スーパークラスであるIlluminate\Support\Facades\Facadeクラスにもget
メソッドはありません。呼ばれたクラスメソッドが実装されていない場合は、__callStaticと呼ばれる
マジックメソッドが動作します。下記コードが__callStaticメソッドの例です。

リスト2.2.6.4：Illuminate\Support\Facades\Facadeクラスの__callStaticメソッド

```php
public static function __callStatic($method, $args)
{
    $instance = static::getFacadeRoot();  // ①

    if (! $instance) {
        throw new RuntimeException('A facade root has not been set.');
    }

    return $instance->$method(...$args); // ②
}
```

　上記コード例がIlluminate\Support\Facades\Facadeクラスの__callStaticメソッドです。getメ
ソッドが呼ばれると、このメソッドが実行されます。$methodには、実行メソッドの名前（ここでは
get）、$argsには実行されたメソッドの引数を格納した配列（ここでは['app.debug']）が入っています。
　ファサードが受け持つインスタンスをサービスコンテナから取得し（①）、$methodの名前でインス
タンスメソッドを実行します（②）。つまり、ファサードのメソッド実行は、サービスコンテナから取
得したインスタンスに対してメソッド実行されます。

　ファサードがサービスコンテナからインスタンスを取得する処理、static::getFacadeRootメソッド
のコードを下記に示します（リスト2.2.6.5）。

リスト2.2.6.5：getFacadeRootメソッドとその関連メソッド

```php
public static function getFacadeRoot()
{
    return static::resolveFacadeInstance(static::getFacadeAccessor());
}

protected static function getFacadeAccessor()
{
    throw new RuntimeException('Facade does not implement getFacadeAccessor method.');
}

protected static function resolveFacadeInstance($name)
{
    if (is_object($name)) {
```

```
            return $name;
        }

        if (isset(static::$resolvedInstance[$name])) {
            return static::$resolvedInstance[$name];
        }

        return static::$resolvedInstance[$name] = static::$app[$name];
    }
```

　上記コード例に示す通り、getFacadeRootメソッドはgetFacadeAccessorメソッドから取得した値を利用して、resolveFacadeInstanceメソッドでインスタンスを取得します。

　resolveFacadeInstanceメソッドは、引数$nameをサービスコンテナで解決して取得したインスタンスを返します。なお、getFacadeAccessorメソッドはオーバーライドされることを想定しています。サービスコンテナで解決する文字列を継承クラス側で返すようにします。

　のIlluminate\Support\Facades\Configクラス（リスト2.2.6.5）にはgetFacadeAccessorメソッドが実装されており、文字列configを返します。つまり、サービスコンテナで「config」クラス名で解決されたインスタンスを利用していることになります。

　ここまで説明したファサードが動く仕組みをまとめると、下記の通りです。

1. Config::get('app.debug')がコールされる。
2. Configの実体であるIlluminate\Support\Facades\Configクラスのgetメソッドを呼び出す。
3. Illuminate\Support\Facades\Configクラスにはgetメソッドがないため、スーパークラスの__callStaticメソッドを呼び出す。
4. __callStaticメソッドでは、getFacadeRootメソッドで操作対象のインスタンスを取得し、getメソッドを実行する（getFacadeRootメソッドでは、getFacadeAccessorメソッドで取得した文字列をresolveFacadeInstanceメソッドによりサービスコンテナで解決し、取得したインスタンスを返す）。

　フレームワークの機能を手軽に利用できることがファサードの利点ですが、動作の裏では本項で紹介した処理をフレームワークが肩代わりしていることを認識しておきましょう。ロジックのどこからでも利用可能なファサードは、コードの密結合化を招くため、config/app.phpのaliases定義が変われば使えなくなる可能性も孕んでいます。短期間で小規模アプリケーションを開発するケースでは問題ありませんが、開発の規模や運用期間によっては、ファサードを経由せずサービスコンテナから直接インスタンスを利用する方式も検討しましょう。

2-3 サービスプロバイダ

サービスプロバイダの役割と仕組みを知り、サービスコンテナとの関係を理解する

前節「2-2 サービスコンテナ」で紹介したサービスコンテナへのバインド処理で利用する機能が、サービスプロバイダです。本節ではサービスプロバイダを解説します。

Laravelのライフサイクルでは、ビジネスロジックが実行される前にサービスプロバイダのメソッドが呼ばれます。Laravelにはこのほかにもミドルウェアなど、開発者が処理を差し込めるタイミングが複数ありますが、サービスプロバイダは、フレームワークやアプリケーションに含まれるサービス（機能）の初期処理を行なう目的で用意されているものです。

サービスプロバイダの役割は主に下記の3つです。

1. サービスコンテナへのバインド
2. イベントリスナーやミドルウェア、ルーティングの登録
3. 外部コンポーネントを組み込む

読み込むサービスプロバイダは、下記コード例に示す通り、config/app.phpのprovidersプロパティに定義します（2.3.0.1）。

リスト2.3.0.1：config/app.php内のサービスプロバイダ定義

```
    'providers' => [
        /*
         * Laravel Framework Service Providers...
         */
        Illuminate\Auth\AuthServiceProvider::class,
        Illuminate\Broadcasting\BroadcastServiceProvider::class,
        Illuminate\Bus\BusServiceProvider::class,
(略)
        /*
         * Package Service Providers...
         */

        /*
         * Application Service Providers...
         */
        App\Providers\AppServiceProvider::class,
        App\Providers\AuthServiceProvider::class,
        // App\Providers\BroadcastServiceProvider::class,
        App\Providers\EventServiceProvider::class,
        App\Providers\RouteServiceProvider::class,
    ],
```

第一部 Laravelの基礎　第二部 実践パターン　第三部 Laravelアプリケーション開発手法

2-3-1　サービスプロバイダの基本的な動作

　Laravelの初期処理で、まず各サービスプロバイダのregisterメソッドが実行されます。すべての
registerメソッド処理が終わると、次にbootメソッドが呼び出されます。

　サービスプロバイダはIlluminate\Support\ServiceProviderクラスを継承して実装します。
registerメソッドは必ず実装しなければなりませんが、bootメソッドの実装は任意です。registerメソッ
ドではサービスコンテナへのバインドのみ行ないます。メソッドが実行されるタイミングではサービス
コンテナからほかの機能のインスタンスを取得する処理を実行できないためです。そうした処理が必要
な場合は、bootメソッドで行なうことになります。

　動作の流れを把握するため、実際のコードで確認しましょう。下記コード例にデータベース操作を行
なうDatabaseServiceProviderを示します（リスト2.3.1.1）。

リスト2.3.1.1：Illuminate\Database\DatabaseServiceProvider

```php
<?php

namespace Illuminate\Database;

use Faker\Factory as FakerFactory;
use Faker\Generator as FakerGenerator;
use Illuminate\Database\Eloquent\Model;
use Illuminate\Support\ServiceProvider;
use Illuminate\Contracts\Queue\EntityResolver;
use Illuminate\Database\Connectors\ConnectionFactory;
use Illuminate\Database\Eloquent\QueueEntityResolver;
use Illuminate\Database\Eloquent\Factory as EloquentFactory;

class DatabaseServiceProvider extends ServiceProvider
{
    public function boot()
    {
        Model::setConnectionResolver($this->app['db']);
        Model::setEventDispatcher($this->app['events']);
    }

    public function register()
    {
        Model::clearBootedModels();
        $this->registerConnectionServices();
        $this->registerEloquentFactory();
        $this->registerQueueableEntityResolver();
```

```
    }

    protected function registerConnectionServices()
    {
        $this->app->singleton('db.factory', function ($app) {
            return new ConnectionFactory($app);
        });
        $this->app->singleton('db', function ($app) {
            return new DatabaseManager($app, $app['db.factory']);
        });
        $this->app->bind('db.connection', function ($app) {
            return $app['db']->connection();
        });
    }

    protected function registerEloquentFactory()
    {
        $this->app->singleton(FakerGenerator::class, function ($app) {
            return FakerFactory::create($app['config']->get('app.faker_locale', 'en_US'));
        });
        $this->app->singleton(EloquentFactory::class, function ($app) {
            return EloquentFactory::construct(
                $app->make(FakerGenerator::class), $this->app->databasePath('factories')
            );
        });
    }

    protected function registerQueueableEntityResolver()
    {
        $this->app->singleton(EntityResolver::class, function () {
            return new QueueEntityResolver;
        });
    }
}
```

　上記コード例のregisterメソッドでは、registerConnectionServicesとregisterEloquentFactory、registerQueueableEntityResolverの3メソッドに分けて、バインド処理を定義しています。

　registerConnectionServicesメソッドでは、「db.factory」の名前でIlluminate\Database\ConnectionFactoryのインスタンスを、「db」の名前でIlluminate\Database\DatabaseManagerのインスタンスをシングルトンでバインドします。また、「db.connection」の名前でDatabaseManagerから取得する\Illuminate\Database\Connectionインスタンスをバインドします。
　registerEloquentFactoryメソッドはクラス名「FakerGenerator::class」でFakerFactory::createメソッドの戻り値、クラス名「EloquentFactory::class」でEloquentFactory::constructメソッドの戻り値をシングルトンでバインドします。また、registerQueueableEntityResolverメソッドでは、Illuminate\Database\Eloquent\QueueEntityResolverクラスのインスタンスをシングルトンでバインドします。

| 第一部 | **Laravelの基礎** | 第二部 | 実践パターン | 第三部 | Laravelアプリケーション開発手法 |

DatabaseServiceProviderクラスのスーパークラスであるServiceProviderクラスは、プロパティでサービスコンテナのインスタンスを持っているため、$this->appの形で利用できます。

bootメソッドが呼ばれるタイミングでは、Laravelのほかの機能も含めてバインド処理が完了しており、サービスコンテナからほかの機能を解決可能です。そのため、上記に示したコード例では、Illuminate\Database\Eloquent\Modelクラスの$resolverプロパティに対して、サービスコンテナで「db」の名前で解決したオブジェクトを設定し、$dispatcherプロパティに対して、サービスコンテナで「events」の名前で解決したオブジェクトを設定しています。

なお、上記コード例では使用されていませんが、bootメソッドではメソッドインジェクションも利用可能であり、タイプヒンティングで必要なクラスを指定すると、サービスコンテナで解決されインスタンスが引数に注入されます。

2-3-2 deferプロパティによる遅延実行

前項「2-3-1 サービスプロバイダの基本的な動作」で説明した通り、サービスプロバイダはアプリケーションの起動時にregisterメソッドが実行される仕組みですが、deferプロパティの値をtrueに設定すると、実行を遅らせることができます（デフォルトはfalse）。この場合、registerメソッドの実行タイミングを指定するため、providesメソッドまたはwhenメソッドで指定する必要があります。

providesメソッドはサービスコンテナで解決する文字列を指定します。文字列の解決をサービスコンテナに依頼したタイミングで、サービスプロバイダのregisterメソッドが呼ばれて、解決が行なわれます。whenメソッドはイベントを指定します。対象イベント名を配列で指定するとリスナーが登録され、その中でサービスプロバイダのregisterメソッドが実行されます。設定したイベントが発行されると、このリスナーが発動してregisterメソッドが実行されます。
いずれの場合も、サービスコンテナでの解決やイベントの発行がアプリケーション内で実行されるまで、インスタンス登録は行なわれません。

遅延実行の例として、キャッシュ操作を行なうIlluminate\Cache\CacheServiceProviderのコードを下記に示します。

リスト2.3.2.1：Illuminate\Cache\CacheServiceProvider

```php
<?php
```

```
namespace Illuminate\Cache;

use Illuminate\Support\ServiceProvider;

class CacheServiceProvider extends ServiceProvider
{
    protected $defer = true;

    public function register()
    {
        $this->app->singleton('cache', function ($app) {
            return new CacheManager($app);
        });
        $this->app->singleton('cache.store', function ($app) {
            return $app['cache']->driver();
        });
        $this->app->singleton('memcached.connector', function () {
            return new MemcachedConnector;
        });
    }

    public function provides()
    {
        return [
            'cache', 'cache.store', 'memcached.connector',
        ];
    }
}
```

　上記コード例のサービスプロバイダは、providesメソッドで「cache」「cache.store」「memcached.connector」を要素とする配列を返します。このため、ビジネスロジックで「cache」などのクラス名をサービスコンテナで解決すると、registerメソッドが実行されロジック側にインスタンスが返されます。

| 第一部 | Laravelの基礎 | 第二部 | 実践パターン | 第三部 | Laravelアプリケーション開発手法 |

2-4 コントラクト

主要コンポーネントのインターフェース定義とコントラクトを知り、使い方を理解する

Laravelはさまざまな機能が用意されているフレームワークですが、同時に機能を簡単に差し替えられる柔軟性も持ちます。機能を簡単に差し替えるにはクラス同士が疎結合である必要があり、Laravelでこの重要な役割を果たしている機能がコントラクトです。

2-4-1 コントラクトの基本

コントラクトは、Laravelのコアコンポーネントで利用されている関数をインターフェースとして定義したものです。コンポーネント自身もこのインターフェース（コントラクト）を利用しています。また、コアコンポーネントを利用しているクラスはコントラクトに依存しています。

実際のコードで確認してみましょう。コアコンポーネントの1つであるIlluminate\Encryption\Encrypter（暗号化および復号処理を実行する機能）を下記コード例に示します（リスト2.4.1.1）。

リスト2.4.1.1：Illuminate\Encryption\Encrypter

```php
<?php

namespace Illuminate\Encryption;

use RuntimeException;
use Illuminate\Contracts\Encryption\DecryptException;
use Illuminate\Contracts\Encryption\EncryptException;
use Illuminate\Contracts\Encryption\Encrypter as EncrypterContract;

class Encrypter implements EncrypterContract
{

(以下略)
```

上記コード例に示すEncrypterクラスは、Illuminate\Contracts\Encryption\Encrypterコントラクトをインターフェースとしています。

続いて、コントラクトの定義を確認してみましょう。

84

リスト2.4.1.2：Illuminate\Contracts\Encryption\Encrypter

```php
<?php

namespace Illuminate\Contracts\Encryption;

interface Encrypter
{
    public function encrypt($value, $serialize = true);

    public function decrypt($payload, $unserialize = true);
}
```

上記コード例に示す通り、encryptメソッドとdecryptメソッドを持ったインターフェースであることが分かります。encryptは暗号化を行なうメソッド、decryptは復号を行なうメソッドです。

フレームワーク内で、この暗号化の機能を利用しているクラスは以下の通りです。

- Illuminate\Session\EncryptedStore
- Illuminate\Foundation\Http\Middleware\VerifyCsrfToken
- Illuminate\Cookie\Middleware\EncryptCookies

上記にあげたクラスは、いずれもコンストラクタ時に暗号化処理のクラスを必要とします。このときタイプヒンティングで指定しているのは、暗号化処理の具象クラスであるIlluminate\Encryption\Encrypterではなく、Illuminate\Contracts\Encryption\Encrypter、つまりインターフェースです。

下記コード例にIlluminate\Session\EncryptedStoreを示します。コンストラクタメソッドの第3引数でコントラクトをタイプヒンティングしています（リスト2.4.1.3）。

リスト2.4.1.3：Illuminate\Session\EncryptedStore

```php
<?php

namespace Illuminate\Session;

use SessionHandlerInterface;
use Illuminate\Contracts\Encryption\DecryptException;
use Illuminate\Contracts\Encryption\Encrypter as EncrypterContract;

class EncryptedStore extends Store
{
    protected $encrypter;

    public function __construct($name, SessionHandlerInterface $handler, EncrypterContract
```

```
$encrypter, $id = null)
    {
        $this->encrypter = $encrypter;

        parent::__construct($name, $handler, $id);
    }

（後略）
```

　この通り、コアコンポーネントの機能を利用するクラスがコアコンポーネントの抽象クラス（コントラクト）に依存することで、疎結合なコードを実現しています。上述の暗号化処理は、Encrypterコントラクトが持つ暗号化メソッド（encrypt）と復号メソッド（decrypt）を実装してさえいれば、Illuminate\Encryption\Encrypterクラスではなく、独自の暗号化処理に差し替えることが可能です。つまり、テストの際にモッククラスと差し替えることも可能です。

2-4-2　コントラクトを利用した機能の差し替え

　本項では、実際に暗号化処理を差し替えてみましょう。PHPの暗号化処理や暗号化通信を行なうライブラリphpseclib/phpseclibを使って、暗号化の方式をBlowfishに差し替えます。作業の順番は下記の通りです。

1. composerを利用してphpseclib/phpseclibを読み込み
2. App配下にBlowfishEncrypterクラスを新規作成
3. 作成したクラスをバインドする処理を追加

1. composerを利用してphpseclib/phpseclibを読み込み

　まずはphpseclib/phpseclibを読み込みます。アプリケーション直下のフォルダで、下記に示す通り、composerコマンドを実行します。

リスト2.4.2.1：phpseclib/phpseclibのダウンロード

```
$ composer require phpseclib/phpseclib:~2.0
```

　phpseclib/phpseclibのダウンロードが成功すると、vendorディレクトリ直下に「phpseclib」ディレクトリが作成されます。

2. App配下にBlowfishEncrypterクラスを新規作成

続いて、BlowfishEncrypterクラスを新規作成します。下記コード例に示す内容のファイルを作成し、appディレクトリ直下にBlowfishEncrypter.phpのファイル名で保存します。

リスト2.4.2.2：App\BlowfishEncrypterクラスのコード

```php
<?php

namespace App;

use phpseclib\Crypt\Blowfish;
use Illuminate\Contracts\Encryption\Encrypter as EncrypterContract;

class BlowfishEncrypter implements EncrypterContract
{
    protected $encrypter;

    public function __construct(string $key)
    {
        $this->encrypter = new Blowfish();
        $this->encrypter->setKey($key);
    }

    public function encrypt($value, $serialize = true)
    {
        return $this->encrypter->encrypt($value);
    }

    public function decrypt($payload, $unserialize = true)
    {
        return $this->encrypter->decrypt($payload);
    }
}
```

前項「2-4-1 コントラクトの基本」で説明した通り、暗号化処理はEncrypterコントラクトに定義されたメソッドを実装したクラスとします。コンストラクタでBlowfishクラスのインスタンスを生成し、任意のキーを設定します。そして、encryptメソッドでは暗号化処理を、decryptメソッドでは復号処理をそれぞれ行なっています。

3. 作成したクラスをバインドする処理を追加

BlowfishEncrypterクラスをEncrypterコントラクトの実装として利用するため、サービスコンテナにバインドします。暗号化処理をサービスコンテナにバインドしているのはサービスプロバイダIlluminate\Encryption\EncryptionServiceProviderです。まずはそちらを確認します。

87

リスト2.4.2.3：Illuminate\Encryption\EncryptionServiceProvider

```php
<?php

namespace Illuminate\Encryption;

use RuntimeException;
use Illuminate\Support\Str;
use Illuminate\Support\ServiceProvider;

class EncryptionServiceProvider extends ServiceProvider
{
    public function register()
    {
        $this->app->singleton('encrypter', function ($app) {
            $config = $app->make('config')->get('app');

            if (Str::startsWith($key = $this->key($config), 'base64:')) {
                $key = base64_decode(substr($key, 7));
            }

            return new Encrypter($key, $config['cipher']);
        });
    }

    protected function key(array $config)
    {
        return tap($config['key'], function ($key) {
            if (empty($key)) {
                throw new RuntimeException(
                    'No application encryption key has been specified.'
                );
            }
        });
    }
}
```

　上記コード例に示す通り、registerメソッドでencrypterのバインドを行なっています。このバインドではEncrypterクラスを生成して返しているので、BlowfishEncrypterクラスを返すように再度バインドする処理を追加します。

　encrypterへの再バインドは、App\Providers\AppServiceProviderクラスで行ないます。下記にコード例を示します。

リスト2.4.2.4：App\Providers\AppServiceProvider

```php
<?php
```

```php
namespace App\Providers;

use Illuminate\Support\ServiceProvider;
use Illuminate\Support\Str;
use App\BlowfishEncrypter;

class AppServiceProvider extends ServiceProvider
{
    public function boot()
    {
        //
    }

    public function register()
    {
        $this->app->singleton('encrypter', function ($app) {
            $config = $app->make('config')->get('app');

            if (Str::startsWith($key = $this->key($config), 'base64:')) {
                $key = base64_decode(substr($key, 7));
            }

            return new BlowfishEncrypter($key);
        });
    }

    protected function key(array $config)
    {
        return tap($config['key'], function ($key) {
            if (empty($key)) {
                throw new RuntimeException(
                    'No application encryption key has been specified.'
                );
            }
        });
    }
}
```

　上記のコード例に示す通り、registerメソッドでencrypterの再バインドします。バインドしたクロージャでは、BlowfishEncrypterクラスのインスタンスを生成して返します。BlowfishEncrypterのコンストラクタメソッドに渡すキー文字列の生成は、既存の処理をそのまま流用しています。

　上記の修正でencrypterを解決する（Encrypterコントラクト名で解決する）と、BlowfishEncrypterクラスのインスタンスが返り、ビジネスロジックだけでなくCookieやCSRFトークンなどフレームワーク全体の暗号化に、Blowfishが利用されるようになります。

　最後に動作を確認しましょう。curlコマンドで表示してCookieの値を比較してみます。「name」の名のキー名に「Hoge」の内容のCookieをセットしました。まずは、標準状態の結果を次の実行例に示します。

リスト2.4.2.5：デフォルト状態でのCookieの暗号化

```
$ curl -I http://homestead.app/
HTTP/1.1 200 OK
（略）
Set-Cookie: name=eyJpdiI6InBPeml0aGF1WTNiNHFzeW5WMHpSZ1E9PSIsInZhbHVlIjoiR1JvSlJDd0hyNklGa
FJRa3lPb1wvN3c9PSIsIm1hYyI6IjQ4ODI3M2NiMDQzZDUzZDg4MTExZGM4OGQ3ZjQwZDc1MzBkNjFhYTBjZDcwMzV
iZDUxNmFhMzExZDhiMGUwNzQifQ%3D%3D; expires=Sat, 18-Aug-2018 13:53:00 GMT; Max-Age=1800;
path=/; httponly
```

続いて、暗号化処理を差し替えて実行します。生成される文字列長や文字種が変わっており、処理が差し変わっていることを確認できます（リスト2.4.2.6）。

リスト2.4.2.6：クラスを差し替えてCookieを暗号化

```
$ curl -I http://homestead.app/
HTTP/1.1 200 OK
（略）
Set-Cookie: name=%3D%8D%B72y4%D8f; expires=Sat, 18-Aug-2018 13:54:33 GMT; Max-Age=1800;
path=/; httponly
```

　本項で説明した通り、独自コンポーネントを作成する場合は、コントラクトを実装しておけば、フレームワークが要求するメソッドを実装できます。また、コンポーネントを利用する側は、コントラクトに依存する形にしておけば、同じコントラクトを実装したクラスへと柔軟に差し替えが可能です。
　また、コントラクト名に対する解決はサービスコンテナが行なうため、サービスプロバイダなどでサービスコンテナのバインドを変更すれば、追加したコンポーネントに機能を差し替えて、フレームワーク全体で利用できます。

Chapter 3

第一部

アプリケーション アーキテクチャ

アプリケーション設計における
構造化と概念を学ぶ

アプリケーション開発はビジネス要求やサービス仕様からはじまり、データベース設計やミドルウェア選定などに続きますが、ミドルウェアとアプリケーションを結び付ける汎用的な処理をもつフレームワークを利用して、ビジネス要求やサービス仕様に基づく実装が一般的です。その実現方法には構造化やテストの容易性などを考慮した最適な設計が求められます。本章ではアプリケーション設計での構造化や概念を紹介します。

3-1 MVCとADR
アプリケーションの構造化と設計・概念を理解する

　一般的なWebアプリケーションではMVCパターンを採用するケースが多々ありますが、MVCパターンは開発者によって、その捉え方や解釈が異なることも事実です。このMVCパターンを正しく理解して適用することで、見通しのよいアプリケーション開発が可能になります。

　また、MVCから派生したADRと呼ばれる、近年のPHPアプリケーションで広く取り入れられているパターンがあります。本節では書籍購入アプリケーションに関する処理を題材にMVC、ADRの両パターンを解説しながら、理解を深めていきます。

3-1-1　MVC（Model View Controller）

　MVC（Model View Controller）は現在でも頻繁に利用されますが、当初はUI設計のための設計パターンとして用いられてきました。現在のWebアプリケーションのサーバサイドで用いられるMVCは、元々のMVCパターンをサーバサイドに適用したものでMVC2と呼ばれ、モデルからビューに対して変更を通知する、元々のMVCにあった処理はサーバサイドにはありません。本書では以降、一般的な用語に合わせるため、MVCはこのMVC2を指すものとして扱います。

　下図に示す通り、このMVCパターンは、サーバサイドアプリケーションとして実装するビジネス要求やサービス仕様、いわゆるビジネスロジックをモデルとしています。また、画面やレスポンスなどの情報を出力するものをビュー、リクエストに応じて処理を振り分けるものをコントローラとして、3つの責務に分割したアプリケーション設計パターンです（図3.1.1.1）。

図3.1.1.1：MVCに即したアプリケーション設計パターン

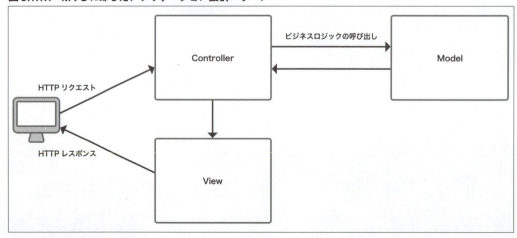

MVCパターンを取り入れたフレームワークは、HTTPリクエストの受信から何らかのレスポンスを返すまでの一連の動作を提供します。アプリケーション開発者は、リクエスト受信からレスポンスを返すまでの間に、ビジネス要求やサービス仕様を実現する処理を実装し、どのようなレスポンスをビューとして返却するかを設定します。

MVCとLaravel

　Laravelでは、一般的に広く使われているMVCパターンをすぐ適用できるように、MVCの概念に合わせ、Laravelをはじめて使う開発者でも分かりやすいディレクトリ構造を採用しています。MVCパターンを適用できるようにLaravelでは、コントローラの実行をサポートするRouter、ビューとしてHTML出力を担うBladeテンプレート、モデルのビジネスロジック実装をサポートする機能の1つとして、データベースアクセスをサポートするEloquentが提供されています。

　Laravelを構成するコンポーネントでMVCパターンを採用する場合の処理フローを下図に示し（図3.1.1.2）、Laravelでのユーザー情報取得の実装をコード例に示します（リスト3.1.1.3）。

図3.1.1.2：MVCパターンを採用する場合のフロー図

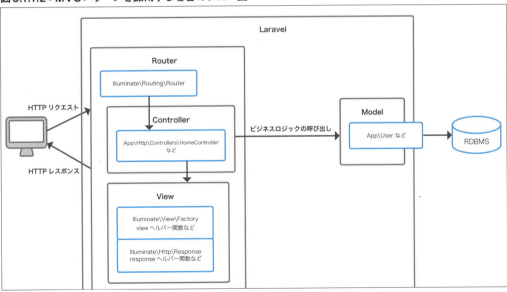

リスト3.1.1.3：もっとも簡単なMVCパターン適用例

```php
<?php
declare(strict_types=1);

namespace App\Http\Controllers;

use App\User;
```

| 第一部 | Laravelの基礎 | 第二部 | 実践パターン | 第三部 | Laravelアプリケーション開発手法 |

```php
use Illuminate\Contracts\View\Factory as ViewFactory;
use Illuminate\Http\RedirectResponse;
use Illuminate\Http\Request;

final class UserController extends Controller
{
    public function index(Request $request): ViewFactory
    {
        //  ①
        $user = User::find($request->get('id'));
        //  ②
        return view('user.index', [
            'user' => $user,
        ]);
    }

    //  ③
    public function store(Request $request): RedirectResponse
    {
        // 登録処理など
    }
}
```

① ユーザー情報を取得するためにApp\Userクラスを通じてデータベースへアクセスし、その結果をBladeテンプレートへ渡します。上記のコード例ではユーザー情報取得以外のビジネスロジックはないため、取得した値をそのまま利用しています。

② LaravelがHTTPリクエストを受け取ると、ルーターの定義にしたがってメソッドが実行され、実行後はviewヘルパー関数で指定したBladeテンプレートを表示することを示します。コード例では、レンダリングをBladeテンプレートに指示し、レスポンス返却時にHTMLとなって表示されます。この場合はresources/views/user/index.blade.phpがテンプレートとして利用されます。

③ コントローラクラスの例としてユーザー作成を担当するメソッドが実装されています。コントローラクラスにはルートに対応するアクションメソッドが1つ以上含まれます。

上記クラスのルーター登録を下記コード例に示します（リスト3.1.1.4）。同一クラス内のメソッドがそれぞれのURIに対応していることが分かります。

リスト3.1.1.4：一般的なコントローラクラスのルーター登録方法

```php
Route::get('/user', 'UserController@index');
Route::post('/user', 'UserController@store');
```

なお、MVCパターンはディレクトリ構成そのものを指し示すわけではないことに注意してください。あくまでも、3つの責務に分割することが重要で、コントローラやモデル、ビューの責務を表すものが

別ディレクトリやほかのクラス名で構成されていても構いません（リスト3.1.1.5）。

リスト3.1.1.5：ディレクトリ・クラス名変更例

```
.
├── app
│   ├── Services
│   │   └── AccountPurchaseModel.php
│   └── Http
│       └── Actions
│           └── User
│               └── CommentAction.php
├── resources
│   ...
│   └── presentations
│       └── hello.blade.php
...
```

Laravelにおけるコントローラ

　Laravelにおけるリクエストとレスポンスの一連の動作は、Illuminate\Routing\Routerクラスが制御しています。標準で用意されているいくつかのコントローラは、実際にはRouterから指示をもらい（ディスパッチ）実行しているクラスに過ぎず、コントローラを担当するグループの1つであることが分かります。

　このコントローラはURLに対応するアクションメソッドを持ちますが、フレームワーク内部では、コントローラクラスを強制しているわけではなく、事前にroutes配下のweb.phpファイルなどでURIと対応するクラスであれば、どんなクラスが実行されてもレスポンスを返却する処理が行なわれます。

　Laravelではリソースコントローラと呼ばれるCRUD、「Create」（生成）、「Read」（読み取り）、「Update」（更新）、そして「Delete」（削除）に対応するメソッド（アクション）がありますが、あくまでコントローラクラスの雛形とルーターの定義がまとめてできる機能に過ぎません。

　実際は1つのコントローラでCRUDを表現しないケースも多く、あくまでもフレームワークで利用するテンプレートで、スピーディな開発のために用意されているものです。Laravelでは、ルーターからディスパッチされる処理をメソッドとして記述し、そのいくつかをまとめたものがコントローラクラスと呼ばれています。

Laravelにおけるモデル

　モデルはデータベースを操作する処理を想像するシーンも多いですが、本来はビジネス要求やサービス仕様を模倣し具象化したもの、つまり、ビジネスロジックを解決する処理グループを指します。アプリケーション開発で開発者が実装しなければならず、もっとも頭を悩ませる部分でもあります。

95

| 第一部 | Laravelの基礎 | 第二部 | 実践パターン | 第三部 | Laravelアプリケーション開発手法 |

　小さなアプリケーションでは、データベース構造がそのままビジネス要求と結び付くケースも多く、データベースそのものになる場合もありますが、データベースを操作する処理がモデルではありません。モデルは開発者がどのような言語やフレームワークを経験したかで、もっとも解釈が分かれる部分であり、複雑になりやすい部分ともいえます。

　通常のWebアプリケーションでのモデルは、ビジネスロジックを実装する層とデータベースを操作する層から構成されます。Laravelではデータベースを操作する層として、Eloquentモデルや QueryBuilder機能などが提供されています。

　Eloquentモデルにデータベースの処理とビジネスロジックを合わせて実装すると、2層が一緒になるファットモデルと呼ばれる状態になります。データベースとビジネスロジックが密着する状態になり、カラム変更やアプリケーション拡張時のデータベースリファクタリングに大きな影響を受けることになります。Eloquentモデルに、拡張やリファクタリングに対応するエラーハンドリングやさまざまなシステムとの結合などが記述され続け、あっという間に巨大なクラスとなりがちです。

　または、上記の処理がコントローラに数多く記述されるパターンもあり、こちらはファットコントローラと呼ばれる状態になります。なお、一般的にこのモデルは、続いて紹介するトランザクションスクリプトパターンかドメインモデルパターンのどちらかが採用されます。

トランザクションスクリプトパターン

　トランザクションスクリプトパターンはビジネスロジックの一連の処理をまとめたもので、処理に関連するものを1つのクラスにまとめ、実装するもっともシンプルなパターンです。例えば、「書籍を購入する」ビジネスロジックを、トランザクションスクリプトで実装すると、下記のコード例となります。

リスト3.1.1.6：トランザクションスクリプト例

```php
<?php
declare(strict_types=1);

namespace App\Services;

use App\Book;
use App\User;
use App\Purchase;

class BookService
{
    public function __construct(User $user)
    {
        $this->user = $user;
    }

    // ①
```

```php
    public function order(array $books = [])
    {
        $purchases = [];
        /** @var \App\DataTransfer\Book $book */
        foreach ($books as $book) {
            // ②
            if(!$result = Book::find($book->getId())) {
                throw new \App\Exceptions\BookStockException('在庫エラー');
            }
            $purchases[] = $result;
        }
        // ③
        foreach($purchases as $purchase) {
            Purchase::create([
                'book_id' => $purchase->id,
                'user_id' => $this->user->id,
            ]);
        }
        // ④
        // ポイント加算
        // 決済完了メール送信
    }
}
```

① 「書籍を購入する」をorderメソッドで一連の動作を表します。

② 書籍購入の一連の流れでデータベースに直接アクセスし、書籍情報や在庫などを取得します。購入できない状態の書籍や取り扱い有無を調べて、扱うことができなければエラーを通知します。

③ コード例ではここで購入データをデータベースに保存していますが、実際には決済を行なうためにAPIをコールしたり、さまざまな処理が記述されます。

④ 購入が完了したらポイントや、購入者にメールを送信といった処理を実行し、処理を終えます。

　コード例はもっとも単純な実装ですが、アプリケーション規模が大きくなると、類似する処理を見つけられずに同様の処理が増えてしまい、共通化も困難になります。また、似通った処理をクラスとして分割もしくは結合することも多くなり、ビジネスロジック解決を目的とする実装ではなく、実装に都合がいいクラス結合となるケースも増えます。ある開発者には都合がいい実装であっても、ほかの開発者にとっては都合が悪いケースも珍しくありません。

　最終的には、いわゆるごった煮となったクラスで運用や保守などが難しく、設計も一貫性を失い、実装内容の把握がより困難になっていきます。

　処理を簡単に記述できるLaravelの特徴の1つに注力しすぎた実装を行なうと、容易にこの状態を招くことになります。開発時に都合がいい実装ではなく、ビジネスロジックをどう解決するかを強く意識する必要があります。この問題への対応として、レイヤ化による責務の分割を行なう、レイヤードアーキテクチャと呼ばれる考え方を取り入れることが、解決への第一歩となります。なお、レイヤードアーキテクチャは「3-2-3 レイヤードアーキテクチャ」で解説します。

ドメインモデルパターン

　ドメインモデルパターンは、設計手法としてドメイン駆動設計（Domain-Driven Design、DDD）を取り入れ、前述のトランザクションスクリプトパターンが持つ課題を解決するために、レイヤードアーキテクチャをベースに、さまざまな設計パターンを組み合わせる実装パターンです。

　オブジェクト指向プログラミングの理解とビジネス要求、サービス仕様を模倣し、きちんと整理するドメインモデリングのスキルが必要となるため、トランザクションスクリプトパターンよりも難易度が高いパターンです。

Laravelにおけるビュー

　ビューとは一般的にブラウザなどに表示されるものを差し、Bladeテンプレートをビューと捉えることもできますが、テンプレート自体はフレームワーク内部でIlluminate\Http\Responseインスタンスを介して出力されます。

　テンプレートはビューを構成する要素の1つで、コントローラで返却するインスタンスはBladeテンプレートのみではありません。ビューを返却する際に、特定のHTTPステータスやヘッダーを返却する場合はResponseクラスも利用し、コントローラで定義する必要があります（リスト3.1.1.7）。

リスト3.1.1.7：さまざまなユーザー情報のビュー出力例

```php
<?php
declare(strict_types=1);

namespace App\Http\Controllers;

use Illuminate\Contracts\View\Factory as ViewFactory;
use Illuminate\Http\Response;

final class UserController extends Controller
{
    public function detail(string $id): ViewFactory
    {
        return view('user.detail');
    }

    public function userDetail(string $id): Response
    {
        return new Response(view('user.detail'), Response::HTTP_OK);
    }
}
```

　上記コード例のdetailメソッドとuserDetailメソッドは、ビューの指定方法が異なるだけで結果はまったく同じものが出力されます。

3-1-2　ADR（Action Domain Responder）

　ADR（Action Domain Responder）は、元来のMVCを元にサーバサイドへ適用したMVC2と同様、MVCをネットワーク上のリクエスト・レスポンスを扱うサーバサイドアプリケーション向けに、より洗練させた設計パターンとして提唱されたものです[1]。

　下図に示す通り、MVCと同様、アクションとドメイン、レスポンダの3つの責務から成り立ちます（図3.1.2.1）。

図3.1.2.1：ADRパターンを採用する場合のフロー図

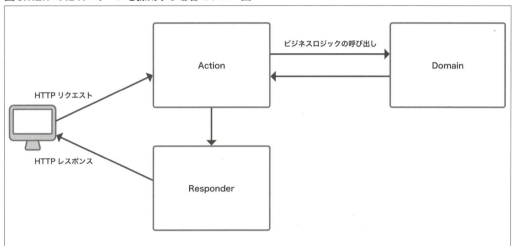

　ADRのアクションは、ドメインとレスポンダの接続を行ないます。HTTPリクエストからドメインを呼び出し、HTTPレスポンスを構築するために必要なデータをレスポンダに渡します。ドメインは、アプリケーションのコアを形成するビジネスロジックへの入口で、トランザクションスクリプトやドメインモデルなどを利用してビジネスロジックを解決します。

　また、レスポンダは、アクションから受け取ったデータからHTTPレスポンスを構築するプレゼンテーションロジックを解決します。HTTPステータスコードやヘッダー、クッキー、テンプレートを扱うHTML出力、APIなどにおけるJSON変換などを扱います。

　上述したADRの3つの責務をMVCと比較すると、モデルとドメイン、ビューとレスポンダ、コントローラとアクションがそれぞれ対応します。

1　Paul M. Jones' original proposal of ADR（https://github.com/pmjones/adr）

LaravelでADRパターンを利用する場合は、下記に示すディレクトリ構造を用いることが多いです（リスト3.1.2.2）。

リスト3.1.2.2：ADRパターンを適用したディレクトリ構造例

```
.
├── app
│   ├── Console
│   │   └── Kernel.php
│   ├── Domain
│   │   └── Book
│   │       ├── Entity
│   │       └── Services
│   ├── Http
│   │   ├── Actions
│   │   │   └── UserIndexAction.php
│   │   ├── Kernel.php
│   │   ├── Middleware
│   │   └── Responder
│   │       └── BookResponder.php
│   ├── Policies
│   └── Providers
...
```

アクション（Action）

ADRのアクションは、コントローラクラスが複数のアクションに対応するのに対して、1つのアクションにのみ対応させてアクションクラスとして独立させ、1つのアクションとルートを対応させることで、複雑化を防ぎシンプルにHTTPリクエストを扱い、レスポンダにレスポンス内容の構築を移譲します。

複数のHTTPメソッドを1つのアクションクラスで対応することもできますが、条件分岐や処理が複雑化するため、原則として1つのHTTPメソッド、1つのルートに対応するのが1つのアクションとして利用します。

一般的なMVCパターンのコントローラクラスには、アクションに対応するメソッドがいくつか含まれています。それぞれのメソッドはGETやPOST、PUTなどに対応しており、個々のメソッドがさまざまな処理や依存関係を持ちます。 アプリケーションが大規模になることや仕様変更などを重ねることで、コントローラクラスが持つ依存関係がメソッドそれぞれで大きく変わり、あるメソッドのみ利用する依存クラスが増えることになります。

次に示すコード例に、アプリケーションの仕様変更が行なわれ、依存関係が追加された実装例を示します（リスト3.1.2.3）。

リスト3.1.2.3：依存関係が増えるコントローラ例

```php
<?php
declare(strict_types=1);

namespace App\Http\Controllers;

use App\Service\UserService;
use App\Service\BookReviewService;
use Illuminate\Contracts\View\Factory as ViewFactory;
use Illuminate\Http\RedirectResponse;
use Illuminate\Http\Request;

final class UserController extends Controller
{
    private $userService;
    private $bookReviewService;
    // ①
    public function __construct(
        UserService $userService,
        BookReviewService $bookReviewService
    ) {
        $this->userService = $userService;
        $this->bookReviewService = $bookReviewService;
    }

    public function index(Request $request): ViewFactory
    {
        return view('user.index', [
            'user' => $this->userServce->retrieveUser($request->get('id'))
        ]);
    }

    public function store(Request $request): RedirectResponse
    {
        $this->userService->activate(
            $request->get('user_id'),
            $request->get('user_name')
        );
        // ②
        $this->bookReviewService->addReview(
            $request->get('user_id'),
            $request->get('book_id'),
            $request->get('review')
        );
        // レスポンス返却の処理
        return redirect('/users');
    }
}
```

101

第一部 Laravelの基礎　第二部 実践パターン　第三部 Laravelアプリケーション開発手法

① 前述のコード例（リスト3.1.1.3）がリファクタリングで少し実装内容が変更されましたが、仕様
　変更などで新たに書籍レビューを扱うクラスが、依存するものとしてコントローラのコンストラ
　クタに追加されています。

② 登録処理で書籍レビューも同時に行なうようにメソッドに追加されています。問題がないように
　見受けられますが、BookReviewServiceクラスはstoreメソッドでのみ利用するクラス、例えば、
　indexメソッドでは利用しないクラスです。

　この通り、コントローラクラス内のあるメソッドでのみ利用するクラスが増え続けることで、コント
ローラクラスが扱う処理が大きくなり、複雑になっていきます。

　ADRパターンの採用で複雑になる実装コードをどう回避するのでしょうか。コントローラクラスの
実装コードをアクションクラスとして独立させるコード例を下記に示します（リスト3.1.2.4）。

リスト3.1.2.4：アクションへ独立させた例

```php
<?php
declare(strict_types=1);

namespace App\Http\Actions;

use App\Service\UserService;
use App\Http\Responder\UserResponder;
use Illuminate\Http\Response;

final class UserIndexAction extends Controller
{
    private $domain;
    private $userResponder;

    // ①
    public function __construct(
        UserService $userService,
        UserResponder $userResponder
    ) {
        $this->domain = $userService;
        $this->userResponder = $userResponder;
    }

    // ②
    public function __invoke(Request $request): Response
    {
        return $this->userResponder->response(
            $this->domain->retrieveUser($request->get('id'))
        );
    }
}
```

102

① コントローラで実装していたメソッドをアクションクラスとして独立させ、レスポンダを依存関係として加えました。コード例（リスト3.1.2.3）で利用していたApp\Service\BookReviewServiceクラスは不要なため依存関係から取り除いています。

② レスポンダにドメインの処理結果を渡し、どのようなレスポンスを返却するかをレスポンダに移譲しています。

コード例のアクションクラスでは、PHPのマジックメソッド、__invokeを利用して処理を実装していますが、アプリケーション内で標準的なメソッド名、例えば、handleメソッドなどを設けて利用しても構いません。あくまで、単一のメソッドしか呼ばれないというルールを定義することに注意してください。

実は、Laravelではこの__invokeメソッドを実装したクラスをルーターに登録すると、1つのURIとアクションクラスを結び付けることが可能です。routes/web.phpなどを使いこの仕組みを利用できます。名前空間を変更する場合は、App\Providers\RouteServiceProviderクラスのnamespaceプロパティを変更します（リスト3.1.2.5）。

リスト3.1.2.5：__invokeを実装したアクションクラスのルーター登録方法

```
Route::get('users', App\Http\Actions\UserIndexAction::class);
```

URIに対して__invokeメソッドを実装したクラス名を指定すると、フレームワーク内で__invokeメソッドをコールします。ほかのメソッドを利用する場合、通常のコントローラクラスと登録方法は同じですが、名前空間をApp\Http\Contorollersから変更する場合は、App\Providers\RouteServiceProviderクラスで変更してください。

ドメイン（Domain）

モデルとドメインの2つに大きな違いはありません。レスポンダが出力方法を決定するため、ドメインから返却された値を扱いますが、それ以上のやり取りは発生しません。

主に違う点は名前にあります。モデルの代わりにドメインを当てはめることで、多くの開発者が持つデータベース＝モデルの概念から、PoEAA（Patterns of Enterprise Application Architecture／エンタープライズ・アプリケーション・アーキテクチャ・パターン）で扱われている、ドメインロジックの設計パターン、またはアプリケーションサービスやユースケースなどのドメイン駆動設計パターンを考えてもらうことを意図しています。

| 第一部 | Laravelの基礎 | 第二部 | 実践パターン | 第三部 | Laravelアプリケーション開発手法 |

レスポンダ（Responder）

　MVCのビューはコントローラを介して描画させたい内容のみを渡し、コンテンツ以外のHTTPステータスコードなどはコントローラで設定する必要があります。これは、モデルから返却される値によって、表示方法の変更、HTTPステータスの変更やクッキーの操作など、ビジネスロジックを理解したプレゼンテーションロジックがコントローラに含まれることになります。

　レスポンダは、こうしたロジックをコントローラ・アクションから切り離し、コンテンツ情報だけでなく、HTTPレスポンスを構築する処理を担当します。つまり、HTMLを出力させるためのビューや、APIなどに代表されるJSONの返却はレスポンダの一部にしか過ぎないことになります。

　Webアプリケーションのビューはテンプレートを返却するだけではなく、HTTPレスポンスを生成することであり、レスポンダはそれをサーバサイドアプリケーションで適用するために再定義したビューといえます。レスポンダをLaravelで取り入れる実装を下記のコード例に示します（リスト3.1.2.6）。

リスト3.1.2.6：レスポンダの実装

```php
<?php
declare(strict_types=1);

namespace App\Http\Responder;

use Illuminate\Http\Response;
use Illuminate\Contracts\View\Factory as ViewFactory;

class BookResponder
{
    protected $response;
    protected $view;

    public function __construct(Response $response, ViewFactory $view)
    {
        $this->response = $response;
        $this->view = $view;
    }

    public function response(UserModel $user): Response
    {
        if (!$user->id) {
            $this->response->setStatusCode(Response::HTTP_NOT_FOUND);
        }
        $this->response->setContent(
            $this->view->make('user.index', ['user' => $user])
        );
        return $this->response;
    }
}
```

上記コード例では、ドメインから返却された値を利用し、どのようなレスポンスを返却するかを実装しています。

　また、Laravelのヘルパー関数を利用する実装を次のコード例に示します（リスト3.1.2.7）。

リスト3.1.2.7：ヘルパー関数を利用したレスポンダの実装

```php
public function response(UserModel $user): Response
{
    $statusCode = Response::HTTP_OK;
    if (!$user->id) {
        $statusCode = Response::HTTP_NOT_FOUND;
    }
    return response(view('user.index', ['user' => $user]), $statusCode);
}
```

　ADRパターンを適用すると、実際にはMVCパターンと大きな相違はなく、MVCパターンよりも、より処理の内容が具体化したように感じられる、または、URIがアクションと呼ばれるクラス単位で増えていくことにデメリットを感じるかもしれません。しかし、クラスが増えることはデメリットではなく、整理された小さな機能の集まりで、責務が明確化されていることにほかなりません。

　ここで重要なことはパターン名ではなく、どのような考え方でクラスや処理グループを分割し、責務を与えることであり、「どうしたらよりよいアプリケーション設計が行なえるか」です。MVCパターンから連想される固定観念を持たせないため、言葉を再定義した設計パターンともいえます。責務を分割し、各クラスの処理が小さくなることで、仕様変更やテストの容易さが向上することに注目してください。これらは簡単に記述できる記法を多用することと同義ではありません。

　Laravelは、どのような設計パターンを用いるか開発者が自由に選択できるフレームワークです。開発するアプリケーションがどのように成長していくか、どんな開発体制で開発されるかで、そのアプリケーションに最適な設計パターンは大きく変わります。それぞれのアプリケーションに合わせた最適なパターンを取り入れるためのヒントとして、さまざまな設計パターンに触れて設計方法の理解を深めてください。

105

| 第一部 | Laravelの基礎 | 第二部 | 実践パターン | 第三部 | Laravelアプリケーション開発手法 |

3-2 アーキテクチャへの入口

複雑さに立ち向かうアプリケーション設計の導入を知る

　アプリケーション開発でもっとも複雑になるプログラムは、ビジネス要求やサービス仕様を実現する処理です。MVCパターンではこの要求を実現する層をモデルと呼び、ビジネスの概念に基づく処理や状態の保管を行ないます。

　要求に基づく状態の操作には、データベースなどのデータソースの操作が関わることが多々ありますが、データベースはビジネスの概念ではありません。しかし、アプリケーション開発では、ビジネスロジックとデータベースなどのデータソースが切っても切り離せない関係である場面も多く、データベースの概念とビジネスロジックが密接に結合してしまうケースも多々あります。

　ビジネスロジックはアプリケーションの一番の核心であり、複雑なビジネス要求や仕様変更にも応えなければなりません。しかし、データソースとの関わりが強くなりがちなためにもっとも複雑化しやすく、ビジネスの成長とともに想定外の処理が入り込んだり、それまでの概念とまったく異なるものに想定外の進化を遂げることさえあります。これらの問題に対応するには、アプリケーションのアーキテクチャ設計が重要です。本節では複雑化を防ぐためのアーキテクチャ設計と考え方を紹介します。

3-2-1　フレームワークとアーキテクチャ設計

　Laravelには、MVCパターンを適用するアプリケーション開発を簡単にする、数々の機能があらかじめ用意されているため、アプリケーションの設計は必要なのかと疑問が湧くかもしれません。フレームワークは、アプリケーション開発をサポートする機能を多く用意していますが、あくまで一般的に使われる機能であり、ビジネス要求を完全に実現するための機能は提供していません。

　ビジネス要求に対応するには、フレームワークを骨組みとして、それぞれのアプリケーションの要求や仕様に対して、個別に的確な構造化や設計技法が必要となります。MVCパターンも同様で、多種多様なアプリケーションすべてに対応しているわけではありません。

　コントローラクラスやミドルウェアクラスにEloquentモデルによる大量のデータベース処理が記述されていると、データベースのリファクタリングやパフォーマンス改善目的のNoSQL導入で大幅な改修が避けられず、実装コード自体の見直しも必要になります。これはビジネスロジックとデータベースのカラムが密接な関わる実装コードになっているためです。

　また、Eloquentモデルクラスにリクエストやセッション、キャッシュなどを扱う処理が記述されて

いると、フォーム変更や仕様変更に際し影響範囲調査で大きく時間が取られてしまいます。こうした実装コードが多く含まれるとクラス拡張による対応も難しく、実装したい処理に似たクラスを探して、少しだけ変更したクラスやメソッドを大量に作ってしまい、実装コードは複雑さを増します。

これらの問題はフレームワークに原因があるのではなく、その多くは適切な設計パターンを定めていないことにあります。規模に合わせて最適な設計パターンを導入することで、整合性や品質、保守性を大きく改善することが可能になります。

Laravelはシンプルで簡潔な記述方法と多彩な機能のほかに、サービスコンテナやサービスプロバイダを活用することで、さまざまな設計パターンに対応可能な柔軟性を持ち合わせています。フレームワークの利用方法を学ぶだけではなく、さまざまな設計パターンを組み合わせることで、よりよいアプリケーション開発に繋がることを理解しておきましょう。

3-2-2　アーキテクチャ設計のポイント

小規模アプリケーションで必要以上に大げさなアーキテクチャ設計を行なったり、大規模なアプリケーションで小規模なケースと同様の設計パターンを採用したりすると、品質とともに拡張性や保守性を維持が難しくなります。アーキテクチャ設計は、開発チームの人数や開発期間などさまざまな要素から現実的な妥協点を見出し、適切に設計することがもっとも重要なポイントです。

ほとんどのアプリケーションはリリース後も開発や運用が続き、整合性を確保するために統一された設計やルールを定めなければなりません。通常のアプリケーション開発では、業務的な機能に対する要件を機能要件と呼び、どのように実現するかをビジネスロジックとして実装します。

機能要件のほかにスケーラビリティやセキュリティ、パフォーマンス、運用の容易さといった機能以外の要件を非機能要件と呼び、機能要件を実現していても、レスポンスが悪かったり、セキュリティ対策が不十分であったり、負荷に弱く複数台のサーバで稼動できあかったりするなどの事態を招かないようにしなければなりません。

アプリケーションは機能要件を実現するとともに、非機能要件に関しても一定の基準を満たす必要があるため、ビジネスロジックと非機能要件に相当する実装コードを分割しなければ、基準を満たすことは困難になります。機能要件や非機能要件を満たすための拡張性や保守性を保つには、適切な設計に基づく抽象化と構造化が必要になるため、前述のMVCパターンやADRパターンをベースに、ビジネスロジックからデータベース操作の処理を分離した設計を行なうことが重要です。

こうした問題解決のヒントとなる、Laravelを使ったさまざまな規模のアプリケーションに対応する、アーキテクチャ設計パターンを紹介しましょう。

| 第一部 | Laravelの基礎 | 第二部 | 実践パターン | 第三部 | Laravelアプリケーション開発手法 |

3-2-3　レイヤードアーキテクチャ

　責務が分離されているMVCパターンを採用した開発プロジェクトでも、ビューに関する処理や直接的なデータベースの処理が特定のクラスに直接記述されることがあります。これらはアプリケーションをもっとも簡単に動作させることができ、素早くアプリケーションを開発できるため、実装コードでも見掛けることが多い例です（リスト3.2.3.1）。

リスト3.2.3.1：コントローラ上に記述されたデータベース操作クラス

```php
<?php
declare(strict_types=1);

namespace App\Http\Controllers;

use App\User;
use App\Purchase;

class UserController
{
    public function index(string $id)
    {
        $user = User::find(intval($id));
        $purchase = Purchase::findAllBy($user->id);
        // データベースから取得した値を使った処理など

        return view('user.index' ['user' => $user]);
    }
}
```

　上記コード例で示した通り、こうした処理は1つのクラスに多くの処理が書き込まれているため、新たにビジネスロジックや仕様が追加された場合も、多くの処理が同じくクラスに含まれていきます。多くの処理がさまざまな一度に拡散してしまうと、実装コードをみて処理の内容を把握することが困難になっていきます。

　例えば、ビュー内の処理を修正することが直接ビジネスロジックを変更してしまうこともあり得ます。また、逆にビジネスロジックを変更する場合に、ビューやデータベースへのアクセスなど、ほかの処理に影響しないかどうかを丹念に調べなくてはならなくなるかもしれません。

　こうした状況に陥らないためにも、それぞれの関心事を分離し、分離した要素に対して実装を行なうことで、個々の要素をシンプルに保つべく注意を払う必要があります。レイヤードアーキテクチャは、上述の通り、複雑になりやすい実装をいくつかのレイヤに分割して設計する手法です。

本書ではレイヤ化を取り入れたパターンを交えて解説するので、レイヤードアーキテクチャの概念をしっかりと把握することで、アプリケーション開発に活かすことが可能です。

レイヤ化のための概念

　レイヤードアーキテクチャは、いくつかの概念を基に分割して設計することが一般的です。MVCパターンでのモデルまたはコントローラといったクラスの肥大化を防ぐためには、いくつかの層に分割することで、個々のクラスが持つ役割を小さくすることができます。

　レイヤ化を行なう場合には、分割したレイヤの役割を明確化し、レイヤ間の依存関係を明確にする必要があります。上位レイヤが下位レイヤを呼び出すことを徹底し、その逆を禁じます。ここで重要なのは、アプリケーション開発でもっとも注力すべきビジネスロジックの複雑化を防ぎ、ビジネスロジックを担当する層からさまざまな依存を排除して、抽象化することです。依存を排除することで仕様変更への対応、テストの容易さなど、アプリケーション開発に役立てることができます。

モデルとコントローラの分離

　データベース処理がモデルとして役割を担っている場合、ビジネスロジックとEloquentモデル、そしてコントローラが強く結合する状態となります。これを解消するには、ビジネスロジックのクラスをサービスクラスとして分離します。これが「モデルとコントローラの分離」です。

　導入することでコントローラからデータベースの直接的な処理を排除できます。前述のコード例（リスト3.2.3.1）で利用したクラスを分割する実装を、下記のコード例に示します（リスト3.2.3.2）。

リスト3.2.3.2：データベース操作を伴う実装をサービスクラスとして分離

```php
<?php
declare(strict_types=1);

namespace App\Service;

use App\User;
use App\Purchase;

class UserPurchaseService
{
    public function retrievePurchase(int $identifier): User
    {
        $user = User::find($identifier);
        $user->purchase = Purchase::findAllBy($user->id);
        // データベースから取得した値を使った処理など

        return $user;
    }
}
```

retrievePurchaseメソッドとして、データベース操作を伴うビジネスロジックを分割しています。このようなサービスクラスは、Laravelのコントローラクラスでコンストラクタインジェクションを用いて利用できます。下記のコード例にコントローラクラスからの利用例を示します（リスト3.2.3.3）。

リスト3.2.3.3：コントローラクラスからデータベース操作を分離

```php
<?php
declare(strict_types=1);

namespace App\Http\Controllers;

class UserController
{
    public function __construct(UserPurchaseService $service)
    {
        $this->service = $serivce;
    }

    public function index(string $id)
    {
        $result = $this->service->retrievePurchase(intval($id));
        return view('user.index' ['user' => $result]);
    }
}
```

上記コード例では、コントローラに直接記述していた処理をサービスクラスへと変更しています。データベース処理などを直接記述していた実装を、サービスクラスのメソッドに置き換えることができるので、処理内容がより明確になります。

クラスが増えることをデメリットに感じるかもしれませんが、Laravelではサービスコンテナを介してビジネスロジックを簡単に差し替えられるので、直接的な記述よりもアプリケーション運用時に大きな恩恵を受けられます。サービスコンテナとサービスプロバイダをしっかりと理解することが重要です。

サービスレイヤとデータベースの分離

コントローラからデータベースの処理を排除することができましたが、ビジネスロジックを解決するクラスはまだデータベースに依存した状態です。データベースの操作自体はアプリケーションに必要な処理ですが、ビジネスロジックとデータベース操作は直接的には関係しません。

データベースへの依存を解決するため、データベース操作を抽象化し直接的な操作から分離するリポジトリと呼ばれる層を取り入れます。このリポジトリを活用するパターンは、後述するドメイン駆動設計を実現するための実装方法として利用されますが、この一部を取り入れることで、ビジネスロジック

とデータベースを切り離すのが狙いです。リポジトリ層でデータベースを操作し、サービスレイヤから
データベース操作を分離します。

　インターフェースを定義し実装することで、Eloquentモデル以外の選択肢が有効になります。
Elasticsearch[1]やApache Solr[2]などの全文検索エンジン、Apache Cassandra[3]やCouchbase[4]といっ
たNoSQLと分類されるデータベース操作に変更するなど、アプリケーションの成長に伴うデータソー
ス変更が可能になります。
　データベース変更を伴う状況は想像に難いかもしれませんが、リリース後のアプリケーションが進化
を遂げて大きく成長したり、ビジネスを加速するためにログデータと組み合わせるなど、現代のアプリ
ケーションに代表される想定外の進化といえます。Webアプリケーションで数十億のデータなど大容
量データに対応するためにデータベースを変更するのは特別なことではありません。ただし、必ずしも
インターフェースの定義だけで容易に対応できるわけではありません。Eloquentモデルやクエリビル
ダーなどはLaravelのコレクションクラスで返却されますが、上記の全文検索エンジンやNoSQLのラ
イブラリを利用する場合は、コレクションクラスを介して返却されるわけではありません。

　そこで、アプリケーションの成長やデータソースの変更が予想される場合は、PHPで利用される一
般的な型での返却が好ましいケースもあります。本項では、例としてユーザー情報をPHPの配列で返
却するインターフェースを用意します。下記にインターフェースとインターフェースを実装したレポジ
トリクラスのコード例を示します（リスト3.2.3.4～3.2.3.5）。

リスト3.2.3.4：ポジトリのインターフェースを定義

```php
<?php
declare(strict_types=1);

namespace App\Repository;

interface UserRepositoryInterface
{
    public function find(int $id): array;
}
```

リスト3.2.3.5：リポジトリの実装例

```php
<?php
declare(strict_types=1);
```

1　https://www.elastic.co/jp/products/elasticsearch
2　http://lucene.apache.org/solr/
3　http://cassandra.apache.org/
4　https://www.couchbase.com/

```
namespace App\Repository;

use App\User;

class UserRepository implements UserRepositoryInterface
{
    public function find(int $id): array
    {
        $user = User::find($id)->toArray();
        // 何かの処理
        return $user;
    }
}
```

　サービスクラスに上記のリポジトリインターフェースを指定することで、サービスクラスからもデータベースの直接的な操作を排除できます。下記にユーザー情報取得処理の実装例を示します（リスト 3.2.3.6）。

リスト3.2.3.6：サービスクラスとリポジトリ利用例

```php
<?php
declare(strict_types=1);

namespace App\Service;

use App\Repository\UserRepositoryInterface;
use App\User;

class UserPurchaseService
{
    protected $userRepository;

    public function __construct(
        UserRepositoryInterface $userRepository
    ) {
        $this->userRepository = $userRepository;
    }

    public function retrievePurchase(int $identifier): User
    {
        // リポジトリを介してデータを取得します
        $user = $this->userRepository->find($identifier);
        // データベースから取得した値を使った処理など
        return $user;
    }
}
```

レイヤを分離することで各レイヤが薄くなります。実際に利用する場合は、サービスプロバイダを介して依存クラスの定義を行ないます。このレイヤの処理フローは次図に示す通りです（図3.2.3.7）。

図3.2.3.7：レイヤ化による処理の流れ

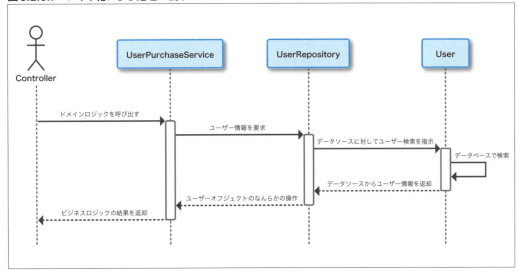

3-2-4 レイヤードアーキテクチャの一歩先の世界

前項「3-2-3 レイヤードアーキテクチャ」で説明したレイヤ化は処理を薄くすることが目的ではなく、ビジネスロジックを表現するサービスレイヤからさまざまな非機能要件などを可能な限り取り除き、影響範囲を小さくすることが最大の目的です。しかしながら、複雑化するアプリケーションへの対応はレイヤ化だけでは不十分です。

これまで紹介した実装パターンをベースに考えるものではなく、要求の解決にフォーカスしたパターンともいわれる設計技法である、ドメイン駆動設計という設計手法があります。ドメイン駆動設計はビジネス要求や仕様をかみ砕き、解決しなければいけない領域（ドメイン）を分析し、ドメインの知識を深めて関係者と共通の認識を持つことにはじまります。技術至上的な手法ではなく、ドメインの知識と設計パターンを組み合わせることで実践でき、複雑化にも十分対応可能になります。

本書ではドメイン駆動設計に関して詳細に解説することはできませんが、ドメイン駆動設計を1つの入口として、クリーンアーキテクチャやマイクロサービスアーキテクチャなどがドメイン駆動設計を実践するパターンとして、さまざまなアプリケーションで採用されています。

| 第一部 | Laravelの基礎 | 第二部 | 実践パターン | 第三部 | Laravelアプリケーション開発手法 |

例えば、Laravelを活用するアーキテクチャの例として、本書執筆者でもある新原雅司氏[5]の「独立したコアレイヤパターン」[6]も参考にするのもいいでしょう。

下記に、ドメイン駆動設計の知識を深めるための参考文献を紹介しましょう。

- 『エリック・エヴァンスのドメイン駆動設計 ソフトウェアの核心にある複雑さに立ち向かう IT Architects' Archive ソフトウェア開発の実践』、エリック・エヴァンス(著), 今関 剛 (監修), 和智 右桂 (翻訳), 牧野 祐子 (翻訳) 翔泳社
- 『実践ドメイン駆動設計』、ヴァーン・ヴァーノン (著), 高木 正弘 (翻訳) 翔泳社
- 『エンタープライズアプリケーションアーキテクチャパターン』、マーチン・ファウラー(著), 長瀬 嘉秀 (監訳), 株式会社 テクノロジックアート (翻訳) 翔泳社
- 『ユースケース駆動開発実践ガイド』、ダグ・ローゼンバーグ (著), 三河 淳一 (著), 船木 健児 (著), 佐藤 竜一 (翻訳) 翔泳社
- 『Clean Architecture 達人に学ぶソフトウェアの構造と設計』、Robert C.Martin (著), 角 征典 (翻訳), 高木 正弘 (翻訳) KADOKAWA
- 『マイクロサービスアーキテクチャ』、Sam Newman (著), 佐藤 直生 (監修), 木下 哲也 (翻訳) オライリージャパン
- 『進化的アーキテクチャ ―絶え間ない変化を支える』、Neal Ford (著), Rebecca Parsons (著), Patrick Kua (著), 島田 浩二 (翻訳) オライリージャパン
- 『ソフトウェアシステムアーキテクチャ構築の原理 第2版 ITアーキテクトの決断を支えるアーキテクチャ思考法』、ニック・ロザンスキ (著), オウェン・ウッズ (著), Eoin Woods (著), 榊原 彰 (監修), 牧野 祐子 (翻訳) SBクリエイティブ
- 『新装版 リファクタリング 既存のコードを安全に改善する』、Martin Fowler (著), 児玉 公信 (翻訳), 友野 晶夫 (翻訳), 平澤 章 (翻訳), 梅澤 真史 (翻訳) オーム社
- 『ロール、責務、コラボレーションによる設計技法 オブジェクトデザイン』、レベッカ・ワーフスブラック (著), アラン・マクキーン (著), 株式会社オージス総研 藤井 拓 (監修, 監修), 辻 博靖 (翻訳), 井藤 晶子 (翻訳), 山口 雅之 (翻訳), 林 直樹 (翻訳) 翔泳社
- 『.NETのエンタープライズアプリケーションアーキテクチャ 第2版 .NETを例にしたアプリケーション設計原則』、Dino Esposito (著), Andrea Saltarello (著), 日本マイクロソフト (監訳) (その他), クイープ (翻訳) 日経BP社

---

5 https://blog.shin1x1.com/entry/independent-core-layer-pattern
6 https://github.com/shin1x1/independent-core-layer-laravel

Chapter **4**

第二部

HTTPリクエストと
レスポンス

Laravelフレームワークにおける入出力と
バリデーション、ミドルウェア

Webアプリケーションの基本は、ユーザーによる入力（リクエスト）を
受け取って処理し、出力（レスポンス）を返すことです。
本章では、Laravelでのリクエストの取り扱いやレスポンス出力の方法
を解説します。また、入力値を検証するバリデーション機能やリクエスト
のフィルタリングなどを担うミドルウェアも説明します。

| 第一部 | Laravelの基礎 | **第二部** | **実践パターン** | 第三部 | Laravelアプリケーション開発手法 |

4-1 リクエストハンドリング

HTTPリクエストを取得してロジック内で利用する方法を学ぶ

本節では、Webブラウザなどを通してユーザーから送信された値（HTTPリクエスト）をLaravelで取り扱う方法を説明します。

4-1-1 リクエストの取得

ユーザーからのリクエストは、public/index.php内でIlluminate\Http\Requestクラスのインスタンスとして取得します。このインスタンスは、HTTPカーネルのhandleメソッドを通してビジネスロジック内で利用できます。

リスト4.1.1.1：public/index.php内のリクエスト取り扱い部分

```
$response = $kernel->handle(
    $request = Illuminate\Http\Request::capture()
);
```

上記コード例のIlluminate\Http\Requestクラスは、Symfony\Component\HttpFoundation\Requestクラスを継承しています。このインスタンスには、下記変数からの取得情報が含まれます。

- $_GET
- $_POST
- $_COOKIE
- $_FILES
- $_SERVER

これらのリクエストをコントローラで参照するには主に下記の3方法があり、次項以降で、各方法の詳細を説明します。

1. InputファサードまたはRequestファサードを使用する。
2. Requestクラスのインスタンスをコンストラクタインジェクション、またはメソッドインジェクションを介して使用する。
3. フォームリクエストを使用する。

4-1-2 Inputファサード・Requestファサード

本項では、InputファサードまたはRequestファサードを使用する方法を紹介します。

はじめに下記にInputファサードのコード例を示します（リスト4.1.2.1）。

リスト4.1.2.1：Inputファサードを使ったリクエストの取得

```
// "name"キーでリクエストから値を取得する
$name = Input::get('name');

// "name"キーがない場合、「guest」を返す
$name = Input::get('name', 'guest');
```

Inputファサードの実装はIlluminate\Support\Facades\Inputです。下記に示すコード例で分かる通り、getメソッドはIlluminate\Http\Requestクラスのメソッドであるinputメソッドを実行しています（リスト4.1.2.2）。

リスト4.1.2.2：Illuminate\Support\Facades\Input

```php
<?php

namespace Illuminate\Support\Facades;

class Input extends Facade
{
    public static function get($key = null, $default = null)
    {
        return static::$app['request']->input($key, $default);
    }

    protected static function getFacadeAccessor()
    {
        return 'request';
    }
}
```

そのほかのメソッドは、getFacadeAccessorの戻り値に設定した文字列「request」をサービスコンテナに渡して解決し、結果的にはIlluminate\Http\Requestクラスのインスタンスへのアクセスとなっています。

117

また、下記コード例に示す通り、Requestファサードの実装であるIlluminate\Support\Facades\Requestでも、getFacadeAccessorの戻り値に「request」を設定しています。Requestファサードも Inputファサードと同様、Illuminate\Http\Requestクラスのインスタンスへのアクセスとなります（リスト4.1.2.3）。

リスト4.1.2.3：Illuminate\Support\Facades\Request

```php
<?php

namespace Illuminate\Support\Facades;

/**
 * @see \Illuminate\Http\Request
 */
class Request extends Facade
{
    /**
     * Get the registered name of the component.
     *
     * @return string
     */
    protected static function getFacadeAccessor()
    {
        return 'request';
    }
}
```

つまり、Input::getメソッドを除いて、InputファサードとRequestファサードは同じ使い方ができます。例えば、フォームから送信されたリクエストを配列で一括取得する場合は、下記コード例に示す通りです（リスト4.1.2.4）。

リスト4.1.2.4：取得したリクエスト値を連想配列に保存する

```php
// すべての入力値を$inputsで取得(Inputファサード)
$inputs = Input::all();

// すべての入力値を$inputsで取得(Requestファサード)
$inputs = Request::all();
```

リクエストされたすべての値を利用するケースでは、ユーザー入力による値指定がシステムの意図していない項目である可能性があります。そこで、onlyメソッドを使用すると、引数で指定した入力項目のみを取得できるので、次のコード例に示す通り、信頼できるリクエスト以外ではallメソッドは利用しません（リスト4.1.2.5）。

リスト4.1.2.5：指定した入力項目のみ取得する

```
// 配列で指定した入力値のみ取得し、値を取り出す(Inputファサード)
$inputs = Input::only(['name', 'age']);
$name = $inputs['name'];

// 配列で指定した入力値のみ取得し、値を取り出す(Requestファサード)
$inputs = Request::only(['name', 'age']);
$name = $inputs['name'];
```

　アップロードされたファイルの取得にはfileメソッドを使用します。返却されるオブジェクトは、SplFileInfoを継承したSymfony\Component\HttpFoundation\File\UploadedFileクラスのインスタンスです。下記にコード例を示します（リスト4.1.2.6）。

リスト4.1.2.6：アップロードしたファイルを取得する

```
// アップロードされたファイルを取得し、$contentに読み込む
$file = Input::file('material');
$content = file_get_contents($file->getRealPath());

// アップロードされたファイルを取得し、$contentに読み込む
$file = Request::file('material');
$content = file_get_contents($file->getRealPath());
```

　また、クッキー（cookie）やヘッダ情報（header）、サーバ情報や実行時の環境情報を取得する方法は、下記コード例に示す通りです（リスト4.1.2.7）。

リスト4.1.2.7：クッキーやヘッダ情報の取得

```
// クッキーの値を取得
$name = Input::cookie('name');

// ヘッダ値を取得
$acceptLangs = Input::header('Accept-Language');

// 全サーバ値を取得
$serverInfo = Input::server();

// クッキーの値を取得
$name = Request::cookie('name');

// ヘッダ値を取得
$acceptLangs = Request::header('Accept-Language');

// 全サーバ値を取得
$serverInfo = Request::server();
```

4-1-3 Requestオブジェクト

Illuminate\Http\Requestクラスのインスタンスを直接使用する場合は、コンストラクタインジェクションやメソッドインジェクションを利用します。Laravelのサービスコンテナ機能を使って、コンストラクタまたはメソッドの引数に型宣言することで取得できます。Requestファサードの実クラスであるので、Requestファサードで利用できるメソッドはすべて利用できます。

下記のコード例では、routes/web.phpで/user/registerにアクセスがあったら、UserControllerクラスのregisterメソッドを呼びます（コード4.1.3.1）。

リスト4.1.3.1：routes/web.php への定義

```
Route::post('/user/register', 'UserController@register');
```

app/Http/Controllers/UserController.phpのregisterメソッドでは、引数からIlluminate\Http\Requestクラスのインスタンスを取得し、処理を実行します（コード4.1.3.2）。インスタンスの生成はサービスコンテナが担います。

リスト4.1.3.2：App/Http/Controllers/UserController

```php
<?php
declare(strict_types=1);

namespace App\Http\Controllers;

use Illuminate\Http\Request; // Requestクラスをインポートします

class UserController extends Controller
{
    // 引数でRequestクラスのインスタンスを渡す
    public function register(Request $request)
    {
        // インスタンスに対して値を問い合わせ
        $name = $request->input('name');
        $age = $request->input('age');
        // （略）
    }
}
```

JSONリクエストを扱う

Laravelでは当然、JSONのリクエストも扱うことが可能です。JSONの値を取得したい場合は、クライアントのヘッダリクエストでContent-Type: application/json、または +json が指定されている場合は、通常のリクエストと同様、getメソッドなどを通じて値を取得できます（リスト4.1.3.3）。

リスト4.1.3.3：JSONリクエスト送信

```
$ curl --request GET \
  --url http://localhost/api/payload \
  --header 'content-type: application/json' \
  --data '{
    "message": "request",
    "nested": {
        "arrayOfString": ["Laravel"]
    }
}'
```

Content-Typeが指定されていないリクエストでも、JSONリクエストを扱う場合は、Illuminate\Http\Requestクラスのjsonメソッドを利用します。下記のコード例では、両メソッドとも同じ値が取得されます（リスト4.1.3.4）。

リスト4.1.3.4：JSONリクエストを取得する

```php
<?php
declare(strict_types=1);

namespace App\Http\Controllers;

use Illuminate\Http\Request;

final class PayloadAction
{
    public function __invoke(Request $request)
    {
        $result = $request->get('nested');
        $result = $request->json('nested');
    }
}
```

4-1-4 フォームリクエスト

　フォームリクエストはIlluminate\Http\Requestを継承したクラスで、入力値の取得に加えてバリデーションルールや認証機能などを定義できる機能です。バリデーションロジックをコントローラクラスから分離できるため、コードの疎結合化に貢献します。

　フォームリクエストはサービスコンテナのresolvingメソッドとafterResolvingメソッドを使って、インスタンス生成とバリデーション処理が行なわれます。resolvingメソッドは、第1引数で指定したクラスを継承したクラスのインスタンスが生成された直後に、第2引数のクロージャが実行されます。そして、resolvingメソッド実行後、afterResolvingメソッドでは第1引数で指定したインターフェースを実装したクラスのインスタンス生成が終わった直後に、第2引数のクロージャが実行されます。

　また、フォームリクエストを登録しているサービスプロバイダ（Illuminate\Foundation\Providers\FormRequestServiceProviderクラス）に記述されたvalidateResolvedメソッドは、ruleメソッドで返却される配列を利用してバリデーションが行なわれます（リスト4.1.4.1）。

リスト4.1.4.1：フォームリクエストの仕組み

```php
public function boot()
{
    $this->app->afterResolving(ValidatesWhenResolved::class, function ($resolved) {
        $resolved->validateResolved();
    });

    $this->app->resolving(FormRequest::class, function ($request, $app) {
        $request = FormRequest::createFrom($app['request'], $request);

        $request->setContainer($app)->setRedirector($app->make(Redirector::class));
    });
}
```

　フォームリクエストのクラスファイルは、下記コマンドを実行して生成します（リスト4.1.4.2）。

リスト4.1.4.2：フォームリクエストクラスの生成コマンド

```
$ php artisan make:request UserRegistPost
```

本項のコマンド例では、UserRegistPostクラスがapp/Http/Requestsフォルダに作成されます。下記コード例に示すファイルの内容を確認してみましょう（リスト4.1.4.2）。

作成直後のフォームリクエストクラスには、authorizeメソッドとrulesメソッドが用意されています。authorizeにはリクエストに対する権限を、rulesにはバリデーションルールを設定します。このauthorizeメソッドとrulesメソッドはメソッドインジェクションが利用できます。

リスト4.1.4.2：App\Http\Requests\UserRegistPost

```php
<?php

namespace App\Http\Requests;

use Illuminate\Foundation\Http\FormRequest;

class UserRegistPost extends FormRequest
{
    public function authorize()
    {
        return false;
    }

    public function rules()
    {
        return [
            //
        ];
    }
}
```

本項の例はリクエストの取得に絞って確認するので、authorizeはtrue（実行許可）を返します（リスト4.1.4.3）。なお、バリデーションに関しては後述の「4-2 バリデーション」で説明するため、ここではrulesメソッドには変更を加えません。

リスト4.1.4.3：authorizeメソッドの変更

```php
    public function authorize()
    {
        return true;     // falseからtrueに変更
    }

    public function rules()
    {
        return [
            //
        ];
    }
```

第二部 実践パターン 第三部 Laravelアプリケーション開発手法 第一部 Laravelの基礎

それでは、前述のコード例（コード4.1.3.2）をフォームリクエストを使う方式に変更します。

registerメソッド引数の型宣言を、下記コード例に示す通りApp\Http\Requests\UserRegistPost
に変更します（リスト4.1.4.4）。

リスト4.1.4.4.：フォームリクエストを使って入力値を取得する

```php
<?php
declare(strict_types=1);

namespace App\Http\Controllers;

use App\Http\Requests\UserRegistPost;   // FormRequestクラスをインポートします

class UserController extends Controller
{
    // 引数でUserRegistPostクラスのインスタンスを渡す
    public function register(UserRegistPost $request)
    {
        // インスタンスに対して値を問い合わせ
        $name = $request->input('name');
        $age = $request->input('age');
    }
}
```

上記コード例でregisterメソッドが動作するときには、フォームリクエストで定義した処理は既に
行なわれた状態です。フォームリクエストはIlluminate\Http\Requestクラスを継承しているので、
Requestオブジェクトと同じ方法で取得することが可能です。

4-2 バリデーション

バリデーション機能を使ってリクエスト値を検証する

　利用者から送信されたデータは、その入力値を検証する仕組みが欠かせません。アプリケーションに適切ではないデータ入力を除外するだけでなく、クロスサイトスクリプティングなどアプリケーションの脆弱性を狙った攻撃を防ぐ意味でも重要な処理です。

　Laravelには、バリデーションを簡単に実装できる機能が用意されています。本節では、値のチェック仕様を定義するバリデーションルールとバリデーションの実行、エラー発生時の処理を説明します。

　はじめに簡単な利用例を下記に紹介します（リスト4.2.0.1）。このコード例は入力された値をコントローラ内でチェックする処理です。

リスト4.2.0.1：バリデーションの基本的な使用方法

```php
<?php
declare(strict_types=1);

namespace App\Http\Controllers;

use Illuminate\Http\Request;
use Illuminate\Validation\Factory;

class UserController extends Controller {

    public function register(Request $request, Factory $validatorFactory)
    {

        // すべての入力値を取得し$inputsに保持する
        $inputs = $request->all();

        // バリデーションルールを定義する
        // nameキーの値は必須とし、ageは整数値とする
        $rules = [
            'name' => 'required',
            'age'  => 'integer',
        ];    // ①

        // バリデータクラスのインスタンスを取得
        $validator = $validatorFactory->make($inputs, $rules);  // ②

        if ($validator->fails()) {  // ③
            // 値エラーの場合の処理
        }
```

125

```
        // 値が正常だった場合の処理
    }
}
```

　上記コード例では、ユーザーから入力された項目の配列$inputsとバリデーションルールを定義した配列（①）を、Illuminate\Validation\Factoryクラスのインスタンスである$validatorFactoryのmakeメソッドに渡し、$validatorインスタンスを取得します（②）。これは\Illuminate\Validation\Validatorクラスのインスタンスです。failsメソッドの実行タイミングでバリデーションが行なわれ、ルールから外れているものが存在する場合、バリデーションは失敗したものとして取り扱われます（③）。

4-2-1　バリデーションルールの指定方法

　バリデーションのルール定義は、下図に示す通り、検査対象とする入力項目のキー名と、ルールを表す文字列の組み合わせ（バリデーションルール）を連想配列で指定します（図4.2.1.1）。なお、ルールの種類は次項で説明します。

図4.2.1.1：バリデーションのルール定義

```
[
    'title'      =>   [ 'required', 'unique:posts', 'max:255' ],
    'body'       =>   [ 'required' ],
    'publish_at' =>   [ 'nullable', 'date' ],
]
         対象のキー名              バリデーションルール
```

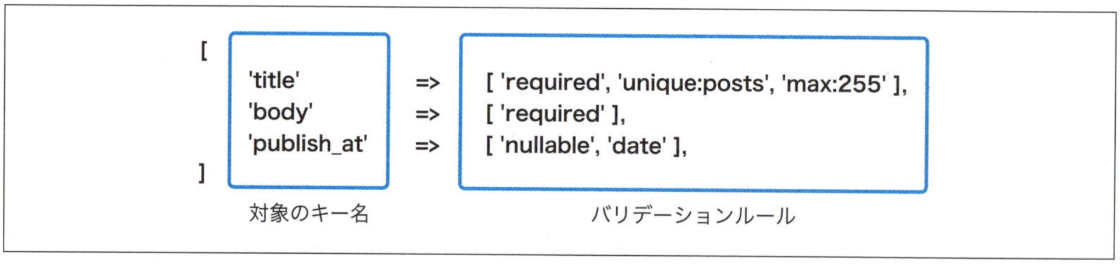

　1つのキー名に対して、複数のバリデーションルールを指定できます。その場合は、下記コード例に示す通り、配列で指定する方法と、文字列をパイプライン（|）で区切る方法があります（リスト4.2.1.2）。

リスト4.2.1.2 複数のルールを指定する

```
[
    'email' => ['required','email'], // 配列で指定（必須かつメールアドレスであること）
    'age'   => 'required|integer',   // パイプラインで区切る（必須かつ整数値）
]
```

　なお、本書では複数のバリデーションルールは配列で指定する方法を推奨します。メタ文字であるパイプラインでバリデーションルールを区切ると、後述する正規表現によるバリデーションルールを利用する際、正規表現のメタ文字（パイプライン）と重複して不具合を起こす場合があるためです。

4-2-2　バリデーションルール

　バリデーションのルールは豊富な種類が用意されています。本項ではルールの種類や使用方法を、下記の5つのタイプに分類して紹介します。

1. 値の存在確認を行なうルール
2. 型やフォーマット確認を行なうルール
3. 桁数や文字数、サイズ確認を行なうルール
4. ほかの対象との比較を行なうルール
5. バリデーション処理に対するルール

1. 値の存在を確認するルール

　フィールドに値が指定されているか確認するルールで、「required」などが該当します。下記にコード例を示します（リスト4.2.2.1）。

リスト4.2.2.1：必須項目のルール指定

```
$rules = [
    'name'  => 'required', // 必須項目である
];
```

　上記コード例の「required」ルールは、nameフィールドに値が指定されていることを確認しています。このほか、フィールドが存在するか確認する「present」やフィールドが存在する場合のみ必須チェックを行なう「filled」があります。

2. 型やフォーマットを確認するルール

　数値であるか、文字列であるかなど、型の確認やフォーマットの確認を行ないます。コード例を下記に示します（リスト4.2.2.2）。

リスト4.2.2.2：型やフォーマットのルール指定

```
$rules = [
    'user_no'   => 'numeric',   // 数値であることを確認
    'alpha'     => 'alpha',     // すべて英字であることを確認
    'email'     => 'email',     // メールアドレス形式であることを確認
```

127

```
    'ip_address' => 'ip',          // ipアドレス形式であることを確認
];
```

3. 桁数や文字数、サイズを確認するルール

桁数や文字数のチェックも可能です。桁数や文字数は「ルール:パラメータ」の形式で指定します。

リスト4.2.2.3：桁数や文字数

```
$rules = [
    'bank_pass'   => 'digits:4',              // 4桁の数値
    'signal_color' => 'in:green,red,yellow',  // 3種のうちいずれかであることを確認
];
```

対象の値やほかのバリデーションとの組み合わせで確認方法が変化するルールもあります。下記に示すコード例は、「size」を使用した場合です（リスト4.2.2.4）。

リスト4.2.2.4：sizeを使用したバリデーション

```
$rules = [
    'number' => ['integer', 'size:10'], // ① 10であることを確認
    'name'   => 'size:10',              // ② 10文字であることを確認
    'button' => ['array', 'size:10'],   // ③ 要素数10であることを確認
    'upload' => ['file', 'size:10'],    // ④ ファイルサイズ10KBであることを確認
]
```

指定ルールにintegerもしくはnumericが含まれる場合、sizeは値を確認します（①）。それ以外の場合は文字列長を確認します（②）。値が配列の場合は要素数を確認します（③）。対象がSymfony\Component\HttpFoundation\File\Fileを継承している場合は、ファイルサイズをKB単位（1KB＝1,024バイト）で確認するルールになります（④）。

同様の比較が行なわれるルールは「size」のほかに、値が指定範囲内であることを確認する「between」、最小値の「min」、最大値の「max」があります。

また、パラメータに指定する値は数値や文字列だけではありません。「regex」を使うと正規表現でルールを指定できます。

リスト4.2.2.5：regexを使った正規表現によるルール指定

```
$rules = [
    'user_id' => 'regex:/^[0-9a-zA-Z]+$/',    // 半角英数字
];
```

4. ほかの対象と比較するルール

入力値そのものだけではなくほかの値との比較も可能です。「confirmed」ルールは、対象フィールドの値と「フィールド名_confirmation」をフィールド名に持つ値が同値であることを確認します。

リスト4.2.2.6：複数のフィールドを比較するルール指定

```
$rules = [
    // emailとemail_confirmationが同値であることを確認
    'email' => 'confirmed',
];
```

「unique」ルールはデータベースと組み合わせて使用するルールです。指定テーブルの指定カラムに同じ値が重複していないことを確認します。下記コードに指定例を示します。

リスト4.2.2.7：uniqueルールの指定

```
$rules = [
    // ① usersテーブルの同名カラム（name）と比較して重複しないことを確認
    'name' => 'unique:users',
    // ② usersテーブルのemailカラムと、mailフィールドの値を比較して重複しないことを確認
    'mail' => 'unique:users,email',
    // ③ 上記②と同じルールだが、idが100のレコードは重複を許可する
    'mail' => 'unique:users,email,100',
];
```

上記コード例に示す通り、キー値が表す入力フィールドと同じ名前のカラムを対象とするときは、テーブル名だけを指定します（①）。入力フィールド名とは異なるカラム名と比較する場合は、追加でカラム名を指定します（②）。3つ目のパラメータとして数値を指定すると、その値のidカラムを持つレコードのemailカラムのみ重複を許すことを意味します（③）。

5. バリデーション処理に対するルール

「bail」ルールを使うと、バリデーションエラーになった場合に、以降のバリデーションを行なわない指定が可能です。次にコード例を示します（リスト4.2.2.8）。

リスト4.2.2.8：bailを利用したバリデーションルール指定

```php
$rules = [
    'email' => ['bail', 'required', 'unique:posts', 'email'],
    'name'  => ['required', 'max:255'],
];
```

上記コード例では、emailとnameフィールドに対してルールが指定されていますが、emailフィールドでエラーとなった場合は、続くnameに対する処理は実行されません。

本項で紹介したほかにも、さまざまなバリデーションルールが用意されています。公式マニュアルも参照してください。

4-2-3　バリデーションの利用

本項ではバリデーション機能の利用方法として、下記2つの方法を紹介します。

1. コントローラでのバリデーション
2. フォームリクエストを使ったバリデーション

1. コントローラでのバリデーション

Laravelのコントローラには、ルールを用意するだけでバリデーションを簡単に利用できるvalidateメソッドが用意されています。下記にコード例を示します（リスト4.2.3.1）。

リスト4.2.3.1：コントローラのvalidateメソッドによるバリデーション処理

```php
<?php
declare(strict_types=1);

namespace App\Http\Controllers;
```

```
use Illuminate\Http\Request;

class UserController extends Controller
{

    public function register(Request $request)
    {
        // 下記のルールを配列で指定
        // name は必須、最大20文字
        // email は必須、メールアドレスルールに沿っている、最大255文字
        $rules = [
            'name' => ['required', 'max:20'],
            'email' => ['required', 'email', 'max:255'],
        ];

        // ① バリデーションの実行
        // エラーの場合は直前の画面にリダイレクト
        $this->validate($request, $rules);

        // ここにバリデーション通過後の処理
        $name = $request->input('name');
        ...
    }
}
```

　上記コード例に示す通り、リクエストの内容を指定したバリデーションルールで検証します（①）。バリデーションを通過できない入力が1つでもあると、validateメソッドでエラーメッセージと入力をセッションに保存し、直前のHTTPメソッド／URIへリダイレクト処理を行ないます。

　上述のvalidateメソッドは便利ですが、直前の画面ではなく専用エラー画面への遷移や、独自の処理を実行したいケースもあります。その場合はValidatorクラスのインスタンスを生成し、failsメソッドを呼び出します。上記コード例を修正すると、下記に示すコード例となります（リスト4.2.3.2）。

リスト4.2.3.2：validatorクラスを使ったバリデーション処理

```
<?php
declare(strict_types=1);

namespace App\Http\Controllers;

use Illuminate\Http\Request;

class UserController extends Controller
{

    public function register(Request $request)
    {
        // 下記のルールを配列で指定
```

```
        // name は必須、最大20文字
        // email は必須、メールアドレスルールに沿っている、最大255文字
        $rules = [
            'name'  => ['required', 'max:20'],
            'email' => ['required', 'email', 'max:255'],
        ];

        // すべての入力値を取得し$inputsに保持する
        $inputs = $request->all();

        // バリデータクラスのインスタンスを生成
        $validator = Validator::make($inputs, $rules);

        if ($validator->fails()) {
            // ここにバリデーションエラーの場合の処理
        }

        // ここにバリデーション通過後の処理
        $name = $request->input('name');
        ...
    }
}
```

2. フォームリクエストによるバリデーション

　フォームリクエストによるバリデーションを説明しましょう。「4-1 リクエストハンドリング」でも紹介した通り、フォームリクエストはIlluminate\Http\Requestを継承するクラスで、入力値の取得に加えてバリデーションルールや認証機能などを定義できます（artisanコマンドで生成します）。

　前述のvalidateメソッドによるコード例（リスト4.2.3.1）をフォームリクエストを使うバリデーションに変更しましょう。「4-1-4 フォームリクエスト」で作成したフォームリクエストクラスapp\Http\Requests\UserRegistPost（リスト4.1.4.2）を、下記コード例の通り変更します（リスト4.2.3.3）。

リスト4.2.3.3：フォームリクエストによるルール定義

```php
<?php
declare(strict_types=1);

namespace App\Http\Requests;

use Illuminate\Foundation\Http\FormRequest;

class UserRegistPost extends FormRequest
{
    public function authorize()
    {
        return true;
```

```
    }

    public function rules()
    {
        return [
            'name'  => ['required', 'max:20'],
            'email' => ['required', 'email', 'max:255'],
        ];
    }
}
```

　rulesメソッドの戻り値としてルールの配列を設定します。ここでは前述のコード例（リスト4.2.3.1）で使用したものと同じルールをreturnしています。authorizeメソッドはフォーム処理へのアクセス権がある場合はtrue、ない場合はfalseを返します。しかし、こうしたフィルタリング機能はミドルウェアでの制御がより汎用的で便利です。そのため、ここでは常にtrue（アクセス許可）を返します。ミドルウェアに関しては「4-4 ミドルウェア」で説明します。

　続いて、コントローラを変更してフォームリクエストを利用します。前述のコード例（リスト4.1.4.4）と同様、registerメソッド引数の型宣言をApp\Http\Requests\UserRegistPost に変更します。バリデーションルールをフォームリクエストに移したため、バリデーション通過後の処理だけが残ります（リスト4.2.3.4）。

リスト4.2.3.4：フォームリクエストを利用しているコントローラ

```
<?php
declare(strict_types=1);

namespace App\Http\Controllers;

use App\Http\Requests\UserRegistPost;

class UserController extends Controller
{
    public function register(UserRegistPost $request)
    {
        // ここに来るまでにバリデーション判定が行なわれている

        // ここにバリデーション通過後の処理
        $name = $request->input('name');
        ...
    }
}
```

第一部 Laravelの基礎 / 第二部 実践パターン / 第三部 Laravelアプリケーション開発手法

プログラムを実行してみましょう。フォームリクエストでバリデーションルールを設定した処理でバリデーションエラーが発生した場合は、フォームリクエスト内でリダイレクトされコントローラには処理が来ません。フォームリクエスト内でリダイレクト処理が行なわれ、呼び出し元の画面に遷移します。

なお、エラー発生時の処理はフォームリクエストのメソッドオーバーライドやプロパティ設定でカスタマイズ可能です。詳しくはIlluminate\Foundation\Http\FormRequestクラスを参照してください。

4-2-4 バリデーション失敗時の処理

前項まで、バリデーションのルールと利用方法を説明しましたが、本項ではバリデーション失敗時の処理を取り上げます。バリデーションに失敗した場合、アプリケーションはエラー内容をユーザーに伝え、何が起きているか、また、どう修正すればよいかを提示する必要があります。Laravelでは、バリデーションチェックの結果は「MessageBag」オブジェクトで保持されています。Illuminate\Support\MessageBagクラスのインスタンスです。

ビューでは常に$errorsの名前でMessageBagインスタンスが用意されています。また、保持しているセッション中に「errors」キーがあれば、そちらが利用されます。いずれの場合も$errorsは常に存在するため、ビューで存在を気にする必要はありません。後述するallやget、first、hasメソッドなどを$errorsに対して安全に利用できます。

下記にビューでエラー内容を表示するコード例を示します（リスト4.2.4.1）。

リスト4.2.4.1：エラー内容を画面上部に表示する

```
<html>
<head>
    <meta charset='utf-8'>
</head>
<body>
<h1>ユーザー登録フォーム</h1>
<ul>
@if (count($errors)>0)
    @foreach ($errors->all() as $error)
        <li>{{ $error }}</li>
    @endforeach
@endif
</ul>
(後略)
```

コード例（リスト4.2.4.1）では、バリデーションエラーの数をcount($errors)で取得して、エラーがある場合は$errors->all()ですべてのエラーメッセージを取得して表示します。

項目ごとにエラーメッセージを取得する場合は、下記コード例に示す通り、hasメソッドでエラーの有無を確認して、項目名を指定してfirstメソッドを呼び出します（リスト4.2.4.2）。

リスト4.2.4.2：項目名「name」のエラー内容を取得

```
@if ($errors->has('name'))
    {{ $errors->first('name') }}<br />
@endif
```

上記コード例のfirstメソッドは、指定項目の最初のエラーのみ取得するものです（リスト4.2.4.2）。すべてのエラーを取得するにはgetメソッドを使用します。

図4.2.4.3：エラーメッセージの表示

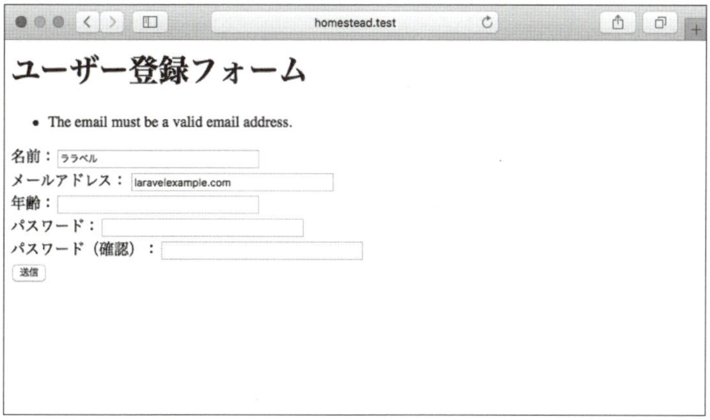

上図に示す通り、デフォルトではエラーメッセージは英語表記であるため（図4.2.4.3）、これをカスタマイズして任意の文字列に変更する方法を下記コード例に紹介します（リスト4.2.4.4）。

リスト4.2.4.4：フォームリクエストにメッセージを指定

```php
<?php
declare(strict_types=1);

namespace App\Http\Requests;

use Illuminate\Foundation\Http\FormRequest;

class UserRegistPost extends FormRequest
```

```
{
    public function authorize()
    {
        return true;
    }

    public function messages()
    {
        return [
            'name.required'  => '名前は必ず入力してください',
            'name.max'       => '名前は最大20文字まで入力できます',
            'email.required' => 'メールアドレスは必ず入力してください',
            'email.email'    => 'メールアドレスの形式が正しくありません',
            'email.max'      => 'メールアドレスは最大255文字まで入力できます',
        ];
    }

    public function rules()
    {
        return [
            'name'  => ['required', 'max:20'],
            'email' => ['required', 'email', 'max:255'],
        ];
    }
}
```

　上記コード例の通り、フォームリクエストのmessagesメソッドでエラーメッセージを返します。項目名とバリデーションルールをキーに、対応メッセージを値に指定した連想配列の形で指定します（リスト（4.2.4.4）。

図4.2.4.5：エラーメッセージの表示

4-2-5 ルールのカスタマイズ

　実際のアプリケーション開発では、本節で紹介したルールの拡張はもちろん、独自ルールの定義が必要となるケースもあり得ます。本項ではバリデーションのカスタマイズ方法を説明します。

1. ルールの追加

　はじめにバリデーションルールを簡易的に追加する方法として、Validatorクラスのextendメソッドを紹介します。extendメソッドは引数にクロージャを指定し、クロージャ内でルールを定義します。
　下記コード例に、extendメソッドによるルール追加の具体例を示します（リスト4.2.5.1）。

リスト4.2.5.1：extendメソッドを使用したルールの追加

```php
<?php
declare(strict_types=1);

namespace App\Http\Controllers;

use Illuminate\Http\Request;

class UserController extends Controller
{

    public function register(Request $request)
    {
        // 「name」のバリデーションルールに「ascii_alpha」を追加
        $rules = [
            'name'  => ['required', 'max:20', 'ascii_alpha'],
            'email' => ['required', 'email', 'max:225'],
        ];

        $inputs = $request->all();

        // バリデーションルールに「ascii_alpha」を追加
        Validator::extend('ascii_alpha', function($attribute, $value, $parameters) {
            // 半角アルファベットならtrue(バリデーションOK)とする
            return preg_match('/^[a-zA-Z]+$/', $value);
        });

        $validator = Validator::make($inputs, $rules);

        if ($validator->fails()) {
            // ここにバリデーションエラーの場合の処理
        }
```

```
        // ここにバリデーション通過後の処理
        $name = $request->input('name');
        ...
    }
}
```

　上記コードに示す通り、extendメソッドは第1引数にルール名、第2引数にクロージャを指定します。クロージャからの戻り値がtrueであれば、そのルールには適合していることなります。しかし、この方法は手軽ですが、複数のフォームで使用するケースなどには適しません。アプリケーションで汎用的に使用するには、独自のバリデータクラスを使用する方がよいでしょう。

2. 条件によるルールの追加

　特定の条件のみバリデーションを追加するには、バリデータクラスのsometimesメソッドを使用します。下記コード例に利用例を示します（リスト4.2.5.2）。

リスト4.2.5.2：条件に合う場合はルール追加

```
$rules = [
    'name'  => ['required', 'max:20'],
    'email' => ['required', 'email', 'max:255'],
];

$inputs = $request->all();

$validator = Validator::make($inputs, $rules);
$validator->sometimes('age', 'integer|min:18',
    function ($inputs) {
        return $input->mailmagazine == 'allow';
    });
```

　sometimesメソッドは、第3引数のクロージャがtrueの場合に、第1引数の入力項目に対して第2引数のルールを適用します。上記コード例では、メールマガジン（mailmagazine）を受け取る（allow）入力があった場合、「age」フィールドに対して「値が18以上」のバリデーションルールを追加しています（リスト4.2.5.2）。

4-3 レスポンス

レスポンスの種類と返却方法を学ぶ

本節では、Laravelで扱うHTTPレスポンスとAPIにおけるJSONレスポンスの概念、その実装方法を解説します。

4-3-1 さまざまなレスポンス

Laravelでレスポンス処理を受け持つのはResponseクラスです。Responseファサードがあらかじめ用意されていますが、この実体はIlluminate\Contracts\Routing\ResponseFactoryクラスです。

ファクトリークラスであるため、呼び出す生成メソッドで実際に生成されるResponseクラスは異なります。アプリケーションからユーザーに返却するデータの種類で使い分けましょう。本項ではデータタイプごとの返却方法を紹介します。

文字列返却

シンプルな文字列を返却したい場合は、そのまま文字列を与えます。デフォルトではContent-Type: text/htmlが返却されるので、text/plainなどに変更する場合は、下記コード例に示す通り、第3引数に配列で指定します（リスト4.3.1.1）。

リスト4.3.1.1：文字列からレスポンスを生成する

```php
<?php
declare(strict_types=1);

namespace App\Http\Controllers;

use Illuminate\Http\Request;
use Illuminate\Http\Response;

final class PayloadAction
{
    public function __invoke(Request $request): Response
    {
        $response = Response::make('hello world');
        // ヘルパー関数を利用する場合
        $response = response('hello world');
        // content-typeを変更
        $response = response('hello world', Response::HTTP_OK, [
```

```
            'content-type' => 'text/plain'
        ]);
    }
}
```

テンプレート出力

　Bladeテンプレートなどを出力する場合は、viewヘルパー関数やViewファサードを使ってテンプレートを指定して、そのまま返却することでルーターの処理でレスポンスを生成します。テンプレート返却とレスポンスヘッダを利用する場合は、Responseファサード等を介してviewメソッドを指定するか、responseヘルパー関数などを利用します（リスト4.3.1.2）

リスト4.3.1.2：ビューを使ってレスポンスを生成する

```php
<?php
declare(strict_types=1);

namespace App\Http\Controllers;

use Illuminate\Http\Request;
use Illuminate\Http\Response;

final class PayloadAction
{
    public function __invoke(Request $request): Response
    {
        $response = Response::view(View::make('view.file'));
        // 上記のメソッドと同じ結果が得られます
        $response = view('view.file');
        // ステータスコードを変更し、ビューを出力します。
        $response = response(view('view.file'), Response::HTTP_ACCEPTED);
        return $response;
    }
}
```

JSON出力

　APIレスポンスに利用されるJSONやクロスドメイン対応のJSONPの場合は、それぞれに対応するメソッドを利用します（リスト4.3.1.3〜4.3.1.4）。標準ではContent-Type: application/jsonで返却されるので、RFC 6838[1]に沿ってアプリケーションに合わせ、任意のcontent-typeを指定することも可能です（リスト4.3.1.5）。

1　https://tools.ietf.org/html/rfc6838

リスト4.3.1.3：文字列または文字列配列からJSONレスポンスを生成する

```php
<?php
declare(strict_types=1);

namespace App\Http\Controllers;

use Illuminate\Http\Request;
use Illuminate\Http\JsonResponse;

final class PayloadAction
{
    public function __invoke(Request $request): JsonResponse
    {
        $response = Response::json(['status' => 'success']);
        // ヘルパー関数を利用する場合
        $response = response()->json(['status' => 'success']);
        return $response;
    }
}
```

リスト4.3.1.4：文字列または文字列配列からJSONPレスポンスを生成する

```php
<?php
declare(strict_types=1);

namespace App\Http\Controllers;

use Illuminate\Http\Request;
use Illuminate\Http\JsonResponse;

final class PayloadAction
{
    public function __invoke(Request $request): JsonResponse
    {
        $response = Response::jsonp('callback', ['status' => 'success']);
        // ヘルパー関数を利用する場合
        $response = response()->jsonp('callback', ['status' => 'success']);
        return $response;
    }
}
```

リスト4.3.1.5：任意のメディアタイプ指定

```php
response()->json(['message' => 'laravel'], Response::HTTP_OK, [
    'content-type' => 'application/vnd.laravel-api+json'
]);
```

ダウンロードレスポンス

ファイルのダウンロードなどを指示する場合はdownloadメソッドを利用します。ファイル名を指定してダウンロードを指示する場合は、第2引数と第3引数に任意の指定を行ないます（リスト4.3.1.6）。

リスト4.3.1.6：ファイルパスを指定してダウンロードレスポンスを生成する

```php
<?php
declare(strict_types=1);

namespace App\Http\Controllers;

use Illuminate\Http\Request;
use Symfony\Component\HttpFoundation\BinaryFileResponse;

final class DownloadAction
{
    public function __invoke(Request $request): BinaryFileResponse
    {
        $response = Response::download('/path/to/file.pdf');
        // ヘルパー関数を利用する場合
        $response = response()->download('/path/to/file.pdf');
        //
        $response = response()->download('/path/to/file.pdf', 'filename.pdf', [
            'content-type' => 'application/pdf',
        ]);
        return $response;
    }
}
```

リダイレクトレスポンス

リダイレクト先を指定してリダイレクトを実行します。HTTPリクエストのパラメータを渡したい場合はwithInputメソッド、リダイレクトさせてエラーメッセージなどを一度だけ利用したい場合にはwithメソッドを利用します。

このほかにもリダイレクト時にさまざまな処理を実行できます（リスト4.3.1.7）。

リスト4.3.1.7：リダイレクト先を指定してリダイレクトレスポンスを生成する

```php
<?php
declare(strict_types=1);

namespace App\Http\Controllers;
```

```php
use Illuminate\Http\Request;
use Illuminate\Http\RedirectResponse;

final class PayloadAction
{
    public function __invoke(Request $request): RedirectResponse
    {
        // 下記はすべて同じ結果が得られます
        $response = Response::redirectTo('/');
        $response = response()->redirectTo('/');
        $response = redirect('/');

        // リダイレクト時にさまざまな動作を行なう例
        $response = redirect('/')
            ->withInput($request->all())
            ->with('error', 'validation error.');
        return $response;
    }
}
```

Laravelが利用している各レスポンスクラスは、Symfony\Component\HttpFoundation\Responseクラスを継承しています。LaravelのResponseクラスのメソッド以外にも、親クラスのメソッドを利用でき、さまざまな機能が提供されているので、上記コード例を参照してください。

Server-Sent Events実装

SSE（Server Sent Events）とはHTML5で新たに追加された機能で、サーバ側からのプッシュ型データ通信を利用できます。WebSocketとは異なり、SSEはHTTPプロトコルを利用するため、特別に実装することなく利用できますが、WebSocket同様に双方向の通信はできません。

しかしながら、JavaScriptを多用するアプリケーションでも広く採用されているため、アプリケーションに導入するケースも多いでしょう。Laravelでも、SSEに対応したレスポンスはストリームレスポンスを利用して実装できます。下記にコード例を示します（リスト4.3.1.8）。

リスト4.3.1.8：SSE実装例

```php
<?php
declare(strict_types=1);

namespace App\Http\Controllers;

use Illuminate\Http\Response;
use Symfony\Component\HttpFoundation\StreamedResponse;

final class StreamAction
{
```

```
public function __invoke(): StreamedResponse
{
    return response()->stream(function () {
        while(true) {
            echo 'data: ' . rand(1, 100) . "\n\n";
            ob_flush();
            flush();
            usleep(200000);
        }
    }, Response::HTTP_OK, [
        'content-type' => 'text/event-stream',
        'X-Accel-Buffering' => 'no',
        'Cache-Control' => 'no-cache',
    ]);
}
}
```

　上記に示すコード例では定期的にランダムな数値を返却していますが、アプリケーションに合わせてさまざまなデータを扱うことができます。

4-3-2 リソースクラスを組み合わせた REST APIレスポンスパターン

　APIの開発には、REST（Representational State Transfer）の知識が必要不可欠でレスポンスと密接に関わりがあります。RESTful成熟度の3レベルモデル[2]のレベル3で述べられている、Webが持つリンクを辿る性質を表すハイパーメディア（Hypermedia As The Engine Of Application State：以下HATEOAS）を、LaravelのAPI Resourceで実装する例を紹介します。

HATEOASとは

　HATEOASを実現することは、WebアプリケーションはURLを直接入力して遷移するのではなく、HTMLのリンクを辿ることで別のWebアプリケーションへの遷移と同様に、APIなどのレスポンスにも別リソースへのリンクを埋め込み、リンクを辿るだけで別アプリケーションの呼び出しを可能にすることです。

　例えば、ブログアプリケーションなどのAPIレスポンスでは、idやtitleなどの要素を返却することは一般的ですが、記事情報から投稿者のユーザープロフィールやコメント投稿者の情報にアクセスしたい場合、これらの情報がAPIのレスポンスに含まれていなければ、URLなどの情報を得ることはできませ

2　https://www.crummy.com/writing/speaking/2008-QCon/act3.html

ん（リスト4.3.1.9）。

リスト4.3.1.9：簡単なJSONレスポンス

```
{
  "id": 1,
  "title": "Laravel REST API",
  "comments": [
    {
      "id": 2134,
      "body": "awesome!",
      "user_id": 133345,
      "user_name": "Application Developer"
    }
  ],
  "user_id": 13255,
  "user_name": "User1"
}
```

　こうした状況でURL情報が必要な場合は、遷移したいURLやアプリケーション仕様に関する知識などが必要になり、URLの組み立てはAPIのレスポンスを受け取るクライアントのアプリケーションで行なわなければならず、URLの変更などを検知することはできません。

　HATEOASはこうした問題を解決する考え方ともいえます。この考え方に対応しているJSONのフォーマットには、「JSON API」[3]や「HAL[4]」（Hypertext Application Language）、「JSON-LD」[5]などがあります。

　HALを採用したレスポンスのコード例を下記に示します（リスト4.3.1.10）。

リスト4.3.1.10：HALの適用例

```
{
  "_links": {
    "self": {
      "href": "https://example.com/articles/1"
    }
  },
  "id": 1,
  "title": "Laravel REST API",
  "_embedded": {
    "comments": [
      {
        "id": 2134,
        "body": "awesome!",
        "_links": {
```

---

3 http://jsonapi.org/
4 http://stateless.co/hal_specification.html
5 https://json-ld.org/

```
        "self": {
          "href": "https://example.com/comments/2134"
        }
      },
      "_embedded": {
        "user": {
          "id": 133345,
          "name": "Application Developer",
          "_links": {
            "self": {
              "href": "https://example.com/users/133345"
            }
          }
        }
      }
    }
  ],
  "user": {
    "id": 13255,
    "name": "User1",
    "_links": {
      "self": {
        "href": "https://example.com/users/13255"
      }
    }
  }
}
```

　どんな情報や要素を返却するかはアプリケーションごとに異なるため、どのJSONフォーマットを採用するかはアプリケーションによってさまざまです。Laravelではこれらをサポートする機能として、API Resource機能が提供されています。

リソースクラスの基本

　リソースクラスはEloquentモデルと組み合わせることで、データベースの値をAPIで必要なリソース情報に変換できます。しかしながら、必ずEloquentモデルを利用しなければならないわけではないことに注意してください。

　本項では配列とCollectionクラスを操作して、前述のコード例（リスト4.3.1.10）でHALを適用したレスポンスを返却するコード例を紹介します。

　HALはリソース（オブジェクト）とそのリソースへのリンクで構成され、リソースの埋め込み情報も同様に個別リソースとなる構成です（図4.3.1.11）。

図4.3.1.11：リソースとリンク構成

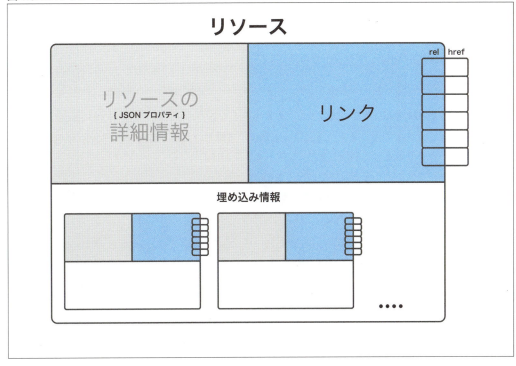

最初に下記コマンド例に示す通り、4つのリソースクラスを作成します（リスト4.3.1.12）。

リスト4.3.1.12：リソースクラス作成コマンド

```
$ php artisan make:resource UserResource
$ php artisan make:resource CommentResource
$ php artisan make:resource CommentResourceCollection
$ php artisan make:resource ArticleResource
```

上記コマンド群を実行すると、app/Http/Resourcesディレクトリ配下に指定した4つのリソースクラスが作成されます。このリソースクラスが利用する値として次の配列を扱います（リスト4.3.1.13）。

リスト4.3.1.13：データベースなどから取得する配列

```
[
    'id'       => 1,
    'title'    => 'Laravel REST API',
    'comments' => [
        'id'        => 2134,
```

```
                'body'      => 'awesome!',
                'user_id'   => 133345,
                'user_name' => 'Application Developer',
            ],
            'user_id'   => 13255,
            'user_name' => 'User1'
        ]
```

　ブログ情報を返却するAPIリソースはブログがルートとなるため、作成したArticleResourceクラス
をコントローラクラスで利用します。下記コード例に示す通り、ここではArticlePayloadActionクラ
スをコントローラクラスとして利用します（リスト4.3.1.14）。

リスト4.3.1.14：ArticlePayloadActionクラス

```php
<?php
declare(strict_types=1);

namespace App\Http\Controllers;

use App\Http\Resources\ArticleResource;
use Illuminate\Http\Request;

final class ArticlePayloadAction extends Controller
{
    public function __invoke(Request $request)
    {
        $resource = new ArticleResource([
            'id'        => 1,
            'title'     => 'Laravel REST API',
            'comments'  => [
                [
                    'id'        => 2134,
                    'body'      => 'awesome!',
                    'user_id'   => 133345,
                    'user_name' => 'Application Developer',
                ]
            ],
            'user_id'   => 13255,
            'user_name' => 'User1'
        ]);
        return $resource->response($request)
            ->header('content-type', 'application/hal+json');
    }
}
```

コントローラとして作用するメソッドでリソースクラスのインスタンスを返却すると、JSONレスポンスとして利用されます。この例ではHALを適用したレスポンスとなるので、Content-Typeでapplication/hal+jsonの利用を指定します。

ブログ記事情報をルートのリソースとしてArticleResourceクラス、そのブログ記事の埋め込み情報として作成者であるユーザー情報をUserResourceクラス、ブログ記事のコメントはコメントリソースのCommentResourceクラスとなります。

コメントは複数が記述されることもあるので、CommentResourceCollectionクラスとして表現します。さらに、各コメントには投稿者としてユーザーリソースを埋め込み、これらを分割して構築します。

ArticleResourceクラス

ArticleResourceクラスでメインリソースであるブログ情報を扱います。ブログ情報と関連するリソース情報で構成されるので、内部でそれぞれのリソースまたはリソースのコレクションを示すクラスを用います。主軸となるブログ情報へのリンクはselfを用いてURLを示します。

下記コードに実装例に示します（リスト4.3.1.15）。

リスト4.3.1.15：ArticleResourceクラス実装例

```php
<?php
declare(strict_types=1);

namespace App\Http\Resources;

use Illuminate\Http\Resources\Json\JsonResource;
use Illuminate\Support\Collection;

use function sprintf;

class ArticleResource extends JsonResource
{
    public static $wrap = '';

    public function toArray($request): array
    {
        return [
            'id'        => $this->resource['id'],
            'title'     => $this->resource['title'],
            '_embedded' => [
                'comments' => new CommentResourceCollection(
                    new Collection($this->resource['comments'])
                ),
                'user'     => new UserResource([
                    'user_id'   => $this->resource['user_id'],
                    'user_name' => $this->resource['user_name']
                ]),
```

149

```
            ],
            '_links'    => [
                'self' => [
                    'href' => sprintf(
                        'https://example.com/articles/%s',
                        $this->resource['id']
                    )
                ]
            ]
        ];
    }
}
```

　上記コード例では、ArticleResourceクラスのコンストラクタに渡された配列を、構成する各リソースクラスへ渡し、ブログ情報を示すものとして値の変換や整形を行なっています。

　リソースクラスのデフォルトの挙動では、JSONで返却する主（ルート）になるリソース情報をdataでラップしますが、HALを適用する本例では不要なため、空の文字列を指定してラップしないように変更します。もしくは、リソースクラスのwithoutWrappingスタティックメソッドを利用しても構いません。

　ここでは、例として各リソース情報を外部ドメインとして紹介していますが、リソースへのリンクが自アプリケーションの場合は、routeヘルパー関数などを利用してURLを示すことができるので、アプリケーションに合わせて適用してください。

　続いて、構成要素の各クラスを見ていきましょう。

UserResourceクラス

　UserResourceクラスは、ユーザー情報に関するリソースを扱います。ここではユーザーを識別するidとユーザー名、そしてユーザー情報にアクセスするリンク（_links）を示すselfで構成します。

　与えられたコレクションクラスまたは配列で、これらを構成する要素を利用して、リソースやリンク情報を返却します（リスト4.3.1.16）。

リスト4.3.1.16：UserResourceクラス実装

```
<?php
declare(strict_types=1);

namespace App\Http\Resources;

use Illuminate\Http\Resources\Json\JsonResource;

use function sprintf;
```

```
class UserResource extends JsonResource
{
    public function toArray($request): array
    {
        return [
            'id'     => $this->resource['user_id'],
            'name'   => $this->resource['user_name'],
            '_links' => [
                'self' => [
                    'href' => sprintf(
                        'https://example.com/users/%s',
                        $this->resource['user_id']
                    )
                ]
            ]
        ];
    }
}
```

　上記コード例では、UserResourceクラスはいくつかのリソースの埋め込み情報として利用されます。特定リソースのみを扱うクラスとして実装するため、再利用が可能なクラスであることに注目してください（リスト4.3.1.16）。

CommentResourceクラス

　CommentResourceクラスは、コメントに関するリソースを扱います。コメント情報とそのコメントの埋め込み情報として、内部でユーザー情報のリソースを利用します。実装内容はUserResourceクラスと大きく変わりません。

　HALでは埋め込み情報は_embeddedを利用するので、ユーザー情報を埋め込み情報として、先ほどのUserResourceクラスを利用します（リスト4.3.1.17）。

リスト4.3.1.17：CommentResourceクラス実装

```
<?php
declare(strict_types=1);

namespace App\Http\Resources;

use Illuminate\Http\Resources\Json\JsonResource;

class CommentResource extends JsonResource
{
    public function toArray($request): array
```

```
    {
        return [
            'id'        => $this->resource['id'],
            'body'      => $this->resource['body'],
            "_links"    => [
                'self' => [
                    'href' => sprintf(
                        'https://example.com/comments/%s',
                        $this->resource['id']
                    )
                ]
            ],
            '_embedded' => [
                'user' => new UserResource([
                    'user_id'   => $this->resource['user_id'],
                    'user_name' => $this->resource['user_name']
                ])
            ],
        ];
    }
}
```

CommentResourceCollectionクラス

CommentResourceCollectionクラスは、コメントリソースのコレクションを表現するために利用します。コメント投稿をリソースコレクション1つで表現するのではなく、あくまで1つ1つのリソースの集合体と考えて実装するのがポイントです。

下記に示すコード例では、リソースの集合、例えば、コメントリストのみの情報などにアクセスさせるリンク情報は持たないため、リソース構築のみを実行しています（リスト4.3.1.18）。同様のリンク情報が必要な場合は、アプリケーションに合わせて追加することで利用できます。

リスト4.3.1.18：CommentResourceCollectionクラス実装例

```
<?php
declare(strict_types=1);

namespace App\Http\Resources;

use Illuminate\Http\Resources\Json\ResourceCollection;

class CommentResourceCollection extends ResourceCollection
{
    public function toArray($request): array
    {
        return $this->collection->map(function ($value) {
            return new CommentResource($value);
```

```
        })->all();
    }
}
```

　下記に示すコード例では、構成する全リソースクラスを実装し、ArticlePayloadActionクラスをルーターに登録します（リスト4.3.1.19）。HTTPリクエストを送信することで、RESTful成熟度の3レベルモデルのLevel3のHALを適用したJSONが返却されます。

リスト4.3.1.19：ArticlePayloadActionクラスをルーターへ登録

```
Route::get('/payload', 'ArticlePayloadAction');
```

　PHPには、RESTful成熟度の3レベルモデルのLevel3を適用できるライブラリがいくつか存在しますが、Laravelで用意されているリソースクラスも概念を理解して導入することで、API開発を強力にサポートしてくれます。概念の理解とともにアプリケーションに導入してみましょう。

4-4 ミドルウェア

ミドルウェアとは何かを理解して利用方法を学ぶ

「ミドルウェア」は、一般的にはオペレーティングシステム（OS）などベースとなるシステムと、アプリケーションなどの対象システムの間に位置するソフトウェアを広く指す言葉です。

本節で紹介するLaravelにおけるミドルウェアとは、コントローラクラスの処理前後に位置し、主にHTTPリクエストのフィルタリングやHTTPレスポンスの変更を担います。

4-4-1 ミドルウェアの基本

Laravelで提供されているミドルウェアは以下の3種類です。

1. システム全体で使用するミドルウェア（グローバルミドルウェア）
2. 特定のルートに対して適用するミドルウェア（ルートミドルウェア）
3. コントローラクラスのコンストラクタで指定するミドルウェア（コンストラクタ内ミドルウェア）

HTTPリクエストからHTTPレスポンスまでの処理の流れと、グローバルミドルウェアやルートミドルウェアの関係を下図に示します（図4.4.1.1）。

図4.4.1.1：ミドルウェアの処理の流れ

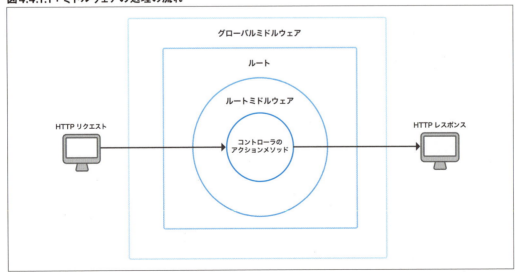

HTTPリクエストがコントローラのアクションメソッドに到達するまでに、グローバルミドルウェア、ルートミドルウェア、コンストラクタ内ミドルウェアの前処理を通過します。この前処理は主にフィルタリングとして利用します。

コントローラのアクションメソッドからレスポンスが返されるとき、再びミドルウェアを通過します。リクエストやレスポンスの内容を調べ、必要に応じてレスポンス内容の変更や新たなレスポンスの生成が可能です。これらの処理はIlluminate\Pipeline\Pipelineクラスがそれぞれのミドルウェアを実行しています。

4-4-2　デフォルトで用意されているミドルウェア

Laravelでは標準で多数のミドルウェアが用意されており、app/Http/Kernel.phpのApp\Http\Kernelクラスで定義されています。ミドルウェアは指定された順番で処理が実行されるため、実行する順番が重要なミドルウェアを使う場合は注意が必要です。

グローバルミドルウェア

グローバルミドルウェアは、ルーターに登録されたコントローラクラスが動作する前に実行されます。そのため、グローバルミドルウェアではルート情報を取り扱う処理はできません。下表にグローバルミドルウェアと説明を示します（表4.4.2.1）。

表4.4.2.1：グローバルミドルウェア

ミドルウェアクラス	概要
Illuminate\Foundation\Http\Middleware\CheckForMaintenanceMode	メンテナンス中の場合はすべてのアクセスをメンテナンス画面を表示します
Illuminate\Foundation\Http\Middleware\ValidatePostSize	リクエストボディのサイズをチェックし、この値が不正な場合はIlluminate\Http\Exceptions\PostTooLargeException をスローします
Illuminate\Foundation\Http\Middleware\ConvertEmptyStringsToNull	リクエストの中で空文字列をNullに変換します
App\Http\Middleware\TrimStrings	リクエスト文字列に対してtrim処理を行ない空文字を削除します。exceptプロパティにこの処理を除外したいリクエストパラメータを指定できます。
App\Http\Middleware\TrustProxies	ロードバランサなどを使用している場合に、アプリケーション内でHTTPSのリンクなどが生成されない場合に、信頼できるアクセス元としてproxiesプロパティへロードバランサなどを配列で追加することで作用します。

| 第一部 | Laravelの基礎 | 第二部 | 実践パターン | 第三部 | Laravelアプリケーション開発手法 |

ルートミドルウェア

ルートミドルウェアは、デフォルトではwebミドルウェアグループに記述されています。下表にミドルウェアとその説明を示します（表4.4.2.2）。

表4.4.2.2：ルートミドルウェア

ミドルウェアクラス	概要
App\Http\Middleware\EncryptCookies	クッキーの暗号化および復号を行ないます。 ほかのアプリケーションで発行されたクッキーは複合できないため、複合対象から除外したいクッキーをexceptプロパティの配列で指定します。
App\Http\Middleware\VerifyCsrfToken	CSRF対策のXSRF-TOKEN発行やトークンのチェックを行ないます。 HEADリクエスト、GETリクエスト、OPTIONSリクエスト以外を対象に動作します。対象から除外したいURIをexceptプロパティで指定します。
Illuminate\Cookie\Middleware\AddQueuedCookiesToResponse	Cookie::queueで登録した値をレスポンスにクッキーとして追加して返却します。
Illuminate\Session\Middleware\StartSession	セッションを有効にし、レスポンス返却時にセッションに書き込みます。
Illuminate\Session\Middleware\AuthenticateSession	パスワード変更時にほかのデバイスでログインしている、対象ユーザーをログアウトさせます。
Illuminate\View\Middleware\ShareErrorsFromSession	Bladeテンプレートのerrors変数に、セッションのerrorsキーから取得したエラー内容を埋め込みます。
Illuminate\Routing\Middleware\SubstituteBindings	Eloquentモデルと結合させて、ルートに利用されるidなどからデータベース検索を行ない、コントローラクラスやルートで利用可能ににします。この機能はRoute Model Bindingと呼ばれています。

なお、上表のIlluminate\Session\Middleware\AuthenticateSessionクラスは、デフォルトでは動作しないようにコメントアウトされているので、利用する場合は有効化して利用します。

名前付きミドルウェア

名前付きミドルウェアは、ルーターへの登録またはコントローラクラスのコンストラクタなどで任意の名前を指定して利用します（表4.4.2.3）。

表 4.4.2.3：名前付きミドルウェア

ミドルウェア名	ミドルウェアクラス	概要
auth	Illuminate\Auth\Middleware\Authenticate	認証済みユーザーかどうかを判定します。認証済みユーザーではない場合はIlluminate\Auth\AuthenticationExceptionがスローされます
auth.basic	Illuminate\Auth\Middleware\AuthenticateWithBasicAuth	Basic認証を行ないます

bindings	Illuminate\Routing\Middleware\SubstituteBindings	グローバルミドルウェアで記述されているものと同一のミドルウェアです
cache.headers	Illuminate\Http\Middleware\SetCacheHeaders	ETag（エンティティタグ）を利用しコンテンツのキャッシュを制御します。このミドルウェアは5.6以降で用意されています。
can	Illuminate\Auth\Middleware\Authorize	特定のモデルやリソースへのアクションに対して認可を行ないます。この機能は認可機能と組み合わせて利用します。
throttle	Illuminate\Routing\Middleware\ThrottleRequests	同一ユーザーが単位時間内に規定回数以上のアクセスを行なったかどうか判定します。規定回数以上アクセスした場合はIlluminate\Http\Exceptions\ThrottleRequestsExceptionがスローされます。
signed	Illuminate\Routing\Middleware\ValidateSignature	署名付きのアクセスで有効な署名かどうか、制限時間内のアクセスかどうかを判定します。このミドルウェアは5.6以降で用意されています。
guest	App\Http\Middleware\RedirectIfAuthenticated	認証済かどうかを判定し、認証済みの場合は /home にリダイレクトします。リダイレクト先が固定されていますので、アプリケーションに合わせたミドルウェアを用意して利用してください。

　Laravel標準では、さまざまなグローバルミドルウェアやミドルウェアグループが動作します。アプリケーションによっては、標準のミドルウェアでも不要なケースがあります。不要なミドルウェアを除外することで、アプリケーションのパフォーマンスが向上するケースもあるので、利用するミドルウェアを事前に精査しましょう。

4-4-3　独自ミドルウェアの実装

　アプリケーション固有のミドルウェアを利用するには、専用のミドルウェアクラスを実装する必要があります。本項では、リクエストヘッダとレスポンスヘッダをログに書き出すミドルウェア実装を例に説明します。なお、グローバルミドルウェアやルートミドルウェアに実装の違いはなく、どのタイミングで実行させるかを指定するだけです。

ミドルウェアクラスの生成

　リクエストヘッダとレスポンスヘッダをログに書き出すミドルウェアとして、HeaderDumperクラスを作成します。ミドルウェアクラス作成には下記のコマンドを実行します（リスト4.4.2.1）。コマンドの実行後、app/Http/Middlwaresディレクトリ配下にHeaderDumperクラスが生成されます。

リスト4.4.2.1：ミドルウェアクラス作成コマンド

```
$ php artisan make:middleware HeaderDumper
```

リクエストヘッダのログ出力

作成したクラスでリクエストヘッダをログに書き出す実装を用意します。下記にコード例を示します（リスト4.4.2.2）。

リスト4.4.2.2：リクエストヘッダのログ出力

```php
<?php
declare(strict_types=1);

namespace App\Http\Middleware;

use Closure;
use Illuminate\Http\Request;
use Psr\Log\LoggerInterface;
use Symfony\Component\HttpFoundation\Response;

use function strval;

final class HeaderDumper
{
    private $logger;

    public function __construct(LoggerInterface $logger)
    {
        $this->logger = $logger;
    }

    public function handle($request, Closure $next)
    {
        if ($request instanceof Request) {
            $this->logger->info('request', [
                'header' => strval($request->headers)
            ]);
            // ヘルパー関数を利用する場合は以下の通りです
            // info('request', ['header' => strval($request->headers)]);
        }
        return $next($request);
    }
}
```

上記コード例に示す通り、リクエストインスタンスがhandleメソッドに渡された場合に、headersプロパティにアクセスしてリクエストヘッダを取得します。このプロパティはSymfony\Component\HttpFoundation\HeaderBagインスタンスとなるので、文字列型にキャストするか、**__toString**メソッドを利用することで、リクエストヘッダを文字列で取得できます。

続いて、取得した文字列をログに書き込みます。コード例ではコンストラクタインジェクションでPsr\Log\LoggerInterfaceを型宣言で使用しますが、ログ書き込みを行なうinfoヘルパー関数などを利用しても構いません。

レスポンスヘッダのログ出力

レスポンスヘッダを取得するには、ミドルウェアクラス内のhandleメソッドに記述されている`$next($request)`の戻り値を取得します。ミドルウェアクラス以降に順次ミドルウェアとコントローラクラスを実行し、その戻り値が返却されます。

レスポンスヘッダはリクエストヘッダと同様にheadersプロパティにアクセスし、インスタンスを文字列にキャストすることで取得できます。取得したレスポンスヘッダをリクエストヘッダ同様にログに書き込みます（リスト4.4.2.3）。

リスト4.4.2.3：レスポンスヘッダのログ出力

```php
    public function handle($request, Closure $next)
    {
        if ($request instanceof Request) {
            $this->logger->info('request', [
                'header' => strval($request->headers)
            ]);
        }
        $response = $next($request);
        if ($response instanceof Response) {
            $this->logger->info('response', [
                'header' => strval($response->headers)
            ]);
        }

        return $response;
    }
```

ミドルウェアの登録

ミドルウェアの登録はLaravel標準のミドルウェアと同様、App\Http\Kernelクラスに追記します。

本項ではグローバルミドルウェアで最初に動作するように登録します。最初に動作させることで最後に出力されるレスポンスを取得可能になります（リスト4.4.2.4）。

リスト4.4.2.4：Kernelクラスへのミドルウェア追加例

```php
<?php
declare(strict_types=1);

namespace App\Http;

use Illuminate\Foundation\Http\Kernel as HttpKernel;

class Kernel extends HttpKernel
{
    protected $middleware = [   // ①
        \App\Http\Middleware\HeaderDumper::class, // 作成したミドルウェアを追記
        \Illuminate\Foundation\Http\Middleware\CheckForMaintenanceMode::class,
        \Illuminate\Foundation\Http\Middleware\ValidatePostSize::class,
        \App\Http\Middleware\TrimStrings::class,
        \Illuminate\Foundation\Http\Middleware\ConvertEmptyStringsToNull::class,
        \App\Http\Middleware\TrustProxies::class,
    ];

    protected $middlewareGroups = [   // ②
        // 省略
    ];

    protected $routeMiddleware = [    // ③
        // 省略
    ];
}
```

　上記コード例に示す通り、グローバルミドルウェアの定義はmiddlewareプロパティの配列に文字列でクラス名を定義します。全アクセスに対して適用したいミドルウェアはここに定義します（②）。特定のルートあるいは特定のコントローラに対してミドルウェアを適用する場合は、routeMiddlewareプロパティにキー名とともに文字列でクラス名を定義します（③）。

　また、複数のミドルウェアをまとめて扱いたい場合は、middlewareGroupsプロパティにグループ名とともに文字列でクラス名を定義します（②）。

　なお、標準で登録されている「web」グループと「api」グループですが、ルート定義のroutes/web.phpを通る処理に対しては、必ず「web」グループのミドルウェアが適用されます。また、routes/api.phpを通る処理に対しては、同様に「api」グループが適用されます。これは、App\Providers\RouteServiceProviderクラスに記述されています。アプリケーションに合わせてミドルウェアが属するグループを変更したい場合は、RouteServiceProviderクラス内の指定を変更してください。

Chapter 5

第二部

データベース

データベースマイグレーションとEloquent
クエリビルダによるデータベース操作

Laravelには、Webアプリケーションに欠かせないデータベース操作を
サポートする機能が備わっています。本章では、ORMであるEloquent
やクエリビルダを利用するデータ操作や、スキーマ更新を行なうマイグ
レーションなど、データベースに関連する機能を説明します。また、デー
タ操作に関わる設計パターンの1つ、レジストリパターンも紹介します。

| 第一部 | Laravelの基礎 | 第二部 | 実践パターン | 第三部 | Laravelアプリケーション開発手法 |

5-1 マイグレーション

PHPコードでスキーマを管理するマイグレーション機能を学ぶ

　一般用語の「マイグレーション」は「移転」や「移行」の意味ですが、Laravelではデータベースのテーブル作成や定義変更を管理する機能のことを指します。PHPのソースコードで、データベースに対してCREATE TABLE文やALTER TABLE文などを発行する仕組みです。

　定義の反映はartisanコマンドを使用します。データベースに直接接続して操作する必要はありません。また、PHPのソースコードで定義するため、ロジックの変更と関連するデータベース定義の変更を、gitなどのバージョン管理システムで一緒に管理可能です。例えば、本番環境へのデプロイ時に、データベースの定義変更が漏れてしまうといったケアレスミスを防ぐことができ、開発の段階に合わせてテーブル定義を復元することも容易です。

　本節では、下記の順番でマイグレーション機能を紹介します。

1. マイグレーション処理の流れ
2. マイグレーションファイルの作成
3. 定義の記述
4. マイグレーションの実行

5-1-1　マイグレーション処理の流れ

　本項では、マイグレーション全体の処理の流れを説明します。
　次図に示す通り、「マイグレーションファイル作成コマンド」を実行し、テーブル定義を記述した「マイグレーションファイル」をdatabase/migrationsディレクトリに作成します（図5.1.1.1）。マイグレーションファイルには、定義を適用するコード（マイグレーション実行コマンドが参照）と、その適用を削除するコード（ロールバックコマンドが参照）を記述します。

　「マイグレーション実行コマンド」を実行するとマイグレーションが実行され、データベース上に定義が反映されます。実行済みのマイグレーションは「マイグレーション管理テーブル」で管理されます。また、「ロールバックコマンド」を実行すると、管理テーブルをもとに対象マイグレーションファイルから定義を元に戻すためのコードが適用され、データベースはマイグレーション前の定義に戻ります。

162

図5.1.1.1：マイグレーションの流れ

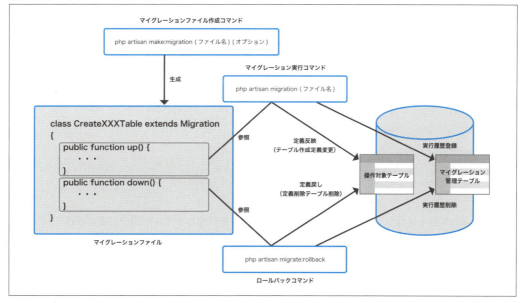

5-1-2 マイグレーションファイルの作成

　本項ではマイグレーションファイルの作成を説明します。マイグレーションファイルはartisanコマンドで作成します。コマンドの書式は下記コード例の通りです（リスト5.1.2.1）。

リスト5.1.2.1：マイグレーションファイルの作成

```
$ php artisan make:migration （ファイル名）（オプション）
```

　「ファイル名」には作成するマイグレーションファイルのファイル名を指定します。作成が成功すると、「Created Migration: 2018_07_16_043720_filename」のメッセージが出力され、database/migrationsフォルダにファイルが作成されます。ファイル名の先頭には作成日付が付与され、その後ろにコマンドで指定したファイル名、最後に.phpが付きます。
　指定するファイル名を「create_XXX_table」にすると、マイグレーションファイルにテーブルを新規追加するための記述が追加されます。例えば、「create_book_table」を指定した場合は、booksテーブルを作成するためのコードが追加されます。

migrationコマンドで指定できるオプションを下表にあげます（表5.1.2.2）。

表5.1.2.2：migrationコマンドのオプション

オプション	機能
--create=(テーブル名)	新規テーブル作成のためのコードが付与される
--table=(テーブル名)	指定されたテーブルを操作するためのコードが付与される （テーブル設定の変更などで使用）
--path=(パス)	指定されたパスにマイグレーションファイルを配置する （アプリケーションのベースパスからの相対で指定する）

マイグレーションファイルは特に命名規則が決められているわけではありませんが、どのような作業をするものか分かりやすいファイル名を指定するのがよいでしょう。

実際にコマンドを実行して、マイグレーションファイルを作成します。本項では書籍管理プログラムを想定して、著者テーブル（authors）、出版社テーブル（publishers）、書籍テーブル（books）、書籍詳細テーブル（bookdetails）の4ファイルを新規に作成します。

リスト5.1.2.3：マイグレーションファイルの作成

```
$ php artisan make:migration create_authors_table
$ php artisan make:migration create_publishers_table
$ php artisan make:migration create_books_table
$ php artisan make:migration create_bookdetails_table
```

上記に示すコマンドの実行に成功すると、database/migrationsフォルダに4つのマイグレーションファイルが作成されます。その中から「yyyy_mm_dd_xxxxx_create_books_table.php」を開き、内容を確認してみましょう（リスト5.1.2.4）。

リスト5.1.2.4：マイグレーションファイル（CreateBooksTableクラス）

```
<?php

use Illuminate\Support\Facades\Schema;
use Illuminate\Database\Schema\Blueprint;
use Illuminate\Database\Migrations\Migration;

class CreateBooksTable extends Migration
{
    public function up()
    {
        Schema::create('books', function (Blueprint $table) {
            $table->increments('id');
            $table->timestamps();
```

```
        });
    }

    public function down()
    {
        Schema::dropIfExists('books');
    }
}
```

　上記コード例がベースのマイグレーションファイルです。ファイルはIlluminate\Database\Migrations\Migrationクラスを継承し、upメソッドとdownメソッドを持ちます。upメソッドにはデータベース定義の追加（あるいは変更）を行なうための処理、downメソッドにはupメソッドの内容を元に戻す処理を記載します。

　ここではテーブルを新規作成するため、upメソッドにはSchema::createメソッドが、downメソッドにはSchema::dropIfExistsメソッドが既に記載されています。

5-1-3　定義の記述

　マイグレーションファイルでは、「スキーマビルダ」と呼ばれる仕組みを利用してテーブルの作成や編集を記述すると便利です。スキーマビルダはSchemeファサードを使って記述します。前項「5-1-2 マイグレーションファイルの作成」の4クラスに、テーブル定義を追加しながら機能を確認しましょう。

1.テーブルの作成処理

　Scheme::createメソッドは、第1引数に作成するテーブル名、第2引数にクロージャを指定します。クロージャの引数にはIlluminate\Database\Schema\Blueprintのインスタンスを渡します。このインスタンスに対してテーブル定義を指定します。

　前項で作成したマイグレーションファイルのupメソッド内にテーブル定義を記載します。作成するテーブル定義を表5.1.3.1〜5.1.3.4に、対応するコードをリスト5.1.3.5に示します。

表5.1.3.1：テーブル定義（authorsテーブル）

カラム	型	備考
id	AUTO_INCREMENT	―
name	varchar(100)	著者氏名
kana	varchar(100)	著者氏名（カナ）

カラム	型	備考
created_at	timestamp	作成日時
updated_at	timestamp	更新日時

表5.1.3.2：テーブル定義（booksテーブル）

カラム	型	備考
id	AUTO_INCREMENT	―
name	varchar(100)	書籍名
bookdetail_id	integer	書籍詳細ID
author_id	integer	著者ID
publisher_id	integer	出版社ID
created_at	timestamp	作成日時
updated_at	timestamp	更新日時

表5.1.3.3：テーブル定義（bookdetailsテーブル）

カラム	型	備考
id	AUTO_INCREMENT	―
isbn	varchar(100)	ISBNコード
published_date	date	出版日
price	integer	価格
created_at	timestamp	作成日時
updated_at	timestamp	更新日時

表5.1.3.4：テーブル定義（publishersテーブル）

カラム	型	備考
id	AUTO_INCREMENT	―
name	varchar(100)	出版社名
address	text	住所
created_at	timestamp	作成日時
updated_at	timestamp	更新日時

リスト5.1.3.5：各テーブル作成のためのコード

```php
// yyyy_mm_dd_xxxxx_create_authors_table.php

    public function up()
    {
        Schema::create('authors', function (Blueprint $table) {
            $table->increments('id');        // ①
            $table->string('name','100');    // ②
            $table->string('kana','100');    // 〃
            $table->timestamps();            // ③
        });
    }


// yyyy_mm_dd_xxxxx_create_books_table.php

    public function up()
    {
        Schema::create('books', function (Blueprint $table) {
            $table->increments('id');
            $table->string('name','100');
            $table->integer('bookdetail_id');
            $table->integer('author_id');
            $table->integer('publisher_id');
            $table->timestamps();
        });
    }

// yyyy_mm_dd_xxxxx_create_bookdetails_table.php

    public function up()
    {
        Schema::create('bookdetails', function (Blueprint $table) {
            $table->increments('id');
            $table->string('isbn','100');
            $table->date('published_date');
            $table->integer('price');
            $table->timestamps();
        });
    }

// yyyy_mm_dd_xxxxx_create_publishers_table.php

    public function up()
    {
        Schema::create('publishers', function (Blueprint $table) {
            $table->increments('id');
            $table->string('name','100');
            $table->text('address');
            $table->timestamps();
        });
    }
```

上記コード例に示す通り、idはオートインクリメントの値を取るため、incrementsメソッドを使用します（①）。nameとkanaは各フィールドの型を示すメソッドを使用します（②）。また、created_atとupdated_atはtimestampメソッドを使用すると一緒に作成されます（③）。

スキーマビルダで生成できる主なカラムタイプを下表に示します（表5.1.3.6）。なお、下表で示すカラムタイプ以外に関しては公式ページを参照してください。

表5.1.3.6：生成できるカラムタイプとスキーマビルダの構文

カラムタイプ	スキーマビルダ	備考
BOOLEAN型	$table->boolean(カラム名);	―
CHAR型	$table->char(カラム名, サイズ);	第2引数で文字列長を指定
DATE型	$table->date(カラム名);	―
DATETIME型	$table->dateTime(カラム名);	―
DOUBLE型	$table->double(カラム名,最大桁数,小数点の右側の桁数);	第2引数で有効な全体桁数、第3引数で小数点以下の桁数を指定
FLOAT型	$table->float(カラム名,最大桁数,小数点の右側の桁数);	第2引数で有効な全体桁数、第3引数で小数点以下の桁数を指定を指定
ID（主キー）カラム	$table->increments(カラム名);	自動インクリメントするINT型カラムを生成
INTEGER型	$table->integer(カラム名);	―
JSON型	$table->json(カラム名);	―
ソフトデリート用TIMESTAMPカラム	$table->softDeletes();	ソフトデリートのための「deleted_at」カラムを追加
VARCHAR型	$table->string(カラム名, サイズ);	第2引数で文字列長を指定
TEXT型	$table->text(カラム名);	―
TIMESTAMP型	$table->timestamp(カラム名);	―
登録/更新日時用TIMESTAMPカラム	$table->timestamps();	データ登録日時と更新日時のため「created_at」と「updated_at」を追加

2 テーブルの削除処理

続いて、テーブルの削除処理をdownメソッド内に記述します。Scheme::dropIfExistsメソッドは、第1引数に削除対象のテーブル名を指定します。テーブルが存在する場合のみ削除処理が実行され、存在しない場合は何も行ないません。前述のコマンド（リスト5.1.2.3）でマイグレーションファイルを生成した場合は、既に処理が記述されているため追記の必要はありません。

3. そのほかのテーブル定義メソッド

前述のコード例（リスト5.1.3.5）で紹介したメソッド以外にも、Laravelにはテーブル定義を行なうさまざまなメソッドが用意されています。カラムに対してnullの許容やデフォルト値の設定など、属性を与えるメソッドも用意されています。下記に主なメソッドとそのコード例を示します（表5.1.3.7〜リスト5.1.3.9）。

表5.1.3.7：カラムに属性を与えるメソッド

メソッド	内容
->after(カラム名)	引数で指定したカラムの直後に配置する（MySQLのみ有効）
->nullable()	カラムにNULL値の挿入を許可する
->default(デフォルト値)	カラムのデフォルト値を指定する
->unsigned()	数値型のカラムをUNSIGNED（符号なし）にする

null値を許容するコード例とデフォルト値を設定するコード例です。

リスト5.1.3.8：VARCHAR型のカラムnameに対してnull値を許容する

```
$table->string('name', 50)->nullable();
```

リスト5.1.3.9：INTEGER型のカラムtypeにデフォルト値0を設定する

```
$table->integer('type')->default(0);
```

また、テーブルにインデックスの付与や削除も可能です。メソッドの一覧と使用方法は下記の通りです（表5.1.3.10〜リスト5.1.3.11）。

表5.1.3.10：インデックスの付与と削除を行なうメソッド

メソッド	内容
->primary(カラム名)	プライマリキーを付与する
->primary([カラム名1, カラム名2])	複合プライマリキーを付与する
->unique(カラム名)	ユニークキーを付与する
->index(カラム名)	通常のインデックスを付与する
->index(カラム名, キー名)	キー名を指定して通常のインデックスを付与する
->dropPrimary(プライマリキー名)	プライマリキーを削除する
->dropUnique(ユニークキー名)	ユニークキーを削除する
->dropIndex(インデックス名)	通常のインデックスを削除する

169

第一部 Laravelの基礎 第二部 **実践パターン** 第三部 Laravelアプリケーション開発手法

リスト5.1.3.11：カラムにインデックスを与える

```
// idというINTEGER型のカラムにインデックスを設定する
$table->integer('id')->index();

// 下記の通り分けて記載することも可能
$table->integer('id');
$table->index('id');

// インデックスに名前を指定する場合(my_index)
$table->index('id', 'my_index');
```

5-1-4 マイグレーションの実行とロールバック

　作成したマイグレーションファイルはmigrateコマンドを使ってデータベースに反映させます。migrateコマンドはdatabase/migrationsフォルダにあるマイグレーションファイルで、データベースにまだ反映されていないものを一括で反映させるコマンドです。

　前項「5-1-3 定義の記述」で作成した4つのファイルをデータベースに反映させてみましょう。コマンドラインでアプリケーションフォルダに移動し、下記のコマンドを実行します。

リスト5.1.4.1：migrateコマンドの実行

```
$ php artisan migrate
```

　コマンドを実行したらデータベースに接続して結果を確認します。MySQLに対してコード例（リスト5.1.3.5）を実行した場合、下記に示すテーブルが作成されます（リスト5.1.4.2）。

リスト5.1.4.2：リスト5.1.3.2のマイグレーション実行結果

```
mysql> desc authors;
+------------+------------------+------+-----+---------+----------------+
| Field      | Type             | Null | Key | Default | Extra          |
+------------+------------------+------+-----+---------+----------------+
| id         | int(10) unsigned | NO   | PRI | NULL    | auto_increment |
| name       | varchar(100)     | NO   |     | NULL    |                |
| kana       | varchar(100)     | NO   |     | NULL    |                |
| created_at | timestamp        | YES  |     | NULL    |                |
| updated_at | timestamp        | YES  |     | NULL    |                |
+------------+------------------+------+-----+---------+----------------+
```

```
5 rows in set (0.00 sec)

mysql> desc books;
+---------------+------------------+------+-----+---------+----------------+
| Field         | Type             | Null | Key | Default | Extra          |
+---------------+------------------+------+-----+---------+----------------+
| id            | int(10) unsigned | NO   | PRI | NULL    | auto_increment |
| name          | varchar(100)     | NO   |     | NULL    |                |
| bookdetail_id | int(11)          | NO   |     | NULL    |                |
| author_id     | int(11)          | NO   |     | NULL    |                |
| publisher_id  | int(11)          | NO   |     | NULL    |                |
| created_at    | timestamp        | YES  |     | NULL    |                |
| updated_at    | timestamp        | YES  |     | NULL    |                |
+---------------+------------------+------+-----+---------+----------------+
7 rows in set (0.00 sec)

mysql> desc bookdetails;
+----------------+------------------+------+-----+---------+----------------+
| Field          | Type             | Null | Key | Default | Extra          |
+----------------+------------------+------+-----+---------+----------------+
| id             | int(10) unsigned | NO   | PRI | NULL    | auto_increment |
| isbn           | varchar(100)     | NO   |     | NULL    |                |
| published_date | date             | NO   |     | NULL    |                |
| price          | int(11)          | NO   |     | NULL    |                |
| created_at     | timestamp        | YES  |     | NULL    |                |
| updated_at     | timestamp        | YES  |     | NULL    |                |
+----------------+------------------+------+-----+---------+----------------+
6 rows in set (0.00 sec)

mysql> desc publishers;
+------------+------------------+------+-----+---------+----------------+
| Field      | Type             | Null | Key | Default | Extra          |
+------------+------------------+------+-----+---------+----------------+
| id         | int(10) unsigned | NO   | PRI | NULL    | auto_increment |
| name       | varchar(100)     | NO   |     | NULL    |                |
| address    | text             | NO   |     | NULL    |                |
| created_at | timestamp        | YES  |     | NULL    |                |
| updated_at | timestamp        | YES  |     | NULL    |                |
+------------+------------------+------+-----+---------+----------------+
5 rows in set (0.00 sec)
```

　続いて、ロールバック（巻き戻し）も確認しましょう。ロールバックを実行するには、下記のコマンドを実行します。

リスト5.1.4.3：ロールバックコマンド

```
$ php artisan migrate:rollback
```

ロールバックは直前に実行したマイグレーションに対して行なわれます。すべてのマイグレーションをまとめて元に戻す場合はロールバックではなく、リセットコマンドを実行します（リスト5.1.4.4）。

リスト5.1.4.4：リセットコマンド

```
$ php artisan migrate:reset
```

● マイグレーションの実行状態を管理するテーブル

前述の通り、migrateコマンドではdatabase/migrationsフォルダにあるマイグレーションファイルで未実行のものだけが反映され、migrate:rollbackコマンドでは直前に実行したマイグレーションのみがロールバックされます。では、その実行状態はどこで管理されているのでしょうか。

マイグレーションの実行状態はデータベースにあるmigrationsテーブルで管理されています。先ほどのマイグレーション実行後にmigrationsテーブルを確認すると、下記に示すコード例となります（リスト5.1.4.5）。

リスト5.1.4.5：マイグレーション管理テーブル（migrations）

```
mysql> select * from migrations;
+----+------------------------------------------------+-------+
| id | migration                                      | batch |
+----+------------------------------------------------+-------+
|  1 | 2014_10_12_000000_create_users_table           |     1 |
|  2 | 2014_10_12_100000_create_password_resets_table |     1 |
|  3 | 2018_07_17_155514_create_authors_table         |     2 |
|  4 | 2018_07_17_155539_create_books_table           |     2 |
|  5 | 2018_07_17_155633_create_publishers_table      |     2 |
|  5 | 2018_07_17_155642_create_bookdetails_table     |     2 |
+----+------------------------------------------------+-------+
6 rows in set (0.00 sec)
```

上記の通り、マイグレーションファイル名と実行順が管理されています。migrateコマンドはこのテーブルに登録されていないマイグレーションファイルを実行し、migrate:rollbackコマンドは「batch」がもっとも大きい番号のマイグレーションファイルが対象となります。

5-2 シーダー

アプリケーション実行に必要なデータをシーダー機能を使って投入する

　実際のアプリケーションでは、テーブル作成と合わせてマスタデータなど初期データの投入が必要なケースがあります。また、動作テストを行なう際にもテスト用データが必要になりますが、Laravelには、データ投入もコードで実行する仕組みが用意されています。

　本節ではシーダー（Seeder）とFactoryクラスを利用したデータ投入を説明します。また、テスト用のダミーデータを簡単に作成できる「Faker」も併せて紹介します。

5-2-1　シーダーの作成

　シーダーの作成にはmake:seederコマンドを使用します。コマンドラインでLaravelのホームディレクトリに移動し、下記に示すコマンドを実行します（リスト5.2.1.1）。

リスト5.2.1.1：シーダーの作成

```
$ php artisan make:seeder （ファイル名）
```

　上記のコマンドを実行すると、database/seedsフォルダにSeederクラスが作成されます。ファイルの命名規則に決まりはありませんが、例えば、「5-1 マイグレーション」で作成したBooksテーブルにデータを挿入する場合は、「BooksTableSeeder」を指定するするなど、内容が分かりやすい名前にするとよいでしょう。

　下記コード例に作成直後のSeederクラスの内容を示します（リスト5.2.1.2）。

リスト5.2.1.2：作成直後のSeederクラスの内容

```php
<?php

use Illuminate\Database\Seeder;

class BookTableSeeder extends Seeder
{
    /**
```

173

```
    * Run the database seeds.
    *
    * @return void
    */
   public function run()
   {
       // データ登録処理を記述
   }
}
```

上記コード例に示す通り、シーダーはIlluminate\Database\Seederクラスを継承し、runメソッドを持つクラスです。このrunメソッドにデータ登録処理を記述します。

登録処理には、DBファサードやEloquentなど通常のデータベースへのデータ登録と同じ処理を利用できます。例えば、Authorsテーブルに対してDBファサードを使用してデータを投入する場合は、下記コード例の通り記述します（リスト5.2.1.3）。

リスト5.2.1.3：DBファサードを利用する例

```
// AuthorsTableSeeder.php

   public function run()
   {
       // Authorsテーブルにレコードを10件登録する
       $now = \Carbon\Carbon::now();
       for ($i = 1; $i <= 10; $i++) {
           $author = [
               'name' => '著者名' . $i,
               'kana' => 'チョシャメイ' . $i,
               'created_at' => $now,
               'updated_at' => $now
           ];
           DB::table('authors')->insert($author);
       }
   }
```

5-2-2　シーダークラスを利用するための設定

データ投入のコードを記述したら、database/seedsフォルダにあるDatabaseSeeder.phpを開き、runメソッドに下記コード例に示す通りに記述します。runメソッドから、前項で作成したSeederクラスを呼び出すことで、データ投入の準備ができます。

リスト5.2.2.1：Authorsテーブルにデータ登録を行なう処理（DatabaseSeeder.php）

```
public function run()
{
    $this->call(AuthorsTableSeeder::class);
}
```

5-2-3　シーディングの実行

データ投入は、コマンドラインから下記のコマンドを実行します（リスト5.2.3.1）。

リスト5.2.3.1：シーディング実行のコマンド

```
$ php artisan db:seed
```

コマンドが実行されると、「Seeding: AuthorsTableSeeder」と表示されます。データベースに接続して確認します。下記に示す通り、登録が実行されています。

リスト5.2.3.2：シーディング実行の結果

```
mysql> select * from authors;
+----+---------+-------------+---------------------+---------------------+
| id | name    | kana        | created_at          | updated_at          |
+----+---------+-------------+---------------------+---------------------+
|  1 | 著者名1  | チョシャメイ1   | 2018-07-18 13:51:45 | 2018-07-18 13:51:45 |
|  2 | 著者名2  | チョシャメイ2   | 2018-07-18 13:51:45 | 2018-07-18 13:51:45 |
|  3 | 著者名3  | チョシャメイ3   | 2018-07-18 13:51:45 | 2018-07-18 13:51:45 |
|  4 | 著者名4  | チョシャメイ4   | 2018-07-18 13:51:45 | 2018-07-18 13:51:45 |
|  5 | 著者名5  | チョシャメイ5   | 2018-07-18 13:51:45 | 2018-07-18 13:51:45 |
(中略)
|  9 | 著者名9  | チョシャメイ9   | 2018-07-18 13:51:45 | 2018-07-18 13:51:45 |
| 10 | 著者名10 | チョシャメイ10  | 2018-07-18 13:51:45 | 2018-07-18 13:51:45 |
+----+---------+-------------+---------------------+---------------------+
10 rows in set (0.00 sec)
```

5-2-4 Fakerの利用

前項までは投入データを任意に作成する方法を説明しましたが、本番環境を想定したテストを行なう場合、「＊＊1」「＊＊2」などではなく、より現実に近いテストデータが必要なケースがあります。

Laravelには、テストデータを簡単に作成できるライブラリ「Faker」[1]が標準で含まれています。本項ではFakerを使ったデータ投入を紹介します。

Fakerクラスで作成できる主なデータは下表に示す通りです（表5.2.4.1）。

表5.2.4.1：Fakerで作成できるダミーデータ

項目名	出力されるデータ
name	氏名
email	メールアドレス
safeEmail	メールアドレス
password	パスワード
country	国名
address	住所
phoneNumber	電話番号
company	企業名
realText	テキスト

下記にFakerを使ったコード例として、Publisherテーブルへのデータ投入を示します。

リスト5.2.4.2：Fakerを使ったデータ投入

```php
// PublishersTableSeeder.php

    public function run()
    {
        // Fakerを使ってPublishersテーブルにレコードを10件登録する
        $faker = Faker\Factory::create('ja_JP');
        $now = \Carbon\Carbon::now();
        for ($i = 0; $i < 10; $i++) {
            $publisher = [
                'name' => $faker->company . '出版',
                'address' => $faker->address,
```

---

1 https://github.com/fzaninotto/Faker

```
                'created_at' => $now,
                'updated_at' => $now
            ];
            DB::table('publishers')->insert($publisher);
        }
    }
```

上記のコードをdb:seedコマンドで投入すると、下記に示すデータが作成されます。

リスト5.2.4.3：Fakerにより生成されたデータ

```
mysql> select * from publishers;
+----+----------------+--------------------------------------+---------------------+------
--(略)
| id | name           | address                              | created_at          |
updated_(略)
+----+----------------+--------------------------------------+---------------------+------
--(略)
|  1 | 有限会社 渡辺出版 | 8127438 広島県渚市北区原田町井上10-6-8  | 2018-07-18 13:57:11 | 2018-(略)
|  2 | 有限会社 笹田出版 | 2202172 兵庫県吉本市北区桐山町渡辺2-6-4 | 2018-07-18 13:57:11 | 2018-(略)
|  3 | 株式会社 山口出版 | 9757476 山口県山口市北区吉田町若松1-3-2 | 2018-07-18 13:57:11 | 2018-(略)
|  4 | 株式会社 坂本出版 | 2544354 熊本県佐藤市北区鈴木町吉田6-5-3 | 2018-07-18 13:57:11 | 2018-(略)
|  5 | 有限会社 桐山出版 | 6307868 茨城県石田市北区中津川町廣川6-9-3| 2018-07-18 13:57:11 | 2018-(略)
|  6 | 有限会社 中津川出版 | 5269703 福岡県藤本市西区中津川町山本3-7-9| 2018-07-18 13:57:11 | 2018-(略)
|  7 | 有限会社 加納出版 | 3735248 山梨県石田市中央区宮沢町三宅5-2-9| 2018-07-18 13:57:11 | 2018-(略)
|  8 | 株式会社 三宅出版 | 9244901 山形県山口市西区大垣町廣川3-10-5| 2018-07-18 13:57:11 | 2018-(略)
|  9 | 有限会社 宇野出版 | 3214596 福井県桐山市北区工藤町工藤2-2-3 | 2018-07-18 13:57:11 | 2018-(略)
| 10 | 株式会社 松本出版 | 3213628 三重県笹田市中央区田辺町野村5-10 | 2018-07-18 13:57:11 | 2018-(略)
+----+----------------+--------------------------------------+---------------------+-  ----
--(略)
10 rows in set (0.00 sec)
```

5-2-5　Factoryを利用する例

　大量データの投入にはFactoryクラスを使うと便利です。database/factories/ModelFactory.php
内に、Eloquentクラスごとのファクトリーを記述することで、シーダーで利用するダミーデータを簡
単に生成できます。

　本項では、bookdetailsテーブルへのデータ投入を例に、次の手順に沿って説明します。なお、デー
タは前項「5-2-4 Fakerの利用」で紹介したFakerを使って作成します。

1. モデルクラスを作成する
2. ファクトリークラスを作成し、データ投入処理を定義する

| 第一部 | Laravelの基礎 | 第二部 | 実践パターン | 第三部 | Laravelアプリケーション開発手法 |

3. シーダークラスのrunメソッドに、ファクトリークラスの利用処理を追加する

4. DatabaseSeederクラスのrunメソッドで、3の処理を呼び出す

はじめにモデルクラスを作成します。下記に示す通り、artisanコマンドを実行します。

リスト5.2.5.1：モデルクラスの作成

```
$ php artisan make:model Bookdetail
```

上記のコマンドを実行することで、appディレクトリ直下にBookdetail.phpが作成されます。

次にFactoryクラスを作成します。こちらもartisanコマンドを使用します。

リスト5.2.5.2：ファクトリークラスの作成

```
$ php artisan make:factory ModelFactory
```

database/factoriesフォルダにModelFactory.phpが作成されます。下記コード例に示す通り、こ
こでbookdetailsテーブルに投入するデータを定義します（リスト5.2.5.3）。

リスト5.2.5.3：ModelFactoryにデータ投入処理を定義

```php
<?php

use Faker\Generator as Faker;

$factory->define(App\Bookdetail::class, function (Faker $faker) {
    $faker->locale('ja_JP');
    $now = \Carbon\Carbon::now();
    return [
        'isbn' => $faker->isbn13,
        'published_date' => $faker->date($format = 'Y-m-d', $max = 'now'),
        'price' => $faker->randomNumber(4),
        'created_at' => $now,
        'updated_at' => $now
    ];
});
```

続いて、BookdetailsTableSeederクラスで、下記コード例に示す通り、factoryを呼び出す定義を
追加します（リスト5.2.5.3）。

178

リスト5.2.5.3：bookdatailsテーブルに50件追加するコード

```php
<?php
use Illuminate\Database\Seeder;

class BooksdetailsTableSeeder extends Seeder
{
    public function run()
    {
        factory(\App\Bookdetail::class, 50)->create();
    }
}
```

最後にDatabaseSeederクラスで、下記コード例に示す通り、BookdetailsTableSeederクラスを呼び出す定義を追加します（リスト5.2.5.4）。

リスト5.2.5.4：DatabaseSeederクラスへの定義

```php
<?php

use Illuminate\Database\Seeder;

class DatabaseSeeder extends Seeder
{
    public function run()
    {
        $this->call(BookdetailsTableSeeder::class);
    }
}
```

それでは、artisan db:seedコマンドを実行して結果を確認しましょう。実行後のデータ内容は、下記の通りとなります（リスト5.2.5.5）。

リスト5.2.5.5：Seeder後のbookdetailsテーブル

```
mysql> select * from  bookdetails;
+----+---------------+----------------+-------+---------------------+---------------------+
| id | isbn          | published_date | price | created_at          | updated_at          |
+----+---------------+----------------+-------+---------------------+---------------------+
|  1 | 9791214671391 | 2011-03-28     |  3040 | 2018-08-25 09:19:15 | 2018-08-25 09:19:15 |
|  2 | 9780168378234 | 1975-03-15     |  4104 | 2018-08-25 09:19:15 | 2018-08-25 09:19:15 |
|  3 | 9797655636326 | 1971-03-03     |  8643 | 2018-08-25 09:19:15 | 2018-08-25 09:19:15 |
|  4 | 9799176233510 | 1982-12-26     |  2632 | 2018-08-25 09:19:15 | 2018-08-25 09:19:15 |
|  5 | 9790635821941 | 1991-02-16     |  3509 | 2018-08-25 09:19:15 | 2018-08-25 09:19:15 |
(中略)
| 46 | 9793503747565 | 1989-06-24     |  6327 | 2018-08-25 09:19:15 | 2018-08-25 09:19:15 |
```

| 第一部 Laravelの基礎 | 第二部 **実践パターン** | 第三部 Laravelアプリケーション開発手法 |

```
| 47 | 9782642349303 | 1987-11-29     |  685 | 2018-08-25 09:19:15 | 2018-08-25 09:19:15 |
| 48 | 9784570059736 | 1983-09-04     | 6411 | 2018-08-25 09:19:15 | 2018-08-25 09:19:15 |
| 49 | 9790180476993 | 1970-02-01     | 4477 | 2018-08-25 09:19:15 | 2018-08-25 09:19:15 |
| 50 | 9790256652993 | 2013-11-10     | 1551 | 2018-08-25 09:19:15 | 2018-08-25 09:19:15 |
+----+---------------+----------------+------+---------------------+---------------------+
50 rows in set (0.00 sec)
```

　上記に示す通り、50件のテストデータが一括投入されています。isbnやpublishd_date、priceの値はFakerクラスによって生成されたものが登録されていることが分かります。

　本節ではシーダークラスとFakerクラスを組み合わせたデータ投入の機能を説明しました。前節「5-1 マイグレーション」で紹介したマイグレーション機能と合わせて、コードをバージョン管理しておくと、開発環境を簡単に整えることが可能です。

5-3 Eloquent

LaravelのORM、Eloquentによるデータベース操作を学ぶ

EloquentはActive RecordライクなORM（Object Relational Mapping）で、Laravelを代表する機能の1つです。データベースとモデルを関連付けてさまざまなデータ操作が可能です。1つのテーブルに対して1つのEloquentクラスを紐付けて利用しますが、リレーション（テーブル間の関連付け）定義のメソッドを利用すれば、複数テーブルの値も操作可能です。

本節ではEloquentの機能を紹介します。

5-3-1 クラスの作成

Eloquentは下記のartisanコマンドで作成します（リスト5.3.1.1）。デフォルトではappフォルダ直下にファイルが作成されます。

リスト5.3.1.1：Eloquentのクラスファイル作成

```
$ php artisan make:model (クラス名)
```

下記コード例は、クラス名に「Author」を指定した場合の結果です。Eloquentは、Illuminate\Database\Eloquent\Modelを継承したクラスとして作成されます。

リスト5.3.1.2：作成直後のクラス

```php
<?php

namespace App;

use Illuminate\Database\Eloquent\Model;

class Author extends Model
{
    //
}
```

181

| | 第一部 | Laravelの基礎 | 第二部 | 実践パターン | 第三部 | Laravelアプリケーション開発手法 |

5-3-2 規約とプロパティ

Eloquentでは、対応するデータベースのテーブル名や主キーのカラム名などに対して、あらかじめ
ルールが定められています。ただし、プロパティを指定することで任意の設定に変更することが可能で
す。本項では主なルールを紹介するとともに、その変更方法も説明します。

1. テーブルとの関連付け

Eloquentのクラスとデータベーステーブルの関連付けは、テーブル名を複数形で作成し、クラス名
をその単数形で作成すると、暗黙的に関連付けられます。例えば、authorsテーブルと紐付ける場合、
Eloquentのクラス名はAuthorを指定します。

また、テーブル名が「_（アンダースコア）」を使ったスネークケースが使用されている場合は、クラス
名をキャメルケースで定義することで紐付けることが可能です。例えば、「book_sample」テーブルに
対応するEloquentクラス名は「BookSample」となります。

上記のルールを適用せず、関連付けるテーブル名を指定する場合は、下記コード例に示す通り、
$tableプロパティで指定します（リスト5.3.2.1）。

リスト5.3.2.1：任意のテーブルを紐付ける

```php
<?php

namespace App;

use Illuminate\Database\Eloquent\Model;

class Author extends Model
{
    // t_authorテーブルを関連付ける
    protected $table = 't_author';
(以下略)
```

2. プライマリキーの定義

テーブルのプライマリキーをEloquentのクラスに定義すると、Eloquentのメソッドにキー値を与え
るだけでレコードの取得が可能です。デフォルトでは「id」カラムをプライマリキーと判断します。

プライマリキーのカラム名を明示的に指定するには、下記コード例に示す通り、$primaryKeyプロ
パティで指定します（リスト5.3.2.2）。

リスト5.3.2.2：任意のカラム名を主キーに設定する

```php
<?php

namespace App;

use Illuminate\Database\Eloquent\Model;

class Author extends Model
{
    // テーブルの主キーを id ではなく authors_id とする
    protected $primaryKey = 'authors_id';
(以下略)
```

3. タイムスタンプの定義

　Eloquentを使用してレコード登録や編集を行なう際、デフォルトではcreated_atカラムに登録日時、updated_atに更新日時が登録されます。この処理を必要としない場合は$timestampsプロパティをfalseに設定します。

リスト5.3.2.3：タイムスタンプを記録しない設定

```php
<?php

namespace App;

use Illuminate\Database\Eloquent\Model;

class Author extends Model
{
    // タイムスタンプを記録しない(デフォルトはtrue)
    protected $timestamps = false;
```

4. Mass Assignmentによる脆弱性への対策

　Eloquentは、後述のcreateメソッドやupdateメソッドの引数に、連想配列でカラム名と値を渡すことでデータ登録が可能です。これはMass Assignmentと呼ばれる便利な機能ですが、例えば、ユーザーの権限操作など、アプリケーションによる変更を想定していないカラムの値が渡された場合、システムの脆弱性に繋がる可能性があります。

　これを防ぐため、EloquentはデフォルトではすべてのフィールドでMass Assignmentが無効となっています。Mass Assignmentを利用する場合は、次のコード例に示す通り、$fillable プロパティを使っ

て編集を許可するカラムをホワイトリスト方式で指定するか（リスト5.3.2.4）、$guarded プロパティ
を使って編集を認めないカラムをブラックリスト方式で指定します（リスト5.3.2.5）。

リスト5.3.2.4：編集可能なカラムを設定（ホワイトリスト方式）

```php
<?php

namespace App;

use Illuminate\Database\Eloquent\Model;

class Author extends Model
{
    // nameとkanaカラムを指定可能にする
    protected $fillable = [
        'name',
        'kana'
    ];

(以下略)
```

リスト5.3.2.5：編集を認めないカラムを設定（ブラックリスト方式）

```php
<?php

namespace App;

use Illuminate\Database\Eloquent\Model;

class Author extends Model
{
    // id、created_at、updated_atは任意での指定を不可とする
    protected $guarded = [
        'id',
        'created_at',
        'updated_at',
    ];

(以下略)
```

　なお、上記の$fillableと$guardedは同時には利用できません。そのほか、変更が可能なプロパティ
は次表に示す通りです（表5.3.2.6）。

表5.3.2.6：そのほかのEloquentプロパティ

プロパティ	説明	デフォルト値
$connection	データベース接続	設定ファイルdatabase.phpで設定されたデフォルト
$dateFormat	タイムスタンプのフォーマット	Y-m-d H:i:s
$incrementing	プライマリキーが自動増加かどうか	true

5-3-3 データ検索・データ更新の基本

本項では、Eloquentを使ったデータ検索や登録、更新の基本的なメソッドを下記に紹介します。

1. 全件抽出 - all

allメソッドはテーブルの全レコードを取得するメソッドです。

戻り値はCollectionクラス（Illuminate\Database\Eloquent\Collection）のインスタンスが返されます。Collectionの要素は\Illuminate\Database\Eloquent\Modelクラスのインスタンスで、下記コード例に示す通り、foreach文を使って1レコードずつ取り出すことが可能です。

リスト5.3.3.1：レコードの全件取得

```php
$authors = \App\Author::all();

foreach ($authors as $author) {
    echo $author->name;    // nameカラムの値を出力する
}
```

また、Collectionクラスには、アイテム数のカウントや条件に合致したアイテムのみを返却する機能などがあります。下記コード例に示す通り、データベース接続なしにレコード数の取得やレコードの絞り込みなど、さまざまなデータ操作が可能です（リスト5.3.3.2〜5.3.3.3）。

リスト5.3.3.2：レコード数の取得

```php
$authors = \App\Author::all();

// レコード数を取得する
$count = $authors->count();
```

第一部 Laravelの基礎 / 第二部 実践パターン / 第三部 Laravelアプリケーション開発手法

リスト5.3.3.3：filterメソッドを使った絞り込み

```
$authors = \App\Author::all();

$filtered_authors = $authors->filter(function ($author) {
    // idが5より大きいレコードを抽出する
    return $author->id > 5;
});

// 絞り込んだ結果をforeach文で取得する
foreach (filtered_authors as $author) {
    echo $author->name;
}
```

2. プライマリキー指定による抽出 - find、findOrFail

findメソッドは引数にプライマリキーを指定して、合致するレコードを取得できます。
戻り値は\Illuminate\Database\Eloquent\Modelのインスタンスです。

リスト5.3.3.4：findメソッドの利用

```
// authors テーブルの id=10 のレコードを取得
$author = \App\Author::find(10);
```

また、findメソッドと似た動作をするメソッドとして、findOrFailメソッドがあります。findOrFail
メソッドは、該当するレコードが存在しない場合に例外ModelNotFoundExceptionを投げます。

リスト5.3.3.5：findOrFailメソッドの利用

```
try {
    // authors テーブルの id=10 のレコードを取得
    $author = \App\Author::findOrFail(10);
} catch (Illuminate\Database\Eloquent\ModelNotFoundException $e) {
    // 見つからなかった場合の処理
}
```

3. 条件指定による抽出 - whereXXX

whereXXXメソッドはSQLのwhere句に相当する条件を引数に指定し、絞り込みを行なうケースで
使用します。「XXX」部分にはテーブルのカラム名が入ります。

186

リスト5.3.3.6：whereXXXメソッドを利用した条件指定

```
// authors テーブルで name='山田太郎' のレコードを取得する
$authors = \App\Author::whereName('山田太郎')->get();
```

4. 新しいレコードの登録 - create、save

データ登録には、配列を引数に指定してcreateメソッドを使う方法と、対象のEloquentモデルのインスタンスを新規作成し、各カラムの値を設定してsaveメソッドで登録する方法があります。下記コード例にcreateメソッドとsaveメソッドそれぞれのデータ登録を示します。

リスト5.3.3.7：createメソッドを利用したデータ登録

```
\App\Author::create([
    'name' => '著者A',
    'kana' => 'チョシャA'
]);
```

リスト5.3.3.8：saveメソッドを利用したデータ登録

```
$author = new \App\Author();

$author->name = '著者A';
$author->kana = 'チョシャA';

$author->save();
```

なお、「5-3-2 規約とプロパティ」のタイムスタンプで説明した通り、デフォルトではcreated_atとupdated_atには自動的に処理時間が入ります。

5. データ更新 - update

データ更新は、更新対象のインスタンスに対してプロパティ値を設定し、下記コード例に示す通り、updateメソッドを使って行ないます（リスト5.3.3.9）。

リスト5.3.3.9：updateによるデータ更新

```
$author = \App\Author::find(1)->update(['name' => '著者B']);
```

また、下記のコード例に示す通り、saveメソッドを利用することも可能です(リスト5.3.3.10)。

リスト5.3.3.10：saveメソッドによるデータ更新

```
$author = \App\Author::find(1);

// authorsテーブルのid=1のレコードを以下の通り変更
$author->name = '著者B';
$author->kana = 'チョシャB';

$author->save();
```

6. データ削除 - delete、destroy

データ削除は、削除対象のインスタンスに対してdeleteメソッドを利用します(リスト5.3.3.11)。

リスト5.3.3.11：deleteメソッドによるデータ削除

```
// id=1のレコードを削除する
$author = \App\Author::find(1);
$author->delete();
```

また、削除対象のプライマリキーが分かっている場合は、下記コード例に示す通り、destroyメソッドを使った削除も可能です(リスト5.3.3.12)。

リスト5.3.3.12：destroyメソッドによるデータ削除

```
// id=1のレコードを削除する
\App\Author::destroy(1);

// id=1, 3, 5のレコードを削除する
\App\Author::destroy([1, 3, 5]);
// または、以下でも動作する
\App\Author::destroy(1, 3, 5);
```

5-3-4 データ操作の応用

Eloquentには「クエリビルダ」と呼ばれる機能があります。SQL文を使うことなくPHPコードでデータ抽出などを行なうことができる仕組みです。

1. クエリビルダによるデータ操作を行なう

クエリビルダの詳細は、「5-4 クエリビルダ」で後述しますが、本項ではwhereメソッドとorderByメソッドを使った利用例を紹介します（リスト5.3.4.1）。

リスト5.3.4.1 クエリビルダによるデータ抽出

```
// authorsテーブルでidが1または2のレコードを取得する
$authors = \App\Author::where('id', 1)->orWhere('id', 2)->get();

// authorsテーブルでidが5以上のレコードをid順に取得する
$authors = \App\Author::where('id', '>=', 5)
                ->orderBy('id')
                ->get();
```

2. 結果をJSONで取得する

APIなどで抽出結果をJSON形式で返すケースでは、toJsonメソッドが利用できます。

リスト5.3.4.2：データ抽出の結果をJSON形式で取得する

```
$author = \App\Author::find(1);

return $author->toJson();
```

toJsonメソッドの実行結果として、下記コード例に示す通り、JSON形式で文字列を取得できます。

リスト5.3.4.3：toJsonメソッドの取得結果

```
{"id":1,"name":"著者名1","kana":"チョシャメイ1","created_at":"2018-07-18 14:27:09","updated_at":"2018-07-18 14:27:09"}
```

3. カラムの値に対して固定の編集を加える

　カラムの値を取得する際、例えば、金額カラムの値に対して3桁ごとにカンマを挿入したり、片仮名のカラム値に対して全角・半角の変換を入れたり、毎回固定の編集を加えたいケースがあります。同様に値の登録時でも、フォームの入力値に対して編集を加えてから登録したいケースがあります。このような処理は、「アクセサ」や「ミューテータ」の機能を利用できます。

　アクセサはEloquentのクラスにget（カラム名）Atributeの名前でメソッドを追加し、編集処理を記載します。ミューテータはset（カラム名）Attributeの名前でメソッドを定義します。

リスト5.3.4.4：アクセサとミューテータを定義する

```php
<?php
declare(strict_types=1);

namespace App;

use Illuminate\Database\Eloquent\Model;

class Author extends Model
{
    public function getKanaAttribute(string $value): string
    {
        // KANAカラムの値を半角カナに変換
        return mb_convert_kana($value, "k");
    }

    public function setKanaAttribute(string $value): string
    {
        // KANAカラムの値を全角カナに変換
        $this->attributes['kana'] = mb_convert_kana($value, "KV");
    }
}
```

　定義されたカラムの利用に関しては、下記コード例に示す通り、通常のカラムと変わりありません（リスト5.3.4.5）。

リスト5.3.4.5 アクセサやミューテータが定義されたカラムの利用

```php
// データ取得時
$authors = \App\Author::all();
foreach ($authors as $author) {
    echo $author->kana;    // 半角カナの値が返される
}
```

```
// データ登録時
$author = \App\Author::find(Input::get('id'));
$author->kana = Input::get('kana');  // 登録時に全角カナに変換される
$author->save();
```

4. 「データがない場合のみ登録」 をシンプルに実装する

ある条件でデータを抽出し、レコードがない場合のみ新規登録したい場合、通常では下記コード例に示す処理になります（リスト5.3.4.6）。

リスト5.3.4.6：データがない場合のみデータを登録する

```
$author = \App\Author::where('name', '=', '著者A')->first();
if (empty($author)) {
    $author = \App\Author::create(['name' => '著者A']);
}
```

しかし、firstOrCreateやfirstOrNewメソッドを使うと、上記と同様の処理をよりシンプルに記述できます。下記コード例にfirstOrCreatメソッドの利用を示します（リスト5.3.4.7）

リスト5.3.4.7：firstOrCreateメソッドの利用

```
$author = \App\Author::firstOrCreate(['name' => '著者A']);
```

なお、firstOrNewメソッドは、下記コード例に示す通り、saveメソッドと合わせて利用します。

リスト5.3.4.8：firstOrNewメソッドの利用

```
$author = \App\Author::firstOrNew(['name' => '著者A']);
$author->save();
```

5. 論理削除を利用する

前項「5-3-3 データ検索・データ更新の基本」で説明したdeleteメソッドやdestroyメソッドは、デフォルトではレコードを物理削除します。Eloquentではdeleted_atカラムを利用して削除処理が行なわれた日時を保存し、「このカラムがnullでなければ削除済みデータである」として扱うことが可能です。

ただし、この機能は初期状態では利用できません。有効にするには、下記に示す通り実装します。

1. 対象のテーブルに"deleted_at"カラムを追加する
2. EloquentのクラスにSoftDeletesトレイトを定義する

　まずは、該当テーブルにdeleted_atが追加されるように定義します。例えば、「5-1 マイグレーション」で作成したauthorsテーブルに定義を追加するには、マイグレーションファイルを新規で作成し（リスト5.3.4.9）、コード例に示す通りに記述して（リスト5.3.4.10）、マイグレーションを実行します（リスト5.3.4.11）。

リスト5.3.4.9：定義追加用のマイグレーションファイルを新規作成する

```
$ php artisan make:migration softdelete_authors_table --table=authors
```

リスト5.3.4.10：マイグレーションファイルに定義変更処理を追記する

```php
<?php

use Illuminate\Support\Facades\Schema;
use Illuminate\Database\Schema\Blueprint;
use Illuminate\Database\Migrations\Migration;

class SoftdeleteAuthorsTable extends Migration
{
    public function up()
    {
        Schema::table('authors', function (Blueprint $table) {
            $table->softDeletes();    // 追加
        });
    }

    public function down()
    {
        Schema::table('authors', function (Blueprint $table) {
            $table->dropColumn('deleted_at');    // 追加
        });
    }
}
```

リスト5.3.4.11：マイグレーションを実行して論理削除用カラムを追加する

```
$ php artisan migrate
```

```
// 定義が適用されると、deleted_atカラムが生成される
mysql> desc authors;
+------------+------------------+------+-----+---------+----------------+
| Field      | Type             | Null | Key | Default | Extra          |
+------------+------------------+------+-----+---------+----------------+
| id         | int(10) unsigned | NO   | PRI | NULL    | auto_increment |
| name       | varchar(100)     | NO   |     | NULL    |                |
| kana       | varchar(100)     | NO   |     | NULL    |                |
| created_at | timestamp        | YES  |     | NULL    |                |
| updated_at | timestamp        | YES  |     | NULL    |                |
| deleted_at | timestamp        | YES  |     | NULL    |                |
+------------+------------------+------+-----+---------+----------------+
6 rows in set (0.00 sec)
```

続いて、EloquentモデルのAuthorクラスにSoftDeletesトレイトを定義します（リスト5.3.4.12）。

リスト5.3.4.12：SoftDeletesトレイトの定義

```php
<?php
declare(strict_types=1);

namespace App;

use Illuminate\Database\Eloquent\Model;
use Illuminate\Database\Eloquent\SoftDeletes; // 追加する

class Author extends Model
{
    use SoftDeletes;  // 追加する
}
```

　以上で、Authorモデルのdeleteメソッドやdestroyメソッドを実行したときは、deleted_atカラムに削除時間が登録されて削除扱いとなり、データを取得するメソッドでは、論理削除となっているデータは含まれなくなります。

　なお、論理削除されたデータを含めてデータを取得したい場合は、下記コード例に示す通り、withTrashed()メソッドを使用します（リスト5.3.4.13）。

リスト5.3.4.13：論理削除データも含めたデータ操作

```php
// 削除済みのレコードも含めて取得する
$books = App\Author::withTrashed()->get();

// 削除済みのレコードのみ取得する
$deleted_authors = \App\Author::onlyTrashed()->get();
```

| 第一部 | Laravelの基礎 | 第二部 | 実践パターン | 第三部 | Laravelアプリケーション開発手法 |

5-3-5 関連性を持つテーブル群の値をまとめて操作する（リレーション）

データベースの各テーブル間には何らかの関係性を持つものがあります。例えば、著者（authors）は複数の書籍（books）を執筆している、出版社（publishers）は複数の書籍（books）を出版している、などの関係性です。

Eloquentはこうしたテーブルの関係性を踏まえて処理できるリレーション機能を持っています。リレーションを使うと、関連するテーブル間のデータ取得がより直感的によりシンプルに処理できます。

Eloquentが扱えるリレーション関係には、一対一関係や一対多関係のほか、多対多関係などがありますが、本項では、一対一関係と一対多関係をEloquentで扱う方法を紹介します。

1. 一対一関係の定義 - hasOne、belongsTo

hasOneメソッドやbelongsToは、一対一のリレーション関係を定義するメソッドです。

例えば、書籍（books）テーブルと書籍詳細（bookdetails）テーブルが一対一で紐付く場合、下記コード例に示す定義を行なうことで、関連付けを定義できます（リスト5.3.5.1）。

リスト5.3.5.1：hasOneメソッドによるリレーション定義

```php
<?php
declare(strict_types=1);

namespace App;

use Illuminate\Database\Eloquent\Model;

class Book extends Model
{
    public function detail()
    {
        return $this->hasOne('\App\Bookdetail');
    }
}
```

上記の関係を逆から定義し、書籍詳細から書籍を紐付けるには、下記コード例に示す定義を記述します（リスト5.3.5.2）。

リスト5.3.5.2：belongsToメソッドによるリレーション定義

```php
<?php
declare(strict_types=1);

namespace App;

use Illuminate\Database\Eloquent\Model;

class Bookdetail extends Model
{
    /**
     * 書籍詳細と紐づく書籍レコードを取得
     */
    public function book()
    {
        return $this->belongsTo('\App\Book');
    }
}
```

hasOneメソッドもbelongsToメソッドも、第1引数に関連付けるモデル名を指定します。第2引数には内部キー、第3引数には外部キーを指定します。第2引数と第3引数は省略可能で、省略した場合は第2引数に「モデル名_id」、第3引数には「id」が適用されます。呼び出しは下記コード例に示す通りです（リスト5.3.5.3）。

リスト5.3.5.3：リレーション定義されたカラムの呼び出し

```php
$book = \App\Book::find(1);
echo $book->detail->isbn;  // 書籍から書籍詳細を経由してISBNを取得する
```

2. 一対多関係の定義 - hasMany

hasManyメソッドは、一対多のリレーション関係を定義するメソッドです。

例えば、著者（authors）テーブルと書籍（books）テーブルが一対多で紐付く場合、下記に示すコード例で関連付けを定義できます（リスト5.3.5.4）。

リスト5.3.5.4：hasManyメソッドによるリレーション定義

```php
<?php
declare(strict_types=1);

namespace App;
```

```
use Illuminate\Database\Eloquent\Model;

class Author extends Model
{
    public function books()
    {
        return $this->hasMany('\App\Book');
    }
}
```

　hasManyメソッドは、第1引数に関連付けるモデル名を指定します。第2引数には内部キー、第3引数には外部キーを指定します。第2引数と第3引数は省略可能で、省略した場合は第2引数は「モデル名_id」、第3引数には「id」が適用されます。呼び出しは下記に示すコード例の通りです。

リスト5.3.5.5：リレーション定義されたカラムの呼び出し

```
$books = \App\Author::find(1)->books;

foreach ($books as $book) {
    echo $author->books->name;   // Authorモデルから書籍名を取得する
}
```

　逆向きの関係、つまり、書籍から著者を取得するには、一対一のリレーションと同様、belongsToメソッドを使って下記に示すコード例で定義します。

リスト5.3.5.6：リレーション定義されたカラムの呼び出し

```
class Book extends Model
{
    public function author()
    {
        return $this->belongsTo('\App\Author');
    }
}
```

　本項で説明したメソッド以外のリレーション定義メソッドに関しては、Laravel公式のリファレンスサイトを参照してください。

5-3-6 実行されるSQLの確認

　本節でここまで紹介した通り、Eloquentにはさまざまなデータ操作の機能が用意されており、いずれもSQLをあまり意識せずに利用できることが最大の利点です。しかし、実際の動作は、Laravelのコード内でSQLが生成され、データベースに対して発行されます。

　したがって、レコード数が多いテーブルの検索や複雑な抽出条件による検索を実行するケースでは、発行されるSQLによってはパフォーマンスやサーバ負荷に影響を及ぼす可能性があります。そのため、内部でどのようなSQLが発行されるかは、常に留意しておくことが重要です。

　Eloquentで発行されるSQLを取得するメソッドとして、toSqlメソッドが用意されています。利用方法を下記のコード例に示します（リスト5.3.6.1）。

リスト5.3.6.1：適用されるSQL文の取得

```
$sql = \App\Author::where('name', '=', '著者A')->toSql();
```

　上記の結果として、下記のSQL文を得ることができます（リスト5.3.6.2）。

リスト5.3.6.2：toSqlメソッドで取得できるSQL文

```
select * from `authors` where `name` = ?
```

　上記のtoSqlメソッドは、プリペアドステートメントの形で実行前のSQLを取得できます（toSqlはSQLの作成のみを行なう機能で、実行は行なわれません）。実際に実行されたSQLを確認したい場合は、DBファサードのgetQueryLogメソッドを利用すると、そのリクエスト内で実行されたすべてのSQLを取得することが可能です。

　getQueryLogメソッドの使用方法は、下記コード例に示す通りです（リスト5.3.6.3）。

リスト5.3.6.3：getQueryLogによるSQLの取得

```
// SQL保存を有効化する
DB::enableQueryLog();

// データ操作実行
$authors = \App\Author::find([1, 3, 5]);

// クエリを取得する
```

```
$queries = DB::getQueryLog();

// SQL保存を無効化
DB::disableQueryLog();
```

　上記コード例で取得した$queries配列の内容は下記の通りで、実行されるSQLに加えて、バインド
された変数も確認できます。

リスト5.3.6.4：getQueryLogメソッドにより取得できるSQL文

```
array:1 [
  0 => array:3 [
    "query" => "select * from `authors` where `authors`.`id` in (?, ?, ?)"
    "bindings" => array:3 [
      0 => 1
      1 => 3
      2 => 5
    ]
    "time" => 11.55
  ]
]
```

　上記の結果から分かる通り、findメソッドは内部でIN句に変換されており、検索対象のテーブルのレ
コード数によってはパフォーマンスに影響を与える可能性を認識できます。Eloquentの機能を使って、
いかにデータを操作するかといった視点だけではなく、処理内容によっては、後述するクエリビルダや
ベーシックなど別のデータアクセス機能も組み合わせながら、より適切な処理を行なうようにしましょ
う。

5-4 クエリビルダ

クエリビルダのメソッドを繋げてSQLを組み立てる

クエリビルダは、メソッドチェーンを使ってSQLを組み立てて発行する仕組みです。用意されているメソッドには発行されるSQLを想起しやすい名前が付けられています。前節「5-3 Eloquent」で取り上げたEloquentも、内部的にはクエリビルダのインスタンスを持ち、多くの機能はクエリビルダに委譲しています。Laravelでデータベース操作を行なう際には必須の機能といえます。

はじめに、データ検索のSQL文と同じ処理を行なうクエリビルダのコード例を紹介します。

リスト5.4.0.1：SQL文

```sql
SELECT bookdetails.isbn, books.name, authors.name, bookdetails.price
FROM books
LEFT JOIN bookdetails ON books.bookdetail_id = bookdetails.id
LEFT JOIN authors ON books.author_id = authors.id
WHERE bookdetails.price >= 1000 AND bookdetails.published_date >= '2011-01-01'
ORDER BY bookdetails.published_date DESC;
```

上記のコード例は、書籍のISBNコードと書籍名、著者名、出版日を取得するSQLです。booksテーブルとbookdetailsテーブル、booksテーブルとauthorsテーブルをそれぞれLEFT JOINで結合し、書籍の価格（price）が1,000円以上かつ出版日（published_date）が2011年1月1日以降のレコードを取得するSQL文です。これをクエリビルダで書き換えると、下記の通りに表現できます。

リスト5.4.0.2：クエリビルダ

```php
$results = DB::table('books')                                                // ①
->select(['bookdetails.isbn', 'books.name', 'authors.name', 'bookdetails.price'])  // ②
->leftJoin('bookdetails', 'books.bookdetail_id', '=', 'bookdetails.id')       // ③
->leftJoin('authors', 'books.author_id', '=', 'authors.id')                   // ③
->where('bookdetails.price', '>=', 1000)                                      // ④
->where('bookdetails.published_date', '>=', '2011-01-01')                     // ⑤
->orderBy('bookdetails.published_date', 'desc')                              // ⑥
->get();                                                                      // ⑦
```

上記コード例に示す通り、ベースとなるbooksテーブルのクエリビルダを取得し（①）、取得対象のカラムをselectメソッドで指定します（②）。続いて、leftJoinメソッドでbookdetailsテーブルとauthorsテーブルをそれぞれ結合します（③）。whereメソッドを使って条件を指定して（④～⑤）、最後にorderByメソッドでソートします（⑥）。

①〜⑥までのメソッドはすべて、クエリビルダのインスタンス（Illuminate\Database\Query\Builder）を戻り値として返します。そのため、メソッドチェーンを使ってクエリを組み立てることができます。

なお、上記のコードの末尾にあるgetメソッドが呼ばれるまで（⑦）、データベースに対する処理は実行されません。getメソッドや後述するfirstメソッドを付けることで、はじめて実行されます。実行結果はstdClassオブジェクトのコレクションで返却されるため、そのあとの取り扱いも容易です。

5-4-1　クエリビルダの書式

クエリビルダの基本的な書式を次図に示します（図5.4.1.1）。

図5.4.1.1：クエリビルダの書式

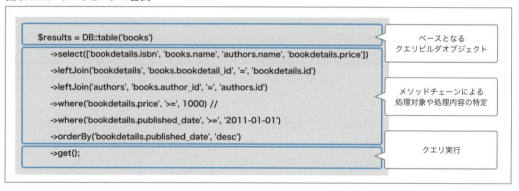

まず、処理対象とするテーブルのクエリビルダインスタンスを取得します。このインスタンスをベースに、関連するテーブルの連結や取得対象のカラムの特定、条件絞り込み、取得順などをメソッドチェーンで指定し、最後にクエリ実行するメソッドを指定します。

この書式はデータ検索、更新、削除のいずれでも共通です。

5-4-2　クエリビルダの取得

クエリビルダの取得には、主にDBファサードから取得する方法と、その実体であるIlluminate\Database\Connectionから取得する方法があります。

DBファサードを利用する場合は、下記コード例に示す通り、tableメソッドの引数でテーブル名を指定すれば取得できます（リスト5.4.2.1）。

リスト5.4.2.1：DBファサードを利用したクエリビルダの取得

```
// DBファサードからBooksテーブルのクエリビルダを取得
$query = DB::table('books');
```

Connectionオブジェクトから取得するには、下記に示す通り、先にDatabaseManagerクラスのインスタンスをサービスコンテナから取得します（①）。次にconnection()メソッドでConnectionのインスタンスを取得し（②）、tableメソッドでクエリビルダのインスタンスを得ます（③）。

リスト5.4.2.2：Connectionクラスからクエリビルダを取得

```
// ① サービスコンテナからDatabaseManagerクラスのインスタンスを取得
$db = \Illuminate\Foundation\Application::getInstance()->make('db');

// ② 上記インスタンスからConnectionクラスのインスタンスを取得
$connection = $db->connection();

// ③ 上記インスタンスからクエリビルダを取得
$query = $connection->table('books');
```

なお、実際のデータ操作でクエリビルダを使う場合は、専用クラスを作成するとよいでしょう。コンストラクタインジェクションを利用して、クエリビルダ提供元のクラスを外から与えると、拡張性やテスト容易性を保つことも可能です。下記に示すコード例は、booksテーブルのデータ操作を担う専用クラスです（リスト5.4.2.3）。

リスト5.4.2.3：データ操作専用のクラスを作ってクエリビルダを利用する例

```php
<?php
declare(strict_types=1);

namespace App\DataAccess;

use Illuminate\Database\DatabaseManager;

class BookDataAccessObject
{
    /** @var DatabaseManager */
    protected $db;

    /** @var string */
    protected $table = 'books';

    public function __construct(DatabaseManager $db)
    {
```

第二部　実践パターン

第一部　Laravelの基礎　　実践パターン　　第三部　Laravelアプリケーション開発手法

```
        $this->db = $db;
    }

    public function find($id)
    {
        $query = $this->db->connection()
            ->table($this->table);
```

(以下略)

5-4-3　処理対象や内容の特定

　本項では、クエリビルダの中心となる、処理対象や処理内容の特定を行なうメソッドを説明しましょう。まず、検索で使用できる主なメソッドを示します。

表5.4.3.1：Select系メソッド

メソッド	機能
select(カラム名の配列)	取得対象のカラム名を指定する
selectRaw(SQL文)	select文の中身をSQLで直接指定する

　上表は取得対象のカラムを特定するメソッドです（表5.4.3.1）。下記コード例の通り、selectメソッドは引数の配列でカラム名を指定します。select句をSQLの構文で直接指定する場合はselectRawメソッドを使用します（リスト5.4.3.2）。

リスト5.4.3.2：Select系メソッドの利用

```
$result = DB::table('books')->select('id', 'name as title')->get();
// または
$result = DB::table('books')->selectRaw('id, name as title')->get();
```

　次表は処理対象のデータを特定するメソッドです（表5.4.3.3）。SQLのWHERE句に相当する条件を指定します。

表5.4.3.3：Where系メソッド

メソッド名	説明
where('カラム名', '比較演算子', '条件値')	whereを使用した一般的な条件指定。比較演算子を省略すると等価判定となる
whereBetween('カラム名', '範囲')	betweenを使用した範囲指定

202

whereNotBetween('カラム名', '範囲')	not betweenを使用した範囲指定
whereIn('カラム名', '条件値')	inを使用した条件指定
whereNotIn('カラム名', '条件値')	not inを使用した条件指定
whereNull('カラム名')	is nullを使用した条件指定
whereNotNull('カラム名')	is not nullを使用した条件指定

　なお、where系のメソッドは連続して呼ぶとAND条件となります。OR条件を指定する場合は、メソッド名の先頭にorを付与して、例えば、orWhereメソッドやorWhereBetweenメソッドとなります。

リスト5.4.3.4：Where系メソッドの利用

```
$results = DB::table('books')
    ->where('id', '>=', '30')
    ->orWhere('created_at', '>=', '2018-01-01')
    ->get();
```

　また、レコードの取得数を指定するlimitメソッドや取得開始位置を指定するoffsetメソッドなども利用できます（表5.4.3.5）。skipメソッドとoffsetメソッド、takeメソッドとlimitメソッドは同じ処理です。

表5.4.3.5：LimitとOffsetメソッド

メソッド名	説明
limit(数値)	limit値を指定する。limit句に置き換わる
take(数値)	limitメソッドと同意
offset(数値)	offsetの値を指定する。offset句に置き換わる
skip(数値)	offsetメソッドと同意

リスト5.4.3.6：LimitとOffsetメソッド

```
$results = DB::table('books')
    ->limit(10)
    ->offset(6)
    ->get();
```

　ソート指定のORDER BYや集計時に利用するGROUP BY、HAVINGに該当するメソッドは、次表の通りです（表5.4.3.7）。

表5.4.3.7：集計系のメソッド

メソッド名	説明
orderBy(カラム名, 方向)	ソート対象のカラムとソート方向を指定する。orderby句に置き換わる
groupBy(カラム名)	カラムのグルーピングを行なう。groupby句に置き換わる
having('カラム名', '比較演算子', '条件値')	havingを利用した絞り込み
havingRaw(SQL文)	having句の中身をSQLで直接指定する

　なお、複数カラムでソートする場合は、コード例に示す通り、orderByメソッドを続けて記述します（リスト5.4.3.8）。

リスト5.4.3.8：連続したorderByメソッドによる複数カラムのソート

```
$results = DB::table('books')
    ->orderBy('id')
    ->orderBy('updated_at', 'desc')
    ->get();
```

　また、クエリビルダでJOINを実行する場合は、下表のメソッドが用意されています（表5.4.3.9）。

表5.4.3.9：テーブルの結合を行なうメソッド

メソッド名	説明
join('対象テーブル', '結合対象カラム', '演算子', '結合対象カラム')	テーブル間の内部結合を行なう。inner join句に置き換わる
leftJoin('対象テーブル', '結合対象カラム', '演算子', '結合対象カラム')	テーブル間の左外部結合を行なう。left join句に置き換わる
rightJoin('対象テーブル', '結合対象カラム', '演算子', '結合対象カラム')	テーブル間の右外部結合を行なう。right join句に置き換わる

　複数のテーブルをJOINする場合は、下記コード例に示す通り、メソッドを続けて記述します。

リスト5.4.3.10：連続したjoinメソッドによる結合

```
$results = DB::table('books')
    ->leftJoin('authors', 'books.author_id', '=', 'authors.id')
    ->leftJoin('publishers', 'books.publisher_id', '=', 'publishers.id')
    ->get();

// select * from `books` left join `authors` on `books`.`author_id` = `authors`.`id` left
join `publishers` on `books`.`publisher_id` = `publishers`.`id`
```

5-4-4　クエリの実行

本項では、クエリビルダの最後に指定する実行系のメソッドを紹介します。

1. データの取得

データ取得系のメソッドは、通常のSELECT結果を取得するもののほかに、件数の取得や集計を行なうメソッドが用意されています。

表5.4.4.1：クエリを実行し結果を得るメソッド

メソッド名	説明
get()	すべてのデータを取得する
first()	最初の1行を取得する

getメソッドを利用すると、実行結果はstdClassオブジェクトのコレクションで返却されます。firstメソッドの場合はオブジェクト単体で返却されます（リスト5.4.4.2）。

リスト5.4.4.2：getメソッドと結果の利用

```
$results = DB::table('books')->select('id', 'name')->get();

foreach ($results as $book) {
    echo $book->id;
    echo $book->name;
}
```

getメソッドの代わりにCOUNT句やMAX、MINに該当するメソッドを利用すれば、データ件数や値の最大値や最小値などの取得も可能です（表5.4.4.3）。

表5.4.4.3：レコード数の取得や計算を行なうメソッド

メソッド名	説明
count()	データの件数を取得する
max(カラム名)	カラムの最大値を取得する
min(カラム名)	カラムの最小値を取得する
avg(カラム名)	カラムの平均値を取得する

205

リスト5.4.4.4 count メソッドと結果の利用

```
$count = DB::table('books')->count();

echo $count;
```

2. データの登録、更新、削除

　SQLにはINSERT句やUPDATE句、DELETE句が用意されていますが、クエリビルダにも同様に insertメソッドやupdateメソッドなどが用意されています。検索時と同様、更新するテーブルのクエリビルダに対して処理を行ないます。

表5.4.4.4：データ更新を行なうメソッド

メソッド名	説明
insert(['カラム'=>'値', ...])	insertによるデータ登録
update(['カラム'=>'値', ...])	updateによるデータ更新
delete()	deleteによるデータ削除
truncate()	truncateによる全行削除

　updateやdeleteメソッドのように対象を絞り込む場合は、下記コード例に示す通り、前述のwhere メソッドなどを組み合わせて利用します（リスト5.4.4.5）。

リスト5.4.4.5：絞り込んだデータに対して更新を実施

```
DB::table('bookdetails')->where('id', 1)->update(['price' => 10000]);

// update `bookdetails` set 'price' = 10000 where `id` = 1
```

5-4-5　トランザクションとテーブルロック

　クエリビルダには、トランザクション処理やテーブルロックのメソッドも用意されています。この処理はEloquentを利用したデータ操作でも利用できます。

表5.4.5.1：トランザクション系のメソッド

メソッド名	説明
DB::beginTransaction()	手動でトランザクションを開始する

DB::rollback()	手動でロールバックを実行する
DB::commit()	手動でトランザクションをコミットする
DB::transaction(クロージャ)	クロージャの中でトランザクションを実施する

表5.4.5.2：悲観的テーブルロックのためのメソッド

メソッド	説明
sharedLock()	selectされた行に共有ロックを掛け、トランザクションコミットまで更新を禁止する
lockForUpdate()	selectされた行に排他ロックを掛け、トランザクションコミットまで読み取りと更新を禁止する

　なお、クエリビルダには本節で紹介したメソッドのほかにもさまざまなメソッドが用意されており、SQL文の代わりに指定してクエリを発行できます。詳細に関しては、公式サイトのリファレンスを参照してください。

5-4-6　ベーシックなデータ操作

　Eloquentもクエリビルダも、フレームワークの内部ではコードからSQLに変換されています。テーブル構成や登録データなどで、最適なパフォーマンスを得られるSQLは変わりますが、コードから生成されるクエリが常に最適なものであるとは限りません。また、長いクエリを実行する場合、比例してメソッドチェーンも長くなり、Eloquentやクエリビルダの長所である「手軽さ」や「可読性」が失われてしまいます。

　Laravelには、SQL文をそのまま記述して実行する手段も用意されています（表5.4.6.1）。第1引数にはSQL文を指定し、第2引数にはプリペアドステートメントを指定します。次のコード例に、DB::selectメソッドによるデータ抽出を示します（リスト5.4.6.2）。

表5.4.6.1：ベーシックなSQL実行メソッド

メソッド名	説明
DB::select('selectクエリ', [クエリに結合する引数])	select文によるデータ抽出
DB::insert('insertクエリ', [クエリに結合する引数])	insert文によるデータ登録
DB::update('updateクエリ', [クエリに結合する引数])	update文によるデータ更新。変更された行数が返却される
DB::delete('deleteクエリ', [クエリに結合する引数])	delete文によるデータ更新。削除された行数が返却される
DB::statement('SQLクエリ', [クエリに結合する引数])	上記以外のSQLを実行する場合に利用する

コード5.4.6.2：DB::selectを使用したデータ抽出

```
$sql = 'SELECT bookdetails.isbn, books.name '
    . 'FROM books '
    . 'LEFT JOIN bookdetails ON books.bookdetail_id = bookdetails.id '
    . 'WHERE bookdetails.price >= ? AND bookdetails.published_date >= ? '
    . 'ORDER BY bookdetails.published_date DESC';
$results = DB::select($sql, ['1000', '2011-01-01']);
// または
$sql = 'SELECT bookdetails.isbn, books.name '
    . 'FROM books '
    . 'LEFT JOIN bookdetails ON books.bookdetail_id = bookdetails.id '
    . 'WHERE bookdetails.price >= :price AND bookdetails.published_date >= :date '
    . 'ORDER BY bookdetails.published_date DESC';
$results = DB::select($sql, ['price' => '1000', 'date' => '2011-01-01']);

// 利用方法
foreach ($results as $book) {
    echo $book->isbn;
    echo $book->name;
}
```

さらに、DBインスタンスの裏で動作しているPDOオブジェクトを直接利用することも可能です。

コード5.4.6.2：PDOを利用したクエリの実行

```
$sql = 'SELECT bookdetails.isbn, books.name '
    . 'FROM books '
    . 'LEFT JOIN bookdetails ON books.bookdetail_id = bookdetails.id '
    . 'WHERE bookdetails.price >= ? AND bookdetails.published_date >= ? '
    . 'ORDER BY bookdetails.published_date DESC';

$pdo = DB::connection()->getPdo();
$statement = $pdo->prepare($sql);
$statement->execute(['1000', '2011-01-01']);
$results = $statement->fetchAll(PDO::FETCH_ASSOC);

// 利用方法
foreach ($results as $book) {
    echo $book['name'];
    echo $book['isbn'];
}
```

ベーシックによるクエリ実行やPDOオブジェクトを直接利用する方が、処理速度は速くなります。コーディングの容易さとのトレードオフとなるので、状況に応じて使い分けるようにしましょう。

5-5 リポジトリパターン
データ周りの要求変更に負けない設計パターンを取り入れる

リポジトリパターンとは、ビジネスロジックからデータ操作を別レイヤ（リポジトリ層）へ移し分離・隠蔽することで、コードのメンテナンス性やテストの容易性を高める実装パターンです。

5-5-1 リポジトリパターンの概要

アプリケーションでのデータストア先はさまざまです。RDBやNoSQLデータベース、あるいはキャッシュやファイル、またはSaaSのAPIを利用するケースもあります。また、テストコードによる自動テストでは、本番とは違うデータベースを使用する場合もあるでしょう。

しかし、データストアの参照先が変わっても、プログラムの変更範囲は可能な限り限定的にしたいものです。この課題に対応する手段の1つとして、リポジトリパターンがあります（図5.5.1.1）。

図5.5.1.1：リポジトリパターンの考え方

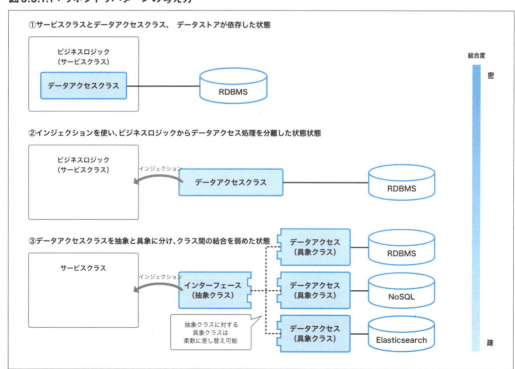

| | 第一部 Laravelの基礎 | 第二部 実践パターン | 第三部 Laravelアプリケーション開発手法 |

リポジトリパターンでは、ビジネスロジックからデータアクセス処理を切り離し、特定のデータベースや保存先に依存せず、「何らかのデータ格納庫（リポジトリ）に対して操作する」レイヤを用意することで、ビジネスロジックからは、データストア先が何であるかを意識することなく、保存や検索の操作が可能になります。本節では実際にコードのリファクタリングを行ないながら、リポジトリパターンの考え方と実装を説明します。

5-5-2　リポジトリパターンの実装

本項では、SNSなどユーザー投稿型のサービスでよく利用される「いいね」機能を例に、リポジトリパターンの実装方法を紹介します。

はじめにサービスクラスとデータベースアクセスが密接に結び付いたコードで実装し、続いて、リファクタリングによって、ほかのデータストアへの変更やモックへの差し替えを容易にします。

1. アプリケーション仕様

本項ではサンプルとして、「いいね」機能を実現するWebAPIを作成します。URLは/api/action/favoriteとします。テーブルはLaravelに標準で用意されているusersと、「5-1 マイグレーション」で作成したbooksを利用します。加えて、いいね情報を保存するfavoriteテーブルを新規で作成します。favoritesテーブルの構成は下表の通りです（表5.5.2.1）。

表5.5.2.1：favorites テーブル

カラム	型	備考
book_id	integer	FK（外部キー）
user_id	integer	FK（外部キー）
created_at	timestamp	
updated_at	timestamp	

2. テーブル作成

favoritesテーブルを作成するマイグレーションファイルを用意します（リスト5.5.2.2）。

リスト5.5.2.2：favorites テーブルを作成するマイグレーションファイル

```
$ php artisan make:migration create_favorites_table
```

210

生成されたマイグレーションファイルに、下記コード例に示す通り追記します（リスト5.5.2.3）。
favoritesテーブルは、同じユーザーが同じ書籍に対して複数回の「いいね」を付けられない、ユニーク
制約を掛けます。

リスト5.5.2.3：favoritesテーブルを作成するマイグレーションファイル

```php
<?php

use Illuminate\Support\Facades\Schema;
use Illuminate\Database\Schema\Blueprint;
use Illuminate\Database\Migrations\Migration;

class CreateFavoritesTable extends Migration
{
    /**
     * Run the migrations.
     *
     * @return void
     */
    public function up()
    {
        Schema::create('favorites', function (Blueprint $table) {
            $table->integer('book_id');
            $table->integer('user_id');
            $table->timestamps();
            $table->unique(['book_id', 'user_id'], 'UNIQUE_IDX_FAVORITES');
        });
    }

    /**
     * Reverse the migrations.
     *
     * @return void
     */
    public function down()
    {
        Schema::dropIfExists('favorites');
    }
}
```

　以上の準備ができたら、下記に示すmigrateコマンドでデータベースに反映します。

リスト5.5.2.4：マイグレーションの実行

```
$ php artisan migrate
```

マイグレーションを実行したら、テーブル定義を確認しましょう（リスト5.5.2.5）。

リスト5.5.2.5：テーブル定義

```
mysql> desc favorites;
+------------+-----------+------+-----+---------+-------+
| Field      | Type      | Null | Key | Default | Extra |
+------------+-----------+------+-----+---------+-------+
| book_id    | int(11)   | NO   | PRI | NULL    |       |
| user_id    | int(11)   | NO   | PRI | NULL    |       |
| created_at | timestamp | YES  |     | NULL    |       |
| updated_at | timestamp | YES  |     | NULL    |       |
+------------+-----------+------+-----+---------+-------+
4 rows in set (0.00 sec)
```

3. コードの作成

作成するのは下記の3ファイルです。

1. データベースアクセスを受け持つEloquent（Favorite）
2. ビジネスロジックを受け持つサービスクラス（FavoriteService）
3. リクエストを受けるコントローラクラス（FavoriteAction）

まずはEloquentクラスです。下記のコマンドを実行し、app/DataProvider/Eloquent配下にFavorite.phpを作成します（リスト5.5.2.6）。

リスト5.5.2.6：Favorite モデルの生成

```
$ php artisan make:model DataProvider/Eloquent/Favorite
Model created successfully.
```

作成したFavoriteモデルにfillableプロパティを定義し、登録を可能にします。

リスト5.5.2.7：Favorite モデルの実装

```php
<?php
declare(strict_types=1);

namespace App\DataProvider\Eloquent;
```

```
use Illuminate\Database\Eloquent\Model;

class Favorite extends Model
{
    protected $fillable = [
        'book_id',
        'user_id',
        'created_at'
    ];
}
```

続いてサービスクラスの実装です。

　下記コード例に示す通り、appフォルダ配下にServicesフォルダを作成して、FavoriteService.php を配置します（リスト5.5.2.8）。switchFavoriteメソッド内で先に作成したFavoriteクラスを呼び出し、「いいね」データを登録します。

　ただし、書籍コードとユーザーIDの同じ組み合わせのレコードが既に存在する場合は、レコードを削除して「いいね」を取り消します。

リスト5.5.2.8：ビジネスロジックを受け持つFavoriteServiceクラスの実装

```php
<?php
declare(strict_types=1);

namespace App\Services;

use App\DataProvider\Eloquent\Favorite;

class FavoriteService
{
    public function switchFavorite(int $bookId, int $userId, string $createdAt) : int
    {
        return \DB::transaction(
            function () use ($bookId, $userId, $createdAt) {
                $count = Favorite::where('book_id', $bookId)
                    ->where('user_id', $userId)
                    ->count();
                if ($count == 0) {
                    Favorite::create([
                        'book_id' => $bookId,
                        'user_id' => $userId,
                        'created_at' => $createdAt
                    ]);
                    return 1;
                }
                Favorite::where('book_id', $bookId)
                    ->where('user_id', $userId)
                    ->delete();
                return 0;
```

213

```
            }
        );
    }
}
```

　続いてコントローラクラスの実装です。ユーザーからのリクエストを受けて、FavoriteServiceクラスに処理を渡します。コンストラクタインジェクションでFavoriteServiceクラスのインスタンスを内部で保持しています。戻り値としてはResponse::HTTP_OKを返します（リスト5.5.2.9）。

リスト5.5.2.9：コントローラクラスの実装

```php
<?php
declare(strict_types=1);

namespace App\Http\Controllers;

use App\Services\FavoriteService;
use Illuminate\Http\Request;
use Carbon\Carbon;
use Symfony\Component\HttpFoundation\Response;

class FavoriteAction extends Controller
{
    private $favorite;

    public function __construct(FavoriteService $favorite)
    {
        $this->favorite = $favorite;
    }

    public function switchFavorite(Request $request)
    {
        $this->favorite->switchFavorite(
            (int)$request->get('book_id'),
            (int)$request->get('user_id', 1),
            Carbon::now()->toDateTimeString()
        );
        return response('', Response::HTTP_OK);
    }
}
```

　最後にエンドポイントを登録するため、routes/api.phpに下記コード例に示す定義を追記します（リスト5.5.2.10）。

リスト5.5.2.10：エンドポイントの追加（routes/api.php）

```php
Route::post('/action/favorite', 'FavoriteAction@switchFavorite');
```

ここまで実装できたら、いったん動作を確認しましょう。「Chapter1 Laravelの概要」で作成したLaravel Homestead上で動作させる場合は、コマンドラインで下記のcurlコマンドを実行します。

リスト5.5.2.11：curlコマンドによるAPI実行

```
$ curl 'http://homestead.test/api/action/favorite' \
--request POST \
--data 'book_id=1&user_id=2' \
--write-out '%{http_code}\n'
200
```

コマンド実行後にデータベース（MySQL）に接続して、データが登録されていることを確認しましょう（リスト5.5.2.12）。

リスト5.5.2.12：favoritesテーブルに情報が登録されていることを確認する

```
mysql> select * from favorites;
+---------+---------+---------------------+---------------------+
| book_id | user_id | created_at          | updated_at          |
+---------+---------+---------------------+---------------------+
|       1 |       1 | 2018-08-03 07:59:37 | 2018-08-03 07:59:37 |
+---------+---------+---------------------+---------------------+
1 rows in set (0.00 sec)
```

4. リファクタリング

前述のコード例（リスト5.5.2.8）のFavoriteServiceクラスをあらためて確認します。「いいね」データを登録する処理は、EloquentであるFavoriteクラスに依存しています。つまり、MySQLに接続できるEloquentを利用することが前提です。

下記の手順で、このコード例のビジネスロジックから特定のデータベース操作を取り除きます。

1. Repositoryを抽象化するインターフェースを作成する
2. データベース操作を担当するRepositoryクラスを作成する
3. Serviceクラスはインターフェースを参照する
4. インターフェースと具象クラスを紐付ける

「いいね」処理を行なうデータ操作をServiceクラスからみると、「いいね」データのON・OFFが可能であればよいため、『「切り替え」操作を持つ「いいねデータ」のリポジトリ』に処理を抽象化し、これを表現したクラスをインターフェースとして、次のコード例を作成します。

第一部 Laravelの基礎　第二部 **実践パターン**　第三部 Laravelアプリケーション開発手法

リスト5.5.2.13：リポジトリインターフェース

```php
<?php
declare(strict_types=1);

namespace App\DataProvider;

interface FavoriteRepositoryInterface
{
    public function switch(int $bookId, int $userId, string $createdAt) : int
}
```

　appディレクトリ内のDataProvider配下に、FavoriteRepositoryInterface.phpを作成します。インターフェースクラスであるため、switchのメソッド定義のみを行ないます（リスト5.5.2.13）。

　続いて、上記のインターフェースの実処理を行なう具象クラス（コンクリートクラス）を作成します。FavoriteServiceクラスで実行していたデータアクセス処理をこちらに移します（リスト5.5.2.14）。

リスト5.5.2.14：リポジトリインターフェースを実装した具象クラス

```php
<?php
declare(strict_types=1);

namespace App\DataProvider;

use \App\DataProvider\Eloquent\Favorite;

class FavoriteRepository implements FavoriteRepositoryInterface
{
    private $favorite;

    public function __construct(Favorite $favorite)
    {
        $this->favorite = $favorite;
    }

    public function switch(int $bookId, int $userId, string $createdAt) : int
    {
        return \DB::transaction(
            function () use ($bookId, $userId, $createdAt) {
                $count = $this->favorite->where('book_id', $bookId)
                    ->where('user_id', $userId)
                    ->count();
                if ($count == 0) {
                    $this->favorite->create([
                        'book_id' => $bookId,
                        'user_id' => $userId,
```

```
                                'created_at' => $createdAt
                            ]);
                            return 1;
                        }
                        $this->favorite->where('book_id', $bookId)
                            ->where('user_id', $userId)
                            ->delete();
                        return 0;
                    }
                );
            }
    }
```

appディレクトリ内のDataProvider配下にFavoriteRepository.phpを作成します。コンストラクタインジェクションで、データベースアクセスを行なうFavoriteクラスを注入します。

これで、データ操作の実処理はリポジトリクラスに移りました。リスト5.5.2.8のFavoriteServiceクラスでは、MySQLのデータアクセスクラス（\App\DataProvider\Eloquent\Favorite）を直接利用していましたが、抽象クラスであるFavoriteRepositoryInterfaceをコンストラクタインジェクションで引数として渡す形に置き換えることができます。

リスト5.5.2.15：サービスクラスのリファクタリング

```php
<?php
declare(strict_types=1);

namespace App\Services;

use App\DataProvider\FavoriteRepositoryInterface;

class FavoriteService
{
    private $favorite;

    public function __construct(FavoriteRepositoryInterface $favorite)
    {
        $this->favorite = $favorite;
    }

    public function switchFavorite(int $bookId, int $userId, string $createdAt) : int
    {
        $this->favorite->switch($bookId, $userId, $createdAt);
    }
}
```

上記コード例のサービスクラスは、同じインターフェースを持つクラスであれば何でも動作することになります。ユニットテストではモッククラスを利用できます。また、ほかのデータストアを利用することになっても、サービスクラスには変更を加えずに差し替えが可能です。コントローラもこのサービスクラスを利用するので、データストア先の影響を受けません。

最後に、インターフェースと具象クラスの関連付け（バインディング）を忘れずに行ないましょう。サービスプロバイダクラスのregisterメソッドに記述します。下記のコード例では、デフォルトで用意されているApp\Providers\AppServiceProviderクラスに登録する例を記述していますが、新たにサービスプロバイダを作成しても構いません。

リスト5.5.2.16：インターフェースと具象クラスのバインド

```php
<?php
declare(strict_types=1);

namespace App\Providers;

use Illuminate\Support\ServiceProvider;

class AppServiceProvider extends ServiceProvider
{

(中略)

    public function register()
    {
        $this->app->bind(
            \App\DataProvider\FavoriteRepositoryInterface::class,
            \App\DataProvider\FavoriteRepository::class
        );
    }
}
```

前述のcurlコマンド（リスト5.5.2.11）を実行すると、同じように「いいね」を切り替える動きが実現できます。なお、データ操作の処理についてはQueueを使用して非同期で行なってもよいでしょう。

もし、データストア先を変更する場合は、FavoriteRepositoryInterfaceを持ったデータ操作クラスを新たに作成し、バインド定義し直せば、ビジネスロジックを変更せずにデータ操作処理のみを差し替えることが可能です。

リポジトリパターンは各クラスを疎結合にできる反面、クラス数が増えるため、デモプログラムや短期間限定で使用するプログラムでは不要かもしれません。しかし、システムの要件や規模の拡張が見込まれるサービスでは、検討に値するデザインパターンです。

Chapter 6

第二部

認証と認可

認証と認可によるアプリケーションの制御
方法を理解する

ユーザーが利用者本人であることを確認するための認証と、認証した
ユーザーに対して権限を付与する認可は、アプリケーションの基本とも
いえます。本章では、認証と認可に関する理解を深めていきます。

6-1 セッションを利用した認証

Webアプリケーションにおける認証の基本を学ぶ

　認証とは、アプリケーションのさまざまな機能を提供するため、利用するユーザーを照合して確認する処理です。Laravelには標準でさまざまな認証機能が用意されています。ベーシック認証や多くのアプリケーションで採用されているデータベースを利用した認証機能、そして、認証機能を利用したログインとログアウト、パスワードリマインダやパスワードリセットなどの機能があります。

　本項では、実際のアプリケーション開発でよく使われるデータベースを利用する認証の実装とその拡張を、事例を交えながら紹介しLaravelの認証機能を解説します。

6-1-1　認証を支えるクラスとその機能

　Laravelでは標準で認証の仕組みがいくつか提供されていますが、実際の開発要件に必ずしも合致するとは限りません。そのため、用意されている認証システムの拡張や独自認証ドライバが必要となるケースが多々あります。まずはLaravelにおける認証処理の流れを理解しましょう。

　Laravelの認証処理は、下図に示す流れで処理が進められます（図6.1.1.1）。各インターフェースを説明しましょう。

図6.1.1.1：認証処理の仕組み

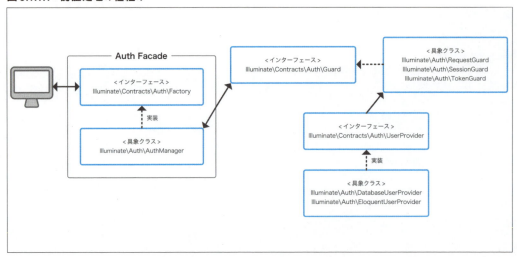

Illuminate\Contracts\Auth\Factory

　認証処理を決定付けるためのインターフェースです。デフォルトでは通常のWebアプリケーション向けに、Eloquentを用いたデータベースでのユーザー認証とセッションを用いて認証情報を保持する仕組みが用意されています。また、画面を利用しないAPIアプリケーションには、Eloquentを用いたデータベースでのユーザー認証と、トークンを用いて認証情報を保持する仕組みが用意されています。

Illumiante\Contracts\Auth\Guard

　認証情報の操作を提供するインターフェースです。資格情報の検証やログインユーザーへのアクセス、ユーザーの識別情報へのアクセス方法などが提供されています。標準ではセッションを利用して、後述するIlluminate\Contracts\Auth\UserProviderで行なわれた処理を元に認証情報を取得します。
　なお、config/auth.php内のguardsキーの配列にあるdriverで指定するものは、このインターフェースを実装したクラスである必要があります。

Illuminate\Contracts\Auth\UserProvider

　認証処理の実装を提供するインターフェースです。標準ではデータベースを用いて認証処理を行なう実装クラスが2つ用意されています。config/auth.php内のprovidersキーの配列にあるdriverで指定するものが、このインターフェースを実装したクラスである必要があります。

　Laravelの認証機能は、上記のインターフェースを実装したクラスが提供されているので、開発するアプリケーションに合わせて組み合わせて、さまざまな要件に対応できます。

6-1-2 認証処理を理解する

　Laravel標準の認証処理では、データベース設計や仕組みが開発するアプリケーションと大きく異なる場合は、認証処理をアプリケーション仕様に合わせて的確に変更する必要があるため、認証処理を深く理解しておく必要があります。
　Laravelでは、データベースを用いて認証処理を実行するIlluminate\Auth\EloquentUserProviderクラスとIlluminate\Auth\DatabaseUserProviderクラスが標準で用意されています。本項では、この2つのクラスが実装しているIlluminate\Contracts\Auth\UserProviderインターフェースが提供する機能を解説します。

221

第一部 Laravelの基礎　第二部 **実践パターン**　第三部 Laravelアプリケーション開発手法

下表に、UserProviderインターフェースに記述されているメソッドを示します（表6.1.2.1）。

表6.1.2.1：UserProviderインターフェースのメソッド

メソッド	概要
retrieveById	ログイン後にセッションに保持されるユーザーIDなどユニークな値を利用し、ユーザー情報の取得を行なう
retrieveByToken	クッキーから取得したトークンを利用して、ユーザー情報の取得を行なう （クッキーによる自動ログイン利用時など）
updateRememberToken	retrieveByTokenメソッドで利用するトークンの更新を行なう
retrieveByCredentials	資格情報を用いてログインを行なうattemptメソッドが内部でコールするメソッドで、指定された配列の情報を利用してユーザー情報の取得を行なう
validateCredentials	attemptメソッドで指定された認証情報の検証を行なう （パスワードのハッシュ値の比較など）

上記のメソッドは、引数または戻り値としてIlluminate\Contracts\Auth\Authenticatableインターフェースを実装したクラスをとります。このAuthenticatableインターフェースに記述されているメソッドは下表の通りです（表6.1.2.2）。

表6.1.2.2：Authenticatableインターフェースのメソッド

メソッド	概要
getAuthIdentifierName	ユーザーを特定するために利用する識別子の名前を返却する 一般的にはデータベースのカラム名などが該当します
getAuthIdentifier	ユーザー特定が可能な値を返却する getAuthIdentifierNameメソッドで指定した値を使って配列などから取り出す
getAuthPassword	ユーザーのパスワードを返却する
getRememberToken	自動ログインなどに利用するトークンの値を返却する
setRememberToken	自動ログインなどに利用するトークンの値をセットする
getRememberTokenName	自動ログインなどに利用するトークンの名前を返却する

上表で紹介したメソッドは認証処理でユーザー情報へのアクセスに利用されます（表6.1.2.2）。AuthenticatableインターフェースはデフォルトではEloquentモデルのApp\Userクラスに実装されていますが、必ずしもEloquentモデルのクラスである必要はありません。独自認証処理の実装は上記2つのインターフェースを組み合わせることで容易に対応できます。

Illuminate\Contracts\Auth\Authenticatableの実装を理解する

認証処理の引数や戻り値に型宣言されているAuthenticatableインターフェースは、認証処理やログイン後のユーザー情報アクセスなどで、ユーザーを特定するために利用する機能を提供します。

222

標準と異なるデータテーブル、またはAPIなどで外部システムと連携してユーザーデータを取得する場合は、環境ごとに用意する必要がありますが、このインターフェースを実装したクラスを用意するだけで、さまざまな認証処理フローに対応可能です。

　Laravel標準のテーブルと大きく異なるテーブルを用いる場合、例えば、下表に示す通り、プライマリーキーやユーザー名のカラムが異なり、自動ログインをサポートしないテーブル構成では、認証機能を利用する際のIlluminate\Contracts\Auth\Authenticatableインターフェースを、下記コード例に示す通り実装します。

表6.1.2.3：標準とは異なるテーブル定義

カラム	型	制約	備考
user_id	AUTO_INCREMENT	PRIMARY KEY	―
user_name	VARCHAR(255)	ユーザー名	―
email	VARCHAR(255)	UNIQUE	メールアドレス
password	VARCHAR(60)	パスワード	―
created_at	TIMESTAMP	作成日時	―
updated_at	TIMESTAMP	更新日時	―

リスト6.1.2.4：Authenticatableインターフェースの実装例

```php
<?php
declare(strict_types=1);

namespace App\Auth;

use Illuminate\Contracts\Auth\Authenticatable;

class AuthenticateUser implements Authenticatable
{
    protected $attributes;

    public function __construct(array $attributes)
    {
        $this->attributes = $attributes;
    }

    public function getAuthIdentifierName(): string
    {
        return 'user_id';
    }

    public function getAuthIdentifier()
    {
```

```
        return $this->attributes[$this->getAuthIdentifierName()];
    }

    public function getAuthPassword(): string
    {
        return $this->attributes['password'];
    }

    public function getRememberToken(): string
    {
        return $this->attributes[$this->getRememberTokenName()];
    }

    public function setRememberToken(string $value)
    {
        $this->attributes[$this->getRememberTokenName()] = $value;
    }

    public function getRememberTokenName(): string
    {
        return '';
    }
```

　上記コード例は自動ログインを利用しないケースであるため、getRememberTokenNameで返却する文字列は不要なため空文字へ変更しています。

　また、配列ではなく他のオブジェクトを利用しても構いません。このインターフェースはデータベースだけでなく、ユーザーを識別・特定可能なクラスであればどんなものにでも対応可能です。

6-1-3 データベース・セッションによる認証処理

　Laravelが標準で用意している、認証処理に利用できるusersテーブルとセッションを組み合わせることで、一般的なWebアプリケーションでよく利用されるドライバとして利用できます。

　認証処理に必要なIlluminate\Contracts\Auth\Authenticatableインターフェースを実装したIlluminate\Auth\GenericUserクラスはこのusersテーブルに対応しているため、標準で提供される構成や認証処理フローとアプリケーションの要件・仕様が合致する場合は、そのまま利用できます。

表6.1.3.1：標準で用意されているusersテーブル定義

カラム	型	制約	備考
id	AUTO_INCREMENT	PRIMARY KEY	―
name	VARCHAR(255)	ユーザー名	―

email	VARCHAR(255)	UNIQUE	メールアドレス
password	VARCHAR(60)	パスワード	—
remember_token	VARCHAR(100)	NULL可	自動ログイン用トークン
created_at	TIMESTAMP	作成日時	—
updated_at	TIMESTAMP	更新日時	—

　Laravelでは、上記のテーブルとセッション（Illuminate\Auth\SessionGuardクラス）を組み合わせた認証機能が提供されています。組み合わせは下記コード例に示す通り、config/auth.phpに組み合わせ指定が記述されています。

リスト6.1.3.2：認証処理の組み合わせ指定

```
'guards' => [ // ①
    'web' => [
        // ②
        'driver' => 'session',
        // ③
        'provider' => 'users',
    ],
    // ④
    'api' => [
        'driver' => 'token',
        'provider' => 'users',
    ],
],
// 省略
'providers' => [ // ⑤
    'users' => [
        // ⑥
        'driver' => 'eloquent',
        'model' => App\User::class,
    ],

    // 'users' => [
    //     'driver' => 'database',
    //     'table' => 'users',
    // ],
],
```

① 標準でwebとapiと記述され、認証に利用するguardドライバ指定時に利用されます。アプリケーション内で複数のguardドライバを利用する場合は、Authファサードなどからguardメソッドを利用して指定します。通常のWebアプリケーションではwebを指定して利用します。

② 認証方法を指定します。標準ではセッションとクッキーを組み合わせる一般的なsessionドライ

バ、または、APIなどで利用されるトークンを用いるtokenドライバが用意されています。

③ 認証情報のアクセス方法を指定します。providers（⑤）に記述されている名前を指定します。

④ APIアプリケーションに利用される想定の組み合わせが記述されています。

⑤ 独自の認証処理を作成した場合は、providersキーに任意の名前を付けて記述します。

⑥ 標準ではEloquentモデルを利用するeloquent、QueryBuilderを利用するdatabaseが用意されています。これ以外の認証情報へのアクセス方法が必要な場合は独自でproviderを実装します。

Laravelの認証処理で利用される代表的なメソッドとして、attemptメソッドとuserメソッドでの処理を紹介します。

attemptメソッド

attemptメソッドは、ユーザー情報を利用してログインを行なうメソッドです。下記にコード例を示します（リスト6.1.3.3）。

リスト6.1.3.3：attemptメソッドによるログイン処理

```
public function attempt(array $credentials = [], $remember = false)
{
    // ①
    $this->fireAttemptEvent($credentials, $remember);

    // ②
    $this->lastAttempted =
        $user = $this->provider->retrieveByCredentials($credentials);

    // ③
    if ($this->hasValidCredentials($user, $credentials)) {
        $this->login($user, $remember);

        return true;
    }

    // ④
    $this->fireFailedEvent($user, $credentials);

    return false;
}
```

① ログインが実行されたことをイベントとして発行します。ログイン時に利用する資格情報と自動ログインであるかどうかをイベントに送信します。

② Illuminate\Contracts\Auth\UserProviderインターフェースを実装したクラスに、資格情報が

正しいか問い合わせます。一般的にはユーザー情報を検索する処理になります。

③ ユーザー情報の取得後、資格情報から取得したデータがユーザー情報と同じものかを調べます。
標準で用意されている処理では、フォームなどの入力パスワードとデータベースの暗号化された
パスワードのハッシュが同一であるか確認します。正しければログイン処理を実行しますが、そ
うでない場合は実行されません。

④ ログインできなかった場合は、その情報をイベントとして発行します。

userメソッド

userメソッドはAuthファサードなどから認証ユーザー情報にアクセスする場合に利用します。認証
ユーザーのIDを取得するidメソッドは、内部ではuserメソッドをコールして利用しています。下記コー
ド例に認証情報アクセスの流れを示します（リスト6.1.3.4）。

リスト6.1.3.4：認証情報アクセスの流れ

```php
public function user()
{
    // ①
    if ($this->loggedOut) {
        return;
    }
    // ②
    if (! is_null($this->user)) {
        return $this->user;
    }
    // ③
    $id = $this->session->get($this->getName());

    if (! is_null($id)) {
        // ④
        if ($this->user = $this->provider->retrieveById($id)) {
            // ⑤
            $this->fireAuthenticatedEvent($this->user);
        }
    }

    $recaller = $this->recaller();

    if (is_null($this->user) && ! is_null($recaller)) {
        // ⑥
        $this->user = $this->userFromRecaller($recaller);

        if ($this->user) {
            // ⑦
            $this->updateSession($this->user->getAuthIdentifier());
```

```
                    $this->fireLoginEvent($this->user, true);
                }
            }

            return $this->user;
        }
```

① ログアウト済みの場合は認証ユーザー情報を返却せず、処理を停止します。

② ログイン済みでインスタンス内にユーザー情報が保持されている場合は、以降の処理は行なわれずに認証ユーザー情報を返却します。

③ セッションからユーザー情報にアクセスするための識別可能な値（IDなど）を取得します。

④ セッションから取得した値を利用して、データベースへ問い合わせて結果を取得します。

⑤ データベースからユーザー情報を取得できた場合は、認証処理の実行を通知するイベントを発行します。

⑥ cookieからログイン情報に関連する値を取得し、トークンの値とIDを用いてデータベースに問い合わせ、自動ログイン対象かどうかを調べます。

⑦ 認証ユーザーの特定可能なIDをセッションに書き込み、セッションのアップデートを実行します。

　本項で紹介したメソッドの処理から、ログイン処理やログイン後のユーザー情報アクセスは、セッションはユーザーを特定するIDを保持し、実際のデータはIlluminate\Contracts\Auth\UserProviderインターフェースを実装したクラスを介して取得していることが分かります。また、ユーザー情報アクセス時はその都度データベースに問い合わせています。

6-1-4 フォーム認証への適用

　Laravelの標準で用意されている認証機能を利用する場合は、routes/web.phpへのルート登録やフォームのテンプレート作成などが必要ですが、Laravel標準で用意されている下記のコマンドを利用することで、アプリケーションに追加して利用できます。

リスト6.1.4.1：標準のフォーム認証機能を追加する

```
$ php artisan make:auth
```

　上記のコマンドを実行すると、次表のルーティングがアプリケーションに登録されます。

表6.1.4.2：デフォルト認証処理のルーティング

Method	URI	Name	Action	Middleware
GET¦HEAD	login	login	App\Http\Controllers\Auth\LoginController@showLoginForm	web,guest
POST	login		App\Http\Controllers\Auth\LoginController@login	web,guest
POST	logout	logout	App\Http\Controllers\Auth\LoginController@logout	web
POST	password/email	password.email	App\Http\Controllers\Auth\ForgotPasswordController@sendResetLinkEmail	web,guest
GET¦HEAD	password/reset	password.request	App\Http\Controllers\Auth\ForgotPasswordController@showLinkRequestForm	web,guest
POST	password/reset		App\Http\Controllers\Auth\ResetPasswordController@reset	web,guest
GET¦HEAD	password/reset/{token}	password.reset	App\Http\Controllers\Auth\ResetPasswordController@showResetForm	web,guest
GET¦HEAD	register	register	App\Http\Controllers\Auth\RegisterController@showRegistrationForm	web,guest
POST	register		App\Http\Controllers\Auth\RegisterController@register	web,guest

　標準で用意されているルーティングはIlluminate\Routing\Routerクラスに記述されています。標準のルーティングとは異なるものを指定する場合は、コマンドを利用せずにルーティングを記述する必要がありますが、標準以外のものも簡単に認証処理として利用できます。

ユーザー登録処理

　認証に利用するユーザー登録処理は、標準のApp\Http\Controllers\Auth\RegisterControllerを利用できます。ユーザー登録後のリダイレクト先指定、フォームから送信された値のバリデーション、データベースへのユーザー登録処理が記述されています。

デフォルト動作のカスタマイズ

　ユーザー登録後のリダイレクト先は、redirectToプロパティもしくはredirectToメソッドを用意することで対応します。リダイレクト先は文字列でURIを指定する必要があります。単純なリダイレクトではない場合は、registeredメソッドをオーバーライドして利用します。

registeredメソッドはredirectToプロパティの値を利用する処理より先に実行されるため、アプリケーション仕様に合わせた処理を挿入できます。上記変更のコード例を下記に示します。

リスト6.1.4.3：デフォルトのログイン後の動作変更例

```php
protected function registered(Request $request, $user): Redirector
{
    if ($user instanceof User) {
        logger()->info('user login');
    }
    return redirect(route('index'));
}
```

上記コード例に示す通り、第2引数の$userにはcreateメソッドの戻り値、デフォルトのApp\Userクラスが渡されることが前提です。通常のアプリケーションでは、用意されているメソッドには戻り値の型宣言がなく、Eloquentモデルを使わずユーザーを作成することも多いため、標準以外の仕組みを利用する方が好ましいケースもあることに留意してください。

ログイン処理

標準のログイン処理は、App\Http\Controllers\Auth\LoginControllerクラスが利用されます。このクラスでは主にフォームから送信された値を利用して、ログインするまでの処理を行ない、一定回数以上のログイン失敗によって、アカウントをロックする機能が標準で用意されています。

この処理はIlluminate\Foundation\Auth\ThrottlesLoginsトレイトに記述されています。回数やロック時間を変更するには、maxAttemptsプロパティとdecayMinutesプロパティに任意の数値を指定します。

認証処理の資格情報には、emailとパスワードを利用します。emailとパスワードの組み合わせを利用しない場合は、usernameメソッドで返却される文字列を利用したいパラメータ名に変更します。下記はユーザー名とパスワードを利用するコード例です。

リスト6.1.4.4：資格情報をemailからユーザー名へ変更

```php
public function username()
{
    return 'name';
}
```

この値はフォームのバリデーション対象とログイン処理に利用されます。実際に利用されるメソッドは、Illuminate\Foundation\Auth\AuthenticatesUsersトレイトなどに記述されています。

組み合わせの値が2つ以上の場合やpasswordではない場合は、下記コード例に示す、Illuminate\

Foundation\Auth\AuthenticatesUsersトレイトで用意されている、validateLoginメソッドをオーバライドする必要があります。

リスト6.1.4.5：デフォルトの認証バリデーション実装

```
/**
 * Validate the user login request.
 *
 * @param  \Illuminate\Http\Request  $request
 * @return void
 */
protected function validateLogin(Request $request)
{
    $this->validate($request, [
        $this->username() => 'required|string',
        'password' => 'required|string',
    ]);
}

/**
 * Attempt to log the user into the application.
 *
 * @param  \Illuminate\Http\Request  $request
 * @return bool
 */
protected function attemptLogin(Request $request)
{
    return $this->guard()->attempt(
        $this->credentials($request), $request->filled('remember')
    );
}
```

6-1-5 認証処理のカスタマイズ

Laravel標準のデータベース認証ではなく独自の認証処理を利用するには、認証ドライバの拡張と登録が必要になります。

providerのカスタマイズ（キャッシュ機能組み込みによるパフォーマンス改善）

Illuminate\Auth\EloquentUserProviderクラスを拡張し、ユーザー情報アクセス時に都度発生するデータベースアクセスをキャッシュ併用のドライバとして作成します。次に示すコードにキャッシュ併用の実装例を示します（リスト6.1.5.1）。

231

リスト6.1.5.1：キャッシュ併用認証ドライバ実装例

```php
<?php
declare(strict_types=1);

namespace App\Auth;

use Illuminate\Auth\EloquentUserProvider;
use Illuminate\Contracts\Hashing\Hasher as HasherContract;
use Illuminate\Contracts\Cache\Repository as CacheRepository;

class CacheUserProvider extends EloquentUserProvider
{
    protected $cache;

    protected $cacheKey = "authentication:user:%s";

    protected $lifetime;

    public function __construct(
        HasherContract $hasher,
        string $model,
        CacheRepository $cache,
        int $lifetime = 120
    ) {
        parent::__construct($hasher, $model);
        $this->cache = $cache;
        $this->lifetime = $lifetime;
    }

    public function retrieveById($identifier)
    {
        $cacheKey = sprintf($this->cacheKey, $identifier);
        if ($this->cache->has($cacheKey)) {
            return $this->cache->get($cacheKey);
        }
        $result = parent::retrieveById($identifier);
        if (is_null($result)) {
            return null;
        }
        $this->cache->add($cacheKey, $result, $this->lifetime);
        return $result;
    }

    public function retrieveByToken($identifier, $token)
    {
        $model = $this->retrieveById($identifier);
        if (!$model) {
            return null;
        }
        $rememberToken = $model->getRememberToken();
```

```
        return $rememberToken && hash_equals($rememberToken, $token) ? $model : null;
    }
}
```

上記コード例では、ユーザーIDを使ってユニークなキャッシュキーとキャッシュを作成し、キャッシュが破棄されるまでキャッシュからユーザー情報を取得します。retrieveByIdメソッドではデータベースからnullが返却される場合を除き、指定する期間で値を保持します。キャッシュ削除までデータベースへのアクセスが発生しないため、ユーザー数の多いアプリケーションで認証処理が原因となるパフォーマンス関連の問題は発生しにくくなります。

CacheUserProviderクラスを認証で利用するには、サービスプロバイダで登録する必要があります。App\Providers\AuthServiceProviderクラスを利用して登録するコード例を下記に示します。

リスト6.1.5.2：独自認証ドライバ登録方法

```
public function boot()
{
    $this->registerPolicies();

    $this->app['auth']->provider(
        'cache_eloquent',
        function (Application $app, array $config) {
            return new CacheUserProvider(
                $app['hash'],
                $config['model'],
                $app['cache']
            );
        });
}
```

認証機能はサービスコンテナにauthの名前で登録されているので、サービスコンテナに直接アクセスするか、Authファサードなどを利用してproviderメソッドを利用します。第1引数にはprovider名を指定し、第2引数にはIlluminate\Contracts\Auth\UserProviderインターフェースを実装したメソッドのインスタンスを返却するコールバックを指定します。

コールバックは第1引数にアプリケーションインスタンス、第2引数にconfigの設定値が配列で渡されます。bootメソッドに上記に示す通り登録することで、config/auth.phpで独自ドライバの指定が可能になります（リスト6.1.5.3）。

リスト6.1.5.3：独自認証ドライバ指定例

```
'providers' => [
    'users' => [
```

```
            'driver' => 'cache_eloquent',
    ],
],
```

パスワード認証の仕組み

　古くから継続しているサービスをLaravelアプリケーションに置き換える場合など、認証処理が大きく異なると、Laravelに標準で用意されている暗号化形式ではログインできない問題が発生するケースがあります。例えば、入力されたパスワードで直接データベースを検索する仕組みなど、さまざまなシステムが想定できます。

　認証処理時で利用する条件を変更するには、retrieveByCredentialsメソッドで記述する必要があります。例えば、Illuminate\Auth\EloquentUserProviderクラスによる処理の流れは下記の通りです。

リスト6.1.5.4：パスワード認証処理の流れ

```
    public function retrieveByCredentials(array $credentials)
    {
        // ①
        if (empty($credentials) ||
           (count($credentials) === 1 &&
           array_key_exists('password', $credentials))) {
            return;
        }
        $query = $this->createModel()->newQuery();

        foreach ($credentials as $key => $value) {
            // ②
            if (! Str::contains($key, 'password')) {
                $query->where($key, $value);
            }
            /*
             * Laravel5.6以降の検索条件は以下に変更されています。
            if (Str::contains($key, 'password')) {
                continue;
            }
            if (is_array($value) || $value instanceof Arrayable) {
                $query->whereIn($key, $value);
            } else {
                $query->where($key, $value);
            }
            */
        }
        return $query->first();
    }
```

① フォームなどから送信された資格情報が空、もしくは送信された値がパスワードのみの場合は、処理を行ないません。

② 送信された値のうち配列のキーにpasswordを含むものを検索項目から除外して検索します。

Laravel 5.5と5.6以降では、検索項目の利用方法に少々違いがありますが、基本的には同じです。パスワードを検索項目に含めてユーザー情報を取得するには、このメソッドをオーバーライドする必要があります。また、パスワードに関するパラメータがpasswordではない場合も、ここの処理を変更するかRequestクラスなどで配列を変更する必要があります。また、パスワードのハッシュ値が正しいか検査するvalidateCredentialsメソッドの処理も同時に変更する必要があります。この処理の流れは下記コード例に示す通りです（リスト6.1.5.5）。

リスト6.1.5.5：デフォルトのハッシュ値の検査

```
public function validateCredentials(UserContract $user, array $credentials)
{
    // ①
    $plain = $credentials['password'];
    // ②
    return $this->hasher->check($plain, $user->getAuthPassword());
}
```

フォームなどから送信されたpasswordのテキスト情報を利用して（①）、送信された平文のパスワード値を利用して、ハッシュにマッチするかを調べます（②）。なお、暗号化データの扱いがLaravel標準と大きく異なる場合は、これらのメソッドをオーバライドする必要があることに留意してください。

Laravelの暗号化処理

Laravel 5.5までは、PHPのpassword_hash関数にPASSWORD_BCRYPTアルゴリズムが利用されていましたが、5.6以降ではPASSWORD_ARGON2Iアルゴリズムも指定できます。アプリケーションの要件にマッチする場合はこちらの利用も検討できます。しかし、これら以外のアルゴリズムを利用する場合、Illuminate\Hashing\HashServiceProviderクラスを継承してドライバ追加が必要となります。

6-1-6 パスワードリセット

「6-1-4 フォーム認証への適用」で紹介した「デフォルト認証処理のルーティング」（表6.1.4.2）で示した通り、パスワードリセット機能も標準で用意されています。登録されたルートにアクセスするだけでパスワードリセット機能を利用できます。

パスワードリセット機能はIlluminate\Auth\Passwords\PasswordResetServiceProviderクラス
で定義されており、Illuminate\Auth\Passwords\PasswordBrokerManagerクラスに実際の処理の
振る舞いが記述されています。認証処理と同様、標準で用意されているpasword_resetsテーブルと異
なるなど、アプリケーションの要件とマッチしない場合はここも変更する必要があります。変更する流
れは次の通りです。

データベース操作の変更

データベース操作を変更するには、Illuminate\Auth\Passwords\DatabaseTokenRepositoryクラ
スを継承してオーバライドするのがもっとも簡単です。継承したクラスをPasswordBrokerManager
クラスのcreateTokenRepositoryメソッドの戻り値として記述します。

リスト6.1.6.1：パスワードリセットの拡張例

```php
<?php
declare(strict_type=1);

namespace App\Auth\Passwords;

use Illuminate\Support\Str;
use InvalidArgumentException;
use Illuminate\Auth\Passwords\PasswordBrokerManager;

class PasswordManager extends PasswordBrokerManager
{
    // 省略
    protected function createTokenRepository(array $config)
    {
        $key = $this->app['config']['app.key'];

        if (Str::startsWith($key, 'base64:')) {
            $key = base64_decode(substr($key, 7));
        }

        $connection = $config['connection'] ?? null;
        // ①
        return new CustomTokenRepository(
            $this->app['db']->connection($connection),
            $this->app['hash'],
            $config['table'],
            $key,
            $config['expire']
        );
    }
    // 省略
}
```

このコード例では、Illuminate\Auth\Passwords\DatabaseTokenRepositoryクラスを継承したクラスを戻り値に利用します（①）。Illuminate\Auth\Passwords\DatabaseTokenRepositoryクラスはクエリビルダを利用する処理であるため、独自処理に置き換える場合は、Illuminate\Auth\Passwords\TokenRepositoryInterfaceインターフェースを実装したクラスを作成して利用します。

パスワードリセットの入れ替え

Illuminate\Auth\Passwords\PasswordBrokerManagerクラスを継承したクラスをアプリケーション内で利用するには、サービスプロバイダに記述しなければなりません。Illuminate\Auth\Passwords\PasswordResetServiceProviderクラスを継承して利用する場合、ここではApp\Providers\PasswordServiceProviderクラスとしての実装例を下記コードに示します。

リスト6.1.6.2：独自パスワードリセットクラスの登録方法

```php
<?php
declare(strict_types=1);

namespace App\Providers;

use App\Auth\Passwords\PasswordManager;
use Illuminate\Auth\Passwords\PasswordResetServiceProvider;

class PasswordServiceProvider extends PasswordResetServiceProvider
{
    protected function registerPasswordBroker()
    {
        // ①
        $this->app->singleton('auth.password', function ($app) {
            return new PasswordManager($app);
        });
        // ②
        $this->app->bind('auth.password.broker', function ($app) {
            return $app->make('auth.password')->broker();
        });
    }
}
```

コード例（リスト6.1.6.2）に示す通り、パスワードリセット機能はフレームワーク内でauth.passwordとしてアクセスされるため、利用するクラスを継承したクラスに変更します（①）。また、パスワードリセットを実行する機能はauth.password.brokerとしてフレームワークで利用されているので、標準で用意されている登録方法をそのまま利用します（②）。

作成したApp\Providers\PasswordServiceProviderクラスをconfig/app.phpのprovidersキーに追記することで、アプリケーション仕様に合わせたパスワードリセット処理に変更されます。

237

| 第一部 | Laravelの基礎 | 第二部 | 実践パターン | 第三部 | Laravelアプリケーション開発手法 |

6-2 トークン認証

APIアプリケーションにおけるトークン認証を習得する

APIアプリケーションを開発する場合は、通常のWebアプリケーションと同じ仕組みが利用できないことがあります。その代表ともいえるものがクッキーとセッションです。そのため、APIアプリケーションの実装では、Webアプリケーションと異なる認証処理と設計が必要になります。本節と次節ではAPIにおける認証処理を解説します。

Laravelに標準で用意されている認証ドライバにtokenドライバがあります。

tokenドライバを利用するには、データベースにapi_tokenのカラムを作成する必要があります。Laravelのマイグレーション機能でapi_tokenのカラムを加えるには、下記コード例に示す記述を追加します（リスト6.2.0.1）。

リスト6.2.0.1：migrationでテーブルへapi_tokenカラムを追加

```php
class CreateUsersTable extends Migration
{
    public function up()
    {
        Schema::create('テーブル名', function (Blueprint $table) {
            // 省略
            // api_tokenカラムの追加
            $table->string('api_token', 60)->unique();
        });
    }
```

SQL文を発行して追加する場合は下記の通りです（リスト6.2.0.2）。

リスト6.2.0.2：テーブルへapi_tokenカラムを追加するALTER文

```sql
ALTER TABLE テーブル名
  ADD api_token VARCHAR(60) NOT NULL,
  ADD UNIQUE INDEX UNIQUE_API_TOKEN (api_token);
```

本節では、テーブルを新規作成して利用する例を紹介します。

6-2-1 **api_tokenを保持するテーブルの作成**

usersテーブルを参照してユーザー情報を取得するテーブルを作成します。ここではテーブル名を user_tokensとして、usersとは別のテーブルを作成します（リスト6.2.1.1）。コマンドを実行すると、 database/migrations配下にmigrationで利用するクラスファイルが作成されます。

リスト6.2.1.1：user_tokensのmigrationクラス作成

```
$ php artisan make:migration create_user_tokens_table
```

user_tokensはusersのレコードを参照するため外部キー制約を利用します。作成するuser_tokens のテーブル仕様は下表の通りです（表6.2.1.2）。

表6.2.1.2：user_tokensテーブル仕様

カラム	型	備考
user_id	integer(10)	FK
api_token	varchar(60)	—
created_at	timestamp	デフォルトにCURRENT_TIMESTAMP ON UPDATE CURRENT_TIMESTAMPを指定

コマンドの実行で作成したmigrationクラスに記述する内容は、下記コード例に示す通りです（リスト6.2.1.3）。

リスト6.2.1.3：user_tokensテーブル作成

```php
<?php
declare(strict_types=1);

use Illuminate\Support\Facades\Schema;
use Illuminate\Database\Schema\Blueprint;
use Illuminate\Database\Migrations\Migration;
use Illuminate\Database\Query\Expression;

class CreateUserTokensTable extends Migration
{
    public function up()
    {
        Schema::create('user_tokens', function (Blueprint $table) {
            $table->integer('user_id', false, true);
```

第二部 実践パターン

第一部 Laravelの基礎 / 第二部 実践パターン / 第三部 Laravelアプリケーション開発手法

```
            $table->string('api_token', 60)->unique();
            // ①
            $table->timestamp('created_at')
              ->default(new Expression('CURRENT_TIMESTAMP ON UPDATE CURRENT_TIMESTAMP'));
            $table->foreign('user_id')->references('id')
              ->on('users')->onDelete('cascade')->onUpdate('cascade');
        });
    }

    public function down()
    {
        Schema::dropIfExists('user_tokens');
    }
}
```

　上記コード例に示すExpressionクラスは、DBファサードなどを通じて実行されるrawメソッドが
コールしているクラスで直接利用できます（①）。
　続いて、CreateUserTokensTableにテーブル定義を記述後、php artisan migrateを実行し、
user_tokensテーブルを作成します。

6-2-2 シーダーを用いたレコードの作成

　user_tokensテーブル作成後、php artisan make:seeder UserSeederを実行し、クラスを作成し
てユーザーデータを投入します。このクラスファイルはdatabase/seeds配下に作成されます。作成し
たSeederクラスの記述例は下記コード例の通りです。

リスト6.2.2.1：UserSeederクラス記述例

```
<?php
declare(strict_types=1);

use Illuminate\Database\Seeder;
use Illuminate\Database\DatabaseManager;
use Illuminate\Contracts\Hashing\Hasher;

class UserSeeder extends Seeder
{
    public function run(DatabaseManager $manager, Hasher $hasher)
    {
        // ①
        $userId = $manager->table('users')
            ->insertGetId([
                'name' => 'laravel user',
```

240

```
                'email' => 'mail@example.com',
                'password' => $hasher->make('password'),
                'created_at' => \Carbon\Carbon::now()->toDateTimeString()
            ]);
        // ②
        $manager->table('user_tokens')
            ->insert([
                'user_id' => $userId,
                'api_token' => \Illuminate\Support\Str::random(60)
            ]);
    }
}
```

　上記コード例に示す通り、デフォルトのusersテーブルにレコードをインサートし、インサート時に発行されたプライマリーキーを取得します（①）。続いて、usersテーブルのプライマリキーを使って、user_tokensにレコードをインサートします（②）。

　また、runメソッドで型宣言されたIlluminate\Database\DatabaseManagerクラスはDBファサード、Illuminate\Contracts\Hashing\HasherインターフェースはHashファサードを通じて利用できるので、ファサードを利用して記述する、もしくはEloquentモデルを利用しても構いません。

　ここで作成したapi_tokenを用いてトークン認証を行ないます。api_token作成後は標準で用意されているDatabaseSeederクラスのrunメソッド内で、callメソッドを使って事前に作成したUserSeederクラスをクラス名で記述します。callメソッドで指定したクラスのrunメソッドは、メソッドインジェクションを利用できます。

リスト6.2.2.2：DatabaseSeederクラス記述例

```
<?php
declare(strict_types=1);

use Illuminate\Database\Seeder;
use Illuminate\Database\Schema\Blueprint;

class DatabaseSeeder extends Seeder
{
    public function run()
    {
        $this->call([
            UserSeeder::class
        ]);
    }
}
```

記述後にはSeederクラスを利用してレコードを作成するので、次のコマンド例に示す通り、php artisan db:seedコマンドを実行します（リスト6.2.2.3）。

リスト6.2.2.3：db:seedコマンドでレコードを作成する

```
$ php artisan db:seed
Seeding: UserSeeder
```

6-2-3 独自認証プロバイダの作成

トークン認証に利用される認証処理は、Illuminate\Auth\TokenGuardクラスが担当します。このクラスの実装は、Illuminate\Contracts\Auth\UserProviderインターフェースのretrieveByCredentialsメソッドのみを利用しているため、トークン認証のみを利用する認証プロバイダクラスであれば簡単に実装できることが分かります。

本項で作成したデータベース操作とトークン認証に対応する、認証プロバイダクラスを作成します。下記にコード例に示す通り、ユーザー情報取得のインターフェースを作成して（リスト6.2.3.1）、データベースを操作するクラスで実装します（リスト6.2.3.2）。

リスト6.2.3.1：tokenを引数に利用するユーザー情報取得インターフェース作成例

```php
<?php
declare(strict_types=1);

namespace App\DataProvider;

interface UserTokenProviderInterface
{
    /**
     * @param string $token
     *
     * @return \stdClass|null
     */
    public function retrieveUserByToken(string $token);
}
```

リスト6.2.3.2：tokenからユーザー情報を検索する処理例

```php
<?php
declare(strict_types=1);
```

```
namespace App\DataProvider\Database;

use App\DataProvider\UserTokenProviderInterface;
use Illuminate\Database\DatabaseManager;

final class UserToken implements UserTokenProviderInterface
{
    private $manager;

    private $table = 'user_tokens';

    public function __construct(DatabaseManager $manager)
    {
        $this->manager = $manager;
    }

    public function retrieveUserByToken(string $token): ?\stdClass
    {
        return $this->manager->connection() // ①
            ->table($this->table)
            ->join('users', 'users.id', '=', 'user_tokens.user_id')
            ->where('api_token', $token)
            ->first(['user_id', 'api_token', 'name', 'email']);
    }
}
```

上記コード例の①では、user_tokensテーブルからレコードを検索します。DBファサードを用いた場合は、DB::table($this->table) ...と記述します。ここではIlluminate\Database\DatabaseManagerをコンストラクタインジェクションで利用していますが、DBファサードやEloquentモデルを利用しても構いません。

続いて、Illuminate\Contracts\Auth\Authenticatableインターフェースを実装したクラスと、Illuminate\Contracts\Auth\UserProviderインターフェースを実装したクラスを作成します。

リスト6.2.3.3：Authenticatableインターフェース実装クラス

```php
<?php
declare(strict_types=1);

namespace App\Entity;

use Illuminate\Contracts\Auth\Authenticatable;

class User implements Authenticatable
{
    private $id;
```

```php
private $apiToken;
private $name;
private $email;
private $password;

public function __construct(
    int $id,
    string $apiToken,
    string $name,
    string $email,
    string $password = ''
) {
    $this->id = $id;
    $this->apiToken = $apiToken;
    $this->name = $name;
    $this->email = $email;
    $this->password = $password;
}

public function getName(): string
{
    return $this->name;
}

public function getEmail(): string
{
    return $this->email;
}

public function getAuthIdentifierName()
{
    return 'user_id';
}

public function getAuthIdentifier(): int
{
    return $this->id;
}

public function getAuthPassword()
{
    return $this->password;
}

public function getRememberToken(): string
{
    return '';
}

public function setRememberToken($value)
{
```

```
    }

    public function getRememberTokenName(): string
    {
        return '';
    }
}
```

　上記コード例に示すクラスは、データベースから取得した値を返却するgetterと、Illuminate\
Contracts\Auth\Authenticatableインターフェースのメソッドを記述しただけのクラスです。デー
タベースから取得したレコードを認証ユーザーとして扱うためのクラスです。

リスト6.2.3.4：UserProviderインターフェースの実装

```
<?php
declare(strict_types=1);

namespace App\Auth;

use App\DataProvider\UserTokenProviderInterface;
use App\Entity\User;
use Illuminate\Contracts\Auth\Authenticatable;
use Illuminate\Contracts\Auth\UserProvider;

final class UserTokenProvider implements UserProvider
{
    private $provider;

    public function __construct(UserTokenProviderInterface $provider)
    {
        $this->provider = $provider;
    }

    public function retrieveById($identifier)
    {
        return null;
    }

    public function retrieveByToken($identifier, $token)
    {
        return null;
    }

    public function updateRememberToken(Authenticatable $user, $token)
    {
        // ①
    }

    public function retrieveByCredentials(array $credentials)
```

```
    {
        if (!isset($credentials['api_token'])) {
            return null;
        }
        // ②
        $result = $this->provider->retrieveUserByToken($credentials['api_token']);
        if (is_null($result)) {
            return null;
        }
        // ③
        return new User(
            $result->user_id,
            $result->api_token,
            $result->name,
            $result->email
        );
    }

    public function validateCredentials(Authenticatable $user, array $credentials)
    {
        // ④
        return false;
    }
}
```

① APIアプリケーションで自動ログイン機能は利用できないため、処理を記述しません。

② コード例として紹介したApp\DataProvider\UserTokenProviderInterfaceインターフェースの
retrieveUserByTokenメソッドを利用してユーザー情報を取得します。

③ Authenticatableインターフェース実装クラスのApp\Entity\Userクラスのインスタンスを返却
します。このインターフェースを実装することで認証処理後にユーザー情報にアクセス可能にな
ります。

④ APIアプリケーションではパスワード認証は利用しないため　、利用された場合にログインできな
いことを示すためfalseを記述します。

　APIアプリケーションではクッキーやセッションを利用できないため、ここではapi_tokenだけを用
いる認証処理メソッドとして具体的な実装を記述していますが、Webアプリケーションの認証処理を
兼用する場合、各メソッドに処理を記述しなければならないことに留意してください。
　最後に独自認証ドライバとしてサービスプロバイダを介して登録し（リスト6.2.3.5）、config/auth.
phpにドライバ名を記述します（リスト6.2.3.6）。

リスト6.2.3.5：実装した認証プロバイダの登録

```php
<?php
declare(strict_types=1);
```

```
namespace App\Providers;

use App\Auth\UserTokenProvider;
use App\DataProvider\Database\UserToken;
use Illuminate\Contracts\Foundation\Application;
use Illuminate\Support\Facades\Gate;
use Illuminate\Foundation\Support\Providers\AuthServiceProvider as ServiceProvider;

class AuthServiceProvider extends ServiceProvider
{
    // 省略
    public function boot()
    {
        $this->registerPolicies();
        // ①
        $this->app['auth']->provider(
            'user_token',
            function (Application $app) {
                // ②
                return new UserTokenProvider(new UserToken($app['db']));
            });
    }
}
```

　上記コード例に示す通り、実装した独自認証ドライバ名をuser_tokenとして登録します（①）。続いて、UserTokenProviderクラスのコンスタラクタに型宣言されているインターフェースを実装した具象クラスを記述します。実装したクラスではDBファサードの実クラスであるIlluminate\Database\DatabaseManagerクラスを利用しています。DatabaseManagerクラスは、サービスコンテナにdbの名前で登録されているため、そのインスタンスを利用するように記述します（②）。

　そして、下記コード例に示す通り、config/auth.phpにサービスプロバイダで登録した名前を記述すると（①）、アプリケーション内で利用可能になります。

リスト6.2.3.6：config/auth.phpへの追記

```
    'guards' => [
        // 省略
        'api' => [
            'driver' => 'token',
            'provider' => 'user_tokens',
        ],
    ],

    'providers' => [
        // 省略
        // ①
        'user_token' => [
            'driver' => 'user_tokens'
```

```
            ]
    ],
```

6-2-4 トークン認証の利用方法

トークン認証は認証プロバイダに依存しないため、利用方法はどんな認証処理でも同一です。

APIアプリケーションにおけるユーザー認証では、HTTPリクエスト送信時にクエリパラメータで api_tokenを送信する、Authorization: Bearerヘッダを用いる、もしくはPHPの環境変数でも利用されるPHPAUTH_PWを利用します。APIアプリケーションでは、Authorization: Bearerヘッダを利用することが一般的です。

下記コード例に、コントローラやミドルウェアでトークン認証を利用してユーザー情報を取得する実装を示します（リスト6.2.4.1）。

リスト6.2.4.1：コントローラにおけるトークン認証によるユーザー情報取得例

```php
<?php
declare(strict_types=1);

namespace App\Http\Controllers;

use Illuminate\Auth\AuthManager;
use Illuminate\Http\Request;

class UserAction extends Controller
{
    private $authManager;

    public function __construct(AuthManager $authManager)
    {
        $this->authManager = $authManager;
    }

    public function __invoke(Request $request)
    {
        // 認証したユーザー情報へアクセス
        $user = $this->authManager->guard('api')->user();
        // Authファサードを利用しても構いません
    }
}
```

このコントローラクラスを利用するには、routes/api.phpへ次のコードを追加します。

リスト6.2.4.2：routes/api.phpへルート追加

```
Route::get('/users', 'UserAction');
```

実際には下記コード例に示すリクエストを用いてアプリケーションにアクセスすることになります（リスト6.2.4.3）。

リスト6.2.4.3：Authorization: Bearerヘッダを用いたリクエスト例

```
$ curl 'http://localhost/api/users' \
  -H 'accept: application/json' \
  -H 'authorization: Bearer BxPGFEK2Rw45O3UbueE2G1Z8LRTRmTWvOkTBz58JatUQHwqkP0PYB1NEi58E'
```

Laravelで用意されているトークン認証は、Webアプリケーションの認証と同様に利用でき、メソッドの利用方法の違いはありません。セッションが利用できないアプリケーションを開発する場合に導入を検討しましょう。

| 第一部 | Laravelの基礎 | 第二部 | 実践パターン | 第三部 | Laravelアプリケーション開発手法 |

6-3 JWT認証

APIアプリケーションにおけるJWT認証を習得する

　Laravelでは標準でトークン認証が用意されていますが、実際のAPIアプリケーションでよく利用されいているのがJWT認証です。JWT（JSON Web Token）[1]とは、JSONに電子署名を用いて必要に応じてJSONを検証して認証の可否を決定し、後述の「6-4 OAuthクライアントでの認証・認可」などに用いられる標準的な仕様です。

　Webアプリケーションではセッションを使って上記の機能を実現しますが、JWTではトークンそのものを検証することで認証可否を判断します。この特性からIoTなどにも利用されている認証方式です。Laravelが標準で提供するトークン認証よりもよりセキュアな認証方式です。

　LaravelでJWT認証を利用するには、tymon/jwt-auth[2]パッケージを使うのが簡単です。Laravel 5.5をはじめ、Laravel 5.6でも利用できます。本項ではtymon/jwt-authパッケージを利用した導入方法を紹介します。

6-3-1 tymon/jwt-authのインストール

　アプリケーションのルートディレクトリ（composer.jsonの設置ディレクトリ）で次のコマンドを実行します（リスト6.3.1.1）。

リスト6.3.1.1：tymon/jwt-authパッケージのインストール

```
$ composer require tymon/jwt-auth 1.0.0-rc2
```

　最新版は1.0.0-rc2です（2018年9月執筆時）。実際に利用する場合はpackagist[3]で最新バージョンを確認して利用してください。Laravel 5.5以降では、Package Discovery[4]対応のパッケージは、パッケージのサービスプロバイダが自動的にLaravelに取り込まれるため、config/app.phpにtymon/jwt-authパッケージのサービスプロバイダを追記する必要はありません。

　ただし、パッケージの設定ファイルは自動でconfig配下に設置されないため、インストール後は下記コマンドで、config配下に設定ファイルのjwt.phpファイルを設置します。

1　https://openid-foundation-japan.github.io/draft-ietf-oauth-json-web-token-11.ja.html
2　https://github.com/tymondesigns/jwt-auth
3　https://packagist.org/packages/tymon/jwt-auth
4　https://laravel.com/docs/5.6/packages#package-discovery

リスト6.3.1.2：tymon/jwt-authパッケージの設定ファイルをconfig配下に追加

```
$ php artisan vendor:publish --provider="Tymon\JWTAuth\Providers\LaravelServiceProvider"
```

設定ファイルの設置を確認したのち、下記のコマンドで秘密鍵を作成します（リスト6.3.1.3）。コマンド実行後には、.envファイルにJWT_SECRET=ランダム文字列が追加されます。

リスト6.3.1.3：JWT認証で利用する秘密鍵生成コマンド

```
$ php artisan jwt:secret
```

6-3-2 tymon/jwt-authの利用準備

JWT認証の利用はユーザー情報を特定するため、Illuminate\Contracts\Auth\Authenticatableインターフェースと、Tymon\JWTAuth\Contracts\JWTSubjectインターフェースを実装しておく必要があります。標準で用意されているEloquentモデルのApp\Userクラスを利用する場合は、下記コード例に示す通りです（リスト6.3.2.1）。

リスト6.3.2.1：Tymon\JWTAuth\Contracts\JWTSubjectインターフェース実装例

```php
<?php
declare(strict_types=1);

namespace App;

use Illuminate\Notifications\Notifiable;
use Illuminate\Foundation\Auth\User as Authenticatable;
use Tymon\JWTAuth\Contracts\JWTSubject;

class User extends Authenticatable implements JWTSubject
{
    use Notifiable;

    protected $fillable = [
        'name', 'email', 'password',
    ];

    protected $hidden = [
        'password', 'remember_token'
    ];
```

```
    // ①
    public function getJWTIdentifier(): int
    {
        return $this->getKey();
    }
    // ②
    public function getJWTCustomClaims(): array
    {
        return [];
    }
}
```

　上記コード例に示す通り、ユーザーを特定できる一意な値が返却されます（①）。Eloquentモデルであればプライマリーキーなどが返却されます。JWTで利用するクレーム情報で、追加したいクレーム情報があれば配列で指定します（②）。

　アプリケーション内で利用するには、下記コード例に示す通り、config/auth.phpにパッケージで登録されているjwt認証ドライバを追加します。

リスト6.3.2.2：jwtドライバの追加

```
'defaults' => [
    'guard' => 'api',
    'passwords' => 'users',
],
'guards' => [
    'api' => [
        // jwtドライバを追加
        'driver' => 'jwt',
        'provider' => 'users',
    ],
],
```

6-3-3 tymon/jwt-authの利用方法

　JWT認証は主にAPIアプリケーションで利用されるケースが多いため、APIでJWT認証を利用するクラスの実装例を紹介します。

　アプリケーションでログインを実行すると、JWTで利用するトークンが生成されます。前述の「6-2-1 Token認証」で説明した、インサートされるレコードを用いてトークンを取得するには、コントローラなどでattemptメソッドまたはloginメソッドなどを実行します。

　一連の動作を実行するために、下記のコントローラクラスとルーティングを作成します。

リスト6.3.3.1：ルーティング作成例

```
Route::group(['middleware' => 'api'], function ($router) {
    // ログインを行ない、アクセストークンを発行するルート
    Route::post('/users/login', 'User\\LoginAction');
    // アクセストークンを用いて、認証ユーザーの情報を取得するルート
    Route::post('/users/', 'User\\RetrieveAction')->middleware('auth:api');
});
```

6-3-4 トークンの発行

　ログイン処理を行なうコントローラクラスで生成するトークンを出力します。また、トークンを出力するJSONレスポンスを返却するクラスを作成します。本項ではApp\Http\Responder\TokenResponderクラスを作成して利用します。下記にコード例を示します（リスト6.3.4.1）。

リスト6.3.4.1：TokenResponder クラス実装例

```php
<?php
declare(strict_types=1);

namespace App\Http\Responder;

use Illuminate\Http\JsonResponse;
use Illuminate\Http\Response;

class TokenResponder
{
    public function __invoke($token, int $ttl): JsonResponse
    {
        if (!$token) {
            return new JsonResponse([
                'error' => 'Unauthorized'
            ], Response::HTTP_UNAUTHORIZED);
        }

        return new JsonResponse([
            'access_token' => $token,
            'token_type'   => 'bearer',
            'expires_in'   => $ttl
        ], Response::HTTP_OK);
    }
}
```

続いて、ログイン処理を行なうApp\Http\Controllers\User\LoginActionクラスで、App\Responder\TokenResponderクラスを利用して、JSONでトークン情報を返却します。

リスト6.3.4.2：ログインコントローラクラスの実装例

```php
<?php
declare(strict_types=1);

namespace App\Http\Controllers\User;

use App\Http\Controllers\Controller;
use App\Http\Responder\TokenResponder;
use Illuminate\Auth\AuthManager;
use Illuminate\Http\JsonResponse;
use Illuminate\Http\Request;
use Tymon\JWTAuth\JWTGuard;

final class LoginAction extends Controller
{
    private $authManager;

    public function __construct(AuthManager $authManager)
    {
        $this->authManager = $authManager;
    }

    public function __invoke(Request $request, TokenResponder $responder): JsonResponse
    {
        /** @var JWTGuard $guard */
        $guard = $this->authManager->guard('api');
        $token = $guard->attempt([
            'email'    => $request->get('email'),
            'password' => $request->get('password'),
        ]);

        return $responder(
            $token,
            $guard->factory()->getTTL() * 60
        );
    }
}
```

実装したコントローラクラスに次のコマンドでリクエストを送信して、access_tokenの生成を実行します（リスト6.3.4.3）。

リスト6.3.4.3：トークン情報の取得

```
$ curl -X POST 'http://localhost/api/users/login' \
  -H 'accept: application/json' \
  -H 'content-type: application/json' \
  -d '{
  "email": "mail@example.com",
  "password": "password"
}'
```

リクエスト送信後、以下のレスポンスでJWT認証で利用するaccess_tokenが返却されます（リスト6.3.4.4）。

リスト6.3.4.4：access_tokenの返却

```
{
    "access_token": "eyJ0eXAiOiJKV1QiLCJhbGciOiJIUzI1NiJ9.eyJpc3MiOiJodHRwOlwvXC9ib29rcy50
ZXN0XC9hcGlcL3VzZXJzXC9sb2dpbiIsImlhdCI6MTUzMzQ4OTE0MiwiZXhwIjoxNTMzNDkyNzQyLCJuYmYiOjE1Mz
M0ODkxNDIsImp0aSI6ImJmcHZWb2hBSXhEbm9zWXciLCJzdWIiOjEsInBydiI6Ijg3ZTBhZjFlZjlmZDE1ODEyZmRl
Yzk3MTUzYTE0ZTBiMDQ3NTQ2YWEifQ._bidauov-hcBA_vNJwmAwP4yM2XPEpdesUwtXSbUp5M",
    "token_type": "bearer",
    "expires_in": 3600
}
```

上記コード例のaccess_tokenを利用して、アプリケーションにリクエストを送信することで、認証ユーザーの情報にアクセス可能になります。access_tokenの送信方法は、「6-2 トークン認証」で説明した認証方法と同じで、Authorization: Bearerヘッダで送信します。ユーザー情報を返却するコントローラクラスを下記コード例に示します。

リスト6.3.4.5：jwtドライバを介したユーザー情報アクセス例

```php
<?php
declare(strict_types=1);

namespace App\Http\Controllers\User;

use App\Http\Controllers\Controller;
use Illuminate\Auth\AuthManager;
use Illuminate\Http\Request;

final class RetrieveAction extends Controller
{
    private $authManager;

    public function __construct(AuthManager $authManager)
```

```
    {
        $this->authManager = $authManager;
    }

    public function __invoke(Request $request)
    {
        return $this->authManager->guard('api')->user();
    }
}
```

Illuminate\Http\RequestクラスのbearerTokenメソッドを利用すると、Authorization: Bearer ヘッダで送信された値を取得できるため、これを利用する下記の方法でも構いません（リスト6.3.4.6）。認証ユーザーの情報を取得する場合はどちらも同じです。

リスト6.3.4.6：Authorization: Bearerヘッダ 値取得例

```
$this->authManager->setToken($request->bearerToken()->user());
```

このコントローラクラスが実行されるルートにアクセスすると、access_tokenに紐付いたユーザーを取得できます（リスト6.3.4.7）。

リスト6.3.4.7：ユーザー情報返却例

```
{
    "id": 1,
    "name": "laravel user",
    "email": "mail@example.com",
    "created_at": "2018-08-05 20:44:05",
    "updated_at": null
}
```

6-4 OAuthクライアントによる認証・認可

要求と応答からなる認可処理を取り入れる

　現在のWebアプリケーションには、TwitterやFacebook、Googleなどの外部サービスのアカウントをログイン認証に利用するケースが多々あります。普段利用している上記サービスのアカウントを利用できるアプリケーションは、ユーザーにとってアカウント作成の煩わしさがありません。

　外部サービスに認証を委託し、アプリケーション側ではユーザー情報だけを管理する仕組みをOAuth認証と呼びます。本節ではLaravelアプリケーションで実装するOAuth認証クライアントを解説します。

6-4-1 Socialite

　LaravelではSocialite[1]パッケージを利用することで、OAuth 2.0またはOAuth 1.0に対応した認証クライアントを利用できます。

　SocialiteにはFacebookとTwitter、LinkedIn、Google、GitHub、そしてBitbucketのOAuth認証ドライバが用意されています。これらの外部サービスをユーザー認証に利用する場合は、組み込みが簡単です。また、提供されていないサービスであっても、独自のOAuth認証ドライバを用意することで利用可能です。

Socialiteのインストール

　Socialiteパッケージをインストールするには、アプリケーションのルートディレクトリ（composer.jsonの設置ディレクトリ）で、下記のコマンドを実行します。

リスト6.4.1.1：laravel/socialiteパッケージのインストール

```
$ composer require laravel/socialite
```

　SocialtiteパッケージはPackage Discovery[2]対応なので、Laravel 5.5以降ではサービスプロバイダをconfig/app.phpなどに記述する必要はありません。

1　https://github.com/laravel/socialite
2　https://laravel.com/docs/5.6/packages#package-discovery

| 第一部 Laravelの基礎 | 第二部 実践パターン | 第三部 Laravelアプリケーション開発手法 |

Socialiteの利用準備

パッケージで利用する設定値は、Laravelインストール時に標準で用意されるconfig/services.phpに配列で記述します。Socialiteで利用する設定キーは下表に示す通りです。

表6.4.1.2：Socialiteの設定キー

設定キー	概要
client_id	外部サービスで発行されるクライアントIDを文字列で記述。.envファイルと併用可能。
client_secret	外部サービスで発行されたクライアントシークレットを記述。
redirect	外部サービスとの認証処理で利用するアプリケーションのコールバックURLを記述。
guzzle	オプションで利用する項目。Socialiteが内部で利用しているGuzzle[3] のコンストラクタに渡す引数として作用。

config/services.phpにOAuth認証に利用するサービス名を配列キーとして追記し、上表の設定キーを利用して記述します。

6-4-2 GitHub OAuth認証

本項では、GitHubを利用するOAuth認証を例に、ログイン処理の実装を説明します。

GitHubのOAuthを利用するには、GitHubにログイン後、[Settings] → [Developer settings] に遷移して、[OAuth Apps] の [New OAuth App] でアプリケーションを登録します。

[Homepage URL]にWebアプリケーションのURLを記入し、OAuth認証で利用する [Authorization callback URL] に、GitHub認証後にリダイレクトされるアプリケーションのURLを記述します。このリダイレクト先URLでGitHubのユーザー情報などを取得し、ログイン処理などを実行させます。

GitHubへのアプリケーション登録後に作成されるClient IDとClient Secretの値を、前表（表6.4.1.2）を参考にして、config/services.phpに記述します（リスト6.4.2.1）。また、.envファイルに記述して、env関数から利用しても構いません。

リスト6.4.2.1：GitHubを利用する例

```
// 省略
'github' => [
    'client_id' => env('GITHUB_CLIENT_ID'),
    'client_secret' => env('GITHUB_CLIENT_SECRET'),
```

---

3 https://github.com/guzzle/guzzle

```
        'redirect' => 'http://localhost/register/callback',
    ],
```

外部サービス認証ページへのリダイレクトコントローラ

　OAuthで利用するURLは、外部サービスの認証ページにリダイレクトするURLと、外部サービスからコールバックされるURLの2つです。

　外部サービス認証ページへのリダイレクトは、Socialiteで用意されているメソッドを利用します。Socialiteの具象クラスはLaravel\Socialite\SocialiteManagerクラスで、Laravelアプリケーション内ではSocialiteファサード、またはLaravel\Socialite\Contracts\Factoryインターフェースをメソッドインジェクションか、コンストラクタインジェクションを介して利用します。下記コードにコントローラ実装例を示します（リスト6.4.2.2）。

リスト6.4.2.2：Socialiteによるリダイレクト処理

```php
<?php
declare(strict_types=1);

namespace App\Http\Controllers\Register;

use App\Http\Controllers\Controller;
use Laravel\Socialite\Contracts\Factory;
use Symfony\Component\HttpFoundation\RedirectResponse;

final class RegisterAction extends Controller
{
    public function __invoke(Factory $factory): RedirectResponse
    {
        // ①
        return $factory->driver('github')->redirect();
    }
}
```

　driverメソッドで外部サービスを指定します（①）。withメソッドは内部でdriverメソッドをコールしているのでどちらかを利用します。redirectメソッドで指定した外部サービスの認証画面へ遷移します。Socialiteファサードでは**\Socialite::driver('github')->redirect();**となります。

外部サービスからコールバック

　外部サービスからコールバックされるとSocilaite経由でユーザー情報が取得できます。取得したユーザー情報をデータベースに格納することでアプリケーション内のユーザーとして利用できます。

259

第一部 Laravelの基礎　第二部 **実践パターン**　第三部 Laravelアプリケーション開発手法

　標準のEloquentモデルのApp\Userクラスを利用する場合は、標準で用意されているusersテーブルのpasswordカラムが必須であるため、アプリケーションの仕様に合わせてnullableを設定するか、passwordカラムを削除するなどテーブル定義を変更します。

　なお、アプリケーションでOAuth認証と通常のパスワード認証があり、そのどちらかをユーザーに提供する場合は、認証処理を拡張する必要があることに留意してください。

　外部サービスでの認証後、アプリケーション内でユーザー登録を行ないログインさせる、コード例は下記の通りです（リスト6.4.2.3）。

リスト6.4.2.3：Socialiteを利用したユーザー作成とログイン

```php
<?php
declare(strict_types=1);

namespace App\Http\Controllers\Register;

use App\Http\Controllers\Controller;
use App\User;
use Illuminate\Auth\AuthManager;
use Laravel\Socialite\Contracts\Factory;

final class CallbackAction extends Controller
{
    public function __invoke(
        Factory $factory,
        AuthManager $authManager
    ) {
        // ①
        $user = $factory->driver('github')->user();
        // ②
        $authManager->guard()->login(
            User::firstOrCreate([
                'name'  => $user->getName(),
                'email' => $user->getEmail(),
                'password' => '',
            ]),
            true
        );
        /*
         * Facadeを使って記述する場合は以下の通りです
        $user = \Socialite::driver('github')->user();
        \Auth::login(
            User::firstOrCreate([
                'name'  => $user->getName(),
                'email' => $user->getEmail(),
            ]),
            true
        );
        */
        return redirect('/home');
```

260

```
        }
    }
}
```

上記コード例に示す通り、コールバック時にSocialiteのメソッドを介してユーザー情報を取得します（①）。ここで返却されるメソッドは、抽象クラスのLaravel\Socialite\AbstractUserクラスを継承しています。続いて、外部サービスから取得したユーザー情報をデータベースに登録し、ログイン処理を実行します（②）。コード例ではloginメソッドの第2引数にtrueを指定し、自動ログインのクッキーを発行しています。

ログイン後は任意のページへ遷移することで、通常のログインユーザーと同じ扱いとなります。

6-4-3 動作拡張

SocialiteパッケージのOAuth認証ドライバには、動作を拡張するオプションがいくつか用意されています。本項ではアプリケーション開発でよく使われる組み合わせ例を紹介します。

なお、本項で紹介する例は、Laravel\Socialite\Two\AbstractProviderクラスを継承したクラスすべてで利用できますが、OAuth 1.0のtwitterドライバの場合は利用できません

通信内容をログに出力する

外部サービスとの通信をログとして保存するため、GuzzleのMiddleware[4]を利用すると、フレームワークのログ出力に追加できます。Socilaiteで任意のGuzzleインスタンスを利用するには、setHttpClientメソッドが利用できます。次にコード例を示します（リスト6.4.3.1）。

リスト6.4.3.1：通信内容をログとして出力する例

```php
<?php
declare(strict_types=1);

namespace App\Http\Controllers\Register;

use App\Http\Controllers\Controller;
use App\User;
use GuzzleHttp\Client;
use GuzzleHttp\HandlerStack;
use GuzzleHttp\MessageFormatter;
use GuzzleHttp\Middleware;
```

---

4 http://docs.guzzlephp.org/en/stable/handlers-and-middleware.html

```
use Illuminate\Auth\AuthManager;
use Laravel\Socialite\Contracts\Factory;
use Laravel\Socialite\Two\GithubProvider;
use Psr\Log\LoggerInterface;

final class CallbackAction extends Controller
{
    public function __invoke(
        Factory $factory,
        AuthManager $authManager,
        LoggerInterface $log
    ) {
        /** @var GithubProvider $driver */
        $driver = $factory->driver('github');
        $user = $driver->setHttpClient(
            new Client([
                'handler' => tap(
                    HandlerStack::create(),
                    function (HandlerStack $stack) use ($log) {
                        $stack->push(Middleware::log($log, new MessageFormatter()));
                    })
                ])
        )->user();
        // （中略）
    }
}
```

アクセス権のスコープ追加

　外部サービスのアクセス権要求で、標準で用意されたものに追加または設定変更することが可能です。外部サービスのアクセス権は、各サービスが提供するOAuthのドキュメントなどを参照して、必要に応じて指定してください。

　次のコード例に、GitHubでのアクセス権追加とアクセス権の設定変更の例を示します（リスト6.4.3.2〜6.4.3.3）。

リスト6.4.3.2：GitHubのアクセス権にuser:followを加える例

```
$driver = \Socialite::driver('github');
$driver->scopes(['user:follow']);
```

リスト6.4.3.3：GitHubのアクセス権を設定し直す例

```
$driver = \Socialite::driver('github');
$driver->setScopes(['user:email', 'user:follow']);
```

ユーザー情報アクセス時にパラメータ追加

外部サービスとの通信時に、GETリクエストで送信されるパラメータを任意で追加します。

リスト6.4.3.4：リクエスト送信時のパラメータ追加例

```
$driver = \Socialite::driver('github');
$driver->with(['allow_signup' => 'false']);
```

ステートレス

一部の外部サービスではアプリケーション側で状態を保持する必要があります。その場合はアプリケーションでstatelessメソッドを利用して、セッションに状態を保持します

リスト6.4.3.5：セッションを利用する例

```
$driver = \Socialite::driver('facebook');
$driver->stateless()->user();
```

6-4-4 OAuthドライバの追加

世界的によく使われているOAuth認証は、サードパーティーのパッケージ「Socialite Providers」[5]で提供されています。連携したい外部サービスの認証ドライバが提供されているかを確認して、導入しましょう。もっとも、Socialite Providersに用意されていない外部サービスでも、アプリケーション独自の認証ドライバを簡単に実装できます。本項では、AmazonのOAuth認証ドライバを追加する方法を解説します。

アプリケーション登録

AmazonのOAuth認証を利用するには、前述のGitHubと同様、アプリケーションを登録する必要があります。[Login with amazon]の[Developer Center]→[Getting Started]から[Web][6]を選択して、[Register Your Application]→[App Console]に遷移してアプリケーションを登録します。
[Register new application]で利用するアプリケーション情報を登録すると、Client IDとClient

---

5 https://socialiteproviders.github.io/
6 https://login.amazon.com/website

Secretが発行されます。発行後、AmazonからコールバックされるURLを［Allowed Return URLs］に記述するとOAuth認証が利用できます。

　続いて、発行されたClient IDとClient Secretをサービス名「amazon」として、config/services.phpに追記します（リスト6.4.4.1）。

リスト6.4.4.1：発行された情報をconfig/services.phpに追加

```
// 省略
'amazon' => [
    'client_id' => env('AMAZON_CLIENT_ID'),
    'client_secret' => env('AMAZON_CLIENT_SECRET'),
    'redirect' => 'https://localhost/register/callback',
]
```

Amazon OAuth認証ドライバの実装

AmazonのOAuth認証はOAuth 2.0なので、SocialiteのLaravel\Socialite\Two\AbstractProviderクラスを継承して利用します。抽象クラスで下表に示す4メソッドを実装する必要があります。

表6.4.4.2：Laravel\Socialite\Two\AbstractProvider抽象メソッド

メソッド	概要
getAuthUrl	OAuth認証を提供しているサービスの認証を提供するURLを文字列で記述
getTokenUrl	OAuth認証を提供しているサービスのトークンを取得するURLを文字列で記述
getUserByToken	取得したトークンを利用して、ユーザー情報を取得するメソッド 取得したユーザー情報を配列で返却します
mapUserToObject	getUserByTokenで取得した配列をLaravel\Socialite\Two\Userインスタンスに変換して返却します

　メソッドに対応するURLは、「Developer Center」のドキュメント[7]で公開されているので、それぞれに対応したURLを記述し実装します。

　ユーザー情報のアクセス権で指定できるスコープはprofileとprofile:userid、postalcodeですが、本項ではprofileを指定してAmazonからユーザー情報にアクセスします。AmazonのOAuth認証ドライバをApp\Foundation\Socialite\AmazonProviderクラスとした実装例を下記に示します。

リスト6.4.4.3：Amazon OAuth認証ドライバ実装例

```
<?php
declare(strict_types=1);
```

7　https://login.amazon.com/documentation

```php
namespace App\Foundation\Socialite;

use Laravel\Socialite\Two\AbstractProvider;
use Laravel\Socialite\Two\ProviderInterface;
use Laravel\Socialite\Two\User;
use function strval;
use function GuzzleHttp\json_decode;

final class AmazonProvider extends AbstractProvider implements ProviderInterface
{
    protected $scopes = [
        'profile'
    ];

    protected function getAuthUrl($state): string
    {
        // ①
        return $this->buildAuthUrlFromBase('https://www.amazon.com/ap/oa', $state);
    }

    protected function getTokenUrl(): string
    {
        // ②
        return 'https://api.amazon.com/auth/o2/token';
    }

    protected function getUserByToken($token): array
    {
        // ③
        $response = $this->getHttpClient()
            ->get('https://api.amazon.com/user/profile', [
                'headers' => [
                    'x-amz-access-token' => $token,
                ]
            ]);
        return json_decode(strval($response->getBody()), true);
    }

    protected function mapUserToObject(array $user): User
    {
        // ④
        return (new User())->setRaw($user)->map([
            'id'       => $user['user_id'],
            'nickname' => $user['name'],
            'name'     => $user['name'],
            'email'    => $user['email'],
            'avatar'   => '',
        ]);
    }

    protected function getTokenFields($code): array
    {
```

265

```
        return parent::getTokenFields($code) + [
                'grant_type' => 'authorization_code'
            ];
    }
}
```

上記コード例に示す通り、OAuth認証を行なうURLを記述します（①）。記述したURLにリクエスト
パラメータが付与され、Amazonのユーザー認証ページへ遷移します。続いて、トークンを取得する
URLを記述します（②）。これはユーザー情報アクセス時に内部で利用されます。

次に②で取得したトークンを用いてユーザー情報を取得します（③）。トークンを使うリクエスト送
信方法には、リクエストパラメータにaccess_tokenを利用する、Authorization Bearer ヘッダを利
用する、x-amz-access-tokenヘッダを利用する、の3種類が用意されています。最後に③で問い合わ
せた結果をLaravel\Socialite\Two\Userインスタンスに渡して返却します（④）。

次にサービスプロバイダを利用し、Socialiteで利用する認証ドライバとして追加します。app/
Providers配下に標準で用意されているサービスプロバイダに記述するか、または専用のサービスプロ
バイダクラスを用意します。

リスト6.4.4.4：Socialiteを拡張してドライバを追加

```php
<?php
declare(strict_types=1);

namespace App\Providers;

use App\Foundation\Socialite\AmazonProvider;
use Illuminate\Contracts\Foundation\Application;
use Illuminate\Support\ServiceProvider;
use Laravel\Socialite\Contracts\Factory;
use Laravel\Socialite\SocialiteManager;

class SocialiteServiceProvider extends ServiceProvider
{
    /**
     * @param Factory|SocialiteManager $factory
     */
    public function boot(Factory $factory)
    {
        // ①
        $factory->extend('amazon', function(Application $app) use ($factory) {
            return $factory->buildProvider(
                AmazonProvider::class,
                $app['config']['services.amazon']
            );
        });
    }
```

```
}
```

　Socialiteのサービスプロバイダは遅延登録されるため、bootメソッドを利用して登録します。認証ドライバの追加にはextendメソッドを利用します。第1引数には認証ドライバ名を記述し、第2引数にクロージャを利用して、作成したApp\Foundation\Socialite\AmazonProviderのインスタンス生成を行ないます（①）。

　Socialiteで利用されているbuildProviderメソッドを利用すると便利です。上記コード例ではLaravel\Socialite\Contracts\Factoryインターフェースを指定し、メソッドインジェクションでSocialiteManagerインスタンスへアクセスしていますが、Socialiteファサードでextendメソッドを利用しても構いません。

　認証ドライバ登録後は、Socialiteでamazonドライバとして利用できます。

リスト6.4.4.5：amazonドライバの利用例

```
final class RegisterAction extends Controller
{
    public function __invoke(Factory $factory): RedirectResponse
    {
        return $factory->driver('amazon')->redirect();
        // または \Socilaite::driver('amazon')->redirect(); として利用できます
    }
}
```

　本項で説明した通り、Socialiteを利用したOAuth認証ドライバの追加は、Laravelの機能拡張方法とほぼ同様に利用できます。ライブラリ自体には大きく手を加えず拡張できるため、拡張方法を把握すると、さまざまなアプリケーションへの対応が容易になります。

| 第一部 | Laravelの基礎 | 第二部 | 実践パターン | 第三部 | Laravelアプリケーション開発手法 |

6-5 認可処理

ユーザーがアクセスできるリソースを制御する

認可機能とは、アプリケーションを利用するユーザーに対して、リソースや機能に利用制限を設けて制御する仕組みです。LaravelではGateファサードを通じて認可機能が提供されています。本節では、アプリケーションに適用する実装例を紹介しつつ認可処理を解説します。

6-5-1 認可処理を理解する

Laravelで用意されている認可処理は、1つの認可処理に名前を付けて利用の可否を決定付けるゲート（Gate）と、複数の認可処理を記述するポリシー（Policy）の2種類が利用できます。標準では、いずれもApp\Providers\AuthServiceProviderクラスに記述して利用します。アカウントにロール（役割）を設けて、操作可能なメニューの許可を定義するケースなどで使用します。

認可機能はGateファサードまたはIlluminate\Contracts\Auth\Access\Gateインターフェースを介して利用します。Gateファサードの具象クラスはIlluminate\Auth\Access\Gateクラスです。

Illuminate\Contracts\Auth\Access\Gate

認可処理インターフェースは、Illuminate\Contracts\Auth\Access\Gateインターフェースの実装として機能が提供されています。仕組み自体はシンプルですが、Illuminate\Contracts\Auth\Authenticatableを実装したインスタンスを組み合わせて、認証済みのログインユーザーに対して認可処理を実行します。

6-5-2 認可処理

ゲートとポリシーは実装方法と利用方法に違いがあります。アプリケーションに合わせてどちらを利用しても構いません。2つの違いを解説します。

ゲート

　ゲートには、例えば、ブログやクチコミなど投稿コンテンツに対して、コンテンツを投稿者のみに編集ボタンを表示したりコンテンツ更新を許可したりする、または、管理画面のアクセス許可などを制御する、文字通り「ゲート」としての処理を、クロージャとしてシンプルに定義します。

　認可処理は認証処理に含めると、煩雑になったりクラスの責務が多くなってしまったりしがちで、権限制御の処理を実装するとクラス全体が巨大化してしまうため、機能追加や仕様変更などの要求に答えられなくなってしまいます。そこで、認可処理を切り出すことで、コントローラやミドルウェア、またはBladeテンプレートなどで利用します。

　ユーザーのプロフィール編集ページを題材に、認可処理を実装する例を紹介します。

リスト6.5.2.1：ログインしているユーザーのみアクセスを許可する認可処理例

```php
<?php
declare(strict_types=1);

namespace App\Providers;

use App\User;
use Illuminate\Contracts\Auth\Access\Gate as GateContract;
use Illuminate\Foundation\Support\Providers\AuthServiceProvider as ServiceProvider;

use function intval;

class AuthServiceProvider extends ServiceProvider
{
    // 省略

    public function boot(GateContract $gate)
    {
        $this->registerPolicies();
        // ①
        $gate->define('user-access', function (User $user, $id) {
            return intval($user->getAuthIdentifier()) === intval($id);
        });
        // または \Gate::define('user-access', ... )
    }
}
```

　defineメソッドは認可処理に名前を付けて、紐付く処理をクロージャで記述します。クロージャで記述した処理の戻り値は、booleanで返却する必要があります。上記コード例では、認可処理を「user-access」と名付けています（①）。クロージャの第1引数にはIlluminate\Contracts\Auth\Authenticatableインターフェースを実装したクラスのインスタンスを利用できます。第2引数に渡さ

れるidは、Gateで提供されているallowsメソッドまたはcheckメソッドで指定する値となります。

　なお、第1引数には認証済みユーザーのインスタンスが渡されるので、Eloquentモデルを利用した認証処理以外でもまったく同じ動作となるため、特別なドライバを用意する必要はありません。

　この認可処理を利用する場合、コントローラで下記の通り記述します（リスト6.5.2.2）。

リスト6.5.2.2：認可処理の適用例

```php
<?php
declare(strict_types=1);

namespace App\Http\Controllers\User;

use App\Http\Controllers\Controller;
use Illuminate\Auth\AuthManager;
use Illuminate\Contracts\Auth\Access\Gate;

final class RetrieveAction extends Controller
{
    private $authManager;

    private $gate;

    public function __construct(
        AuthManager $authManager,
        Gate $gate
    ) {
        $this->authManager = $authManager;
        $this->gate = $gate;
    }

    public function __invoke(string $id)
    {
        // ①
        if ($this->gate->allows('user-access', $id)) {
            // 実行が許可される場合に実行
        }
        // または \Gate::allows('user-access', $id)
    }
}
```

　Gateのdefineメソッドで記述した処理が実行されます（①）。上記コード例ではプロフィールを表示するURL、**/users/{id}**にアクセスした場合、ログインしているユーザーIDとアクセスしたページのIDが同一であれば、何らかの処理を実行する流れです。allowsメソッドとは逆のdeniesメソッドを使用すると、認可されていない場合に作用させられます。

270

defineメソッドの第2引数にはクロージャの他に、ルートの登録と同様のクラス名@メソッド名を記述する方法や、Laravelのリソースコントローラと同じく特定メソッドを含んだクラスを指定することで、複数の認可処理を記述したアクセスポリシークラスを登録する方法があります。

また、この処理は内部でコールバックとして実行されるので、__invokeメソッドを実装したクラスを1つの認可処理として登録することも可能です。この仕組みを利用する場合は、上記の認可処理は下記コード例のクラスで表現できます。

リスト6.5.2.3：1つの認可処理を1つのクラスとして表現する例

```php
<?php
declare(strict_types=1);

namespace App\Gate;

use App\User;
use function intval;

final class UserAccess
{
    public function __invoke(User $user, string $id): bool
    {
        return intval($user->getAuthIdentifier()) === intval($id);
    }
}
```

また、下記コード例に示す通り、サービスプロバイダを利用してdefineメソッドなどでクラスのインスタンス登録で利用できます。

リスト6.5.2.4：__invokeを実装したメソッドを認可処理で利用する例

```php
    public function boot(GateContract $gate)
    {
        $this->registerPolicies();
        $gate->define('user-access', new UserAccess());
    }
```

認可処理を実行する前に動作させたい処理があれば、beforeメソッドを実装します。例えば、認可処理が必要なルーティングにアクセスした場合に、アクセスログの保管、コンテンツに対する権限別でのアクセス解析など、アプリケーションで実装するケースが多い機能を実現できます。

次のコード例にbeforeメソッドを利用する認可処理の実装を示します（リスト6.5.2.5）。

リスト6.5.2.5：beforeメソッドを利用した認可処理ロギング

```php
<?php
declare(strict_types=1);

namespace App\Providers;

use App\Gate\UserAccess;
use App\User;
use Illuminate\Contracts\Auth\Access\Gate as GateContract;
use Illuminate\Foundation\Support\Providers\AuthServiceProvider as ServiceProvider;

use function intval;
use Psr\Log\LoggerInterface;

class AuthServiceProvider extends ServiceProvider
{
    // 省略

    public function boot(GateContract $gate, LoggerInterface $logger)
    {
        $this->registerPolicies();
        $gate->define('user-access', new UserAccess());
        // ①
        $gate->before(function ($user, $ability) use ($logger) {
            $logger->info($ability, [
                'user_id' => $user->getAuthIdentifier()]
            );
        });
    }
}
```

　beforeメソッドで利用するクロージャの第1引数には、defineと同じくIlluminate\Contracts\ Auth\Authenticatableインターフェースを実装したクラスのインスタンスが渡されます。第2引数に はこのあとに実行される認可処理名が渡されます（①）。上記のコード例では、このあとに実行される 処理で、どのユーザーがアクセスしたかログに残す処理となります。

ポリシー

　ポリシーはリソースに対する認可処理をまとめて記述する仕組みです。ポリシークラスを作成する場 合は、下記のartisanコマンドを利用してクラスの雛形を生成できます。

リスト6.5.2.6：ポリシークラス作成例

```
$ php artisan make:policy ContentPolicy
```

ポリシークラスは、特定のEloquentモデルの機能と紐付いているわけではありません。しかし、データの新規作成や更新、削除、表示など、コントローラの処理と関連するEloquentモデルを型宣言として、いくつかのメソッドが記述されたクラスの雛形も生成できます。

　雛形が必要な場合は、下記のコマンド例に示す通り、make:policyコマンドに--modelオプションで、対応するEloquentモデルを指定します（リスト6.5.2.7）。

リスト6.5.2.7：Eloquentモデルが記述されたメソッドを含むポリシークラス作成例

```
$ php artisan make:policy ContentPolicy --model=Content
```

　上記のコマンドを実行すると、下記コード例に示す通り、メソッドが記述されたクラスが雛形として生成されます（リスト6.5.2.8）。

リスト6.5.2.8：Eloquentモデルが記述されたメソッドを含むポリシークラス

```php
<?php

namespace App\Policies;

use App\User;
use App\Content;
use Illuminate\Auth\Access\HandlesAuthorization;

class ContentPolicy
{
    use HandlesAuthorization;

    public function view(User $user, Content $content)
    {
        //
    }

    public function create(User $user)
    {
        //
    }

    public function update(User $user, Content $content)
    {
        //
    }

    public function delete(User $user, Content $content)
    {
        //
    }
```

```
    public function restore(User $user, Content $content)
    {
        //
    }

    public function forceDelete(User $user, Content $content)
    {
        //
    }
}
```

　各メソッドとコントローラのリソースを対応させて利用することで、どういう処理が実行されるか容易に把握可能になります。ポリシークラスのメソッド名に命名規則はなく、自由にメソッド名を記述できます。

　また、前述のコード例「beforeメソッドを利用した認可処理ロギング」(リスト6.4.2.5)で紹介した通り、beforeメソッドをポリシークラスに記述することで、ポリシークラスのメソッドが実行される前にbeforeメソッドが実行されます。

　作成したクラスとEloquentモデルを対応させるには、下記コード例に示す通り、App\Providers\AuthServiceProviderクラスのpoliciesプロパティに記述します。

リスト6.5.2.9：ポリシークラスの登録例

```
protected $policies = [
    \App\Content::class => \App\Policies\ContentPolicy::class,
];
```

　ここで登録したポリシークラスは、Illuminate\Contracts\Auth\Authenticatableインターフェースを実装したクラスのインスタンスを経由して利用できます。利用するクラスがEloquentモデルを継承していれば、canメソッドまたはcantメソッドを利用して認可処理を実行できます。

リスト6.5.2.10：Eloquentモデル経由の認可処理実行例

```
<?php
declare(strict_types=1);

namespace App\Http\Controllers\User;

use App\Http\Controllers\Controller;
use App\User;
use App\Content;
use Illuminate\Auth\AuthManager;
```

```
final class RetrieveAction extends Controller
{
    private $authManager;

    public function __construct(AuthManager $authManager)
    {
        $this->authManager = $authManager;
    }

    public function __invoke(string $id)
    {
        $content = Content::find((int) $id);
        /** @var User $user */
        $user = $this->authManager->guard()->user();
        if ($user->can('update', $content)) {
            // 実行可能な場合処理される
        }
    }
}
```

Eloquentモデルを利用しないポリシー

　Eloquentモデルを利用しない場合もポリシークラスの利用方法は変わりません。Eloquentモデルを利用しているクラスの登録方法と同様、App\Providers\AuthServiceProviderクラスのpoliciesプロパティに記述します。下記に示すコード例では、PHPのビルトインクラスstdClassをキーにポリシークラスを記述します。

リスト6.5.2.11：PHPのビルトインクラスを利用したポリシークラス登録例

```
protected $policies = [
    \stdClass::class => ContentPolicy::class,
];
```

　上記で指定したContentPolicyクラスを下記コード例に示す通り、記述します。

リスト6.5.2.12：PHPのビルトインクラスを使ったポリシークラス実装例

```
<?php
declare(strict_types=1);

namespace App\Policies;

use stdClass;
use Illuminate\Auth\Access\HandlesAuthorization;
```

```php
use Illuminate\Contracts\Auth\Authenticatable;

use function intval;

class ContentPolicy
{
    use HandlesAuthorization;

    public function edit(
        Authenticatable $authenticatable,
        stdClass $class
    ): bool {
        // ①
        if (property_exists($class, 'id')) {
            return intval($authenticatable->getAuthIdentifier()) === intval($class->id);
        }

        return false;
    }
}
```

　上記コード例は、stdClassのプロパティにidがあるかどうかを調べ、存在する場合は認証ユーザーのidと同じ値であるか比較し、同じ値であれば実行可能とする例です（①）。

　これまでのコード例と同様、コントローラクラスから利用する場合も認可処理のメソッド利用方法は同じです。認証済みユーザーを取得して、認可処理にインスタンスを与えて実行します。

リスト6.5.2.13：ポリシークラスの利用例

```php
<?php
declare(strict_types=1);

namespace App\Http\Controllers\User;

use App\Http\Controllers\Controller;
use Illuminate\Auth\AuthManager;
use Illuminate\Contracts\Auth\Access\Gate;

final class RetrieveAction extends Controller
{
    private $authManager;

    private $gate;

    public function __construct(AuthManager $authManager, Gate $gate)
    {
        $this->authManager = $authManager;
```

```
        $this->gate = $gate;
    }

    public function __invoke(string $id)
    {
        $class = new \stdClass();
        $class->id = 1;
        // ①
        $this->gate->forUser(
            $this->authManager->guard()->user()
        )->allows('edit', $class);
    }
}
```

　上記コード例では、ビルトインクラスのインスタンスにidプロパティに値を与え、ログインユーザーとビルトインクラスのインスタンスをポリシークラスのeditメソッドを利用します（①）。

　また、標準で用意されているApp\Http\Controllers\Controllerクラスでは、Illuminate\Foundation\Auth\Access\AuthorizesRequestsトレイトを通じて、認可処理が簡単に扱えるメソッドを利用できます。

リスト6.5.2.14：AuthorizesRequestsトレイトのメソッド利用例

```
    public function __invoke(string $id)
    {
        $class = new \stdClass();
        $class->id = 1;
        // ①
        $this->authorizeForUser(
            $this->authManager->guard()->user(),
            'edit',
            $class
        );
    }
```

上記コード例にあるauthorizeForUserメソッドは、認可されない場合はエラーとして、Illuminate\Auth\Access\AuthorizationExceptionがスローされます（①）。認可される条件の場合は処理を通過して、以降の処理が実行されます。

6-5-3 Bladeテンプレートによる認可処理

Bladeテンプレートでも、認可処理を利用して描画内容の操作などが可能です。@canや@cannotなどのディレクティブが用意されており、内部でコールされるメソッドは、Gateクラスのcheckメソッドやdeniesメソッド、anyメソッドなどです。基本的な処理はコントローラなどで行なわれる場合とまったく同じです。

リスト6.5.3.1：認可処理をBladeテンプレートに記述する例

```
@can('edit', $content)
    // コンテンツ編集のためのボタンなどを表示
@elsecan('create', App\Content::class)
    // コンテンツ作成のための描画が行なわれる
@endcan
```

BladeテンプレートとView Composer

テンプレート描画でいくつかのロジックが必要になる場合、View Composerを利用することでロジックと描画を分離できます。本項ではこの仕組みを利用して認可処理を組み合わせる例を紹介します。

下記コード例のBladeテンプレートをベースに、yieldディレクティブに対応する内容と認可処理を組み合わせて変更します。

リスト6.5.3.2：Bladeテンプレート例

```
<html>
<head>
    <title>Laravel Gate Example</title>
</head>
<body>

<div class="container">
    sample content
    @yield('authorized')
</div>
</body>
</html>
```

View Composerでは、次のコード例に示す通り、ログインユーザーと認可処理を実行し、Bladeテンプレート描画時に差し込まれる内容を操作します（リスト6.4.3.3）。

ここで利用するポリシークラスは、「6-4-2 認可処理」で紹介したContentPolicyクラスを利用し、App\Foundation\ViewComposer\PolicyComposerクラスとして作成します。

リスト6.5.3.3：認可を伴うプレゼンテーションロジック実装例

```php
<?php
declare(strict_types=1);

namespace App\Foundation\ViewComposer;

use Illuminate\Auth\AuthManager;
use Illuminate\Contracts\Auth\Access\Gate;
use Illuminate\View\View;

final class PolicyComposer
{
    private $gate;

    private $authManager;

    public function __construct(Gate $gate, AuthManager $authManager)
    {
        $this->gate = $gate;
        $this->authManager = $authManager;
    }

    public function compose(View $view)
    {
        $allow = $this->gate->forUser(
            $this->authManager->guard()->user()
        )->allows('edit');
        // ①
        if ($allow) {
            $view->getFactory()->inject('authorized', 'allowed');
        }
        $view->getFactory()->inject('authorized', 'denied');
    }
}
```

認可された処理かどうかを判定し、認可されている場合はBladeテンプレートのyieldディレクティブで指定されているauthorizedにallowedが表示され、認可されていない場合はdeniedと表示されます。同様にテンプレート描画を指定することで表示内容を大きく変更できます。その場合は、$view->getFactory()->make('テンプレート名')->render() などが利用できます。

最後にサービスプロバイダでこのView Compsoerが作用するテンプレートを指定します。View Composerを登録する場合は、bootメソッドを利用して記述します。

リスト6.5.3.4：View Composerの登録例

```php
<?php
declare(strict_types=1);

namespace App\Providers;

use App\Foundation\ViewComposer\PolicyComposer;
use Illuminate\Support\ServiceProvider;
use Illuminate\View\Factory;

class AppServiceProvider extends ServiceProvider
{
    public function boot(Factory $factory)
    {
        $factory->composer('PolicyComposerを利用したいテンプレート名', PolicyComposer::class);
    }
}
```

　本項で説明した通り、リスト6.5.3.3とリスト6.5.3.4を組み合わせることで、テンプレートに認可処理などを使った記述をせずに実際の処理を分離できます。

Chapter 7

第二部

処理の分離

非同期処理と分散処理を理解する

ビジネスの成長とともに大きく複雑化したアプリケーションでは、さまざまな問題が起こりはじめます。ビジネス要求を実現するコードのほかにも多くの機能が追加され、特に実行に時間を要する処理などは大きな問題となり得ます。本章では、問題となり得る処理の改善と実装、そして大規模化への対応として分散処理の入口を解説します。

7-1 イベント

オブザーバーパターンの実装

　Laravelではイベントと呼ばれる機能を利用してさまざまな拡張が行なわれます。イベントにはトリガーが用意され、いわゆるオブザーバーパターンが実装されています。例えば、データベースへの問い合わせ、HTTPリクエストからのルート決定処理、ユーザーのログインなどをトリガーに利用できます。

　イベントの仕組みを深く理解し、アプリケーションでイベントを用意することで、処理の分離や複雑な実装コードの解消、フレームワークの拡張に役立てることができます。

7-1-1 イベントの基本

　イベントを利用するには、下記に紹介する3つの役割を把握する必要があります。

イベント（Event）

　イベントは何かしらの動作や変更などが発生した際に発信されるもので、発生時の情報をオブジェクトとして表現します。

リスナー（Listner）

　リスナーはイベントに対応する処理を実行する機能です。Laravelではサーバサイドで同期的に処理するか、キューと組み合わせて非同期でも実行可能です（キューの詳細は「7-2 キュー」を参照してください）。

ディスパッチャー（Dispatcher）

　ディスパッチャーはイベントを発行する機能です。リスナークラスの実装次第でサーバサイドでリスナーを起動させるか、socket.io（websocket）を通じてWebブラウザに実行させるかをディスパッチャーが振り分けます。また、eventヘルパー関数を通じて利用することもできます。

7-1-2　イベントの作成

　フレームワークでは、下表に示すヘルパ関数やクラス、インターフェースを通じてディスパッチャーを利用してイベントを実行します。イベント利用時の注意点と作成方法を説明します（表7.1.2.1）。

表7.1.2.1.：イベント仕様

項目	内容
ファサード	Event
ヘルパ関数（Dispatcher）	event()
Dispatcherクラス	Illuminate\Events\Dispatcher
Dispatcherインターフェース	Illuminate\Contracts\Events\Dispatcher

　Laravelでは、イベントクラスの生成方法としてevent:generateとmake:eventコマンド、イベントリスナーの生成方法としてmake:listenerコマンドが、それぞれ用意されています。

event:generateコマンドによるイベントクラスの生成

　event:generateコマンドによるイベントクラス生成は、App\Providers\EventServiceProviderクラスとphp artisan event:generateコマンドを組み合わせで実行されます。App\Providers\EventServiceProviderクラスのlistenプロパティに対して、イベントクラス名をキーとして、リスナークラス名を値とする配列を記述すると、両方のクラスファイルを生成します。（リスト7.1.2.2～7.1.2.3）。

リスト7.1.2.2：event:generateの準備

```php
<?php

namespace App\Providers;

use Illuminate\Support\Facades\Event;
use Illuminate\Foundation\Support\Providers\EventServiceProvider as ServiceProvider;

class EventServiceProvider extends ServiceProvider
{
    protected $listen = [
        'Eventクラス' => [
            'Eventクラスに対応したListnerクラス',
        ],
    ];
```

```
    // 省略
}
```

リスト7.1.2.3：event:generate実行

```
$ php artisan event:generate
```

make:eventコマンドによるイベントクラスの生成

　続いて、下記コード例に示すのはイベントクラスの雛形を生成するコマンド、php artisan make:event を利用してイベントクラスを生成する方法です（リスト7.1.2.4）。デフォルトではapp/Eventディレクトリにクラスファイルが生成されますが、任意のディレクトリと名前空間を利用する場合は、下記のように実行します。

リスト7.1.2.4：make:event（任意のクラスを指定）

```
$ php artisan make:event App\\CustomNamespace\\PublishProcessor
```

　make:eventコマンドで生成されるイベントクラスの雛形がいくつか含まれており、必要に応じて削除します（リスト7.1.2.5）。次表にイベントクラスの雛形に含まれるトレイトを示します（表7.1.2.6）。

リスト7.1.2.5：make:event PublishProcessorの実行例

```php
<?php

namespace App\Events;

use Illuminate\Broadcasting\Channel;
use Illuminate\Queue\SerializesModels;
use Illuminate\Broadcasting\PrivateChannel;
use Illuminate\Broadcasting\PresenceChannel;
use Illuminate\Foundation\Events\Dispatchable;
use Illuminate\Broadcasting\InteractsWithSockets;
use Illuminate\Contracts\Broadcasting\ShouldBroadcast;

class PublishProcessor
{
    use Dispatchable, InteractsWithSockets, SerializesModels;

    public function __construct()
    {
        //
    }
```

```php
    public function broadcastOn()
    {
        return new PrivateChannel('channel-name');
    }
}
```

表7.1.2.6：イベントクラスの雛形に含まれるトレイト

トレイト	内容
Illuminate\Queue\SerializesModels	Queueと組み合わせて非同期イベントを実行するときに利用
Illuminate\Foundation\Events\Dispatchable	イベントクラスにDispatcherとして作用させるときに利用
Illuminate\Broadcasting\InteractsWithSockets	socket.ioを使ってブラウザにイベント通知するときに利用

イベントリスナーの雛形の生成

　最後に、php artisan make:listenerコマンドを実行して、イベントリスナークラスの雛形を生成します。make:listenerコマンドの引数にイベントリスナークラス名を、--eventオプションの引数にイベントクラス名をそれぞれ指定して実行します（リスト7.1.2.7）。

リスト7.1.2.7：make:listenerによるイベントリスナー生成

```
$ php artisan make:listener MessageSubscriber --event PublishProcessor
```

リスト7.1.2.8：生成されたMessageSubscriberクラス

```php
<?php

namespace App\Listeners;

use App\Events\PublishProcessor;

class MessageSubscriber
{
    public function handle(PublishProcessor $event)
    {
        //
    }
}
```

| 第一部 Laravelの基礎 | **第二部 実践パターン** | 第三部 Laravelアプリケーション開発手法 |

Eventファサード利用時の注意

PHPのPECL拡張モジュール「Event」（http://pecl.php.net/package/event）がインストールされている環境では、PHPの名前空間と衝突するため、Eventファサードは利用できません。フレームワークの設定ファイル（config/app.php）で、下記コード例に示す通り、aliasesの記載部分を変更する必要があります。

リスト：PECL拡張モジュールとの併存（config/app.phpの変更）

```
// PECL拡張モジュール「Event」と衝突するため、下記をコメントアウト、またはエイリアス名を変更
// 'Event' => Illuminate\Support\Facades\Event::class,
'LaravelEvent' => Illuminate\Support\Facades\Event::class,
```

7-1-3　イベントを利用した堅実なオブザーバーパターン

前項で説明した通り、イベントとリスナーを準備後、生成したクラスを使ってオブザーバーパターンを実装します。下記コード例は前項で紹介したPublishProcessorクラスを利用する具体例です。

リスト7.1.3.1：PublishProcessorクラス

```php
<?php
declare(strict_types=1);

namespace App\Events;

final class PublishProcessor
{
    private $int;

    // ①
    public function __construct(int $int)
    {
        $this->int = $int;
    }

    public function getInt(): int
    {
        return $this->int;
    }
}
```

イベントは発生した事実を伝えるものであるため、不要な状態変更を防ぐためイミュータブルオブ
ジェクト（インスタンス生成後に値を変更できないオブジェクト）として作成します（①）。このクラス
はイベント名とデータ送信両方の役割を担うことになります。

　イベントに反応するリスナーとして、前項のリスナークラス作成例で紹介したMessageSubscriber
クラスをイベントに反応させるクラスとして利用します（リスト7.1.3.2）。

リスト7.1.3.2：MessageSubscriber Listenerクラス

```php
<?php
declare(strict_types=1);

namespace App\Listeners;

use App\Events\PublishProcessor;

class MessageSubscriber
{
    public function handle(PublishProcessor $event)
    {
        var_dump($event->getInt());
    }
}
```

　make:listenerコマンドで作成したクラスのhandleメソッドに実際の処理を記述します。送信データ
を格納するApp\Listeners\PublishProcessorインスタンス（イベントクラス）が引数として渡されま
す。アプリケーションでこのイベントを実行するには、実行までにイベントクラスとリスナークラスを
登録しておく必要があります。

　イベントの登録はどこでも構いませんが、実際には標準で用意されている App\Providers\EventSe
rviceProviderクラスを利用するのが一般的です。ここではApp\Providers\EventServiceProviderク
ラスを利用して登録を行ないます。

リスト7.1.3.3：イベントの登録方法

```php
<?php
declare(strict_types=1);

namespace App\Providers;

use App\Events\PublishProcessor;
use App\Listeners\MessageSubscriber;
use Illuminate\Events\Dispatcher;
use Illuminate\Support\Facades\Event;
use Illuminate\Foundation\Support\Providers\EventServiceProvider as ServiceProvider;
```

```
class EventServiceProvider extends ServiceProvider
{
    // デフォルトで用意されているlistenプロパティで指定する場合
    protected $listen = [
        PublishProcessor::class => [
            MessageSubscriber::class,
        ],
    ];

    // bootメソッドを使って登録する場合
    public function boot()
    {
        parent::boot();
        // Facadeを利用した例
        Event::listen(
            PublishProcessor::class,
            MessageSubscriber::class
        );
        // フレームワークのDIコンテナにアクセスする場合
        $this->app['events']->listen(
            PublishProcessor::class,
            MessageSubscriber::class
        );
    }
}
```

　イベントの登録はlistenプロパティで指定するか、bootメソッド内でEventファサードなどを利用してlistenメソッドでイベントクラスとリスナークラスを登録します。または、Eventファサードの代わりに、サービスコンテナ経由でインスタンスを取得するパターンでも構いません。

　下記コード例に示す通り、listenメソッドの第1引数には、イベント名やイベントクラスを文字列で指定、もしくは、配列でイベント名とイベントクラスを複数指定できます。第2引数には、リスナーとして作用させるクラスを文字列またはオブジェクトで指定します（リスト7.1.3.4）。リスナークラスで任意のメソッドを実行させたい場合は、「Listenerクラス名@任意のメソッド名」と指定できます。

リスト7.1.3.4：イベントの登録方法

```
\Event::listen('named.fired', 'SubscribeListener@invoke');
```

　なお、複数のイベントに対して1つのリスナークラスで対応可能ですが、1つのリスナークラスにさまざまな実装コードが入り込む可能性があるため、大規模アプリケーションでの多用は避けましょう。

　イベント登録後はアプリケーション内の任意の場所でイベント発火を実行します。イベント発火は、Eventファサードなどからdispatchメソッドを利用します。dispatchの第1引数にlistenメソッドで指定したイベントのインスタンスまた文字列で渡します。文字列でイベントを指定する場合は、第2引数

でリスナークラスに渡したい値を指定します。

下記に示すコード例では、アプリケーションにWebブラウザからのアクセスが発生することで、イベントが実行されます（リスト7.1.3.5）。

リスト7.1.3.5：トップディレクトリへのアクセス時にイベントを発行する例

```
Route::get('/', function () {
    $view = view('welcome');
    // Dispatcherクラス経由でEventを実行する場合
    \Event::dispatch(new \App\Events\PublishProcessor(1));
    return $view;
});
```

MessageSubscriberクラスのhandleメソッドには、App\Event\PublishProcessorクラスのコンストラクタに指定したint型の1が渡されてメソッドが実行されます。イベントを利用したオブザーバーパターンはこの一連の実装が基本となります。

フレームワークの動作拡張は、フレームワークのイベントに対応するリスナークラスを作成することでも実現できますが、通常のアプリケーションに組み込んで利用する場合は、複雑なビジネスロジックのリファクタリングで対応することが一般的です。例えば、ユーザー登録処理と登録完了後に管理者にメールで通知する処理の場合では、イベントを使って処理を分離するのが一般的です。

7-1-4 イベントのキャンセル

特定の条件下で、イベントに紐づくリスナーの処理を実行させたくない場合は、forgetメソッド対象のイベントを指定することでリスナーの起動をキャンセルできます。また、hasListenerメソッドは指定したイベントに紐付いたリスナーがあるかどうかを、論理型（trueまたはfalse）で返却します。これらのメソッドはEventファサードなどを通じて利用できます。

次に示すコード例は、購入処理でユーザーステータスを条件にイベントをキャンセルする処理です（リスト7.1.4.1）。リスナーが削除されるため、dispatchメソッドをコールしてもリスナーの処理は実行されません。

リスト7.1.4.1：イベント発火キャンセル

```
<?php
declare(strict_types=1);
```

```php
namespace App\Service;

use App\Entity\Customer;
use App\Events\PublishProcessor;
use Illuminate\Support\Facades\Event;

class Order
{
    const DISABLE_NOTIFICATION = 1;

    public function run(Customer $customer)
    {
        if ($customer->getStatus() === self::DISABLE_NOTIFICATION) {
            if (\Event::hasListeners(PublishProcessor::class)) {
                \Event::forget(PublishProcessor::class);
            }
        }
        \Event::dispatch(new PublishProcessor($customer->getId()));
    }
}
```

7-1-5　非同期イベントを利用する分離パターン

　イベントに対応するリスナークラスを非同期で実行させたい場合は、Laravelのキューと組み合わせて実装します。キューの詳細に関しては次節「7-2 キュー」を参照してください。

　下記のコマンドを実行して、新たにリスナークラスを作成します（リスト7.1.5.1）。

リスト7.1.5.1：非同期実行に対応するリスナークラスの作成

```
$ php artisan make:listener MessageQueueSubscriber --event PublishProcessor
```

　非同期で実行するには、リスナークラスにIlluminate\Contracts\Queue\ShouldQueueインターフェースを実装します。このインターフェースはマーカーインターフェースとなっているので、メソッドを追加する必要はありません。

リスト7.1.5.2：MessageQueueSubscriber 非同期リスナークラス

```php
<?php
declare(strict_types=1);
```

```
namespace App\Listeners;

use App\Events\PublishProcessor;
use Illuminate\Queue\InteractsWithQueue;
use Illuminate\Contracts\Queue\ShouldQueue;

class MessageQueueSubscriber implements ShouldQueue
{
    use InteractsWithQueue;

    public function handle(PublishProcessor $event)
    {
        \Log::info($event->getInt());
    }
}
```

上記のコード例は非同期イベントで、リスナークラスが実行されたら、storage/logs/laravel.logに
イベント実行時に指定した数値が出力されます。

前項「7-1-3 イベントを利用した堅実なオブザーバーパターン」で登録した、「MessageSubscriber
リスナークラス」（リスト7.1.3.2）とMessageQueueSubscriberクラスを、PublishProcessorイベ
ントのリスナーとして追加します。

リスト7.1.5.3：イベントを追加登録

```
<?php
declare(strict_types=1);

namespace App\Providers;

use App\Events\PublishProcessor;
use App\Listeners;
use Illuminate\Events\Dispatcher;
use Illuminate\Support\Facades\Event;
use Illuminate\Foundation\Support\Providers\EventServiceProvider as ServiceProvider;

class EventServiceProvider extends ServiceProvider
{
    protected $listen = [
        PublishProcessor::class => [
            Listeners\MessageSubscriber::class,
            Listeners\MessageQueueSubscriber::class, //Listenerを追加
        ],
    ];
    // 省略
}
```

Laravelの非同期リスナーは、キューを利用する際にデータベースやRedis、Amazon Simple Queue Services（SQS）などのミドルウェアを介します。ここでは、Redisを使って簡単な非同期リスナーとして実行します。下記のコード例に示す通り、.envファイルのQUEUE_DRIVERをredisに変更します（リスト7.1.5.4）。

リスト7.1.5.4：.envファイルによるQUEUE_DRIVERの指定

```
QUEUE_DRIVER=redis
```

　また、デフォルト状態ではRedisを利用できないため、predis/predisをcomposerでインストールします（リスト7.1.5.5）。

リスト7.1.5.5：predis/predis インストール

```
$ composer require predis/predis
```

　predis/predisのインストールと.envファイルの修正後、WebブラウザからLaravelアプリケーションにアクセスします。App\Listeners\MessageSubscriberクラスの処理だけが即実行され、App\Listeners\MessageQueueSubscriberクラスで実装したログ出力が実行されていないことを確認します。

　続いて、非同期イベント対応のリスナークラスを動作させるため、下記のコマンドを実行します（リスト7.1.5.6）。

リスト7.1.5.6：非同期 Listener の起動

```
$ php artisan queue:work
```

　上記コマンドの実行後、コンソールに実行内容が表示され、storage/logs/laravel.logにログとして数値が書き込まれます。

　この通り、1つのイベントに対して2つのリスナークラスを紐付けて、1つのリスナークラスは即時に実行され、一方は非同期で実行されます。

　この手法は、大規模で複雑となったアプリケーションで有用な手法です。要件に応じて採用することで大きくなりがちな実装コードを小さくできます。また、各クラスは担当する機能だけの実装になるため、高い保守性を維持できます。

7-2 キュー
非同期処理の導入方法を理解する

　Webアプリケーションのフレームワークは、リクエストを受け取りレスポンスを返却する、リクエスト・レスポンスの処理が基本ですが、要件次第では処理に時間を要する機能の実装が必要となることがあります。例えば、メール送信や大きなデータを取り扱う処理、ExcelやPDFによるレポートの出力などがあげられます。

　処理終了までユーザーを待機させる仕様は、ユーザーの離脱に直結することから、Webアプリケーション開発では禁忌とされています。時間が掛かる処理または負荷が高い処理はどのように解決すべきでしょうか。

　Laravelに用意されているキューは、コマンドラインまたは常駐プログラム（Daemon）で、こうした時間が掛かる処理をリクエスト・レスポンスの処理の流れとは異なる、タスクとして実行する機能です。キューで実行する処理は即時か遅延させるかをアプリケーションの要件に合わせて対応できますが、処理結果をレスポンスに利用することはできません。本節ではキューの機能を学びながら、実際に利用される実装パターンもともに解説します。

7-2-1 キューの基本

　前節で解説したイベントとの違いは、イベントがイベント発火時に登録リスナークラスの処理を実行するオブザーバーパターン実装に対して、キューはオブザーバーパターンではなくCommandパターンを実装したものであり、ジョブとして通常のランタイムと異なる処理を提供します。

　キューで実行される処理は主にジョブやタスクと呼ばれ、下図に示す通り、FIFO（First In First Out／登録された順番）で実行されます（図7.1）。格納されたジョブを実行前に削除する機能はないため、削除したい場合はデータベースなどから直接削除することになります。

図7.2.1.1：ジョブの処理イメージ

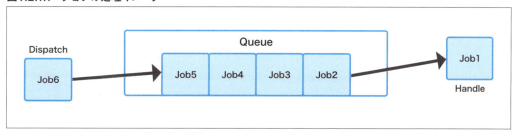

7-2-2 非同期実行ドライバの準備（Queueドライバ）

　Queueは非同期実行ドライバとしてデータベースをはじめ、Beanstalkd、Amazon SQS（Simple Queue Service）とRedisを用意しており、ミドルウェアを併用して非同期遅延処理を実現しています。本項ではデータベースとRedis、Syncを用いて基本的な実装方法と挙動の違いを解説します。

　ミドルウェアを利用できない、またはテストで実行させる場合はsyncドライバを選択し、標準では用意されていないミドルウェアを使ってキューを動作させる場合は、対応ドライバを別途用意して拡張する必要があります。ドライバの選択は.envファイルとconfig/queue.phpで指定します。下記に各ドライバの利用方法を紹介します。

LaravelがサポートするRDBMSを利用する

　Laravelが標準でサポートしているRDBMSを利用するドライバです。artisanコマンドに対応するテーブル作成コマンドが用意されているので、RDBMS利用する場合はプロジェクトルートで下記のコマンドを実行します。

リスト7.2.2.1：Queueドライバ対応テーブルの作成方法

```
$ php artisan queue:table
$ php artisan migrate
```

インメモリ型KVS「Redis」を利用する

　Redis[1]はインメモリ型KVS（キーバリューストア）で、高速なパフォーマンスとさまざまなデータ構造を扱えるのが特徴です。マスター・スレーブ構成で非同期レプリケーションに対応しており、環境構築も容易であることから導入事例も多く、大規模な商用環境でも活用されています。

　Laravelで利用する場合は、predis/predis[2]をcomposerでインストールするか、PHPエクステンションのphpredis[3]をpeclでインストールする必要があります。

1　https://redis.io/
2　https://github.com/nrk/predis
3　https://github.com/phpredis/phpredis

テストやデバッグにSyncを利用する

syncドライバは非同期実行ではなく同期実行となり、データベースなどのミドルウェアは必要なく即時実行されます。このため、アクセス時に実行されるキューの処理が遅ければ、レスポンスの返却が単純に遅延します。このドライバは主にテストやデバッグで利用し、商用環境では使用しません。

7-2-3　キューの仕様

下表にキューの仕様を示します。Illuminate\Foundation\Bus\DispatchableトレイトをJobクラスに記述することで、Illuminate\Bus\Dispatcherクラスを直接利用できます。

表7.2.3.1：キューの仕様

項目	内容
ヘルパ関数（非同期・遅延実行）	dispatch()
ヘルパ関数（同期・即時実行）	dispatch_now()
Dispatcherクラス	Illuminate\Bus\Dispatcher
Dispatcherインターフェース	Illuminate\Contracts\Bus\Dispatcher

7-2-4　キューによるPDFファイル出力パターン

本項ではキューを利用してPDFファイルの出力を実装します。

PDF出力ライブラリは、knpLabs/knp-snappy[4]を利用します。事前準備として実行環境に応じてwkhtmltopdf[5]をインストールし、composerでknpLabs/knp-snappyをインストールします。

リスト7.2.4.1：knpLabs/knp-snappyのインストール

```
$ composer require knplabs/knp-snappy
```

4　https://github.com/KnpLabs/snappy
5　https://wkhtmltopdf.org/downloads.html

サービスプロバイダへの登録

App\Providers\AppServiceProviderクラスのregisterメソッドに、Knp\Snappy\Pdfクラス利用時のインスタンス生成方法を指定します。Knp\Snappy\Pdfクラスのコンストラクタでwkhtmltopdfへのフルパスを指定します。

リスト7.2.4.2：Knp\Snappy\Pdfクラスをサービスプロバイダへ登録

```php
<?php
declare(strict_types=1);

namespace App\Providers;

use Illuminate\Support\ServiceProvider;
use Knp\Snappy\Pdf;

class AppServiceProvider extends ServiceProvider
{
    public function register()
    {
        // コンストラクタインジェクション、およびメソッドインジェクションで、
        // Knp\Snappy\Pdfと型宣言されていれば、無名関数で記述した通りにインスタンス生成が行なわれ、
        // 利用するクラスにオブジェクトが渡されます。
        $this->app->bind(Pdf::class, function () {
            return new Pdf('/usr/local/bin/wkhtmltopdf');
        });
    }
}
```

PDF作成のためのJobクラス作成

キューで利用するクラスのテンプレートは、下記に示す通り、php artisan make:jobコマンドで生成します（リスト7.2.4.3）。

リスト7.2.4.3：Jobクラス作成コマンド

```
$ php artisan make:job PdfGenerator
```

生成クラスにPDFファイルの出力を実装します。

次のコード例に示す通り、キューのジョブとして利用される時にhandleクラスが実行されますが、handleメソッドはメソッドインジェクションが利用できます。サービスプロバイダでインスタンス生

成を定義した通りのインスタンスが渡されます。ここでは簡単な文字列をPDFに出力する実装です。

リスト7.2.4.4：PDFファイル出力Jobクラス実装例

```php
<?php
declare(strict_types=1);

namespace App\Jobs;

use Illuminate\Bus\Queueable;
use Illuminate\Queue\SerializesModels;
use Illuminate\Queue\InteractsWithQueue;
use Illuminate\Contracts\Queue\ShouldQueue;
use Illuminate\Foundation\Bus\Dispatchable;
use Knp\Snappy\Pdf;

class PdfGenerator implements ShouldQueue
{
    use Dispatchable, InteractsWithQueue, Queueable, SerializesModels;

    private $path = '';

    public function __construct(string $path)
    {
        $this->path = $path;
    }

    // handleメソッドの引数に型宣言を記述すると、サービスコンテナで定義したオブジェクトが渡されます。
    public function handle(Pdf $pdf)
    {
        // html形式でPDF出力を指定します
        $pdf->generateFromHtml(
            '<h1>Laravel</h1><p>Sample PDF Output.</p>', $this->path
        );
    }
}
```

　任意の場所で、実装したJobクラスの実行をキューに指示します。dispatchヘルパ関数の利用、またはキューの仕様に記述している、インターフェースなどのコンストラクタインジェクション、メソッドインジェクションを通じて利用します。

　ここでは .envファイルのQUEUE_DRIVERにsyncを指定して実行します。

リスト7.2.4.5：Queueドライバの指定（.envファイル）

```
QUEUE_DRIVER=sync
```

297

コード例にコントローラアクセス時にキューにジョブ追加を指示する記述を示します。App\Http\
Controllers\PdfGeneratorControllerクラスを作成して実装します（リスト7.2.4.6）。

リスト7.2.4.6：コントローラクラスによるPDFファイル出力Job実行例

```php
<?php
declare(strict_types=1);

namespace App\Http\Controllers;

use App\Jobs\PdfGenerator;
use Illuminate\Contracts\Bus\Dispatcher;

class PdfGeneratorController extends Controller
{
    public function index()
    {
        $generator = new PdfGenerator(storage_path('pdf/sample.pdf'));
        // dispatchヘルパ関数で実行指示
        dispatch($generator);
    }

    // インターフェースを記述し、メソッドインジェクションでインスタンス生成を行なう場合
    public function methodInjectExample(Dispatcher $dispatcher)
    {
        $generator = new PdfGenerator(storage_path('pdf/sample.pdf'));
        // dispatchメソッドで実行指示
        // Busファサードを使って記述することもできます。
        $dispatcher->dispatch($generator);
    }
}
```

JobクラスにIlluminate\Foundation\Bus\Dispatchableトレイトが記述されていれば、下記コー
ド例に示す記述を可能です（リスト7.2.4.7）。開発者の好みで記述方法を選択できますが、メソッドイ
ンジェクションでインスタンスを生成する記述であれば、ユニットテストでもMockeryなどを使わず
に簡単に振る舞いを変更できるのでおすすめです。

リスト7.2.4.7：スタティックメソッドによるJob実行例

```php
<?php
declare(strict_types=1);

namespace App\Http\Controllers;

use App\Jobs\PdfGenerator;

class PdfGeneratorController extends Controller
```

```
{
    public function index()
    {
        PdfGenerator::dispatch(storage_path('pdf/sample.pdf'));
    }
}
```

作成したコントローラクラスへのルーティングは下記の通りです。

リスト7.2.4.8：PdfGeneratorControllerをルーターに登録する

```
<?php

Route::get('/pdf', 'PdfGeneratorController@index');
```

Webブラウザから作成したURIにアクセスすると、少し時間を要しますが、プロジェクトルート配下の storage/pdf に sample.pdf ファイルが作成されます。

ドライバの変更

次にドライバをRedisへ変更し、非同期実行に挙動を変更します。プロジェクトルート配下の storage/pdf に作成された sample.pdf は削除します。.env ファイルの QUEUE_DRIVER を redis へ変更し、syncと同様にブラウザから/pdf へアクセスします。

リスト7.2.4.9：Queueドライバをredisに変更

```
QUEUE_DRIVER=redis
```

syncドライバの場合は、アクセスと同時にstorage/pdf/sample.pdfが作成されますが、syncドライバ以外に変更すると、アクセス時にはPDFが作成されていないことが分かります。

Laravelのキューよる遅延処理は、キューがサポートするミドルウェアに合わせて、遅延実行するクラスをPHPシリアライズして格納されます。コマンドラインなどから格納されたPHPシリアライズの文字列を取得し、オブジェクトを復元して実行する仕組みです。

Redisを使って格納された文字列からオブジェクトを取り出してPDFを作成するには、下記のコマンドを利用します。

リスト7.2.4.10：キューによるジョブ実行コマンド

```
$ php artisan queue:work
```

コマンドを実行すると、コンソールに下記のメッセージが出力されます。dispatchヘルパ関数で指定したクラスが実行されていることが分かります。

リスト7.2.4.11：ジョブ実行のログ

```
[2018-07-07 23:55:28] Processing: App\Jobs\PdfGenerator
[2018-07-07 23:55:30] Processed:  App\Jobs\PdfGenerator
```

キューは、アプリケーションから処理の一部をジョブとしてQueueドライバ経由でミドルウェアに格納し、HTTPレスポンス返却など通常の処理とは違うランタイムで非同期実行されます。このため、キューで実行された結果をHTTPレスポンスに取り込むことはできません。

7-2-5 Supervisorによる常駐プログラムパターン

前項で説明した通り、queue:workコマンドで遅延・非同期処理が実行されますが、コンソールから接続を切ると処理が停止します。これを防ぐ簡単な方法は、nohupコマンドで実行させる方法ですが、プロセスが停止した場合に検知や再起動の仕組みが必要になります。

Laravelの公式マニュアルなどでも取り上げられている、Supervisor[6]はプロセスを監視して、PHPスクリプトをはじめ、さまざまな言語のプロセスを常駐プログラムとして実行できるツールです。ここでは、商用環境でも利用されているSupervisorを使い、キューを常駐プログラムとして設定します。

Supervisorのインストール

SupervisorはUnix環境で動作するため、Windowsで動かすことはできません。UbuntuやCentOS、macOS環境を利用します。下記にLinux環境へのインストールを紹介します。

リスト7.2.4.1：Ubuntuへのインストール例

```
$ sudo apt-get install supervisor
```

リスト7.2.5.2：CentOSへのインストール例

```
$ sudo yum install supervisor
```

---

6 http://supervisord.org/

Supervisorの設定

Supervisorの設定ファイルは、環境によって異なりますが、/etc/supervisor/conf.dまたは/etc/supervisord.d配下に設置します。本項ではpdf-generator.confを作成し、queue:workコマンドを常駐プログラムとして動作させる設定を記述します。

まずは、数多く用意されているSupervisorの設定項目で、代表的なものを下記にを紹介します。

program

Supervisorで管理するプログラム名、supervisorctlを介して再起動などを実施します。

process_name

プロセス名の指定。複数のプロセスを起動させる場合はユニークなプロセス名の記述が必要です。例えば、%(program_name)s_%(process_num)02d と記述すると、プロセス名は「プログラム名01」、「プログラム名02」となります。

numprocs

起動するプロセス数を指定します。Laravelのキューで処理速度を向上させたい場合、この項目のプロセス数を増減させるケースがほとんどです。

command

Supervisorが実行するアプリケーションのコマンドを指定します。

autostart

Supervisor起動時に自動的にプロセスを起動させるかどうかを指定します。

autorestart

何らかの原因でプロセスがダウンした場合に自動で再起動させるかどうかを指定します。

startretries

プロセス起動のリトライ数を指定します。プロセスがダウンした時に、正常に起動できなかった場合に作用します。

user

プロセスの実行ユーザーを指定します。環境に合わせて指定します。

redirect_stderr

エラー出力を標準出力に転送します。

stdout_logfile

プロセス出力を保管するログファイルを指定します。

Supervisorの設定ファイル

Supervisorの設定例として、プロセス名をpdf-generatorとして記述したものを下記に示します（リスト7.2.5.3）。

リスト7.2.5.3：Supervisor設定例

```
[program:pdf-generator]
process_name=%(program_name)s_%(process_num)02d
command=php /path/to/project/artisan queue:work
autostart=true
autorestart=true
user=user
numprocs=1
redirect_stderr=true
stdout_logfile=/var/log/project/pdf-generator.log
```

上記コード例では、プロセス数1、プロセス名「pdf-generator_01」として、Supervisorで管理されます。Supervisorの設定ファイル記述後にsupervisorctlを再起動すると、対象プロセスが管理対象に含まれます。プロセスを有効にするには、下記コマンド例に示す通り、supervisorctl rereadで設定ファイルを再読み込みし、supervisorctl addでプロセスを管理対象に含めます（リスト7.2.5.4）。なお、全プロセスを再起動する場合は、supervisorctrl updateを実行します。

リスト7.2.5.4：supervisorctl再起動方法

```
# sudo supervisorctl reread
# sudo supervisorctl add pdf-generator
# sudo supervisorctl update # またはreloadなどが利用できます
```

Supervisorの設定後、Webブラウザからアクセスすると、常駐プログラムとして、storage/pdf/sample.pdfの生成が実行されるようになります。

PDF作成やレポート作成などの機能は、ビジネスロジックの実装として複雑になりがちですが、キューを使った非同期処理としてクラスを分割できます。

そのため、クラス1つ1つの役割が明確になるため、保守性や拡張性の維持が容易となり、息の長い
アプリケーションを支える機能として役立ちます。

　Supervisorの監視対象で起動に失敗したプロセスは、リトライ回数の上限まで起動を試みると
FATAL状態となります。また、何らかの原因で異常終了となる場合もあります。非同期で実行される
処理も、こうした状態を検知可能でなければアプリケーションの障害に繋がる可能性が高くなります。
　状態の検知には、SupervisorのプラグインパッケージSuperlanceを利用することで、FATAL状態
や異常終了検知時にメールで通知できます。下記のコマンドでインストールします。

リスト7.2.5.5：Superlanceインストール

```
# Superlanceはpython製のためpipコマンドでインストールします
$ pip install superlance
```

　監視しているプロセスのどれかがFATAL状態になった際にメールを送信するには、次の設定が利用
できます。

リスト7.2.5.6：FATAL状態検知の設定例

```
[eventlistener:fatalmailbatch]
command=fatalmailbatch --toEmail="example@example.com" --fromEmail="supervisord@localhost"
events=PROCESS_STATE,TICK_60
```

　また、プロセス異常終了を検知するには次の設定が利用できます。下記では実装例で紹介したpdf-
generatorプロセスを指定します。

リスト7.2.5.7：プロセス異常終了検知の設定例

```
[eventlistener:crashmail]
command=/bin/crashmail -p pdf-generator -m example@example.com
events=PROCESS_STATE_EXITED
```

　いずれも、前述のコマンド（リスト7.2.5.4）を参考に再起動することで有効になります。

7-2-6 手軽な分散処理パターン

　前項までは、キューの基本的な利用方法を紹介しましたが、大規模なアプリケーションで多数の処理がキューで実行されるようになると、キュー内で順番待ちの処理が数多く発生してしまいます。

　例えば、メール送信やPDFファイル作成、データベース間のデータ同期や画像変換、スマートフォンアプリへのプッシュ通知など、アプリケーション開発ではさまざまな用途が考えられます。非同期処理であっても、個々の処理が重く時間を要する場合は、ほかのジョブの実行開始が遅くなります。デフォルトでは、すべてのジョブはQueue名「default」に格納されるためです。

　これを解消するためには、ジョブに合わせて異なるQueueドライバに振り分けて負荷を分散します。例えば、高速な処理が必要なある場合は高速処理が可能なRedisやAmazon Simple Queue Service（SQS）を利用する、ジョブに待機時間が発生しても構わないものはデータベースを利用するなど、ジョブに合わせて任意のドライバを指定します。

　本項では、PDF作成処理と、一般的に遅延処理として利用されるメール送信をそれぞれ異なるキューに格納して、Supervisorでそれぞれ別プロセスとして実行させます。下記コード例に、個々のプロセスに対してそれぞれ異なるキューを指定する実装を示します。

リスト7.2.6.1：PdfGeneratorジョブのキュー指定

```php
<?php
declare(strict_types=1);

namespace App\Http\Controllers;

use App\Jobs\PdfGenerator;
use Illuminate\Contracts\Bus\Dispatcher;

class PdfGeneratorController extends Controller
{
    public function index()
    {
        $generator = new PdfGenerator(storage_path('pdf/sample.pdf'));
        // dispatchヘルパ関数でどのqueueで処理を行なうか指定
        dispatch($generator)->onQueue('pdf.generator');
    }
}
```

　前述のコード例に示す通り、格納されるキューをpdf.generatorとして、デフォルトのキューとは格納先が異なります。次図に示す通り、これでdefaultキューと分けて処理するプロセスを用意できます（図7.2.6.2）。

図7.2.6.2：キューの分散イメージ

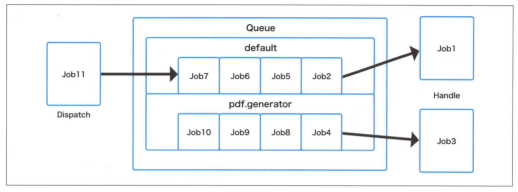

キュー指定のほかにも、処理自体を何分遅延させるかも指定可能です。例えば、ユーザー登録後のメール送信は即時実行ではなく数分間遅延させてから送信する、アプリケーションで扱うレコードが増え、データベースのレプリケーション遅延回避のために処理実行を遅らせるといった利用方法があります。

下記に、メール送信のジョブでキューにmailを指定し、実行時間を1時間遅延させるコード例を示します（リスト7.2.6.3）。

リスト7.2.6.3：SendRegistMailジョブのキュー指定

```
<?php
declare(strict_types=1);

namespace App\Listeners;

use Illuminate\Auth\Events\Registered;
use App\Jobs\SendRegistMail;
use Illuminate\Queue\InteractsWithQueue;
use Illuminate\Contracts\Queue\ShouldQueue;

class RegisteredListener
{
    public function handle(Registered $event)
    {
        dispatch(new SendRegistMail($event->user->email))
            ->onQueue('mail')
            ->delay(now()->addHour(1));
    }
}
```

それぞれの処理は別々のキューとして実行されるため、php artisan queue:workコマンドでは処理は実行されません。これらのキューの処理を実行する場合は、--queueオプションを利用してキューを指定します。したがって、PDF作成のキューを実行する場合のコマンドは、「php artisan queue:work

--queue pdf.generator」となり、メール送信のキューでは「php artisan queue:work --queue mail」
となります。この例を元にした、Supervisorの設定は下記のコード例に示す通りです。

リスト7.2.6.4：Supervisor設定例

```
; pdf.generator queueの記述例です
[program:pdf-generator]
process_name=%(program_name)s_%(process_num)02d
command=php /path/to/project/artisan queue:work --queue pdf.generator
autostart=true
autorestart=true
user=user
numprocs=1
redirect_stderr=true
stdout_logfile=/var/log/project/pdf-generator.log

; mail queueの記述例です
[program:send-registed-mail]
process_name=%(program_name)s_%(process_num)02d
command=php /path/to/project/artisan queue:work --queue mail
autostart=true
autorestart=true
user=user
numprocs=1
redirect_stderr=true
stdout_logfile=/var/log/project/send-registed-mail.log

; default queueの指定を記述する例です
[program:default-queue]
process_name=%(program_name)s_%(process_num)02d
command=php /path/to/project/artisan queue:work
autostart=true
autorestart=true
user=user
numprocs=1
redirect_stderr=true
stdout_logfile=/var/log/project/default-queue.log
```

　各キューの処理速度は起動するプロセス数に左右されますが、基本的に利用するデータベースなどの
ミドルウェアを実行するサーバのスペックや設定にも大きく影響されます。

　また、通常はWebアプリケーションサーバで、Webアプリケーションとキューを実行するプロセス
が起動するため、キューであまりにも時間が掛かる処理や、大量のメモリやCPU時間を占める処理を
実行させると、サーバ自体のリソース不足を引き起こし、Webアプリケーションのパフォーマンスに
も影響が出てくるケースがあります。そうした場合は、キューの処理を行なうアプリケーションサーバ
とWebアプリケーションサーバを分割するなど、ハードウェア環境の補強を検討してください。

7-3 イベントとキューによるCQRS

イベントとキューを活用する実践パターン

　サービスが成長し、Webアプリケーションの開発規模が大きくなるにつれ、開発規模が小さいころには気付けなかった、新しい問題に気付くことがあります。開発規模の拡大によって顕著になる問題の1つに、レコード数の増大やデータベースクエリの複雑化に伴う応答速度の低下があります。Webサービスの規模拡大に伴い検索が複雑化し、リリース時には問題にならなかった大規模データの検索や、文章検索時に一般的に使われるLIKE検索によるパフォーマンス低下などです。

　また、実装コードの複雑化も問題となります。Laravelは個々の処理をシンプルに簡単に記述できるため、一般的なビジネス要求の機能は比較的簡単に実装できます。しかし、簡単に記述できるがゆえに、長期間にわたるアプリケーション開発や保守性・拡張性の面では問題となってしまうことがあります。

　本節では、上記2点の問題に対応するため、アーキテクチャ・実践パターンを解説します。

7-3-1　CQRS（コマンドクエリ責務分離）

　アプリケーションの規模に関わらず、データの入力とデータの出力に変わりはありません。データの入力とはデータベースをはじめとする記憶領域に保管することで、一般的には書き込みと呼ばれます。これに対して、出力とは記憶領域からデータを取り出すことで、データベースでの検索などが該当しますが、一般的に読み込みと呼ばれます。通常、アプリケーションには書き込みと読み込みが同居し、RDBMSを使って2つの事柄を取り扱うことが一般的です。

　書き込み時に不正なデータが発生しないように制約や正規化を実施しながら、テーブル設計を行ないますが、検索効率を考慮するとデータベース設計は正規化と相反するテーブル設計になることがあります。また、時には両方を担保するために実装コードで対応して、複雑化していくことさえあります。

　しかし、大規模なデータベースで全レコードに対して全文検索を実行することや、書き込みに比べて読み込みがほとんどを占めるWebアプリケーションでは、スケールしやすい読み込みとともに、実装コードの保守性・拡張性を担保する必要があります。

　本項で紹介するCQRSとは、「コマンドクエリ責務分離」（Command Query Responsibility Segregation）と呼ばれる設計パターンで、書き込み（コマンド）と読み込み（クエリ）は別々に取り扱うべきと考える設計方法です。コマンドとクエリを担当するデータベースは別物と考えて、コマンドとクエリを切り離して考えて実装することで、個々の処理を小さくシンプルにすることを実現します（図7.3.1.1）。

図7.3.1.1：CQRSの考え方

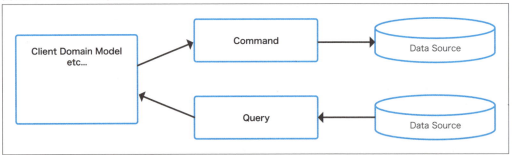

　コマンドには確実なデータ書き込みと整合性の担保が可能なRDBMSを採用し、クエリを担当するデータベースにはパフォーマンスなどを考慮して、Elasticsearch[1]をはじめとする全文検索エンジンを選択することが多く、現在では一般的な設計パターンといえます。

　Laravelでデータベースを操作するEloquentモデルは、書き込みと読み込みを同居させて実装するケースがほとんどですが、大規模なWebサービスでは複雑で手に負えなくなり、リファクタリングなどに労力が掛かることがあります。本項ではイベントとキューを組み合わせて、RDBMSのMySQLとElasticsearchを採用してCQRSを実装していきます。

7-3-2　アプリケーション仕様

　本節ではサンプルとして、口コミに類する簡単なレビュー投稿・取得機能のAPIをCQRSを採用して実装します。口コミ投稿APIでは、MySQLへレコード挿入後イベントを発生させます。このイベントに対応するリスナーは、Redisを利用したキューを介してElasticsearchのインデックスに非同期でドキュメントを挿入します。

　また、口コミ取得APIにはフリーワードの検索機能を実装し、口コミを一覧で取得できる機能を用意します。多くのクラスを作成することになりますが、個々のクラスは小さく、シンプルな処理だけを実装していきます。

　前項の図7.3.1.1で示したCQRSの考え方に加えて、イベントを組み合わせたパターンを次図に示します（図7.3.2.2）。

1　https://www.elastic.co/jp/products/elasticsearch

図7.3.2.2：イベントとCQRSを組み合わせる

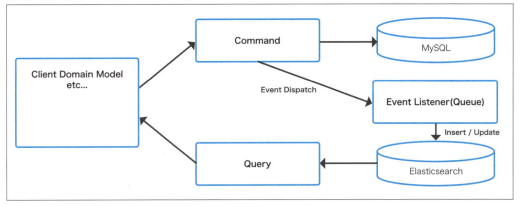

MySQLテーブル仕様

　MySQLのテーブルはLaravel標準のusersテーブルに加えて、レビュー内容を保持するreviewsテーブル、レビューに利用するタグを保持するtagsテーブルを利用します。テーブルの詳細を下記コード例に示します（リスト7.3.2.3～7.3.2.5）。

リスト7.3.2.3：reviewsテーブルcreate文

```
CREATE TABLE `reviews` (
  `id` int(10) unsigned NOT NULL AUTO_INCREMENT,
  `user_id` int(10) unsigned NOT NULL,
  `title` text CHARACTER SET utf8mb4 COLLATE utf8mb4_unicode_ci NOT NULL,
  `content` text CHARACTER SET utf8mb4 COLLATE utf8mb4_unicode_ci NOT NULL,
  `created_at` timestamp NULL DEFAULT NULL,
  PRIMARY KEY (`id`),
  KEY `reviews_user_id_foreign` (`user_id`),
  CONSTRAINT `reviews_user_id_foreign` FOREIGN KEY (`user_id`) REFERENCES `users` (`id`)
ON DELETE CASCADE ON UPDATE CASCADE
) ENGINE=InnoDB DEFAULT CHARSET=utf8mb4 COLLATE=utf8mb4_bin;
```

リスト7.3.2.4：tagsテーブルcreate文

```
CREATE TABLE `tags` (
`id` int(10) unsigned NOT NULL AUTO_INCREMENT,
`tag_name` varchar(255) CHARACTER SET utf8mb4 COLLATE utf8mb4_unicode_ci NOT NULL,
`created_at` timestamp NULL DEFAULT NULL,
PRIMARY KEY (`id`),
UNIQUE KEY `UNIQUE_IDX_TAG_NAME` (`tag_name`)
) ENGINE=InnoDB DEFAULT CHARSET=utf8mb4 COLLATE=utf8mb4_bin;
```

第一部 Laravelの基礎　**第二部** **実践パターン**　**第三部** Laravelアプリケーション開発手法

リスト7.3.2.5：review_tagsテーブルcreate文

```
CREATE TABLE `review_tags` (
`review_id` int(10) unsigned NOT NULL,
`tag_id` int(10) unsigned NOT NULL,
`created_at` timestamp NULL DEFAULT NULL,
UNIQUE KEY `UNIQUE_IDX_REVIEW_TAGS` (`review_id`,`tag_id`),
KEY `review_tags_tag_id_foreign` (`tag_id`),
CONSTRAINT `review_tags_review_id_foreign` FOREIGN KEY (`review_id`) REFERENCES `reviews`
(`id`) ON DELETE CASCADE ON UPDATE CASCADE,
CONSTRAINT `review_tags_tag_id_foreign` FOREIGN KEY (`tag_id`) REFERENCES `tags` (`id`) ON
DELETE CASCADE ON UPDATE CASCADE
) ENGINE=InnoDB DEFAULT CHARSET=utf8mb4 COLLATE=utf8mb4_bin;
```

Elasticsearch仕様

　本節では Elasticsearch 6.3を採用しています。ElasticsearchそのものはHomesteadなどにも含まれているので簡単に利用できます。Homestead環境ではない場合は、手元のOSに合わせて適切にインストールしてください。下記にindex mapping指定例を示します。

リスト7.3.2.6：index mapping指定例

```
$ curl -X PUT "http://localhost:9200/reviews" -H 'Content-Type: application/json' -d'
{
  "settings": {
    "index": {
      "number_of_shards": 3,
      "number_of_replicas": 0
    }
  },
  "mappings": {
    "reviews": {
      "properties": {
        "review_id": {
          "type": "integer"
        },
        "user_id": {
          "type": "integer"
        },
        "title": {
          "type": "keyword"
        },
        "content": {
          "type": "keyword"
        },
        "tags": {
          "type": "nested",
          "properties": {
```

310

```
                "tag_name": {
                  "type": "keyword"
                }
              }
            },
            "created_at": {
              "type": "date",
              "format": "epoch_second"
            }
          }
        }
      }
    }
  }
}
'
```

7-3-3 アプリケーション実装の準備

　利用するテーブルを下記のコマンド群を作成します（リスト7.3.3.1）。なお、ここではMySQLを使って構築します。

リスト7.3.3.1：migrationクラスの作成

```
$ php artisan make:migration create_reviews_table
$ php artisan make:migration create_tags_table
$ php artisan make:migration create_review_tags_table
```

　reviewsテーブルのuseridはusersテーブルのidを参照し、符号を利用しないためunsignedとなり、外部キー制約を利用します。実際には、updated_atなど更新日時のカラムを加えても問題ありません。このテーブル作成のmigrationクラス、CreateReviewsTableは下記の通りです（リスト7.3.3.2）。

リスト7.3.3.2：reviewsテーブルマイグレーションクラス

```
class CreateReviewsTable extends Migration
{
    public function up()
    {
        Schema::create('reviews', function (Blueprint $table) {
            $table->increments('id');
            $table->integer('user_id', false, true);
            $table->text('title');
            $table->text('content');
            $table->timestamp('created_at')->nullable();
        });
```

```
    }
    // 省略
```

tagsテーブルは、重複するタグが挿入されないようにtag_nameにユニーク制約を掛けます。tagsテーブル作成のmigrationクラス、CreateTagsTableは下記の通りです。

リスト7.3.3.3：tagsテーブルマイグレーションクラス

```
class CreateTagsTable extends Migration
{
    public function up()
    {
        Schema::create('tags', function (Blueprint $table) {
            $table->increments('id');
            $table->string('tag_name');
            $table->timestamp('created_at')->nullable();
            $table->unique(['tag_name'], 'UNIQUE_IDX_TAG_NAME');
        });
    }
    // 省略
```

review_tagsテーブルは口コミに関連付けられたタグが挿入されます。同じ口コミに同一タグが紐付かないようにユニーク制約を掛けます。review_tagsテーブル作成のmigrationクラス、CreateReviewTagsTableは下記の通りです。

リスト7.3.3.4：review_tagsマイグレーションクラス

```
class CreateReviewTagsTable extends Migration
{
    public function up()
    {
        Schema::create('review_tags', function (Blueprint $table) {
            $table->integer('review_id', false, true);
            $table->integer('tag_id', false, true);
            $table->timestamp('created_at')->nullable();
            $table->unique(['review_id', 'tag_id'], 'UNIQUE_IDX_REVIEW_TAGS');
        });
    }
```

外部キー制約の使用

Seederを利用してテーブル作成後に外部キー制約を実行します。Laravelのマイグレーションでは、ファイル名の順番でテーブルが作成されます。そのため、各テーブル作成で外部キー制約を記述すると、存在しないテーブルに対する外部キー制約を実行することがあるため、テーブル作成後にSeederを利用します（リスト7.3.3.5）。

なお、上述のSeederを利用する以外に、データベースに合わせて、「SET FOREIGN_KEY_CHECKS = 0, PRAGMA foreign_keys = OFF」といったクエリを利用することでも対応可能です。

リスト7.3.3.5：データベースシーダ作成例

```php
<?php

use Illuminate\Database\Seeder;
use Illuminate\Database\Schema\Blueprint;

class DatabaseSeeder extends Seeder
{
    public function run()
    {
        // 外部キーを追加します
        Schema::table('reviews', function (Blueprint $table) {
            $table->foreign('user_id')->references('id')
                ->on('users')->onDelete('cascade')->onUpdate('cascade');
        });
        Schema::table('review_tags', function (Blueprint $table) {
            $table->foreign('review_id')->references('id')
                ->on('reviews')->onDelete('cascade')->onUpdate('cascade');
            $table->foreign('tag_id')->references('id')
                ->on('tags')->onDelete('cascade')->onUpdate('cascade');
        });
    }
}
```

マイグレーションの準備が整ったら、下記のコマンドを実行します。

リスト7.3.3.6：マイグレーションの作成

```
$ php artisan migrate --seed
```

Eloquentモデルとイベントの作成

下記のコマンドでEloquentモデルクラスを作成します。

リスト7.3.3.7：Eloquentモデル生成のコマンド

```
$ php artisan make:model App\\DataProvider\\Database\\Review
$ php artisan make:model App\\DataProvider\\Database\\Tag
$ php artisan make:model App\\DataProvider\\Database\\ReviewTag
```

続いて、MySQLにデータ保存が行なわれた場合に発行されるイベントクラスと、処理を担当するリスナークラスを下記のコマンドで作成します。

リスト7.3.3.8：イベントクラスとリスナークラスの作成

```
$ php artisan make:event ReviewRegistered
$ php artisan make:listener ReviewIndexCreator --event ReviewRegistered
```

App\Events\ReviewRegisteredクラスは、イベントで送信されるデータを配列ではなく構造化させたオブジェクトとして利用するため、実装コード例は下記の通りとなります。

リスト7.3.3.9：ReviewRegisteredクラスの実装コード

```
<?php
declare(strict_types=1);

namespace App\Events;

final class ReviewRegistered
{
    private $id;
    private $title;
    private $content;
    private $userId;
    private $tags = [];
    private $createdAt;

    public function __construct(
        int $id,
        string $title,
        string $content,
        int $userId,
        string $createdAt,
        array $tags
```

```php
    ) {
        $this->id = $id;
        $this->title = $title;
        $this->content = $content;
        $this->userId = $userId;
        $this->createdAt = $createdAt;
        $this->tags = $tags;
    }

    public function getTitle(): string
    {
        return $this->title;
    }

    public function getContent(): string
    {
        return $this->content;
    }

    public function getCreatedAtEpoch(): string
    {
        $dateime = new \DateTime($this->createdAt);
        return $dateime->format('U');
    }

    public function getId(): int
    {
        return $this->id;
    }

    public function getTags(): array
    {
        return $this->tags;
    }

    public function getUserId(): int
    {
        return $this->userId;
    }
}
```

　下記コード例に示す通り、EventServiceProviderクラスに、作成されたイベントクラスとリスナークラスを登録します（リスト7.3.3.10）。

リスト7.3.3.10：EventServiceProviderへの登録

```php
<?php
declare(strict_types=1);

namespace App\Providers;
```

```php
use App\Events\ReviewRegistered;
use App\Listeners\ReviewIndexCreator;
use Illuminate\Foundation\Support\Providers\EventServiceProvider as ServiceProvider;

class EventServiceProvider extends ServiceProvider
{
    protected $listen = [
        ReviewRegistered::class => [
            ReviewIndexCreator::class,
        ],
    ];
}
```

App\Listeners\ReviewIndexCreatorクラスは、App\Events\ReviewRegisteredクラスに対応したリスナークラスとして作用し、Elasticsearchのindexにドキュメントを追加します。

7-3-4　口コミ登録機能の実装

まずは、前項で作成したEloquentモデルクラスを組み合わせて登録処理を実装します。

Eloquentモデルをコントローラに直接記述すると、データ加工処理など多くの処理を記述することになり、データ登録処理の複雑化とともに処理に依存するクラスも大きく複雑化してしまいます。

そのため、データベースへの口コミ登録のみを担当するApp\DataProvider\RegisterReviewProviderInterface（リスト7.3.4.1）と、抽象レイヤとして作用するApp\DataProvider\Database\RegisterReviewDataProviderクラスを用意します（リスト7.3.4.2）。このクラスはCQRSのコマンドを担当することになります。

リスト7.3.4.1：口コミ登録処理インターフェース

```php
<?php
declare(strict_types=1);

namespace App\DataProvider;

interface RegisterReviewProviderInterface
{
    public function registerReview(
        string $title,
        string $content,
        int $userId,
        string $createdAt,
        array $tags = []
```

```
    ): int;
}
```

リスト7.3.4.2：口コミ登録処理のみを受け持つクラス

```php
<?php
declare(strict_types=1);

namespace App\DataProvider\Database;

use App\Events\ReviewRegistered;
use App\DataProvider\RegisterReviewProviderInterface;

class RegisterReviewDataProvider implements RegisterReviewProviderInterface
{
    public function registerReview(
        string $title,
        string $content,
        int $userId,
        string $createdAt,
        array $tags = []
    ): int {
        return \DB::transaction(
            function () use ($title, $content, $userId, $tags, $createdAt) {
                $reviewId = $this->createReview($title, $content, $userId, $createdAt);
                foreach ($tags as $tag) {
                    $this->createReviewTag(
                        $reviewId,
                        $this->createTag($tag, $createdAt),
                        $createdAt
                    );
                }
                event(new ReviewRegistered(
                    $reviewId,
                    $title,
                    $content,
                    $userId,
                    $createdAt,
                    $tags
                ));
                return $reviewId;
            });
    }

    protected function createTag(string $name, string $createdAt): int
    {
        $result = Tag::firstOrCreate([
            'tag_name' => $name
        ], [
            'created_at' => $createdAt
        ]);
```

```php
        return $result->id;
    }

    protected function createReview(
        string $title,
        string $content,
        int $userId,
        string $createdAt
    ): int {
        $result = Review::firstOrCreate([
            'user_id' => $userId,
            'title'   => $title,
        ], [
            'content'    => $content,
            'created_at' => $createdAt,
        ]);
        return $result->id;
    }

    protected function createReviewTag(int $reviewId, int $tagId, string $createdAt)
    {
        ReviewTag::firstOrCreate([
            'tag_id' => $tagId,
            'review_id' => $reviewId,
        ], [
            'created_at' => $createdAt,
        ]);
    }
}
```

　上記コード例に示す通り、登録を受け持つregisterReviewメソッドの内部で、データベースのトランザクション処理が実行され、口コミ自体はreviewsテーブルに書き込まれ、口コミに関連付いたタグはマスタデータとして登録するためtagsテーブルに、口コミとタグの関連性はreview_tagsテーブルに書き込みます。すべてのデータが書き込まれた後、内容をイベントに渡して、口コミ登録処理が完了したことを発火させます。

　tagsテーブルにはタグ名にユニークインデックスが設定されているため、Eloquentのfirst0rCreateメソッドを利用し、登録処理はこのクラスを介して実行します。

　本項ではregisterReviewメソッドの引数にプリミティブな型を利用していますが、DTOやEntityなど、データを構造化したオブジェクトを引数として利用しても構いません。アプリケーションの規模や構成に応じて設計してください。

　このクラスのインスタンス生成をLaravelが担当するため、インスタンス生成方法をサービスプロバイダに記述する必要があります。下記にサービスプロバイダへの記述例を示します。

リスト7.3.4.3：口コミ登録クラスの依存解決を定義

```php
<?php
declare(strict_types=1);

namespace App\Providers;

use App\DataProvider\Database\RegisterReviewDataProvider;
use App\DataProvider\RegisterReviewProviderInterface;
use Illuminate\Support\ServiceProvider;

class AppServiceProvider extends ServiceProvider
{
    public function boot()
    {
        //
    }

    public function register()
    {
        $this->app->bind(RegisterReviewProviderInterface::class, function () {
            return new RegisterReviewDataProvider();
        });
    }
}
```

7-3-5 口コミ投稿コントローラ実装

口コミ投稿を受け付けるエンドポイントを、シングルアクションコントローラを実装します。シングルアクションコントローラとして利用する場合は__invokeメソッドを実装し、通常のルート登録と同様、Routeファサードを使って記述します。ADRを採用してレスポンダクラスを作成しても構いません。

リスト7.3.5.1：口コミ投稿コントローラ実装

```php
<?php
declare(strict_types=1);

namespace App\Http\Controllers\Review;

use App\DataProvider\RegisterReviewProviderInterface;
use App\Http\Controllers\Controller;
use Carbon\Carbon;
use Illuminate\Http\Request;
use Illuminate\Http\Response;
```

```
class RegisterAction extends Controller
{
    private $provider;

    // データベース登録とEvent発火を行なうクラスのインスタンスが渡されます
    public function __construct(
        RegisterReviewProviderInterface $provider
    ) {
        $this->provider = $provider;
    }

    public function __invoke(Request $request): Response
    {
        // 登録処理を実行します
        $this->provider->registerReview(
            $request->get('title'),
            $request->get('content'),
            $request->get('user_id', 1),
            Carbon::now()->toDateTimeString(),
            $request->get('tags')
        );
        // POSTで動作するため、登録完了後HTTP Statusのみを返却します
        return response('', Response::HTTP_OK);
    }
}
```

上記で実装したコントローラをroutes/api.phpファイルに追記します。

リスト7.3.5.2：口コミ投稿APIのエンドポイントを追加

```
<?php
\Route::post('/review', 'Review\\RegisterAction');
```

以上で、コマンドの実装は完了です。

7-3-6 リスナークラスによるElasticsearch操作

本項では、LaravelからElasticsearchへの接続とindexへのドキュメント追加を実装します。

Laravelで利用できるElasticsearch対応のサードパーティライブラリはいくつか存在しますが、ここではElasticsearchから公式提供されているライブラリ[2]を利用します。

---

2 https://www.elastic.co/guide/en/elasticsearch/client/php-api/current/index.html

リスト7.3.6.1：Elasticsearch PHPライブラリのインストール

```
$ composer require elasticsearch/elasticsearch
```

　Elasticseasrchライブラリをアプリケーションで利用するため、下記コード例に示すクラスを実装し、任意のサービスプロバイダにインスタンス生成方法を記述します。

リスト7.3.6.2：ElasticsearchClientクラス実装例

```php
<?php
declare(strict_types=1);

namespace App\Foundation;

use Elasticsearch\Client;
use Elasticsearch\ClientBuilder;

class ElasticsearchClient
{
    protected $hosts = [];

    public function __construct(array $hosts)
    {
        $this->hosts = $hosts;
    }

    public function client(): Client
    {
        return ClientBuilder::create()->setHosts($this->hosts)
            ->build();
    }
}
```

　下記コード例に示す通り、elasticsearch/elasticsearchの設定値をconfig/elasticsearch.phpに記述します（リスト7.3.6.3）。

リスト7.3.6.3：elasticsearch/elasticsearch利用のための設定値記入例

```php
<?php

return [
    'hosts' => [
        // elasticsearchのhostを環境に合わせて指定してください
        env('ELASTICSEARCH_HOST, '127.0.0.1:9200'),
    ]
```

```
];
```

サービスプロバイダでインスタンス生成方法を定義するコード例は次の通りです（リスト7.3.6.4）。

リスト7.3.6.4：ElasticsearchClientクラスのインスタンス生成方法定義例

```
class AppServiceProvider extends ServiceProvider
{
    public function register()
    {
        $this->app->singleton(ElasticsearchClient::class, function (Application $app) {
            $config = $app['config']->get('elasticsearch');
            return new ElasticsearchClient($config['hosts']);
        });
    }
}
```

　続いて実装するリスナークラスは、Elasticsearchのindexへデータ挿入のみを実行します。
　リスナークラスで直接Elasticsearchを操作するのではなく、「7-3-4 口コミ登録機能の実装」で説明した口コミ登録機能と同様に、App\DataProvider\AddReviewIndexProviderInterfaceと、抽象レイヤとして作用するApp\DataProvider\Elasticsearch\AddReviewIndexDataProviderクラスを用意して、データ挿入機能のみを提供する実装とします。Elasticsearchのindexにはこのクラスを介して追加します。実装例は下記の通りです（リスト7.3.6.5～7.3.6.6）。

リスト7.3.6.5：Elasticsearch index操作クラス

```
<?php
declare(strict_types=1);

namespace App\DataProvider\Elasticsearch;

use App\DataProvider\AddReviewIndexProviderInterface;
use App\Foundation\ElasticsearchClient;

class AddReviewIndexDataProvider implements AddReviewIndexProviderInterface
{
    private $client;

    public function __construct(ElasticsearchClient $client)
    {
        $this->client = $client;
    }

    public function addReview(
        int $id,
        string $title,
```

```php
        string $content,
        string $epoch,
        array $tags,
        int $userId
    ): array {
        $params = [
            'index' => 'reviews',
            'type'  => 'reviews',
            'id'    => sprintf('review:%s', $id),
            'body'  => [
                'review_id' => $id,
                'title'     => $title,
                'content'   => $content,
                'tags'      => array_map(function (string $value) {
                    return ['tag_name' => $value];
                }, $tags),
                'user_id'    => $userId,
                'created_at' => $epoch
            ]
        ];

        return $this->client->client()
            ->index($params);
    }
}
```

リスト7.3.6.6：AddReviewIndexProviderInterfaceを利用するListenerクラス

```php
<?php
declare(strict_types=1);

namespace App\Listeners;

use App\DataProvider\AddReviewIndexProviderInterface;
use App\Events\ReviewRegistered;
use Illuminate\Queue\InteractsWithQueue;
use Illuminate\Contracts\Queue\ShouldQueue;

class ReviewIndexCreator implements ShouldQueue
{
    use InteractsWithQueue;

    private $provider;

    public function __construct(
        AddReviewIndexProviderInterface $provider
    ) {
        $this->provider = $provider;
    }

    public function handle(ReviewRegistered $event)
```

```
    {
        $this->provider->addReview(
            $event->getId(),
            $event->getTitle(),
            $event->getContent(),
            $event->getCreatedAtEpoch(),
            $event->getTags(),
            $event->getUserId()
        );
    }
}
```

　上記のコード例では、Eventクラスから送信された値をそのままElasticsearchのindexへ挿入していますが、実際のアプリケーションでは送られた値を元にさらにデータベースを検索し、いくつかのレコードを結合したデータをElasticsearchに挿入するケースがほとんどです。本項で紹介している例だけではなく、複数のレコードを組み合わせて実装する必要があることに留意しましょう。

7-3-7　Commandの実行・Queryの実装

　リスナークラスを併用してMySQLとElasticsearchに書き込む処理を実装しましたが、実際に動作させるには、.envのQUEUE_DRIVERをredisに指定し、利用環境に基づく情報を設定値に記述します。

リスト7.3.7.1：.envファイルでの設定例

```
QUEUE_DRIVER=redis
REDIS_HOST=127.0.0.1
REDIS_PASSWORD=null
REDIS_PORT=6379
```

　登録したコントローラはapi/reviewとして動作するので、POSTリクエストで下記コード例のJSONを送信し、php artisan queue:workコマンドまたはsupervisorで実行します（リスト7.3.7.2）。なお、コマンド内のホスト名などは手元の環境に合わせて指定してください。

リスト7.3.7.2：ロコミ投稿コマンド

```
curl -X POST "http://localhost/api/review" \
    -H 'content-type: application/json' -d '
{
    "title": "Laravel5.6",
    "content": "Laravel実践 CQRSパターン",
```

```
    "user_id": 1,
    "tags": ["Laravel", "Queue", "Event", "Database", "Elasticsearch"]
}
```

コマンド実行後にElasticsearchに書き込まれていることを確認するには、下記の問い合わせコマンドを利用します（リスト7.3.7.3）。

リスト7.3.7.3：Elasticsearchへの問い合わせコマンド例

```
curl -X GET "http://localhost:9200/reviews/_search" -H 'Content-Type: application/json'
-d'
{
  "query": {
    "match_all": {}
  }
}'
```

この通り、データベースの登録処理をトリガーにElasticsearchでクエリのためのデータ作成を処理できました。例えば、紐付いたタグから口コミを検索したり、あいまい検索で取得したりする機能は、ブログアプリケーションなどでもよく利用されます。しかし、レコード数が膨大なアプリケーションで、これらの結果を高速かつシンプルな実装で取得することは難しく、検索条件が追加されることでレコード取得処理が複雑になります。

そこで、データベースと全文検索エンジンにそれぞれの得意分野を担当させて、コマンドとクエリに分割して併用します。読み込みクエリとして、下記にタグ検索の実装例を示します（リスト7.3.7.4）。

リスト7.3.7.4：Elasticsearchを使ったQuery実装

```php
<?php
declare(strict_types=1);

namespace App\DataProvider\Elasticsearch;

use App\Foundation\ElasticsearchClient;

class ReadReviewDataProvider
{
    private $client;

    public function __construct(ElasticsearchClient $client)
    {
        $this->client = $client;
    }

    public function findAllByTag(array $tags): array
```

```php
    {
        $result = $this->client->client()->search([
            'index' => 'reviews',
            'type'  => 'reviews',
            'body'  => [
                'query' => [
                    'nested' => [
                        'path'  => 'tags',
                        'query' => [
                            'bool' => [
                                'should' => array_map(function (string $value) {
                                    return [
                                        'term' => [
                                            'tags.tag_name' => $value
                                        ]
                                    ];
                                }, $tags),
                            ]
                        ]
                    ]
                ],
            ],
        ]);
        $map = [];
        if (count($result)) {
            foreach ($result['hits']['hits'] as $hit) {
                $map[] = $hit['_source'];
            }
        }
        return $map;
    }
}
```

　本節では、Laravelのイベントとキューを組み合わせる例として、CQRSの実装例を解説しました。CQRSでは書き込みと読み込みのデータベースが分離しているため、このパターンに基づくアプリケーションではキューで同期処理の段階にならなければ、データの一貫性が確保されません。

　イベント発火とキューを利用した処理とElasticsearchのデータ作成を実行するため、データの同期には遅延が発生します。このため、データ作成後にリアルタイムで即反映が必須となる要件では工夫が必要となりますが、この手法を取り入れることで、定期実行するバッチ処理の利用用途も大きく変えることができ、負荷や利用頻度が高い検索、分析処理などに有用な設計パターンといえます。

Chapter 8

第二部

コンソール
アプリケーション

Commandを利用したコンソールアプリ
ケーションの実装

Webアプリケーションでは、HTTPリクエストをトリガーに動作する処
理が主なものですが、アプリケーションによっては、コマンドラインから
実行するコマンドや定期的に実行するバッチ処理が必要になります。本
章では、こうしたコンソールアプリケーションを解説します。

| 第一部 | Laravelの基礎 | 第二部 | 実践パターン | 第三部 | Laravelアプリケーション開発手法 |

8-1 Commandの基礎

コンソールアプリケーション実装の基礎

　Laravelには、コンソールアプリケーションの実装をサポートするCommandと呼ばれるコンポーネントがあります。Commandを利用することで、コマンドの実行、引数やオプションの扱い、出力といったコンソールアプリケーションに必要な機能を簡単に実装できます。

8-1-1 クロージャによるCommandの作成

　Commandを学ぶために単純なCommandを実装してみましょう。本項では、文字列「Hello closure command」を出力する「hello:closure」コマンドを実装します。リスト8.1.1.1が実行イメージです。artisanコマンドにhello:closureを指定することで、文字列が出力されます。

リスト8.1.1.1：hello:closureコマンドの実行イメージ

```
$ php artisan hello:closure
Hello closure command
```

　Commandを実装するには、クロージャで実装する方法とCommandクラスを実装する方法があります。まず、手軽に実装できるクロージャによる実装を紹介します。クロージャは、routes/console.phpに実装します。実装したクロージャは、下記に示すコード例となります（リスト8.1.1.2）。

リスト8.1.1.2：クロージャによるhelloコマンドの実装(routes/console.php)

```
Artisan::command('hello:closure', function () {
    $this->comment('Hello closure command'); // ① 文字列出力
})->describe('サンプルコマンド(クロージャ)'); // ② コマンド説明
```

　Artisan::commandメソッドの第1引数にコマンド名を指定します。第2引数にコマンド実行時に処理されるクロージャを指定します。ここでは、文字列を出力するcommentメソッドを利用して文字列「Hello closure command」を出力しています（①）。さらに、Artisan::commandメソッドは、\Illuminate\Foundation\Console\ClosureCommandクラスのインスタンスを返すので、これが持つdescribeメソッドでコマンドの説明を指定しています（②）。

hello:closureコマンドの実装が完了したところで、artisan listコマンドを実行すると、次の実行例に示す通り、コマンド一覧の中にhello:closureコマンドが含まれています（リスト8.1.1.3）。

コマンド名に「:」（コロン）を含めると、その左側はグループ化されるので、helloグループの中にhello:closureコマンドが表示されているのが分かります。また、describeメソッドで指定したコマンドの説明も表示されています。

リスト8.1.1.3：artisan listコマンドにhello:closureコマンドが含まれている

```
$ php artisan list
（中略）
 hello
  hello:closure          サンプルコマンド（クロージャ）
（後略）
```

Commandは、artisanコマンドのサブコマンドとして実行します。hello:closureコマンドを実行するには、下記の実行例に示す通り、php artisanにCommandを引数として実行します。Commandを実行すると、リスト8.1.1.2のクロージャ内で出力した文字列が出力されます。

なお、紙面では分かりませんが、出力される文字列は黄色です（リスト8.1.1.4）。これはcommentメソッドで文字に色が付与されているためです。

リスト8.1.1.4：hello:closureコマンドの実行例

```
$ php artisan hello:closure
Hello closure command
```

8-1-2　クラスによるCommandの作成

Commandをクラスで実装するには、artisanコマンドのmake:commandコマンドでCommandクラスの雛形を生成します。下記にmake:commandの実行例を示します。artisan make:commandに続けて、Commandクラス名を指定します。ここでは、HelloCommandを指定しています。

リスト8.1.2.1：make:commandによるCommand生成

```
$ php artisan make:command HelloCommand
Console command created successfully.
```

上記のコマンドを実行すると、app/Console/Commands/HelloCommand.phpが生成されます。次に示すコード例が生成されたHelloCommand.phpです（リスト8.1.2.2）。Illuminate\Console\Commandクラスを継承しており、実装に必要なプロパティやメソッドの雛形が含まれています。

リスト8.1.2.2：生成されたHelloCommandクラス

```php
<?php

namespace App\Console\Commands;

use Illuminate\Console\Command;

class HelloCommand extends Command
{
    /**
     * The name and signature of the console command.
     *
     * @var string
     */
    protected $signature = 'command:name'; // ①

    /**
     * The console command description.
     *
     * @var string
     */
    protected $description = 'Command description'; // ②

    /**
     * Create a new command instance.
     *
     * @return void
     */
    public function __construct()
    {
        parent::__construct();
    }

    /**
     * Execute the console command.
     *
     * @return mixed
     */
    public function handle()  // ③
    {
        //
    }
}
```

make:commandコマンドで生成されたHelloCommandクラスに実装を追加しましょう。

$signatureプロパティでは、このCommandクラスを実行するコマンド名を指定します（①）。次のコード例では、「hello:class」をコマンド名としています（リスト8.1.2.3）。

リスト8.1.2.3：コマンド名を指定

```
protected $signature = 'hello:class';
```

$descriptionプロパティでは、Commandの説明を記述します（②）。Commandの説明はartisan listコマンドや引数なしでartisanコマンドを実行した時に出力されます。下記のコード例では、コマンドの説明に「サンプルコマンド（クラス）」を指定しています（リスト8.1.2.4）。

リスト8.1.2.4：コマンドの説明を指定

```
protected $description = 'サンプルコマンド(クラス)';
```

Commandで実行する処理をhandleメソッドに記述します（③）。artisanコマンドからCommandを実行すると、このメソッドが実行されます。下記のコード例では、commentメソッドで文字列を出力します（リスト8.1.2.5）。

リスト8.1.2.5：handleメソッドで実行する処理を実装

```
public function handle()
{
    $this->comment('Hello class command');
}
```

以上でHelloCommandクラスの実装は完了です。artisan listコマンドを実行すると、下記の実行例に示す通り、コマンド一覧にhello:classコマンドが含まれています（リスト8.1.2.6）。$signatureプロパティや$descriptionプロパティの値が表示されていることが分かります。

リスト8.1.2.6：artisan listコマンドにhello:classコマンドが含まれている

```
$ php artisan list
(中略)
 hello
  hello:class        サンプルコマンド(クラス)
  hello:closure      サンプルコマンド(クロージャ)
(後略)
```

331

| 第一部 | Laravelの基礎 | 第二部 | 実践パターン | 第三部 | Laravelアプリケーション開発手法 |

　下記の実行例に示す通り、クラスで実装したhello:classコマンドを実行すると、HelloCommandクラスのhandleメソッドが実行され、指定した文字列が出力されます（リスト8.1.2.7）。

リスト8.1.2.7：hello:classコマンドの実行例

```
php artisan hello:class
Hello class command
```

　前項のクロージャによるCommandの実装に続いて、本項ではクラスによるCommand実装を説明しました。クロージャによる実装は、クラスファイルを追加せずとも簡単に実装できるのが利点です。しかし、実際のアプリケーションでは、より複雑な処理が必要になるため、単純なCommand以外はクラスによる実装を検討するとよいでしょう。本章では、以降クラスによる実装を解説していきます。

8-1-3　Commandへの入力

　Commandはコマンドラインで実行する場合、任意の引数を受け取ることが可能です。引数を受け取る場合、Commandクラスの$signatureプロパティに受け取る可能性のある引数を指定します。

コマンド引数

　コマンド引数は、Commandクラスの$signatureプロパティにコマンド名とともに設定します。引数名を{foo}のようにカーリーブレイスで囲います。下記のコード例では、引数としてnameを設定しています（リスト8.1.3.1）。

リスト8.1.3.1：コマンド引数を設定

```
protected $signature = 'hello:class {name}';
```

　コマンド実行時に指定する引数の値は、argumentメソッドで取得します。argumentメソッドの引数には、$signatureプロパティで設定した引数名を指定します。下記のコード例では、引数nameの値を取得し、それをcommentメソッドで出力しています（リスト8.1.3.2）。

リスト8.1.3.2：コマンド引数の値を取得

```
public function handle()
```

332

```
    {
        $name = $this->argument('name');
        $this->comment('Hello ' . $name);
    }
```

　コマンド引数は、実行コマンド名の後ろに半角スペースを空けて指定します。下記の実行例に示す通り、コマンド引数付きで実行すると、指定した引数の値が出力されることが分かります（リスト8.1.3.3）。

リスト8.1.3.3：コマンド引数を指定して実行

```
$ php artisan hello:class Jorge
Hello Jorge
```

　しかし、カーリーブレースで囲んで設定したコマンド引数は必須となるので、引数を省略して実行すると、エラーとなります（リスト8.1.3.4）。

リスト8.1.3.4：コマンド引数を省略して実行

```
$ php artisan hello:class
Not enough arguments (missing: "name").
```

　コマンド引数の指定には、下表に示す通り、さまざまな方法があります（表8.1.3.5）。デフォルト値の指定や配列として値を取得する方法もあるので、引数を設定する際は参考にしてください。

表8.1.3.5：コマンド引数の指定方法

コマンド引数	内容
{name}	引数を文字列として取得。省略するとエラー。
{name?}	引数を文字列として取得。省略可能。
{name=default}	引数を文字列として取得。省略すると＝の右辺がデフォルト値となる。
{name*}	引数を配列として取得。省略するとエラー。
{name : description}	「:」（コロン）以降に説明を記述できる。コロンの前後にスペースが必要。

オプション引数

　オプション引数は、スイッチのように指定した項目を有効にする場合などに利用します。コマンド引数と同様に、Commandクラスの$signatureプロパティに指定します。{}でオプション引数名を囲み、引数名の先頭に--（ハイフン2個）を指定するとオプション引数となります。下記のコード例では、オプション引数に--switchを指定しています（リスト8.1.3.6）。

リスト8.1.3.6：オプション引数を指定

```
    protected $signature = 'hello:class {--switch}';
```

コマンド実行時にオプション引数が指定されたかどうかは、optionメソッドで取得します。option
メソッドの引数にオプション引数名を指定すると、コマンド実行時にオプションが指定されていれば
true、そうでなければfalseを返します。下記のコード例では、オプション引数--switchが指定された
かどうかによって、出力する文字列を切り替えています（リスト8.1.3.7）。

リスト8.1.3.7：オプション引数が指定されたか確認

```
    public function handle()
    {
        $switch = $this->option('switch');
        $this->comment('Hello ' . ($switch ? 'ON' : 'OFF'));
    }
```

上記のコマンドを実行した結果を下記に示します（リスト8.1.3.8〜8.1.3.9）。--switchオプション
の有無によって、出力される文字列が変わることが分かります。

リスト8.1.3.8：オプション引数を指定して実行

```
$ php artisan hello:class --switch
Hello ON
```

リスト8.1.3.9：オプション引数を指定せずに実行

```
$ php artisan hello:class
Hello OFF
```

また、オプション引数では、紹介した論理値以外にも任意の値を指定する方法もあります。オプショ
ン引数の指定方法を下表に示します（表8.1.3.10）。

表8.1.3.10：オプション引数の指定方法

コマンド引数	内容
{--switch}	引数を論理値として取得。指定するとtrue、省略するとfalseとなる。
{--switch=}	引数を文字列として取得。省略可能。
{--switch=default}	引数を文字列として取得。省略すると＝の右辺がデフォルト値となる。

{--switch=*}	引数を配列として取得。実行時に、--switch=1 --switch=2と指定すると、['1','2']といった配列になる。
{--switch : description}	:(コロン) 以降に説明を記述できる。コロンの前後にスペースが必要。

8-1-4　Commandからの出力

　Commandからコマンドラインに出力するためのメソッドがいくつか用意されています。前述の「8-1-2 クラスによるCommandの作成」でHelloCommandクラスで利用したcommentメソッドもその1つです。出力コマンドはいずれも、ANSIエスケープシーケンスによって出力が色付けされるので、対応するターミナルではコマンドの出力が識別しやすくなります。

　主な出力用メソッドを下表にあげます（表8.1.4.1）。いずれのメソッドも$string引数に出力する文字列を指定します。また、$verbosity引数には出力レベルを指定します（表8.1.4.2）。コマンド実行時の出力レベル指定に応じて、出力するか否かを判定します。

表8.1.4.1：主な出力用メソッド

メソッド	出力スタイル
line($string, $style = null, $verbosity = null)	スタイルなし
info($string, $verbosity = null)	infoスタイル(文字色：緑)
comment($string, $verbosity = null)	commentスタイル(文字色：黄)
question($string, $verbosity = null)	questionスタイル(文字色：黒、背景色：シアン)
error($string, $verbosity = null)	errorスタイル(文字色：白、背景色：赤)
warn($string, $verbosity = null)	warnスタイル(文字色：黄)

表8.1.4.2：出力レベル

出力レベル	定数値	コマンド実行時の出力レベル指定
VERBOSITY_QUIET	16	常に出力。
VERBOSITY_NORMAL	32	デフォルトの出力レベル。--quiet以外で出力。
VERBOSITY_VERBOSE	64	-v,-vv,-vvvで出力。
VERBOSITY_VERY_VERBOSE	128	-vv,-vvvで出力。
VERBOSITY_DEBUG	256	-vvvでのみ出力。

※出力レベルは、いずれもSymfony\Component\Console\Output\OutputInterfaceの定数

335

出力レベルは、コマンド実行時のオプションで指定します。--quietはVERBOSITY_QUIETのみ出力、未指定から-v、-vv、-vvvの順で出力されるレベルが広がります。出力レベルごとの出力を確認するために実装したのが、コード例のOutputCommandクラスです（リスト8.1.4.3）。handleメソッドで出力レベルごとに文字列を出力しています。

リスト8.1.4.3：出力レベルごとの出力を確認するOutputCommand

```php
<?php

namespace App\Console\Commands;

use Illuminate\Console\Command;
use Symfony\Component\Console\Output\OutputInterface;

class OutputCommand extends Command
{
    /**
     * @var string
     */
    protected $signature = 'output';

    /**
     * @var string
     */
    protected $description = '出力テスト';

    /**
     * @return void
     */
    public function __construct()
    {
        parent::__construct();
    }

    /**
     * @return mixed
     */
    public function handle()
    {
        $this->info('quiet', OutputInterface::VERBOSITY_QUIET);
        $this->info('normal', OutputInterface::VERBOSITY_NORMAL);
        $this->info('verbose', OutputInterface::VERBOSITY_VERBOSE);
        $this->info('very_verbose', OutputInterface::VERBOSITY_VERY_VERBOSE);
        $this->info('debug', OutputInterface::VERBOSITY_DEBUG);
    }
}
```

上記コード例のCommandを実行すると、下記の出力例に示す通り、コマンド実行時のオプションで出力される内容が変化することが分かります（リスト8.1.4.4）。

リスト8.1.4.4：出力レベルを指定してコマンド実行

```
$ php artisan output --quiet
quiet

出力レベル指定なし(デフォルト)
$ php artisan output
quiet
normal

$ php artisan output -v
quiet
normal
verbose

$ php artisan output -vv
quiet
normal
verbose
very_verbose

$ php artisan output -vvv
quiet
normal
verbose
very_verbose
debug
```

コマンドの実行で通常の出力は、VERBOSITY_NORMAL（デフォルト）で出力し、デバッグ用の情報は、VERBOSITY_VERBOSEで出力するなどメリハリを付けておけば、-vオプションの有無で出力する情報を制御できます。

8-1-5 Commandの実行

前項までは、Commandをコマンドライン環境から実行する方法を紹介しましたが、Laravelアプリケーション内部から直接実行することも可能です。Laravelアプリケーション内部でCommandを実行するには、Artisanファサードのcallメソッドを利用します。

| 第一部 | Laravelの基礎 | 第二部 | 実践パターン | 第三部 | Laravelアプリケーション開発手法 |

次にArtisan::callメソッドによる実行例を示します（リスト8.1.5.1）。第1引数に実行するコマンド名を指定します。Commandに対する引数を指定する場合は、第2引数に配列で指定します（配列のキーが引数名となるので必要な値を指定します）。

リスト8.1.5.1：Artisan::callメソッドによるCommand実行

```
# 引数無し
Route::get('/no_args', function () {
    Artisan::call('no-args-command');
});

# 引数有り
Route::get('/with_args', function () {
    Artisan::call('with-args-command', [
        'arg'      => 'value',
        '--switch' => false,
    ]);
});
```

Artisanファサードを利用しない場合、下記コード例に示す通り、Illuminate\Contracts\Console\Kernelをインジェクトすれば、同様にcallメソッドでCommandが実行できます（リスト8.1.5.2）。

リスト8.1.5.2：Artisanファサードを使わずにCommand実行

```
use Illuminate\Contracts\Console\Kernel;

Route::get('/no_args_di', function (Kernel $artisan) {
    $artisan->call('no-args-command');
});
```

なお、Commandクラスの中から他のコマンドを実行する場合は、Commandクラスのcallメソッドでも代用できます（リスト8.1.5.3）。引数の指定方法は前述のArtisan::callメソッドと同じです。

リスト8.1.5.3：Commandクラスから他のCommandを実行

```
    public function handle()
    {
        $this->call('other-command');
    }
```

コマンドエラーのスタックトレースを出力

artisanコマンドによる各コマンドの実行では、処理中に例外が発生しても、下記の実行例の通り、例外のメッセージと送出されたファイル名及び行番号しか表示されません。

リスト1：オプションなしの場合のエラー出力

```
$ php artisan error

In ErrorCommand.php line 41:

  error!
```

-vより冗長な出力オプション（-vv、-vvv）を指定すると、スタックトレースも合わせて出力されます。Commandのデバッグを行なう際は覚えておくとよいでしょう。

リスト2：-vオプションを付与した場合のエラー出力

```
$ php artisan error -v

In ErrorCommand.php line 41:

  [Exception]
  error!

Exception trace:
App\Console\Commands\ErrorCommand->handle() at n/a:n/a
call_user_func_array() at /vagrant/vendor/laravel/framework/src/Illuminate/
Container/BoundMethod.php:29
Illuminate\Container\BoundMethod::Illuminate\Container\{closure}() at /
vagrant/vendor/laravel/framework/src/Illuminate/Container/BoundMethod.php:87
Illuminate\Container\BoundMethod::callBoundMethod() at /vagrant/vendor/
laravel/framework/src/Illuminate/Container/BoundMethod.php:31
Illuminate\Container\BoundMethod::call() at /vagrant/vendor/laravel/framework/
src/Illuminate/Container/Container.php:549
（中略）
Illuminate\Container\Container->call() at /vagrant/vendor/laravel/framework/
src/Illuminate/Console/Command.php:183
Illuminate\Console\Application->run() at /vagrant/vendor/laravel/framework/
src/Illuminate/Foundation/Console/Kernel.php:121
Illuminate\Foundation\Console\Kernel->handle() at /vagrant/artisan:37
```

339

| | 第一部 | Laravelの基礎 | 第二部 | 実践パターン | 第三部 | Laravelアプリケーション開発手法 |

8-2 Commandの実装

購入情報を出力するコマンドの実装

本節では、購入情報をファイルで出力するExportOrdersCommandの実装を通じて、実際のコマンドラインアプリケーションを実装する方法を解説します。

8-2-1 サンプル実装の仕様

本項では、データベースに保存された購入情報をTSV（Tab Separated Values）ファイルで出力するCommandを実装します。このコマンドは、下記の実行例のように実行します（リスト8.2.1.1）。artisanコマンドに続く「app:export-orders」がコマンド名です。コマンド名に続く「20180610」は出力対象の年月日で、実行例では2018年06月10日を指定しています。

リスト8.2.1.1：ExportOrdersCommandの実行例

```
$ php artisan app:export-orders 20180610
```

このアプリケーションでは、購入情報をordersテーブル、購入明細をorder_detailsテーブルに格納していると想定します。データベースのスキーマを次表に示します（表8.2.1.1〜8.2.1.2）[1]。

表8.2.1.1：ordersテーブル[2]

カラム	型	備考
id	AUTO_INCREMENT	PK
order_code	varchar(32)	購入番号（UNIQUE）
order_date	datetime	購入日時
customer_name	varchar(100)	購入者氏名
customer_email	varchar(255)	購入者メールアドレス
destination_name	varchar(100)	送付先氏名
destination_zip	varchar(10)	送付先郵便番号
destination_prefecture	varchar(10)	送付先都道府県

1 テーブルを生成するのに必要なマイグレーションファイルはサンプルコードに含まれています。
2 PK＝プライマリキー、UNIQUE＝ユニークキー、FK＝外部キー

340

destination_address	varchar(100)	送付先住所
destination_tel	varchar(20)	送付先電話番号
total_quantity	int	購入点数
total_price	int	合計金額
created_at	timestamp	
updated_at	timestamp	

表8.2.1.2：order_details テーブル

カラム	型	備考
order_code	varchar(32)	購入番号 (PK/FK)
detail_no	int	明細番号 (PK)
item_name	varchar(100)	商品名
item_price	int	商品価格
quantity	int	購入数
subtotal_price	int	小計

　出力するTSVファイルの構造は下表の通りです（表8.2.1.3）。1行が1明細に対応し、1つの購入情報に対して、複数の明細が存在する場合はそれぞれが別の行となります。

表8.2.1.3：購入情報TSV

列名	内容
購入コード	orders.order_code
購入日時	orders.order_date
明細番号	order_details.detail_no
商品名	order_details.item_name
商品価格	order_details.item_price
購入点数	order_details.quantity
小計金額	order_details.subtotal_price
合計点数	orders.total_quantity
合計金額	orders.total_price
購入者名	orders.customer_name
購入者メールアドレス	orders.customer_email
送付先氏名	orders.destination_name
送付先郵便番号	orders.destination_zip
送付先都道府県	orders.destination_prefecture

送付先住所	orders.destination_address
送付先電話番号	orders.destination_tel

下記が出力されるTSVファイルの例です（リスト8.2.1.4）。

リスト8.2.1.4：出力されるTSV例（※行番号は別）

```
01: 購入コード 購入日時 明細番号 商品名 商品価格 購入点数 小計金額 合計点数 合計金額 購入者氏名 購入者メールアドレ
ス 送付先氏名 送付先郵便番号 送付先都道府県 送付先住所 送付先電話番号
02: 1111-1111-1111-1113 2018-06-30 00:00:00 1 商品3 2000 1 2000 奈良次郎 nara@example.com 奈良
次郎 234567 奈良県 奈良市○○○○○○○ 0742-0000-0000
```

8-2-2　Commandの生成

make:commandコマンドでCommandクラスの雛形を生成します（リスト8.2.2.1）。ここでは、ExportOrdersCommandをクラス名に指定しています。

リスト8.2.2.1：make:commandによるExportOrdersCommandクラスの生成

```
$ php artisan make:command ExportOrdersCommand
Console command created successfully.
```

make:commandコマンドを実行すると、app/Console/Commands/ExportOrdersCommand.phpが生成されます。このクラスを実行するために最小限の実装を追加したのが、下記のコード例です（リスト8.2.2.2）。$signatureプロパティにはコマンド名としてapp:export-ordersを指定しています（①）。$descriptionプロパティでこのCommandの説明を指定しています（②）。handleメソッドでは、infoメソッドで文字列を出力するだけの実装を記述しています（③）。

リスト8.2.2.2：変更したExportOrdersCommand

```
<?php
declare(strict_types=1);

namespace App\Console\Commands;

use Illuminate\Console\Command;

class ExportOrdersCommand extends Command
```

```
{
    /**
     * @var string
     */
    protected $signature = 'app:export-orders'; // ①

    /**
     * @var string
     */
    protected $description = '購入情報を出力する'; // ②

    /**
     * @return void
     */
    public function __construct()
    {
        parent::__construct();
    }

    /**
     * @return mixed
     */
    public function handle()
    {
        $this->info('Hello'); // ③
    }
}
```

　下記の実行例に示す通り、artisan listコマンドを実行すると、表示されるコマンド一覧に
app:export-ordersコマンドが含まれており、説明文も表示されていることが分かります。

リスト8.2.2.3：artisan listコマンドの実行

```
$ php artisan list    # 単に「php artisan」だけでもよい
(中略)
 app
  app:name              Set the application namespace
  app:export-orders     購入情報を出力する
 auth
  auth:clear-resets     Flush expired password reset tokens
(後略)
```

　続いて、app:export-ordersコマンドの実行例を示します（リスト8.2.2.4）。handleメソッドで実装
したinfoメソッドで文字列が出力されます。

リスト8.2.2.4：app:export-ordersコマンドの実行

```
$ php artisan app:export-orders
Hello
```

8-2-3　ユースケースクラスとサービスクラスの分離

　ExportOrdersCommandクラスを実装します。このCommandは、データベースから値を読み取り、TSVファイルとして出力します。本項では、ユースケースクラスExportOrdersUseCaseを用意して、実処理はユースケースクラスで実装します。また、データベースから値を読み取る処理は、ExportOrdersServiceクラスで実装します。

　ExportOrdersCommandのhandleメソッドではこのユースケースクラスを呼び出して、生成されたTSVを受け取り、それを出力します（図8.2.3.1）。

図8.2.3.1：クラス図

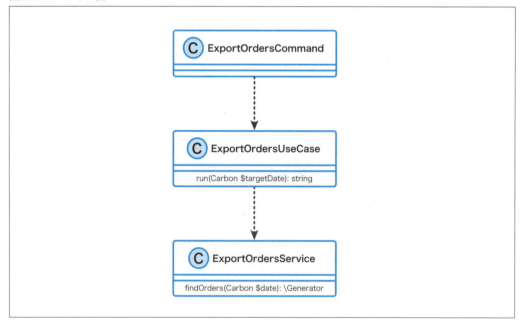

　処理ごとにクラスを分離する狙いは、各クラスの役割を明確にし、それぞれが定められた役割のみを担うように実装するためです。Commandクラスはコンソールアプリケーションでの UI 提供とユース

ケースクラスの実行、ExportOrdersUseCaseクラスはサービスクラスを実行して購入情報の取得と
TSVの生成、ExportOrdersServiceクラスはデータベースから出力に必要な情報の取得を担います。

　各クラスでは自身の責務を果たせばよいので、自分自身がどのクラスから呼び出されるかを意識する
必要はありません。各々の役割が明確で独立したクラスは再利用性が高まるので、別の箇所から利用す
ることが容易になります。後述の「8-3 バッチ処理の実装」では本項ExportOrdersServiceクラスを再
利用します。

　また、独立したクラスでは、テストコードの記述も容易になります。Laravelでは、コンソールアプ
リケーションもテストできますが、ユースケースクラスはこの仕組みを使わずとも単体でテスト可能で
す。この通り、役割に応じてクラスを分離することは、コンソールアプリケーションに限らず広く利用
できるテクニックなので、覚えておくとよいでしょう。

8-2-4　ユースケースクラスの雛形を作成する

　まずはユースケースクラスの雛形を作り、これをExportOrdersCommandクラスから実行する部分
だけを実装します。下記コード例がExportOrdersUseCaseクラスの雛形です（リスト8.2.4.1）。
　runメソッドのみ実装し、引数には購入情報の出力対象日を指定しています。ここでは、対象日を含
む文字列だけを返す実装です。

リスト8.2.4.1: ExportOrdersUseCaseクラスの雛形

```php
<?php
declare(strict_types=1);

namespace App\UseCases;

use Carbon\Carbon;

final class ExportOrdersUseCase
{
    /**
     * @param Carbon $targetDate
     * @return string
     */
    public function run(Carbon $targetDate)
    {
        return $targetDate->format('Y-m-d') . 'の購入情報';
    }
}
```

| 第一部 | Laravelの基礎 | 第二部 | **実践パターン** | 第三部 | Laravelアプリケーション開発手法 |

ExportOrdersCommandが上記のユースケースクラスを呼び出すように変更したものが、次のコード例です（リスト8.2.4.2）。

リスト8.2.4.2：ユースケースクラスを呼び出すExportOrdersCommand

```
（前略）
use App\UseCases\ExportOrdersUseCase;
use Carbon\Carbon;
（中略）
    /** @var ExportOrdersUseCase */
    private $useCase; // ①

    /**
     * @param ExportOrdersUseCase $useCase
     */
    public function __construct(ExportOrdersUseCase $useCase) // ②
    {
        parent::__construct();

        $this->useCase = $useCase;
    }
（中略）
    public function handle()
    {
        $tsv = $this->useCase->run(Carbon::today()); // ③

        echo $tsv;
    }
```

上記コード例に示す通り、ユースケースクラスのインスタンスを格納するプロパティを追加しています（①）。コンストラクタでユースケースクラスのインスタンスを受け取って、$useCaseプロパティに格納しています（②）。Commandクラスのコンストラクタでは、サービスコンテナによるDIが行なわれるので、ユースケースクラスのインスタンスがインジェクトされます。

handleメソッドではユースケースクラスのrunメソッドを実行して、戻り値をecho文で出力します（③）。runメソッドの引数には、仮で当日の日付を返すCarbon::todayメソッドを利用しています。

上記の修正を反映した状態で、app:export-ordersコマンドを実行した結果を下記に示します（リスト8.2.4.3）。ユースケースクラスで生成した文字列が出力されます。

リスト8.2.4.3：app:export-ordersの実行

```
$ php artisan app:export-orders
```

```
2018-08-25の購入情報
```

8-2-5 サービスクラスの実装

Commandクラスからユースケースクラスを実行できることが確認できたところで、ユースケースが利用するサービスクラスを実装します。実装するサービスクラスを次のコード例に示します（リスト8.2.5.1）。

リスト8.2.5.1 ExportOrdersServiceクラス（app/Services/ExportOrdersService.php）

```php
<?php
declare(strict_types=1);

namespace App\Services;

use Carbon\Carbon;
use Generator;
use Illuminate\Database\Connection;

final class ExportOrdersService
{
    /** @var Connection */
    private $connection;

    public function __construct(Connection $connection)
    {
        $this->connection = $connection;
    }

    /**
     * 対象日の購入情報を取得
     *
     * @param Carbon $date
     * @return Generator
     */
    public function findOrders(Carbon $date): Generator
    {
        // ① 購入情報の取得
        return $this->connection
            ->table('orders')
            ->join('order_details', 'orders.order_code', '=', 'order_details.order_code')
            ->select([
                'orders.order_code',
                'orders.order_date',
                'orders.total_price',
                'orders.total_quantity',
                'orders.customer_name',
                'orders.customer_email',
                'orders.destination_name',
```

347

| 第一部 | Laravelの基礎 | 第二部 | 実践パターン | 第三部 | Laravelアプリケーション開発手法 |

```
                'orders.destination_zip',
                'orders.destination_prefecture',
                'orders.destination_address',
                'orders.destination_tel',
                'order_details.*',
            ])
            ->where('order_date', '>=', $date->toDateString())
            ->where('order_date', '<', $date->copy()->addDay()->toDateString())
            ->orderBy('order_date')
            ->orderBy('orders_code')
            ->orderBy('order_details.detail_no')
            ->cursor(); // ② ジェネレータとして取得
    }
}
```

　上記コード例に示す通り、ExportOrdersServiceクラスでは、Eloquentは利用せずにクエリビルダ
を使って購入情報をデータベースから取得しています。findOrdersメソッドが実際の処理です。このメ
ソッドは、引数に取得する購入情報の日付を取得します。①の購入情報の取得では、クエリビルダを使っ
て、必要なテーブルのジョイン、データを取得するカラムの指定、抽出条件の設定、そして並び順を指
定しています。ここでのポイントは最後にcursorメソッドでデータを取得しているところです（②）。

　getメソッドとは異なり、cursorメソッドは、呼び出し時点ではレコードの内容を読み込みません。
このメソッドはジェネレータを返すので、以降の処理でforeach文を使い各レコードを順次読み込むこ
とになります。こう記述することで、大量のレコードを扱う際にもメモリの使用量を最小限に抑えるこ
とが可能です。コンソールアプリケーションでは、大量のデータを処理するケースがあるので、こうし
た方法を知っておくとよいでしょう。

8-2-6　ユースケースクラスの実装

　続いて、ユースケースクラスの実装です。上記で仮実装したExportOrdersUseCaseクラスに実装
を加えたのが、下記のコード例です（リスト8.2.6.1）。

リスト8.2.6.1：実装するExportOrdersUseCaseクラス

```
<?php
declare(strict_types=1);

namespace App\UseCases;

use App\Services\ExportOrdersService;
use Carbon\Carbon;
```

348

```php
final class ExportOrdersUseCase
{
    /** @var ExportOrdersService */
    private $service;

    public function __construct(ExportOrdersService $service)
    {
        $this->service = $service;
    }

    /**
     * @param Carbon $targetDate
     * @return string
     */
    public function run(Carbon $targetDate): string
    {
        // ① データベースから購入情報を取得
        $orders = $this->service->findOrders($targetDate);

        // ② TSV ファイル用コレクションを生成
        $tsv = collect();
        // ③ タイトル行を追加
        $tsv->push($this->title());

        // ④ 購入情報を追加
        foreach ($orders as $order) {
            $tsv->push([
                $order->order_code,
                $order->order_date,
                $order->detail_no,
                $order->item_name,
                $order->item_price,
                $order->quantity,
                $order->subtotal_price,
                $order->customer_name,
                $order->customer_email,
                $order->destination_name,
                $order->destination_zip,
                $order->destination_prefecture,
                $order->destination_address,
                $order->destination_tel,
            ]);
        }

        // ⑤ 各要素を TSV 形式に変換
        return $tsv->map(function (array $values) {
                return implode("\t", $values);
            })->implode("\n") . "\n";
    }

    private function title(): array
    {
        return [
```

```
                '購入コード',
                '購入日時',
                '明細番号',
                '商品名',
                '商品価格',
                '購入点数',
                '小計金額',
                '合計点数',
                '合計金額',
                '購入者氏名',
                '購入者メールアドレス',
                '送付先氏名',
                '送付先郵便番号',
                '送付先都道府県',
                '送付先住所',
                '送付先電話番号',
            ];
    }
}
```

上記コード例の①では、ExportOrdersServiceクラスを利用してデータベースから購入情報を読み込んでいます（正確にはこの時点ではジェネレータを取得）。引数にはCommandクラスから与えられる$targetDateを指定し、該当日の購入情報を取得します。②からは取得した購入情報をTSVの形式に変換します。$tsv変数にCollectionクラスのインスタンスを格納して、各行を要素として追加します。

タイトル行を追加して（③）、foreach文で購入情報を1件ずつ取得し、1行の内容として追加します（④）。最後に$tsvの各要素をTSV形式に変換して返します（⑤）。なお、TSVファイルの作成には値にタブや改行コードが含まれることを考慮する必要がありますが、ここでは例示のために省いています。

最後にapp:export-ordersコマンドを実行して、ユースケースクラスとサービスクラスの動作を確認します。下記が実行例です（リスト8.2.6.2）。ここでは実行した日の購入情報が出力されます。購入情報がない場合はタイトル行のみが出力されます（リスト8.2.6.3）。これで、ユースケースクラスとサービスクラスが正常に動作していることを確認できました。

リスト8.2.6.2：購入情報が存在する場合の実行例

```
$ php artisan app:export-orders
購入コード      購入日時        明細番号    商品名  商品価格     購入点数       小計金額        合計点数        合計金額          購入
者氏名        購入者メールアドレス    送付先氏名      送付先郵便番号   送付先都道府県    送付先住所    送付先電話番号
1111-1111-1111-1111 2018-06-29 00:00:00 1       商品1 1000    1    1000      大阪太郎      osaka@
example.com    送付先 大阪太郎   1234567 大阪府 送付先住所1   06-0000-0000
1111-1111-1111-1112 2018-06-29 23:59:59 1       商品1 1000    2    2000      神戸花子      kobe@
example.com    送付先 神戸花子   1234567 兵庫県 送付先住所2   078-0000-0000
1111-1111-1111-1112 2018-06-29 23:59:59 2       商品2 500  1    500  神戸花子      kobe@example.com
送付先 神戸花子   1234567 兵庫県 送付先住所2   078-0000-0000
```

リスト8.2.6.3：購入情報が存在しない場合の実行例

```
$ php artisan app:export-orders
購入コード   購入日時   明細番号   商品名 商品価格   購入点数   小計金額   合計点数   合計金額   購入
者氏名   購入者メールアドレス   送付先氏名   送付先郵便番号 送付先都道府県 送付先住所   送付先電話番号
```

8-2-7　**Commandクラスの仕上げ**

前項でユースケースクラスの実装が完了したので、本項ではCommandクラスの実装を仕上げます。

出力日をコマンド引数で指定

app:export-ordersコマンド実行時に出力する日付を指定可能にします。app:export-ordersコマンドには日付を指定する引数dateを設定します。引数dateを追加したのが下記のコード例です（リスト8.2.7.1）。

リスト8.2.7.1：ExportOrdersCommandクラスに引数を設定

```
protected $signature = 'app:export-orders {date}';
```

追加した引数dateの値を利用するようにhandleメソッドを変更します。変更したhandleメソッドを下記コード例に示します（リスト8.2.7.2）。

リスト8.2.7.2：コマンド引数の日付をユースケースクラスに渡す

```php
public function handle()
{
    // ① 引数dateの値を取得する
    $date = $this->argument('date');
    // ② $date の値（文字列）からCarbonインスタンスを生成
    $targetDate = Carbon::createFromFormat('Ymd', $date);

    // ③ ユースケースクラスに日付を渡す
    $tsv = $this->useCase->run($targetDate);

    echo $tsv;
}
```

上記コード例では、コマンド引数dateの値を取得し（①）、その値でCarbonクラスのインスタンスを生成しています（②）。生成したインスタンスが購入情報を生成する対象日となるので、ユースケースクラスのrunメソッドに引数として渡します（③）。

これで、コマンドライン引数で指定した日付で購入情報を出力可能になります。日付を引数で指定したapp:export-ordersコマンドの実行例を示します（リスト8.2.7.3）。コマンドラインで指定した日付に該当する購入情報が出力されていることが分かります。

リスト8.2.7.3：日付を指定してapp:export-ordersコマンドを実行

```
# 2018-06-29 の購入情報
$ php artisan app:export-orders 20180629
購入コード        購入日時          明細番号      商品名  商品価格      購入点数      小計金額
合計点数        合計金額        購入者氏名      購入者
メールアドレス    送付先氏名      送付先郵便番号  送付先都道府県  送付先住所      送付先電話番号
1111-1111-1111-1111      2018-06-29 00:00:00     1        商品1  1000    1       1000    大阪
太郎        osaka@example.com       送付先 太郎      1234567 大阪府
送付先住所1      06-0000-0000
1111-1111-1111-1112      2018-06-29 23:59:59     1        商品1  1000    2       2000    神戸
花子        kobe@example.com        送付先 太郎      1234567 兵庫県
送付先住所2      078-0000-0000
1111-1111-1111-1112      2018-06-29 23:59:59     2        商品2  500     1       500     神戸
花子        kobe@example.com        送付先 太郎      1234567 兵庫県
送付先住所2      078-0000-0000

# 2018-06-30 の購入情報
$ php artisan app:export-orders 20180630
購入コード        購入日時          明細番号      商品名  商品価格      購入点数      小計金額
合計点数        合計金額        購入者氏名      購入者
メールアドレス    送付先氏名      送付先郵便番号  送付先都道府県  送付先住所      送付先電話番号
1111-1111-1111-1113      2018-06-30 00:00:00     1        商品3  2000    1       2000    奈良
次郎        nara@example.com        送付先 次郎      1234567 奈良県
送付先住所3      0742-0000-0000
```

出力ファイルパスの指定

現状のapp:export-ordersコマンドは、標準出力にTSVを出力しています。これを任意のファイル名を指定して、TSVをファイルに出力するようにします。ファイル名は、--outputオプションで指定し、オプションが省略された場合は、これまで通り標準出力に出力します。

まずはオプションを追加したコード例を下記に示します（リスト8.2.7.4）。

リスト8.2.7.4：ExportOrdersCommandクラスにオプション引数を設定

```
protected $signature = 'app:export-orders {date} {--output=}';
```

続いて、追加したオプション引数を利用するようにhandleメソッドを変更します。変更したhandleメソッドを次のコード例に示します（リスト8.2.7.5）。

リスト8.2.7.5：オプション引数のファイルパスにTSVを出力

```php
public function handle()
{
    $date = $this->argument('date');
    $targetDate = Carbon::createFromFormat('Ymd', $date);

    $tsv = $this->useCase->run($targetDate);

    // ① outputオプションの値を取得
    $outputFilePath = $this->option('output');
    // ② nullであれば未指定なので、標準出力に出力
    if (is_null($outputFilePath)) {
        echo $tsv;
        return;
    }

    // ③ ファイルに出力
    file_put_contents($outputFilePath, $tsv);
}
```

上記コード例に示す通り、オプション引数の値はoptionメソッドで取得します（①）。この値がnullであれば、このオプションが指定されていないことを意味するため、TSVを標準出力に出力します（②）。指定されていた場合はその値をファイルパスとしてTSVをファイルに出力します（③）。

ファイルパスを指定したコマンドの実行例を示します（リスト8.2.7.6）。--outputオプションで/tmp/orders.tsvを指定しているので、標準出力にはTSVが出力されません。指定したパスにはファイルが生成されており、内容が購入情報のTSVになっていることが分かります。

リスト8.2.7.6：出力ファイルパスを指定してapp:export-ordersコマンドを実行

```
$ php artisan app:export-orders 20180630 --output /tmp/orders.tsv
$ ls -la /tmp/orders.tsv
-rw-rw-r-- 1 vagrant vagrant 422 Aug 17 02:29 /tmp/orders.tsv
$ cat /tmp/orders.tsv
購入コード      購入日時        明細番号        商品名  商品価格        購入点数            小計金額
合計点数        合計金額        購入者氏名      購入者
メールアドレス  送付先氏名      送付先郵便番号  送付先都道府県  送付先住所      送付先電話番号
1111-1111-1111-1113     2018-06-30 00:00:00     1       商品3   2000    1       2000    奈良
次郎    nara@example.com        送付先 次郎      1234567 奈良県
送付先住所3     0742-0000-0000
```

| 第一部 | Laravelの基礎 | 第二部 | 実践パターン | 第三部 | Laravelアプリケーション開発手法 |

8-3 バッチ処理の実装

購入情報を送信するバッチ処理の実装

　本節ではバッチ処理を実行するコンソールアプリケーションの実装を説明します。バッチ処理とは cronなどで自動起動し、バックグラウンドで実行される処理を指します。毎夜自動で実行する夜間バッチなどです。

8-3-1　バッチ処理の仕様

　前述の「8-2 Commandの実装」で実装したExportOrdersCommandをベースに、生成した購入情報を定期的に別システムに送信するバッチ処理を実装します。本節で実装するバッチ処理は、前日の購入情報を生成して別のアプリケーションに送信します。送信先の別システムにはWebAPIが用意されていることを想定し、APIに対して生成した購入情報をHTTPで送信します。その仕様は下表の通りです。

表8.3.1.1：バッチ処理の仕様

項目	内容
コマンド	app:send-orders
送信内容	前日の購入情報
送信タイミング	毎日午前05:00
データ形式	JSON
送信先URL	https://api.example.com/import-orders
送信方式	HTTP POST
通知先	チャットワーク

　送信先のWebAPIは、購入情報をJSON形式で受け付けるため、TSVではなくJSON形式で購入情報を出力します。送信するJSON例をコード例に示します（リスト8.3.1.2）。購入情報の配列で1つの要素が1つの購入情報となります。order_detailsプロパティを持ち、購入明細を配列に格納します。

リスト8.3.1.2：送信するJSON例

```
[
  {
```

354

```
  "order_code": "1111-1111-1111-1111",
  "order_date": "2018-06-29 00:00:00",
  "total_quantity": 1,
  "total_price": 1000,
  "customer_name": "大阪 太郎",
  "customer_email": "osaka@example.com",
  "destination_name": "送付先 太郎",
  "destination_zip": "1234567",
  "destination_prefecture": "大阪府",
  "destination_address": "送付先住所1",
  "destination_tel": "06-0000-0000",
  "order_details": [
    {
      "detail_no": 1,
      "item_name": "商品1",
      "item_price": 1000,
      "quantity": 1,
      "subtotal_price": 1000
    }
  ]
  }
]
```

本節で実装するクラスは、下図に示す構成となります（図8.3.1.3）。

図8.3.1.3：クラス構成

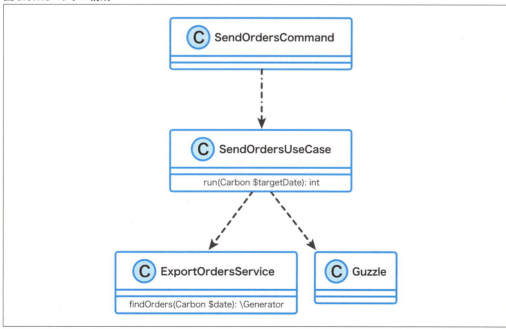

| 第一部 | Laravelの基礎 | 第二部 | **実践パターン** | 第三部 | Laravelアプリケーション開発手法 |

本節ではベースとなるExportOrdersCommandに新たにapp:send-ordersコマンドを実装し、この
コマンドで購入情報の送信を行ないます。前節で実装したapp:export-ordersコマンドと同様、対象日
を引数に取ります。下記の実行例では、2018-06-30の購入情報を送信しています（リスト8.3.1.4）。

送信先のURLはenv関数で取得し、.envファイルもしくは環境変数でセットします。定時実行には
cronを利用します（具体的な設定方法は後述）。

リスト8.3.1.4：app:send-orders コマンドの実行例

```
$ php artisan app:send-orders 20180630
```

8-3-2 **Commandクラスの実装**

本項では、artisanコマンドのmake:commandを使って、Commandクラスを生成します。

make:commandでは、--commandオプションにコマンド名を指定すると、生成するCommand
クラスの$signatureプロパティにその値を設定します。下記のCommandクラスの生成例では
SendOrdersCommandクラスを生成しています（リスト8.3.2.1）。

リスト8.3.2.1：SendOrdersCommandの生成

```
$ php artisan make:command SendOrdersCommand --command=app:send-orders
Console command created successfully.
```

生成されたSendOrdersCommandクラスへの変更例を示します（リスト8.3.2.2）。$descriptionプ
ロパティにコマンドの説明を追加し（②）、handleメソッドにメッセージ出力を実装します（③）。なお、
--commandオプションで指定したコマンド名が設定されていることが分かります（①）。

リスト8.3.2.2：生成されたSendOrdersCommandクラスへの変更

```
<?php

namespace App\Console\Commands;

use Illuminate\Console\Command;

class SendOrdersCommand extends Command
{
```

```
    protected $signature = 'app:send-orders'; // ①

    protected $description = '購入情報を送信する'; // ②

    public function __construct()
    {
        parent::__construct();
    }

    public function handle()
    {
        $this->info('Send Orders'); // ③
    }
}
```

　この状態でartisan listコマンドを実行すると、下記の実行例に示す通り、app:send-ordersコマンド（①）が表示されます（リスト8.3.2.3）。

リスト8.3.2.3：artisan listコマンドの実行

```
$ php artisan list       # 単に「php artisan」だけでもよい
（中略）
 app
  app:export-orders    購入情報を出力する
  app:name             Set the application namespace
  app:send-orders      購入情報を送信する # ①
（後略）
```

　app:send-ordersコマンドを実行すると、handleメソッドで実装した文字列が出力されます（リスト8.3.2.4）。

リスト8.3.2.4：app:send-ordersコマンドの実行

```
$ php artisan app:send-orders
Send Orders
```

8-3-3　ユースケースクラスの実装

　本項では、ユースケースクラスとしてSendOrdersUseCaseクラスを実装します。このクラスは購入情報の取得と送信を実行します。購入情報の取得には、前節「8-2 Commandの実装」で実装したExportOrdersServiceクラスを利用します。購入情報の送信には、HTTPクライアントライブラリの

「Guzzle[1]」を利用します。下記のコマンド例に示す通り、composerコマンドを使って、Guzzleをインストールします（リスト8.3.3.1）。

リスト8.3.3.1：Guzzleのインストール

```
$ composer require guzzlehttp/guzzle
```

　実装したSendOrdersUseCaseクラスを下記コード例に示します（リスト8.3.3.2）。
　コンストラクタでは、本処理を行なうために必要なExportOrdersServiceクラスとGuzzleクラスのインスタンスを引数で受け取ります。

リスト8.3.3.2：SendOrdersUseCaseクラス

```php
<?php
declare(strict_types=1);

namespace App\UseCases;

use App\Services\ExportOrdersService;
use Carbon\Carbon;
use GuzzleHttp\Client;
use Illuminate\Support\Facades\Log;

final class SendOrdersUseCase
{
    /** @var ExportOrdersService */
    private $service;

    /** @var Client */
    private $guzzle;

    public function __construct(ExportOrdersService $service, Client $guzzle)
    {
        $this->service = $service;
        $this->guzzle = $guzzle;
    }

    /**
     * @param Carbon $targetDate
     * @return int
     */
    public function run(Carbon $targetDate): int
    {
        // ① データベースから購入情報を取得
        $orders = $this->service->findOrders($targetDate);
```

1　http://docs.guzzlephp.org/en/stable/

```php
        // ② 送信用データ作成
        $json = collect();

        $order = null;
        foreach ($orders as $detail) {
            if ($detail->detail_no === 1) {
                if (is_array($order)) {
                    $json->push($order);
                }
                $order = [
                    'order_code'            => $detail->order_code,
                    'order_date'            => $detail->order_date,
                    'total_quantity'        => $detail->total_quantity,
                    'total_price'           => $detail->total_price,
                    'customer_name'         => $detail->customer_name,
                    'customer_email'        => $detail->customer_email,
                    'destination_name'      => $detail->destination_name,
                    'destination_zip'       => $detail->destination_zip,
                    'destination_prefecture' => $detail->destination_prefecture,
                    'destination_address'   => $detail->destination_address,
                    'destination_tel'       => $detail->destination_tel,
                    'order_details'         => [],
                ];
            }
            $order['order_details'][] = [
                'detail_no'     => $detail->detail_no,
                'item_name'     => $detail->item_name,
                'item_price'    => $detail->item_price,
                'quantity'      => $detail->quantity,
                'subtotal_price' => $detail->subtotal_price,
            ];
        }
        if (is_array($order)) {
            $json->push($order);
        }

        // ③ JSONを送信
        $url = config('batch.import-orders-url');
        $this->guzzle->post($url, [
            'json' => $json,
        ]);

        return $json->count();
    }
}
```

runメソッドに実際の処理を記述します。

runメソッドは引数に購入情報の対象日を示す$targetDateを取ります。①でサービスクラスを使って、データベースから購入情報を取得しますが、これは前節のExportOrdersUseCaseと同じ処理です。

続いて、②で送信する購入情報を作成します。送信するJSON形式の構造に購入情報を格納し、購入情報をIlluminate\Support\Collectionクラスのインスタンスに追加しています。

最後に、③でGuzzleを利用して外部システムに購入情報を送信します。config関数で送信先URLを取得します。この設定は、下記コード例に示すconfig/batch.phpに指定しています（リスト8.3.3.3）。

postメソッドの第2引数にはHTTP送信に関わるさまざまなパラメータを指定でき、ここではjsonキーを指定することで、購入情報をJSON形式にシリアライズして送信します[2]。

リスト8.3.3.3：送信先URLの設定（config/batch.php）

```
<?php
declare(strict_types=1);

return [
    'import-orders-url' => env('API_IMPORT_ORDERS_URL'),
];
```

購入情報の送信先アプリケーションは本書では用意していないので、仮のAPIを実装してそちらに送信します。仮のAPIは、下記コード例に示すroutes/api.phpの通りに実装します（リスト8.3.3.4）。

リスト8.3.3.4：仮受信API

```
Route::post('/import-orders', function (Request $request) {
    $json = $request->getContent();
    file_put_contents('/tmp/orders', $json);

    return response('ok');
});
```

このAPIでは、HTTP POSTで購入情報のJSONを受け取り、/tmp/ordersに保存します。仮APIのURLを送信先に設定するために、続くコード例に示す通り、.envに追記します（リスト8.3.3.5）。

リスト8.3.3.5：送信先URLの値を設定(.envに追記)

```
API_IMPORT_ORDERS_URL=http://localhost/api/import-orders
```

2　debugキーにtrueを指定すると、送信内容が出力されるので、デバッグする時は便利です。

8-3-4 Commandクラスの仕上げ

前項でユースケースクラスの実装が完了したところで、Commandクラスの実装を仕上げるため、下記の2項目を実装しましょう。

・ ユースケースクラスの実行
・ app:send-ordersコマンドに引数を追加

まず、ユースケースクラスの実行を組み込みます。ユースケースクラスを呼び出す変更を加えたのが、下記コード例のSendOrdersCommandです（リスト8.3.4.1）。

リスト8.3.4.1：ユースケースクラスの実行を追加したSendOrdersCommand

```
(前略)
use App\UseCases\SendOrdersUseCase;
use Carbon\Carbon;
(中略)
    /** @var SendOrdersUseCase */
    private $useCase; // ①
(中略)
    /**
     * @param SendOrdersUseCase $useCase
     */
    public function __construct(SendOrdersUseCase $useCase) // ②
    {
        parent::__construct();

        $this->useCase = $useCase;
    }
(中略)
    public function handle()
    {
        // ③ ユースケースクラスの実行（日付は仮）
        $this->useCase->run(Carbon::today());

        $this->info('ok');
    }
```

ユースケースクラスのインスタンスを格納するプロパティを追加し（①）、コンストラクタで与えられたインスタンスを格納しています（②）。handleメソッドでは、ユースケースクラスのrunメソッドを呼び出して、ユースケースを実行しています（③）。

361

続いて、コマンド引数を追加します。コマンド引数の追加を反映したものを下記コード例に示します
（リスト8.3.4.2）。

リスト8.3.4.2：コマンド引数を追加して、ユースケースクラスに渡す

```
（前略）
    // ①  コマンド引数dateを追加
    protected $signature = 'app:send-orders {date}';
（中略）
    public function handle()
    {
        // ②  引数dateの値を取得する
        $date = $this->argument('date');

        // ③  $date の値（文字列）からCarbonインスタンスを生成
        $targetDate = Carbon::createFromFormat('Ymd', $date);

        // ④  ユースケースクラスに日付を渡す
        $this->useCase->run($targetDate);

        $this->info('ok');
    }
```

コマンド引数dateを追加しています（①）。これでapp:send-ordersコマンドで引数dateが有効と
なります。この引数をユースケースクラスに渡すようにhandleメソッドを変更します。コマンド引数
dateの値を取得し（②）、取得した値からCarbonクラスのインスタンスを生成します（③）。

生成したインスタンスが購入情報を生成する対象日となるので、ユースケースクラスのrunメソッド
に引数として渡します（④）。

以上で、app:send-ordersコマンドが実行可能となります。下記実行例に示す通り、コマンドを実行
すると購入情報が送信されます（リスト8.3.4.3）。送信先の仮受信APIでは、送信された購入情報を保
存しているので、正常に送信されていれば、送信された購入情報が格納されています（リスト8.3.4.4）。

リスト8.3.4.3：app:send-ordersコマンドの実行例

```
$ php artisan app:send-orders 20180629
ok
```

リスト8.3.4.4：送信されたJSON(整形済)

```
$ cat /tmp/orders
[
```

```
{
  "order_code": "1111-1111-1111-1111",
  "order_date": "2018-06-29 00:00:00",
  "total_quantity": 1,
  "total_price": 1000,
  "customer_name": "大阪 太郎",
  "customer_email": "osaka@example.com",
  "destination_name": "送付先 太郎",
  "destination_zip": "1234567",
  "destination_prefecture": "大阪府",
  "destination_address": "送付先住所1",
  "destination_tel": "06-0000-0000",
  "order_details": [
    {
      "detail_no": 1,
      "item_name": "商品1",
      "item_price": 1000,
      "quantity": 1,
      "subtotal_price": 1000
    }
  ]
},
  (中略)
]
```

なぜ対象日を引数にするのか？

バッチ処理の運用では、通信経路や通信先システムの障害、不具合などによって正常に処理が実行できないケースがあります。実行できなかったバッチ処理は、再度実行する必要があります。app:send-ordersコマンドは、リスト8.3.4.3で示した通り、コマンドラインから手動で実行できるので、こうした場面でも簡単に実行できます。

また、このコマンドを実装する上で、購入情報の対象日をPHPコードで算出することも可能です。しかし、あえてコマンドラインからの引数として対象日を指定するのは、手動で実行されることも想定しているためです。この通り、通常は自動実行するバッチ処理でも、イレギュラー対応として手動による実行を想定して設計することを推奨します。

app:send-ordersコマンドが正常に動作することを確認できたので、コマンドを定期実行するために、cronの設定を行ないます。cronはUnix系のOSにてコマンドの定時実行を行なうデーモンプロセスです。cronを使うことで、設定した時間、日付、曜日に指定したコマンドを実行できます。

cronの設定[3]は、次に示す通り、実行したいスケジュール（分、時、日、月、曜日）と実行コマンドを記述します（リスト8.3.4.5）。

リスト8.3.4.5：cronの設定

```
* * * * *    /path/to/command

スケジュール    実行コマンド

# スケジュール(左端から)
分  = * もしくは 0-59
時  = * もしくは 0-23
日  = * もしくは 1-31
月  = * もしくは 1-12
曜日 = * もしくは 0-7(0=日曜日)
```

app:send-ordersコマンドの定期実行の設定を下記コード例に示します（リスト8.3.4.6）。コード例では、分=0、時=5、それ以外は*なので、毎日午前05時00分にコマンドを実行します。実行コマンドには、artisan app:send-ordersコマンドを絶対パスで指定します。コマンドの引数には前日の日付を指定するので、dateコマンドで前日の日付を取得しています。

リスト8.3.4.6：app:send-ordersコマンドのcron設定

```
0 5 * * *    /usr/bin/php /path/to/artisan app:send-orders `date --date 'yesterday' +%Y%m%d`
```

最後に、この設定をcrontabコマンドで設定します。上記コード例を記述したテキストファイルをcrontabコマンドで設定します。crontabコマンドの引数にテキストファイルを指定すると、その内容をcronの設定として登録します。crontabコマンドに-lオプションを付けて実行すると、現在登録されている設定が出力されるので。登録を確認しましょう。

以上で、cronへの登録が完了です。毎朝午前5時になると、自動でapp:send-ordersコマンドが実行され、前日の購入情報が送信されます。

リスト8.3.4.7：crontabコマンドによる設定

```
$ cat crontab.txt
0 5 * * *    /usr/bin/php /path/to/artisan app:send-orders `date --date 'yesterday' +%Y%m%d`

$ crontab crontab.txt    # crontab コマンドで設定
```

---

3 本書ではcron設定の詳細には触れません。詳しくはhttps://linuxjm.osdn.jp/html/cron/man5/crontab.5.html を参照してください。

```
$ crontab -l        #  登録されている設定を出力
0 5 * * *   /usr/bin/php /path/to/artisan app:send-orders `date --date 'yesterday' +%Y%m%d`
```

8-3-5　バッチ処理のログ出力

　バッチ処理は自動でバックグラウンド実行されるので、処理結果をリアルタイムで確認できません。そのため、ログに実行状況を出力することが重要です。ログに出力することで実行の可否、実行結果や発生したエラーなどをあとで確認できます。ログの出力にはLogファサード[4]を使います。バッチ処理のログを確認しやすいように、Webアプリケーションとは別のバッチ処理専用ログファイルに出力します。出力すべきログはバッチ処理の内容によりますが、下記に該当する箇所は出力しましょう。

- ・ バッチ処理開始時
- ・ バッチ処理終了時
- ・ 外部システムとの通信時

　バッチ処理開始時にログを出力すれば、バッチ処理が起動しているかどうかが分かります。例えば、バッチ処理が実行されていないことに気付き調査すると、サーバの設定変更などでそもそもバッチ処理が起動していなかったケースがあります。こうした場合も、ログがあれば少なくともバッチ処理がいつ起動したかは簡単に把握できます。

　バッチ処理終了時のログでは、バッチ処理が終了したことが分かります。処理の途中でエラーが発生した場合は終了ログは出力されないので、終了時のログがなければ、異常終了したことが分かります。また、エラーが発生していなくても正常に実行されていないケースもあるので、処理件数なども合わせて出力すべきでしょう。ログにはタイムスタンプが記録されるので、開始時と終了時の時間を比較することで、処理の実行に要した時間も分かります。

　また、外部システムとの通信では、バッチ処理は正常に実行されていても、通信経路や通信先システムの障害が原因で異常終了するケースがあります。そのため、外部システムの通信ではログを出力しておくと、異常終了時の原因を切り分ける際に役立ちます。

　app:send-ordersコマンドでログを出力します。次のコード例に示す通り、SendOrdersCommandクラスにログ出力処理を追加しています（リスト8.3.5.1）。

4　ロギングの詳細は「10-2 ログ活用パターン」で解説します。

リスト8.3.5.1：SendOrdersCommandクラスにログ出力を追加

```
（前略）
use Psr\Log\LoggerInterface;
    （中略）
    /** @var LoggerInterface */
    private $logger; // ① ロガーを追加
    （中略）
    /**
     * @param SendOrdersUseCase $useCase
     * @param LoggerInterface $logger
     */
    public function __construct(SendOrdersUseCase $useCase, LoggerInterface $logger)
    {
        parent::__construct();

        $this->useCase = $useCase;
        $this->logger = $logger;
    }
    （中略）
    public function handle()
    {
        // ② バッチ処理開始ログ
        $this->logger->info(__METHOD__ . ' ' . 'start');

        $date = $this->argument('date');
        $targetDate = Carbon::createFromFormat('Ymd', $date);

        // ③ バッチコマンド引数を出力
        $this->logger->info('TargetDate:' . $date);

        $count = $this->useCase->run($targetDate);

        // ④ バッチ処理終了ログ
        $this->logger->info(__METHOD__ . ' ' . 'done sent_count:' . $count);
    }
```

　上記コード例に示す通り、まずはログを出力するロガーを格納する$loggerプロパティを追加し、コンストラクタでインジェクトします（①）。handleメソッドではこのプロパティを利用してログを出力します。②はバッチ処理開始ログです。ここでは出力した箇所が分かるように、下記のログ出力の通り、__METHOD__定数を利用して、クラス名とメソッド名も合わせて出力します（リスト8.3.5.2）。

　③ではコマンドの引数を出力します。システム外部から与えられる値もログに出力すれば、ログで動作を確認するのに役立ちます。すべての処理が正常終了すればバッチ処理終了ログを出力します（④）。このログでは、送信件数を合わせて出力しています（リスト8.3.5.3）。

リスト8.3.5.2：バッチ処理開始ログ出力例

```
[2018-07-15 06:52:23] local.INFO: App\Console\Commands\SendOrdersCommand::handle start
```

リスト8.3.5.3：バッチ処理終了ログ出力例

```
[2018-07-15 06:52:23] local.INFO: App\Console\Commands\SendOrdersCommand::handle done
sent_count:1
```

　デフォルトではログファイルはWebアプリケーションのログと共通になります。バッチ処理のログを確認したい場合、Webアプリケーションのログが混在していると確認が煩雑になります。そのため、バッチ処理のログは専用ログファイルに出力します。ここでは、SendOrdersCommandクラスにインジェクトするロガーインスタンスの設定を変更します。

　インジェクトするロガーインスタンスの設定を変更するため、サービスプロバイダBatchServiceProviderを実装します。下記コードに実装例を示します（リスト8.3.5.4）。

リスト8.3.5.4：ログ出力先を変更（app/Providers/BatchServiceProvider.php）

```php
<?php
declare(strict_types=1);

namespace App\Providers;

use App\Console\Commands\SendOrdersCommand;
use App\UseCases\SendOrdersUseCase;
use Illuminate\Support\ServiceProvider;

class BatchServiceProvider extends ServiceProvider
{
    /**
     * @return void
     */
    public function register()
    {
        // ① SendOrdersCommandクラスの生成方法をバインド
        $this->app->bind(SendOrdersCommand::class, function () {
            $useCase = app(SendOrdersUseCase::class);
            // ② ロガーのログファイル指定を変更
            $logger = app('log');
            $logger->useFiles(storage_path() . '/logs/send-orders.log');

            return new SendOrdersCommand($useCase, $logger);
        });
    }
}
```

| 第一部 | Laravelの基礎 | **第二部** | **実践パターン** | 第三部 | Laravelアプリケーション開発手法 |

コード例（リスト8.3.5.4）に示す通り、SendOrdersCommandクラスの生成方法をバインドします
（①）。ロガー設定の変更は、ロガーのインスタンスをサービスコンテナから取得して、useFilesメソッ
ドで出力先を指定します（②）。このロガーをSendOrdersCommandクラスのコンストラクタに与えて
います。

実装したBatchServiceProviderを有効にするために、次のコード例に示す通り、config/app.php
に設定を追加します（リスト8.3.5.5）。設定を追加することで、app:send-ordersコマンドを実行する
と、BatchServiceProviderで指定したファイルにログが出力されます。

リスト8.3.5.5：BatchServiceProviderを有効にする（config/app.php）

```
'providers' => [
(中略)
    App\Providers\BatchServiceProvider::class,
],
```

続いて、送信処理のログ出力を追加します。送信処理はSendOrdersUseCaseクラスで行なってい
ますが、実際にHTTPリクエストを送信している箇所はGuzzleを利用します。Guzzleにはミドルウェ
アと呼ばれる仕組みがあり、これを利用することで送受信処理をフックして任意の処理を差し込み可能
です。そこで、ロガーと同様にサービスプロバイダでGuzzleにミドルウェアを設定します。

サービスプロバイダには先程実装したBatchServiceProviderクラスを利用します。追加実装した箇
所を下記のコード例に示します（リスト8.3.5.6）。

registerメソッド内でSendOrdersUseCaseクラスの生成処理をバインドします。Guzzleにミドル
ウェア[5]を追加し（①）、GuzzleHttp\Middlewareクラスのlogメソッドで通信内容（リクエストはヘッ
ダのみ）をログに出力する機能を利用します。

リスト8.3.5.6：BatchServiceProviderにGuzzleにログ出力用ミドルウェアを追加

```
(前略)
use App\Services\ExportOrdersService;
use App\UseCases\SendOrdersUseCase;
use GuzzleHttp\Client;
use GuzzleHttp\HandlerStack;
use GuzzleHttp\MessageFormatter;
use GuzzleHttp\Middleware;
(中略)
    public function register()
    {
        (中略)
        $this->app->bind(SendOrdersUseCase::class, function () {
```

5　Guzzleのミドルウェアに関しては公式サイトを参考にしてください（http://docs.guzzlephp.org/en/stable/handlers-and-middleware.html）。

```
            $service = $this->app->make(ExportOrdersService::class);
            // ① Guzzleにログ用ミドルウェアを追加
            $guzzle = new Client([
                'handler' => tap(HandlerStack::create(), function (HandlerStack $v) {
                    $logger = $this->app->make('log');

                    $v->push(Middleware::log(
                        $logger->getMonolog(),
                        new MessageFormatter(
                            ">>>\n{req_headers}\n<<<\n{res_headers}\n\n{res_body}")
                    ));
                })
            ]);

            return new SendOrdersUseCase($service, $guzzle);
        });
    }
```

　以上で、Guzzleによる送受信ログも出力可能となります。app:send-ordersコマンドを実行すると、下記に示すログが出力されます（リスト8.3.5.7）。ログにはバッチ処理の起動やコマンドラインの引数、購入情報の通信内容、そしてバッチ処理終了と送信件数が出力されています。バッチ処理の動きを把握するのに大いに役立つはずです。

リスト8.3.5.7：記録されたログ

```
[2018-07-16 03:00:00] local.INFO: App\Console\Commands\SendOrdersCommand::handle start
[2018-07-16 03:00:00] local.INFO: TargetDate:20180629
[2018-07-16 03:00:00] local.INFO: >>>
POST /api/import-orders HTTP/1.1
Content-Length: 685
User-Agent: GuzzleHttp/6.3.3 curl/7.58.0 PHP/7.2.5-1+ubuntu18.04.1+deb.sury.org+1
Content-Type: application/json
Host: localhost
<<<
HTTP/1.1 200 OK
Server: nginx/1.14.0 (Ubuntu)
Content-Type: text/html; charset=UTF-8
Transfer-Encoding: chunked
Connection: keep-alive
Cache-Control: no-cache, private
Date: Mon, 16 Jul 2018 03:00:00 GMT
X-RateLimit-Limit: 60
X-RateLimit-Remaining: 59

ok

[2018-07-16 03:00:00] local.INFO: App\Console\Commands\SendOrdersCommand::handle done sent_count:2
```

8-3-6　チャットサービスへの通知（チャットワーク）

ログを活用すればバッチ処理の動きを追うことが可能ですが、それとは別にバッチ処理が実行されたタイミングで通知を送ることで、プッシュ型で情報を受け取ることも可能です。通知の送信方法にはメールもしくはSlack、チャットワークなどのチャットサービスを利用するのが一般的です。本項では、チャットワークにバッチ処理の通知を行なう方法を解説します。

チャットワーク[6]は、ChatWork株式会社が運営しているビジネスチャットサービスです（図8.3.6.1）。WebAPIで任意のHTTPクライアントからメッセージを投稿できます。なお、本書ではチャットワークの利用方法には触れないため、操作方法などは公式マニュアル[7]を参照してください。

図8.3.6.1：チャットワーク

チャットワークのWebAPIでメッセージを投稿するには、APIトークンと投稿先ルームのルームIDが必要となります。APIトークンはChatWorkのサイト[8]から取得します。チャットワークのユーザーパスワードを入力すると、APIトークンが発行されます。ルームIDは投稿先ルームをWebブラウザで開いた時のURLから抽出します。例えば、ルームのURLが「https://www.chatwork.com/#!ridxxxxxxxxx」であれば、「!rid」以降の数字がルームIDです。

チャットワークにメッセージを投稿するAPIの仕様は下表の通りです（表8.3.6.2）。この仕様に沿ってメッセージを送信する処理を追加します（詳細はAPIドキュメント[9]を参照してください）。

6　https://go.chatwork.com/ja/
7　https://go.chatwork.com/ja/material/
8　https://www.chatwork.com/service/packages/chatwork/subpackages/api/token.php
9　http://developer.chatwork.com/ja/

表8.3.6.2：チャットワーク メッセージ投稿

項目	内容
URL	https://api.chatwork.com/v2/rooms/{room_id}/messages
HTTPメソッド	POST
リクエストヘッダ	X-ChatWorkToken: APIトークン
パラメータ[10]	body=メッセージ本文

　チャットワークへのメッセージ投稿を実装したChatWorkServiceクラスを書きコード例に示します（リスト8.3.6.3）。コンストラクタでAPIトークンと送信先ルームID、Guzzleインスタンスを受け取ります。sendMessageメッセージでこれらを利用して、チャットワークにメッセージ[11]を送信します。

リスト8.3.6.3：ChatWorkServiceクラス

```php
<?php
declare(strict_types=1);

namespace App\Services;

use GuzzleHttp\Client;

final class ChatWorkService
{
    const API_URL_PATTERN = 'https://api.chatwork.com/v2/rooms/%d/messages';

    /** @var string */
    private $apiToken;

    /** @var string */
    private $roomId;

    /** @var Client */
    private $guzzle;

    /**
     * @param string $apiToken
     * @param string $roomId
     * @param Client $guzzle
     */
    public function __construct(string $apiToken, string $roomId, Client $guzzle)
    {
        $this->apiToken = $apiToken;
        $this->roomId = $roomId;
        $this->guzzle = $guzzle;
    }
```

---

10 本書で利用するパラメータのみ抽出
11 http://developer.chatwork.com/ja/messagenotation.html

```
    /**
     * @param string $title
     * @param string $message
     */
    public function sendMessage(string $title, string $message)
    {
        $url = sprintf(self::API_URL_PATTERN, $this->roomId);

        $this->guzzle->post($url, [
            'form_params' => [
                'body' => sprintf("[info][title]%s[/title]%s[/info]", $title, $message),
            ],
            'headers'     => [
                'X-ChatWorkToken' => $this->apiToken,
            ],
        ]);
    }
}
```

　続いて、ChatWorkServiceクラスの設定を行ないます。APIトークンとルームIDは、.envファイル
もしくは環境変数変数から取得可能にします。

　下記コード例に示す通り、config/batch.phpにAPIトークンとしてchatwork_api_keyキー、ルーム
IDとしてchatwork_room_idキーを追加します（リスト8.3.6.4）。そして、追加したキーの値を.envファ
イルに追加します（リスト8.3.6.5）。

リスト8.3.6.4：送信先URLの設定（config/batch.php）

```php
<?php
declare(strict_types=1);

return [
    'import-orders-url' => env('API_IMPORT_ORDERS_URL'),
    'chatwork_api_key'  => env('CHATWORK_API_KEY'), // 追加
    'chatwork_room_id'  => env('CHATWORK_ROOM_ID'), // 追加
];
```

リスト8.3.6.5：送信先URLの値を設定（.env）

```
API_IMPORT_ORDERS_URL=http://localhost/api/import-orders
CHATWORK_API_TOKEN=APIトークン    # 追加
CHATWORK_ROOM_ID=ルームID         # 追加
```

　設定した値をChatWorkServiceクラスに反映するために、BatchServiceProviderクラスでChatW
orkServiceクラスの生成処理をサービスコンテナにバインドします（リスト8.3.6.8）。①でチャットワー
ク関連の設定を取得し、ChatWorkServiceクラスのコンストラクタに与えています。

リスト8.3.6.6：BatchServiceProviderにChatWorkServiceクラスのバインドを追加

```
(前略)
use App\Services\ChatWorkService;
(中略)
    public function register()
    {
(中略)
        $this->app->bind(ChatWorkService::class, function () {
            // ① 設定を取得して、ChatWorkServiceクラスに与える
            $config = app(Repository::class);
            $apiKey = $config->get('batch.chatwork_api_key');
            $roomId = $config->get('batch.chatwork_room_id');

            return new ChatWorkService($apiKey, $roomId, new Client());
        });
    }
}
```

　最後に、下記コード例に示す通り、SendOrdersCommandクラスにChatWorkServiceクラスを組み込んで、通知メッセージを送信します（リスト8.3.6.7）。

リスト8.3.6.7：SendOrdersCommandにチャットワークへの通知を追加

```
(上略)
use App\Services\ChatWorkService;
(中略)
    /** @var ChatWorkService */
    private $chatwork; // ① ChatWorkServiceを追加

    /**
     * @param SendOrdersUseCase $useCase
     * @param LoggerInterface $logger
     * @param ChatWorkService $chatwork
     */
    public function __construct(
        SendOrdersUseCase $useCase,
        LoggerInterface $logger,
        ChatWorkService $chatwork
    ) {
        parent::__construct();

        $this->useCase = $useCase;
        $this->logger = $logger;
        $this->chatwork = $chatwork;
    }

    public function handle()
    {
        $this->logger->info(__METHOD__ . ' ' . 'start');
```

```
        $date = $this->argument('date');
        $targetDate = Carbon::createFromFormat('Ymd', $date);

        $this->logger->info('TargetDate:' . $date);

        $count = $this->useCase->run($targetDate);

        // ② ChatWorkへ通知
        $message = sprintf('対象日:%s / 送信件数:%d件', $targetDate->toDateString(), $count);
        $this->chatwork->sendMessage('購入情報送信バッチ', $message);

        $this->logger->info(__METHOD__ . ' ' . 'done sent_count:' . $count);
    }
```

　まず、ChatWorkServiceインスタンスを格納するプロパティを追加します（①）。この値はコンストラクタでインジェクトします。次に、handleメソッドでこのプロパティを利用して、チャットワークへの通知処理を追加します（②）。

　SendOrdersCommandクラスのコンストラクタで、ChatWorkServiceクラスのインスタンスを与える必要があるので、下記に示す通り、BatchServiceProviderクラスのSendOrdersCommandクラスのバインドを変更します（リスト8.3.6.8）。ChatWorkServiceクラスのインスタンスをサービスコンテナから取得して、SendOrdersCommandクラスのコンストラクタの第3引数に与えています。

リスト8.3.6.8：BatchServiceProviderでSendOrdersCommandのバインドを変更

```
    public function register()
    {
    (中略)
        $this->app->bind(SendOrdersCommand::class, function () {
            $useCase = app(SendOrdersUseCase::class);

            $logger = app('log');
            $logger->useFiles(storage_path() . '/logs/send-orders.log');

            // ChatWorkServiceのインスタンスを取得
            $chatwork = app(ChatWorkService::class);
            // 第3引数に生成したインスタンスを与える
            return new SendOrdersCommand($useCase, $logger, $chatwork);
        });
    (中略)
    }
}
```

　以上で実装は完了です。app:send-ordersコマンドが実行されると、チャットワークに通知メッセージが投稿されます。日々の運用では投稿されるチャットメッセージを確認すれば、バッチ処理が実行されたかどうかを簡単に確認できます。

テスト

テストコード実装の基礎と実践

現在のWebアプリケーション開発では、テストコードによる動作検証は当然の作業になっています。Laravelには、PHPUnitと連携してアプリケーションを効率的にテストする仕組みが用意されています。本章では、Laravelアプリケーションでのテストを解説します。

| 第一部 | Laravelの基礎 | 第二部 | 実践パターン | 第三部 | Laravelアプリケーション開発手法 |

9-1 ユニットテスト

モジュールを検証するテストコードの実装

Laravelでは、クラスやメソッドなどモジュール単位の動作を検証するユニットテストと、WebページやAPI機能を検証するフィーチャテストがサポートされています。これらのうち、ユニットテストのテストコードの実装や実行には、PHPではデファクトスタンダードである「PHPUnit」[1]をLaravelアプリケーション用に拡張されたものが使われています。本節では、ユニットテストの実装を通じて、Laravelアプリケーションでのテストコードの実装や実行の基礎を解説します。

9-1-1 テスト対象クラス

ユニットテストとは、アプリケーションを構成するクラスやメソッド、関数などのモジュールが、仕様に準じる動きをしているか検査する手法です。テスト対象のメソッドや関数に引数を与えて処理を行ない、その結果が想定される結果であるか検証します。

はじめに、テスト対象のクラスを確認しましょう。次表に示すCalculatePointServiceクラスがテスト対象のクラスです（表9.1.1.1）。このクラスでは、購入金額から購入者が獲得できるポイントを算出します。ECサイトで購入金額に応じたポイントが獲得できるサービスを想定してください。

獲得ポイントは下表のルールに基づいて算出されます。例えば、購入金額が2,100円ならポイントは21ポイントとなります。

表9.1.1.1 ポイント算出ルール

購入金額	ポイント
0 - 999	ポイントなし（ゼロ）
1,000 - 9,999	100円に付き、1ポイント
10,000以上	100円に付き、2ポイント

CalculatePointServiceクラスには、コード例に示す通り、ポイントを算出するcalcPointメソッドを用意します（リスト9.1.1.1）。このメソッドは購入金額を引数に取り、上表のルールにしたがって算出したポイントを返します。

なお、本システムでは、購入金額が負の数になることはないので、もし、引数が0未満であれば、次のコード例に示す通り、例外クラスをスローします（リスト9.1.1.2）。

---

1 https://phpunit.de/

リスト9.1.1.1：テスト対象クラス（app/Services/CalculatePointService.php）

```php
<?php
declare(strict_types=1);

namespace App\Services;

use App\Exceptions\PreConditionException;

final class CalculatePointService
{
    /**
     * @param int $amount
     * @return int
     * @throws PreConditionException
     */
    public static function calcPoint(int $amount): int
    {
        if ($amount < 0) {
            throw new PreConditionException('購入金額が負の数');
        }

        if ($amount < 1000) {
            return 0;
        }

        if ($amount < 10000) {
            $basePoint = 1;
        } else {
            $basePoint = 2;
        }

        return intval($amount / 100) * $basePoint;
    }
}
```

リスト9.1.1.2：スローされる例外クラス（app/Exceptions/PreConditionException.php）

```php
<?php
declare(strict_types=1);

namespace App\Exceptions;

final class PreConditionException extends \Exception
{
}
```

9-1-2 テストクラスの生成

　ユニットテストを記述するテストクラスを実装します。テストクラスは、下記コード例に示す通り、make:testコマンドで生成します（リスト9.1.2.1）。make:testコマンドの引数には生成するテストクラス名を指定します。テストクラス名の末尾には「Test」を付与します。ここでは、ユニットテストクラスを生成するので、--unitオプションを追加しています。

リスト9.1.2.1：make:testコマンドでテストクラスを生成

```
$ php artisan make:test CalculatePointServiceTest --unit
Test created successfully.
```

　上記のコマンドを実行すると、tests/Unit/CalculatePointServiceTest.phpが生成されます。
　testsディレクトリはテストクラスを配置するディレクトリで、下記に示す構成となっています（リスト9.1.2.2）。
　Featureディレクトリには、「9-3 WebAPIテスト」で解説するフィーチャ（機能）テスト、Unitディレクトリには、ユニットテストのテストクラスファイルを設置します。両ディレクトリにあるExampleTest.phpは、標準で用意されているサンプルのテストです。サンプルテストは不要であれば、削除して構いません。

リスト9.1.2.2 testsディレクトリの構成

```
tests
├── Feature                              // フィーチャ(機能)テストのディレクトリ
│    └── ExampleTest.php
├── Unit                                 // ユニットテストのディレクトリ
│    ├── CalculatePointServiceTest.php   // 生成されたテストクラス
│    └── ExampleTest.php
├── CreatesApplication.php
└── TestCase.php                         // テスト基底クラス
```

　生成されたテストクラスは、次図に示す通りです（図9.1.2.3）。テストクラスは、Tests\TestCaseクラスを継承して実装します。このクラスは、PHPUnitのテストクラス（PHPUnit\Framework\TestCase）を継承しており、PHPUnitの機能に加えてLaravelアプリケーションのテストを記述するのに便利な機能が追加されています。

テストクラスを実装する際は、Tests\TestCaseクラスを継承することが多いですが、フレームワークの機能を利用しない実装クラスのテストであれば、PHPUnit\Framework\TestCaseクラスを直接継承しても問題ありません。

図9.1.2.3：テストクラスのクラス図

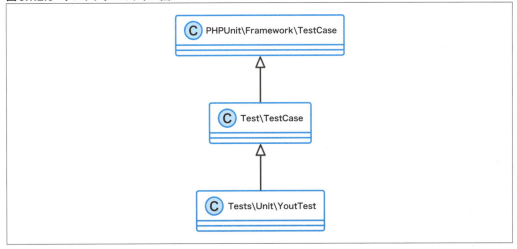

下記コード例のtestExampleメソッドがサンプルのテストメソッドです（リスト9.1.2.4）。テストクラスのメソッド名の先頭にtestを付けると、テストメソッドとして実行されます。別の指定方法として、メソッドのdocコメントに@testアノテーションを付ける方法もあります（リスト9.1.2.5）。アノテーションを付与した場合はメソッド名にtestを付ける必要はありません。

textExampleメソッドでは、assertTrueメソッドで引数の値がtrueかどうかのアサーション（検査）を実施しています（もちろん成功します）。

リスト9.1.2.4：生成されたCalculatePointServiceTestクラス

```
<?php
declare(strict_types=1);

namespace Tests\Unit;

use Tests\TestCase;
use Illuminate\Foundation\Testing\WithFaker;
use Illuminate\Foundation\Testing\RefreshDatabase;

class CalculatePointServiceTest extends TestCase
{
    /**
     * A basic test example.
     *
```

```
 * @return void
 */
public function testExample()
{
    $this->assertTrue(true);
}
}
```

リスト9.1.2.5：@testアノテーション

```
/**
 * @test
 */
public function example()
{
    $this->assertTrue(true);
}
```

テストメソッド名をどちらにするか？

　テストメソッドの命名をtestFooにするか、@testアノテーションを利用するか、いずれの動作にも違いはないので、どちらを採用するかはプロジェクトでさまざまです。筆者はテスト対象のメソッド名をそのまま使える@testアノテーションを好んで利用します。

　下記コード例に示す通り、テスト対象のメソッド名からはじめて、その後ろにテストしたい引数や処理などを日本語で記述すると、テストする内容が分かりやすくなります。また、テスト失敗時に、テストメソッド名がエラーメッセージとともに出力されるので、どのテストが失敗したかを知るヒントにもなります。

リスト1：@teestアノテーションの例

```
/**
 * @test
 */
public function divide()
{
    // （略）
}

/**
 * @test
 */
```

```
public function divide_除数がゼロなら例外を投げる()
{
    // (略)
}

/**
 * @test
 */
public function divide_被除数がゼロなら0を返す()
{
    // (略)
}
```

　それでは、実際にテストを実行しましょう。テストの実行にはphpunitコマンドを利用します。下記コード例に示す通り、phpunitコマンドに続けて本テストクラスファイルを指定します（リスト9.1.2.6）。

　コマンドを実行するとテスト結果が出力されます。テスト結果には「OK」と出力されており、テストが成功したことを示しています。「1 test, 1 assertion」の部分は、実行したテストの数を示しており、1つのテストメソッドと1つのアサーションメソッドが実行されたことが分かります。

リスト9.1.2.6：テストの実行例

```
$ ./vendor/bin/phpunit tests/Unit/CalculatePointServiceTest.php
PHPUnit 6.5.9 by Sebastian Bergmann and contributors.

.                                                              1 / 1 (100%)

Time: 805 ms, Memory: 10.00MB

OK (1 test, 1 assertion) // 実行結果
```

　テストが失敗した場合の結果を確認するため、わざとテストを失敗してみましょう。textExampleメソッドを下記の通りに変更します（リスト9.1.2.7）。assertTrueメソッドの引数がtrueではないので、このアサーションは失敗します。

リスト9.1.2.7：テストが失敗するように変更

```
public function testExample()
{
    $this->assertTrue(false); // 値が一致しない
}
```

テストを再度実行すると、前回とは違いテストが失敗します（リスト9.1.2.8）。

テストが失敗すると、アサーションが失敗したクラスやメソッド、行番号など、詳細な情報が出力されます（①）。テスト結果にもテスト失敗を示す「FAILURES」が出力されています（②）。

リスト9.1.2.8：テストの実行例(テスト失敗)

```
$ ./vendor/bin/phpunit tests/Unit/CalculatePointServiceTest
PHPUnit 6.5.9 by Sebastian Bergmann and contributors.

F                                                          1 / 1 (100%)

Time: 764 ms, Memory: 10.00MB

There was 1 failure:

1) Tests\Unit\CalculatePointServiceTest::testExample ┐
Failed asserting that false is true.                 │  ① 失敗したテスト
                                                     │
/vagrant/tests/Unit/CalculatePointServiceTest.php:13 ┘

FAILURES!                              ┐ ② テスト結果
Tests: 1, Assertions: 1, Failures: 1. ┘
```

本書では分からないですが、テスト結果は色でも判別できます。テストが成功した場合は、テスト結果を示すメッセージの背景色が緑、失敗した場合は赤になります[2]。この通り、出力色だけでもテスト結果を把握できます。

なお、phpunitコマンドの引数を省略すると、tests/Featureディレクトリとtests/Unitディレクトリ以下の全テストが実行されます（リスト9.1.2.9）。すべてのテストを実行して動作を確認することは日常的に行なう作業なので、覚えておくとよいでしょう。

リスト9.1.2.9：すべてのテストの実行例

```
$ ./vendor/bin/phpunit
PHPUnit 6.5.9 by Sebastian Bergmann and contributors.

...                                                        3 / 3 (100%)

Time: 904 ms, Memory: 12.00MB

OK (3 tests, 3 assertions)
```

2　信号の青と赤をイメージするとよいでしょう。

9-1-3 テストメソッドの実装

　実際のテストメソッドを実装します。本節ではテストメソッドに@testアノテーションを付ける方法で実装します。ポイント算出の仕様を確認すると、ポイント算出ルールが変更される境界値があるので、これに沿ってテストを記述するのがよさそうです。はじめに、購入金額が0円のパターンを検査します。購入金額が0の場合、前表（表9.1.1.1）に当てはめると0ポイントとなるはずです。このケースのテストを実装したのが、下記に示すコード例です（リスト9.1.3.1）。

リスト9.1.3.1：購入金額が0の時のテスト

```php
/**
 * @test
 */
public function calcPoint_購入金額が0ならポイントは0()
{
    $result = CalculatePointService::calcPoint(0);

    $this->assertSame(0, $result); // ① $resultが0であることを検証
}
```

　上記コード例では、calcPointメソッドの引数に0を与えているので、戻り値の$resultには0が格納されているはずです。これを検査するためassertSameメソッドを利用しています（①）。
　assertSameメソッドでは、第1引数に期待される値（期待値）、第2引数に実際の値を指定します。これらの値が一致すればアサーションが成功となります。なお、assertSameメソッドによるアサーションは、型も含めて厳密な一致を検証するため、例えば、string型の1とint型の1は一致しないと判断されます。

　前述のコード例（リスト9.1.2.4）や上記コード例（リスト9.1.3.1）で利用している、assertTrueメソッドやassertSameメソッドなどの値を検証するメソッドは、アサーションメソッドと呼ばれます。
　次表の通り、PHPUnitには数多くのアサーションメソッドが用意されています（表9.1.3.2）。検証する値の種類で使い分けるとよいでしょう。詳細はPHPUnit公式マニュアルを参照してください[3]。

表9.1.3.2：主なアサーションメソッド

メソッド	内容
assertSame	型も含めて期待値と値が一致するかを検証
assertEquals	期待値と値が一致するかを検証

3　http://phpunit.readthedocs.io/ja/latest/assertions.html

assertTrue	値がtrueかどうかを検証
assertFalse	値がfalseかどうかを検証
assertNull	値がnullかどうかを検証
assertInstanceOf	値のクラスを検証
assertRegExp	値が正規表現にマッチするかを検証
assertCount	値が配列の場合、要素数が一致するかを検証
assertArrayHasKey	値が配列の場合、指定したキーが存在するかを検証
assertFileEquals	ファイルの内容が一致するかを検証
assertJsonFileEqualsJsonFile	JSONファイルの内容が一致するかを検証

　続いて、追加したテストメソッドを実行します。下記コマンド例を実行すると、購入金額が0のとき
に想定通りに動作していることが確認できます(リスト9.1.3.3)。

リスト9.1.3.3:追加したテストを実行

```
$ ./vendor/bin/phpunit tests/Unit/CalculatePointServiceTest
PHPUnit 6.5.9 by Sebastian Bergmann and contributors.

..                                                          2 / 2 (100%)

Time: 948 ms, Memory: 10.00MB

OK (2 tests, 2 assertions)
```

　次は購入金額が1,000円のテストを追加します。ポイントは10になるはずなので、assertSameメ
ソッドで検証します(リスト9.1.3.4)。このテストを実行すると、こちらも想定通りに動作しているこ
とが確認できます(リスト9.1.3.5)。

リスト9.1.3.4:購入金額が1000の時のテスト

```
/**
 * @test
 */
public function calcPoint_購入金額が1000ならポイントは10()
{
    $result = CalculatePointService::calcPoint(1000);

    $this->assertSame(10, $result);
}
```

リスト9.1.3.5：追加したテストの実行

```
$ ./vendor/bin/phpunit tests/Unit/CalculatePointServiceTest
PHPUnit 6.5.9 by Sebastian Bergmann and contributors.

...                                                    3 / 3 (100%)

Time: 978 ms, Memory: 10.00MB

OK (3 tests, 3 assertions)
```

9-1-4　データプロバイダの活用

　テストメソッドを追加していくことで、さまざまな引数に対する検証を増やすことができます。しかし、前項「9-1-3 テストメソッドの実装」で説明した通り、テストメソッドで異なるのは引数と戻り値の組み合わせのみです。同じ処理に対して、引数や戻り値などパラメータのみを変更してテストする場合に便利なのが、データプロバイダです。データプロバイダを利用することで、同じテストコードに対して異なるパラメータを与えるテストを実行できます。

　データプロバイダを利用するには、テストメソッドへ渡すパラメータを指定するメソッドを用意します。用意するメソッドは、配列もしくはIteratorインタフェースを実装したインスタンスを戻り値として返します。戻り値の要素は配列で、配列の要素がテストメソッドの引数として与えられます。
　下記コードにデータプロバイダメソッド例を示します（リスト9.1.4.1）。このデータプロバイダメソッドは3つの要素を持つ配列を返します。それぞれの要素も配列となっており、各要素の値がテストメソッドに与えられます。例えば、①であれば0と0がテストメソッドへの引数となります。また、②では0と999、③であれば0と1000がテストメソッドへの引数となります。このデータプロバイダを利用したテストメソッドでは、3回メソッドが呼ばれることになります。
　なお、データプロバイダメソッドは、publicにする必要があるので注意してください。

リスト9.1.4.1：データプロバイダメソッドの例

```php
public function dataProvider_for_calcPoint(): array
{
    return [
        [0, 0],      // ① 引数 0, 0 をテストメソッドに渡す
        [0, 999],    // ② 引数 0, 999 をテストメソッドに渡す
        [0, 1000],   // ③ 引数 0, 1000 をテストメソッドに渡す
    ];
}
```

第一部 Laravelの基礎　第二部 実践パターン　第三部 Laravelアプリケーション開発手法

　データプロバイダを利用するには、テストメソッドに@dataProviderアノテーションを指定します。このアノテーションで利用するデータプロバイダメソッドを指定します。

　下記コード例（リスト9.1.4.2）は@dataProviderアノテーションで、前述のコード例（リスト9.1.4.1）のデータプロバイダメソッドを指定しています。これで、calcPoint(0,0)とcalcPoint(0,999)、calcPoint(0,1000)のメソッド呼び出しが行なわれます。ここでは、引数$expectedを期待値、引数$amountをCalculatePointService::calcPointメソッドへの引数に想定しているので、購入金額が0の時は0ポイント、999の時も0ポイント、1000の時も0ポイントのテストが実行されます。

リスト9.1.4.2：データプロバイダを利用したテストメソッド

```
/**
 * @test
 * @dataProvider dataProvider_for_calcPoint
 */
public function calcPoint(int $expected, int $amount)
{
    $result = CalculatePointService::calcPoint($amount);

    $this->assertSame($expected, $result);
}
```

　データプロバイダを利用したテストでは、テストが失敗した時にパラメータの組み合わせが出力されます。下記のエラーメッセージでは「with data set #2 (0, 1000)」の箇所がそれに相当し、3つ目の要素（要素番号は0から開始）の「0,1000」の組み合わせでテストが失敗したことが分かります（リスト9.1.4.3）。

リスト9.1.4.3：データプロバイダ利用時のエラーメッセージ例

```
1) Tests\Unit\CalculatePointServiceTest::calcPoint with data set #2 (0, 1000)
Failed asserting that 10 is identical to 0.
```

　データプロバイダの配列にキーを指定すると、パラメータの組み合わせにメッセージを設定できます。

　下記コード例に示す通り、キーにテスト内容を設定すると（リスト9.1.4.4）、テスト失敗時のエラーメッセージで、どのパラメータのテストが失敗したか識別が容易になります（リスト9.1.4.5）。

リスト9.1.4.4 データプロバイダの配列にキーを指定した例

```
public function dataProvider_for_calcPoint()
{
    return [
        '購入金額が0なら0ポイント'    => [0, 0],
```

```
            '購入金額が999なら0ポイント'  => [0, 999],
            '購入金額が1000なら0ポイント' => [0, 1000],
        ];
    }
```

リスト9.1.4.5：データプロバイダ利用時のエラーメッセージ例（キー指定時）

```
1) Tests\Unit\CalculatePointServiceTest::calcPoint with data set "購入金額が1000なら0ポイント"
(0, 1000)
Failed asserting that 10 is identical to 0.
```

　データプロバイダを利用すると、配列に要素を追加するだけでさまざまなテストを実行できます。さらに多くのテストパターンを追加したのが下記のコード例です（リスト9.1.4.6）です。ここでは、ポイント算出ロジックが切り替わる境界値を中心に要素を追加しています。さらに、先程失敗していた[0,1000]を[10,1000]に修正しています。

リスト9.1.4.6：データプロバイダメソッドに要素を追加

```php
    public function dataProvider_for_calcPoint()
    {
        return [
            '購入金額が0なら0ポイント'     => [0, 0],
            '購入金額が999なら0ポイント'   => [0, 999],
            '購入金額が1000なら10ポイント'  => [10, 1000],
            '購入金額が9999なら99ポイント'  => [99, 9999],
            '購入金額が10000なら200ポイント' => [200, 10000],
        ];
    }
```

　上記のデータプロバイダメソッドを使用したテストを実行すると、データプロバイダで指定した全パラメータに対してテストが実行されます。最下行の実行されたテストメソッドの数を確認すると、データプロバイダメソッドで指定した要素の数だけテストが実行されていることが分かります。

リスト9.1.4.7：データプロバイダを追加したテストの実行例

```
$ ./vendor/bin/phpunit tests/Unit/CalculatePointServiceTest.php
PHPUnit 6.5.9 by Sebastian Bergmann and contributors.

......                                                          5 / 5 (100%)

Time: 787 ms, Memory: 10.00MB

OK (5 tests, 5 assertions)
```

9-1-5 　例外のテスト

　CalculatePointService::calcPointメソッドでは、引数が負数の場合は例外がスローされます。例外のテストでは、例外がスローされること、スローされた例外が意図したものであることを検証します。

　例外のテストを実行するには、try/catchの利用やexpectExceptionメソッドの利用、もしくは@expectedExceptionアノテーションを利用する方法があります。

try/catchの利用

　try/catchを利用する方法では、通常のPHPコードと同様にテスト対象コードをtryブロックで囲み、スローされた例外クラスをcatchしてアサーションを実行します。下記にコード例を示します（リスト9.1.5.1）。

リスト9.1.5.1：try/catchを使った例外のテスト

```
/**
 * @test
 */
public function exception_try_catch()
{
    try {
        throw new \InvalidArgumentException('message', 200);
        $this->fail(); // ① 例外がスローされない時はテストを失敗させる
    } catch (\Throwable $e) {
        // 指定した例外クラスがスローされているか
        $this->assertInstanceOf(\InvalidArgumentException::class, $e);
        // スローされた例外のコードを検証
        $this->assertSame(200, $e->getCode());
        // スローされた例外のメッセージを検証
        $this->assertSame('message', $e->getMessage());
    }
}
```

　上記のコード例では、すべてのスロー可能（Throwable）な値をキャッチして、想定した例外クラスのインスタンスかどうかを検証しています。さらに、エラーコードとエラーメッセージに関しても同様に検証します。なお、tryブロック内で対象コード後のコード（①）は実行されないはずなので、failメソッドでテストを失敗させています。

exceptedExceptionメソッドの利用

　expectedExceptionメソッドを利用する方法では、スローされる例外をメソッドで指定します。

　下記コードがexpectedExceptionメソッドを利用する例です（リスト9.1.5.2）。このメソッドは例外がスローされる対象コード実行前に実行し、スローされるべき例外クラス名を引数で指定します。さらにexceptedCodeメソッドでエラーコードを、expectedMessageメソッドでエラーメッセージも指定可能です。これらのメソッド実行後に対象コードを実行すると、スローされた例外に対して検証が実行されます。検証に失敗した場合や例外がスローされなかった場合はテストが失敗します。

リスト9.1.5.2：expectedExceptionメソッドを使った例外のテスト

```php
/**
 * @test
 */
public function exception_expectedException_method()
{
    // 指定した例外クラスがスローされているか
    $this->expectException(\InvalidArgumentException::class);
    // スローされた例外のコードを検証
    $this->expectExceptionCode(200);
    // スローされた例外のメッセージを検証
    $this->expectExceptionMessage('message');

    throw new \InvalidArgumentException('message', 200);
}
```

@exceptedExceptionアノテーションの利用

　@expectExceptionアノテーションを利用する方法は、スローされる例外やコード、メッセージをアノテーションで指定します。アノテーションとメソッドの違いはありますが、引数で指定する値やその意味は、前述のexpectedExceptionメソッドを利用する方法と同じです。

　下記コードに@expectExceptionアノテーションを利用する利を示します（リスト9.1.5.3）。

リスト9.1.5.3：@expectedExceptionアノテーションを使った例外のテスト

```php
/**
 * @test
 * @expectedException \InvalidArgumentException
 * @expectedExceptionCode 200
 * @expectedExceptionMessage message
 */
public function exception_expectedException_annotation()
{
```

```
        throw new \InvalidArgumentException('message', 200);
    }
```

例外のテストとして3種類の方法を紹介しました。もちろん、いずれの方法でも検証は可能ですが、筆者は@expectedExceptionアノテーションによる検証を好んで利用します。その理由は説明しましょう。まず、try/catchを利用するテストでは、テストコードをしっかり把握しないと例外のスローを期待したテストであることが分かりません。テスト失敗時のエラーメッセージでも同様に、例外スローを期待するテストであることは読み取れません。

また、expectedExceptionメソッドを利用するテストでは、例外発生の意図は分かりますが、例外の検証と対象コードの実行がメソッド内に混在するため、コードの可読性が低くなります。しかし、推奨する@expectedExceptionアノテーションの利用では、メソッド内は対象コードの実行コードのみとなるのでコードの可読性は高く、またアノテーションで例外スローを期待するテストであることが示されるため、意図が明確に伝わります。

本項では、アノテーションを利用してCalculatePointService::calcPointメソッドが例外をスローするテストを実装します。下記に実装したテストメソッドを示します（リスト9.1.5.4）。

リスト9.1.5.4 購入金額が負数の場合のテスト

```
/**
 * @test
 * @expectedException \App\Exceptions\PreConditionException
 * @expectedExceptionMessage 購入金額が負の数
 */
public function calcPoint_購入金額が負の数なら例外をスロー()
{
    CalculatePointService::calcPoint(-1);
}
```

引数が負数の場合はApp\Exceptions\PreConditionExceptionがスローされるので、それを@expectedExceptionアノテーションで指定しています。また、合わせてエラーメッセージも指定しています。

9-1-6 テストの前処理・後処理

テストを実行するにあたり、前処理や後処理が必要になるケースがあります。例えば、データベースを利用するテストでは、テスト実行前に必要なデータをデータベースに登録したり、テスト実行後にテスト実行中に変更された値を戻したりする必要があります。こうしたテストの前処理と後処理をテストメソッド内に記述すると、テストコードが煩雑となるため専用のメソッドが用意されています。

前処理や後処理を実行するメソッドは、テストクラスの基底クラス（PHPUnit\Framework\TestCase）にテンプレートメソッドとして実装されています。前処理を担うのはsetUpメソッドで、後処理を担うのがtearDownメソッドです。前者はテストメソッドの実行前、後者は実行後に呼ばれます。テストメソッドの実行ごとに、setUpメソッド→テストメソッド→tearDownメソッドの順番で呼ばれます。

また、テストクラスごとに呼ばれるsetUpBeforeClassメソッドとtearDownAfterClassメソッドもあります。この2つはテストメソッド実行ごとではなく、テストメソッドが属するテストクラスごとに1回だけ呼ばれます。テストクラスで初回だけ必要な前処理や後処理に利用します。

上記で紹介した各メソッド、setUpメソッドとtearDownメソッド、setUpBeforeClassメソッドとtearDownAfterClassメソッドの動作を確認するため、下記コード例に示す、テストクラスを実装します（リスト9.1.6.1）。このクラスでは、各テンプレートメソッドを継承して、それぞれメソッド名を出力します。サンプル用のテストメソッドでもメソッド名を出力しているので、テストを実行すれば、どのメソッドがどのタイミングで呼ばれているかが分かります。

リスト9.1.6.1 テンプレートメソッドの動きを見るテスト

```php
<?php
declare(strict_types=1);

namespace Tests\Unit;

use App\Services\CalculatePointService;
use Tests\TestCase;

class TemplateMethodTest extends TestCase
{
    public static function setUpBeforeClass()
    {
        parent::setUpBeforeClass();

        echo __METHOD__, PHP_EOL;
    }
```

```
    protected function setUp()
    {
        parent::setUp();

        echo __METHOD__, PHP_EOL;
    }

    /**
     * @test
     */
    public function テストメソッド1()
    {
        echo __METHOD__, PHP_EOL;
        $this->assertTrue(true);
    }

    /**
     * @test
     */
    public function テストメソッド2()
    {
        echo __METHOD__, PHP_EOL;
        $this->assertTrue(true);
    }

    protected function tearDown()
    {
        parent::tearDown();

        echo __METHOD__, PHP_EOL;
    }

    public static function tearDownAfterClass()
    {
        parent::tearDownAfterClass();

        echo __METHOD__, PHP_EOL;
    }
}
```

　上記コード例のテストを実行した結果を下記に示します（リスト9.1.6.2）。
　出力メッセージを確認すると、最初にsetUpBeforeClassメソッドが実行されています。それ以降は、テストメソッド1とテストメソッド2の前後にsetUpメソッドとtearDownメソッドがそれぞれ実行されています。そして、最後にtearDownAfterClassメソッドが実行されます。

リスト9.1.6.2：TemplateMethodTestの実行例(見やすいように一部加工)

```
$ ./vendor/bin/phpunit tests/Unit/TemplateMethodTest.php
PHPUnit 6.5.9 by Sebastian Bergmann and contributors.
```

```
Tests\Unit\TemplateMethodTest::setUpBeforeClass
Tests\Unit\TemplateMethodTest::setUp
Tests\Unit\TemplateMethodTest::テストメソッド1
Tests\Unit\TemplateMethodTest::tearDown
Tests\Unit\TemplateMethodTest::setUp
Tests\Unit\TemplateMethodTest::テストメソッド2
Tests\Unit\TemplateMethodTest::tearDown
Tests\Unit\TemplateMethodTest::tearDownAfterClass


Time: 997 ms, Memory: 10.00MB

OK (2 tests, 2 assertions)
```

　この通り、前処理と後処理を差し込めるポイントがテンプレートメソッドとして用意されていますが、テンプレートメソッドを継承する場合、継承元メソッドで処理が行なわれているケースがあるので、前述のコード例（リスト9.1.6.1）に示す通り、parentで継承元メソッドを呼ぶことを忘れないようにしましょう。

9-1-7　テストの設定

　PHPUnitではテスト実行のオプションを設定ファイルで指定できます。Laravelアプリケーションでは、アプリケーションルートディレクトリに用意されているphpunit.xmlで必要な項目が設定されています（リスト9.1.7.1）。

　もちろん、標準の設定内容でテストは実行可能ですが、必要であれば設定を変更します。主に変更が必要となるのは、下記コード例の②と③の箇所です。②ではテストディレクトリやテスト対象ファイルの追加や変更を設定します。③ではテスト実行時にPHPの設定を変更したり、環境変数によってアプリケーション設定を変更したりします。

　なお、標準ではAPP_ENVがtestingに設定され、CACHE_DRIVER、SESSION_DRIVER、QUEUE_DRIVERがarrayに設定されているなど、テスト実行に適した設定となっています。

リスト9.1.7.1 phpunit.xml

```
<?xml version="1.0" encoding="UTF-8"?>
<phpunit backupGlobals="false"
         backupStaticAttributes="false"                              ①
         bootstrap="vendor/autoload.php"              PHPUnit動作に関する設定
         colors="true"
         convertErrorsToExceptions="true"
         convertNoticesToExceptions="true"
```

　PHPUnitには多彩な機能や設定項目が用意されています。本書では解説に必要な箇所のみに触れているため、その他の内容や詳細に関しては、PHPUnitの公式マニュアル[4]を参照してください。

4　PHPUnit マニュアル https://phpunit.readthedocs.io/ja/latest/

9-2 データベーステスト
データベースを利用したテストコードの実装

テストコードの実装で手間が掛かるのが、データベースを利用する処理のテストです。テスト用データベースの設定やテスト用レコードの登録といった下準備に加えて、対象クラスの処理後に想定されているレコードが登録されているか検証する作業が必要になるためです。本節では、データベースを利用したテストを解説します。

9-2-1 テスト対象のテーブルとクラス

データベースを利用したテストを実装するため、対象のテーブルとクラスを用意します。本節では、会員のポイントを加算する処理を扱います。

テーブル構成

本節で扱うテーブルの構成は、下図のER図の通りです（図9.2.1.1）。

図9.2.1.1：テーブル構成を示すER図

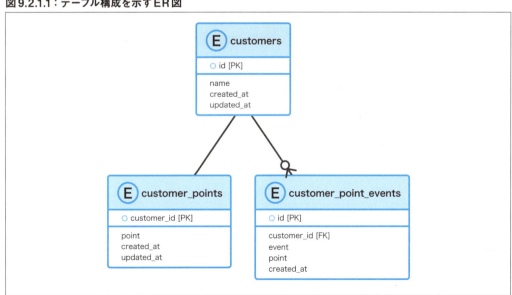

customersテーブルは会員情報を扱うテーブルです（表9.2.1.2）。このテーブルの1レコードが1人の会員に相当します。customer_point_eventsテーブルは、ポイントイベントのログです（表9.2.1.3）。ポイントの加算や減算が行なわれた際はこのテーブルにレコードを追加します。このテーブルは追加のみで既存レコードの変更は行ないません。

表9.2.1.2：customers テーブル

カラム	型	備考
id	AUTO_INCREMENT	PK
name	varchar(100)	名前
created_at	timestamp	登録日時
updated_at	timestamp	更新日時

表9.2.1.3：customer_point_events テーブル

カラム	型	備考
id	AUTO_INCREMENT	PK
customer_id	int	FK
event	varchar(100)	発生イベント
point	int	変化ポイント
created_at	datetime	発生日時

customer_pointsテーブルは会員の保有ポイントを保持します（表9.2.1.4）。前述のcustomersテーブルの1レコードに付き、本テーブルに1レコードが生成されます。ポイントの加減算が実行された場合、同時にこのテーブルの保有ポイントも更新します。

表9.2.1.4：customer_points テーブル

カラム	型	備考
customer_id	int	PK,FK
point	int	保有ポイント
created_at	timestamp	登録日時
updated_at	timestamp	更新日時

処理シナリオ

ポイント加算処理は下記の流れです。customer_point_eventsテーブルにポイント加算イベントを追加します。そして、customer_pointsが保持する現在の保有ポイントに加算ポイントを加えて更新します。これらを同一トランザクションで実行し、いずれかの処理が失敗すればロールバックします。

1. customer_point_eventsテーブルに加算ポイントイベントを登録
2. customer_pointsテーブルの保有ポイントにポイントを加算

実装クラス

ポイント加算処理は、下図に示すクラス構成で実装されています（図9.2.1.5）。
　AddPointServiceクラスがポイント加算処理を担うサービスクラスです。このクラスのaddメソッドを実行して、ポイント加算処理を行ないます。AddPointServiceクラスは、EloquentCustomerPointEventクラスとEloquentCustomerPointクラスを利用して各テーブルを操作します。PointEventクラスは、ポイントに関するイベントを示すクラスで、ここでは加算ポイントの情報を扱います。

図9.2.1.5：ポイント加算処理のクラス構成

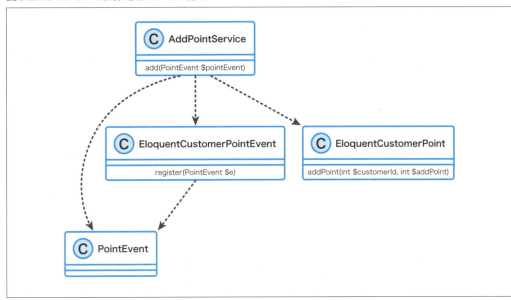

　下記に示すコードがAddPointServiceクラスの実装コードです（リスト9.2.1.6）。コンストラクタで必要な依存として、EloquentCustomerPointEventクラスとEloquentCustomerPointクラスのインスタンスを与えています（①）。これらはサービスコンテナによってインジェクトされます。

リスト9.2.1.6：AddPointServiceクラス（app/Services/AddPointService.php）

```
<?php
declare(strict_types=1);

namespace App\Services;
```

```
use App\Eloquent\EloquentCustomerPoint;
use App\Eloquent\EloquentCustomerPointEvent;
use App\Model\PointEvent;
use Illuminate\Database\Connectors\ConnectorInterface;

final class AddPointService
{
    /** @var EloquentCustomerPointEvent */
    private $eloquentCustomerPointEvent;

    /** @var EloquentCustomerPoint */
    private $eloquentCustomerPoint;

    /** @var ConnectorInterface */
    private $db;

    /**
     * @param EloquentCustomerPointEvent $eloquentCustomerPointEvent
     * @param EloquentCustomerPoint $eloquentCustomerPoint
     */
    public function __construct( // ①
        EloquentCustomerPointEvent $eloquentCustomerPointEvent,
        EloquentCustomerPoint $eloquentCustomerPoint
    ) {
        $this->eloquentCustomerPointEvent = $eloquentCustomerPointEvent;
        $this->eloquentCustomerPoint = $eloquentCustomerPoint;
        $this->db = $eloquentCustomerPointEvent->getConnection();
    }

    /**
     * @param PointEvent $event
     * @throws \Throwable
     */
    public function add(PointEvent $event) // ②
    {
        $this->db->transaction(function () use ($event) {
            // ポイントイベント保存
            $this->eloquentCustomerPointEvent->register($event);

            // 保有ポイント更新
            $this->eloquentCustomerPoint->addPoint(
                $event->getCustomerId(),
                $event->getPoint()
            );
        });
    }
}
```

　上記コード例のaddメソッド（②）がポイント加算を行なうメソッドで、後述のPointEventクラス（リスト9.2.1.7）のインスタンスを引数に取ります。PointEventクラスはポイントイベントを表しており、

ここではポイント加算イベントの情報が格納されています。

addメソッド内ではcustomer_point_eventsテーブルに加算イベントの登録と、customer_pointsテーブルが持つ保有ポイントの加算を実行します。どちらもEloquentクラスが持つメソッドに処理を移譲し、同一トランザクション内で実行します。

リスト9.2.1.7：PointEventクラス（app/Model/PointEvent.php）

```php
<?php
declare(strict_types=1);

namespace App\Model;

use Carbon\Carbon;

final class PointEvent
{
    /** @var int */
    private $customerId;

    /** @var string */
    private $event;

    /** @var int */
    private $point;

    /** @var Carbon */
    private $createdAt;

    /**
     * @param int $customerId
     * @param string $event
     * @param int $point
     * @param Carbon $createdAt
     */
    public function __construct(
        int $customerId,
        string $event,
        int $point,
        Carbon $createdAt
    ) {
        $this->customerId = $customerId;
        $this->event = $event;
        $this->point = $point;
        $this->createdAt = $createdAt;
    }

    /**
     * @return int
     */
    public function getCustomerId(): int
    {
        return $this->customerId;
```

```
    }

    /**
     * @return string
     */
    public function getEvent(): string
    {
        return $this->event;
    }

    /**
     * @return int
     */
    public function getPoint(): int
    {
        return $this->point;
    }

    /**
     * @return Carbon
     */
    public function getCreatedAt(): Carbon
    {
        return $this->createdAt->copy();
    }
}
```

　下記コード例がcustomer_point_eventsテーブルの操作を行なうEloquentCustomerPointEvent クラスです（リスト9.2.1.8）。registerメソッドでPointEventクラスのインスタンスを引数に受け取り、その内容をcustomer_point_eventsテーブルに追加します。

リスト9.2.1.8：EloquentCustomerPointEventクラス（EloquentCustomerPointEvent.php）

```php
<?php
declare(strict_types=1);

namespace App\Eloquent;

use App\Model\PointEvent;
use Illuminate\Database\Eloquent\Model;

/**
 * @property int $id
 * @property int $customer_id
 * @property string $event
 * @property int $point
 * @property string $created_at
 */
final class EloquentCustomerPointEvent extends Model
{
```

```php
    protected $table = 'customer_point_events';
    // 自動設定されるタイムスタンプは不要
    public $timestamps = false;

    /**
     * @param PointEvent $event
     */
    public function register(PointEvent $event)
    {
        $new = $this->newInstance();
        $new->customer_id = $event->getCustomerId();
        $new->event = $event->getEvent();
        $new->point = $event->getPoint();
        $new->created_at = $event->getCreatedAt()->toDateTimeString();
        $new->save();
    }
}
```

customer_pointsテーブルを操作するEloquentCustomerPointクラスです（リスト9.2.1.9）。addPointメソッドで保有ポイントの加算処理を行ないます。加算対象の会員を示す$customer_idと加算ポイント$pointを引数に取り、SQLのUPDATE文を発行してアトミックに保有ポイントを更新しています。

リスト9.2.1.9：EloquentCustomerPointクラス（app/Eloquent/EloquentCustomerPoint.php）

```php
<?php
declare(strict_types=1);

namespace App\Eloquent;

use Illuminate\Database\Eloquent\Model;

/**
 * @property int $customer_id
 * @property int $point
 */
final class EloquentCustomerPoint extends Model
{
    protected $table = 'customer_points';
    // 自動設定されるタイムスタンプは不要
    public $timestamps = false;

    /**
     * @param int $customerId
     * @param int $point
     * @return bool
     */
    public function addPoint(int $customerId, int $point): bool
    {
```

```
    return $this->newQuery()
            ->where('customer_id', $customerId)
            ->update([
                $this->getConnection()->raw('point=point+?', $point)
            ]) === 1;
    }
}
```

9-2-2　データベーステストの基礎

　データベースを利用するクラスのテストでは、実行前にデータベースの状態を整える必要があります。もし、下準備せずにテストを実行すると、実行するタイミングによってデータベースの状態が異なるため、テストが成功したり失敗したりといった現象が起きてしまいます。データベースに限らず、テストに影響を与える環境を常に同じ状態に整えてから、テストを実行することが重要です。

テスト用データベースを利用

　テスト実行時にアクセスするデータベースは、アプリケーションで利用する通常のデータベースとは別途、テスト用データベースを用意します。下記に示す通り、mysqladminコマンドでテスト用データベースとしてapp_testを生成します（リスト9.2.2.1）。

リスト9.2.2.1：テスト用データベースの作成例（MySQL）

```
$ mysqladmin create app_test
```

　テスト実行時は、このテスト用データベースを利用するようにphpunit.xmlで設定します。下記のコード例では、環境変数DB_DATABASEにテスト用データベース名を指定しています（リスト9.2.2.2）。もし、テスト用データベースが別ホストに存在するのであれば、DB_HOSTなどの環境変数も設定に追加するとよいでしょう。これで、テスト実行時にapp_testがデータベースとして利用されます。

リスト9.2.2.2：テスト用データベースの設定（phpunit.xml）

```
<php>
    <env name="app_env" value="testing"/>
    <env name="CACHE_DRIVER" value="array"/>
    <env name="SESSION_DRIVER" value="array"/>
    <env name="QUEUE_DRIVER" value="sync"/>
    <!-- テスト用データベースを指定 -->
```

```
        <env name="DB_DATABASE" value="app_test"/>
    </php>
```

テスト用トレイトの利用

　生成直後のテスト用データベースはマイグレーションを実行していないため、テーブルは存在しません。Illuminate\Foundation\Testing\RefreshDatabaseトレイト（以下RefreshDatabaseトレイト）をuseすると、テスト実行時に自動でマイグレーションが実行されます（リスト9.2.2.3）。

　RefreshDatabaseトレイトをuseするだけでフレームワークが自動で処理するため、トレイトのメソッドを実行する必要はありません。このトレイトは、内部的にartisan migrate:refreshコマンドを実行して、現在のデータベースのマイグレーションをすべてクリアしてから、再度マイグレーションを実行します。この処理はテスト実行時に一度だけ行なわれます（phpunitコマンドで複数テストクラスを実行しても、この処理は一度のみ実行されます）。

　もし、テーブルスキーマに変更があり、マイグレーションファイルを追加していても、テスト実行時にすべてのマイグレーションファイルが適用されるので、新たなスキーマでテストが実行されます。

リスト9.2.2.3 RefreshDatabaseトレイトをuseした例

```
use Illuminate\Foundation\Testing\RefreshDatabase;

class EloquentCustomerPointEventTest extends TestCase
{
    use RefreshDatabase;  // 自動でマイグレーション実行
// （中略）
}
```

　さらに、RefreshDatabaseトレイトには自動でトランザクションを実行する機能があり、テスト実行中の全SQLクエリを同一トランザクション内で実行するようになります[1]。このトランザクションは、テスト終了時に自動でロールバックされるので、テスト中に変更したレコードはすべて元に戻ります。

　データベースを制御するテスト用トレイトは、RefreshDatabaseトレイトのほかにもあります。例えば、Illuminate\Foundation\Testing\DatabaseMigrationは、テストメソッド実行ごとにマイグレーションのリセット・実行・ロールバックを繰り返すトレイトです。また、Illuminate\Foundation\Testing\DatabaseTransactionsトレイトはRefreshDatabaseトレイトと同様、テストメソッド実行前に自動でトランザクションを実行するトレイトです。

　どのトレイトを利用するのがよいかはケースバイケースですが、本節ではマイグレーションとトランザクションの両方を実行できるRefreshDatabaseトレイトを利用します。

1　Laravelのトランザクション制御では入れ子のトランザクションがサポートされているので、テスト対象クラスが内部でトランザクションを実行していてもテストには影響ありません。

Factoryでテスト用レコードの準備

前述した通り、テストを実行する環境は事前に整えておく必要があります。データベースを利用したテストでは、必要なテーブルのレコードはテスト実行前に用意します。テストに必要なレコードを登録するのに便利なのがFactoryです。Factoryを利用すれば必要なレコードを簡単に追加できます。

Factoryを利用するには、下記のコマンド例の通り、make:factoryコマンドを実行します（リスト9.2.2.4）。引数には生成するFactory名を指定します。FactoryはEloquentのインスタンスを生成することになるので、「Eloquentクラス名+Factory」の名称にするとよいでしょう。ここでは、Eloquent Customerクラスに対応したEloquentCustomerFactoryを指定しています。

リスト9.2.2.4：make:factoryコマンドの実行例

```
$ php artisan make:factory EloquentCustomerFactory
Factory created successfully.
```

上記のコマンドでdatabase/factories/EloquentCustomerFactory.phpが生成されます（リスト9.2.2.5）。このファイルでは生成するレコードに対する各カラムの値を指定します。

defineメソッドの第1引数に対象のEloquentクラス名を指定します（①）。第2引数にはクロージャを指定しており、この戻り値にEloquentクラスに設定するプロパティを連想配列で指定します（②）。クロージャにはFaker[2]のインスタンスが与えられます。Fakerはテスト用のデータを生成するライブラリで、これを利用することでダミーデータを生成できます。

リスト9.2.2.5：生成されたEloquentCustomerFactory

```php
<?php

use Faker\Generator as Faker;

$factory->define(Model::class, function (Faker $faker) { // ①
    return [
        // ② 生成するレコードの値を指定
    ];
});
```

上記のコード例を変更して、EloquentCustomerクラスのFactoryにしたコードを次に示します（リスト9.2.2.6）。defineメソッドの第1引数にはEloquentCustomerクラスを指定しています。第2引

---

2 https://github.com/fzaninotto/Faker

数のクロージャでは、nameプロパティの値をFakerを使って指定しています。

　ここで指定したFakerのnameプロパティは人名のような文字列を自動で生成してくれます。このほかにもFakerには多くの機能が用意されているので、詳しくはFakerのドキュメント[3]（GitHubリポジトリ）を参照してください。

リスト9.2.2.6：EloquentCustomer用に変更したCustomerFactory

```php
<?php
declare(strict_types=1);

use App\Eloquent\EloquentCustomer;
use Faker\Generator as Faker;

$factory->define(EloquentCustomer::class, function (Faker $faker) {
    return [
        'name' => $faker->name,
    ];
});
```

　Factoryを利用してレコードを追加するにはfactory関数を利用します。テストクラス内での利用例を下記コードに示します（リスト9.2.2.7）。レコードを追加するには、factory関数の第1引数に対象のEloquentクラスを指定し、さらにメソッドをチェインしてcreateメソッドを実行します。ここで指定したEloquentクラスのFactoryが実行され、プロパティの値（結果としてレコードの値）が決定されます。

リスト9.2.2.7：factory関数の利用例

```php
// ① customersテーブルに 1 レコードを登録
factory(EloquentCustomer::class)->create();

// ② customersテーブルに 1 レコードを登録(nameを指定)
factory(EloquentCustomer::class)->create([
    'name' => '名前',
]);

// ③ customersテーブルに 3 レコードを登録
factory(EloquentCustomer::class, 3)->create();
```

　上記コード例の①が基本のパターンです。customersテーブルに1レコードを登録します。nameプロパティの値にはEloquentCustomerFactoryで指定した値、コード例（リスト9.2.2.6）で指定している$faker->nameの値が利用されます。

3　https://github.com/fzaninotto/Faker#formatters

コード例の②では、createメソッドの引数に連想配列を指定しています。キーがプロパティ名、キーの値がプロパティの値となります。この例ではnameキーに「名前」が格納されます。

③は複数レコードを登録するパターンです。factory関数の第2引数に追加するレコード数を指定するとその数のレコードが登録されます。

データベースのアサーション

テスト対象のメソッドで変更したデータベースを検証するには、データベースのアサーションメソッドを利用するのが便利です。下記コードにデータベースのアサーションメソッドの実行例を示します（リスト9.2.2.8）。

リスト9.2.2.8 データベースのアサーションメソッド例

```php
// ① customersテーブルにid=1のレコードが存在すれば成功
$this->assertDatabaseHas('customers', [
    'id' => 1,
]);

// ② customersテーブルにid=100のレコードが存在しなければ成功
$this->assertDatabaseMissing('customers', [
    'id' => 100,
]);
```

上記コード例のassertDatabaseHasメソッド（①）は、テーブルに指定したレコードが存在するかを検証するメソッドです。第1引数にテーブル名、第2引数に連想配列で対象レコードのカラムと値を指定します。キーがカラム名、値がカラムの値となります。第2引数で指定したカラムの値に一致するレコードが存在すれば成功となります。assertDatabaseMissing（②）は、反対に反対に指定したレコードが存在しなければ成功となります。

しかし、こうしたアサーションメソッドでは検証できないケースがあります。指定した条件のレコード数を測りたい場合が相当します。この場合はEloquentやクエリビルダを利用して検証します。下記コードがクエリビルダを利用したアサーションの例です（リスト9.2.2.9）。クエリビルダでレコード数を取得し、取得したレコード数をassertSameメソッドで想定した件数と一致するかを検証しています。

リスト9.2.2.9：クエリビルダを利用したアサーション例

```php
// customersテーブルに5件のレコードがあれば成功
$this->assertSame(5, \DB::table('customers')->count());
```

9-2-3 Eloquentクラスのテスト

データベースを利用したテストの実例として、「9-2-1 テスト対象のテーブルとクラス」で紹介したEloquentCustomerPointEventクラス（リスト9.2.1.8）のテストを見てみましょう。テスト対象であるregisterメソッドの実行には、下記の事前条件と事後条件を想定してます。事前条件は処理を実施するのに必要な条件、事後条件は処理を実施した後に満たすべき条件です。

- 事前条件: customersテーブルに対象レコードがある。
- 事後条件: customer_point_eventsにレコードが追加されている。

下記コード例に実装したテストクラスを示します（リスト9.2.3.1）。

リスト9.2.3.1：EloquentCustomerPointTestクラス

```php
<?php
declare(strict_types=1);

namespace Tests\Unit\RegisterPoint;

use App\Eloquent\EloquentCustomer;
use App\Eloquent\EloquentCustomerPointEvent;
use App\Model\PointEvent;
use Carbon\Carbon;
use Illuminate\Foundation\Testing\RefreshDatabase;
use Tests\TestCase;

class EloquentCustomerPointEventTest extends TestCase
{
    use RefreshDatabase;

    /**
     * @test
     */
    public function register()
    {
        // ① テストに必要なレコードを登録
        $customerId = 1;
        factory(EloquentCustomer::class)->create([
            'id' => $customerId,
        ]);

        // ② テスト対象メソッドの実行
        $event = new PointEvent(
            $customerId,
            '加算イベント',
```

407

第一部 Laravelの基礎　第二部 実践パターン　第三部 Laravelアプリケーション開発手法

```
            100,
            Carbon::create(2018, 8, 4, 12, 34, 56)
        );
        $sut = new EloquentCustomerPointEvent();
        $sut->register($event);

        // ③ テスト結果のアサーション
        $this->assertDatabaseHas('customer_point_events', [
            'customer_id' => $customerId,
            'event'       => $event->getEvent(),
            'point'       => $event->getPoint(),
            'created_at'  => $event->getCreatedAt(),
        ]);
    }
}
```

　事前条件に必要なレコードをFactoryを利用して登録しています（①）。customer_point_eventsテーブルにレコードを登録するには、customersテーブルのレコードが必要となるのでここで登録します。続いて、テスト対象のメソッドを実行します（②）。これでcustomer_point_eventsテーブルにレコードが追加されるはずです。そして、assertDatabaseHasメソッドでcustomer_point_eventsテーブルに第2引数で指定したレコードが存在するかを検証しています（③）。このテストが成功すれば、レコードが追加されていることを確認できます。

　EloquentCustomerPointクラス（リスト9.2.1.9）に対するテストも実装します。addPointメソッドの処理は、下記の事前条件と事後条件を想定しています。

- ・ 事前条件1: customersテーブルに対象のレコードがある。
- ・ 事前条件2: customer_pointsテーブルに対象のレコードがある。
- ・ 事後条件: customer_pointsテーブルの対象レコードにpointが加算されている。

　下記コード例にEloquentCustomerPointのテストクラスを示します（リスト9.2.3.2）。

リスト9.2.3.2：EloquentCustomerPointTest クラス

```php
<?php
declare(strict_types=1);

namespace Tests\Unit\RegisterPoint;

use App\Eloquent\EloquentCustomer;
use App\Eloquent\EloquentCustomerPoint;
use Illuminate\Foundation\Testing\RefreshDatabase;
use Tests\TestCase;
```

```
class EloquentCustomerPointTest extends TestCase
{
    use RefreshDatabase;

    /**
     * @test
     */
    public function addPoint()
    {
        // ① テストに必要なレコードを登録
        $customerId = 1;
        factory(EloquentCustomer::class)->create([
            'id' => $customerId,
        ]);
        factory(EloquentCustomerPoint::class)->create([
            'customer_id' => $customerId,
            'point'       => 100,
        ]);

        // ② テスト対象メソッドの実行
        $eloquent = new EloquentCustomerPoint();
        $result = $eloquent->addPoint($customerId, 10);

        // ③ テスト結果のアサーション
        $this->assertTrue($result);

        $this->assertDatabaseHas('customer_points', [
            'customer_id' => $customerId,
            'point'       => 110,
        ]);
    }
}
```

　上記コード例に示す通り、addPointのテストを実装します。前述のEloquentCustomerPointTestクラス（リスト9.2.3.1）と同様、テストに必要なレコードを登録し（①）、テスト対象メソッドの実行（②）、そして結果の検証（③）の流れでテストを実施します。処理前は保有ポイントを100としているところに、10ポイントを加算しているので、結果は110ポイントとなります。

　この通り、データベースを利用するEloquentクラスのテストも、Factoryやデータベースアサーションを利用することで手軽にテストできます。

9-2-4　サービスクラスのテスト

　ポイント加算処理を担うAddPointServiceクラスのテストを説明します。AddPointServiceクラスのaddメソッドでは、下記の事前条件と事後条件を想定しています。

- 事前条件1: customersテーブルに対象レコードがある。
- 事前条件2: customer_pointsテーブルに対象レコードがある。
- 事後条件1: customer_point_eventsテーブルにレコードが追加されている。
- 事後条件2: customer_pointsテーブルの対象レコードにpointが加算されている。

下記コード例にAddPointServiceクラスのテストを示します（リスト9.2.4.1）。

リスト9.2.4.1 AddPointServiceTestクラス

```php
<?php
declare(strict_types=1);

namespace Tests\Unit;

use App\Eloquent\EloquentCustomer;
use App\Eloquent\EloquentCustomerPoint;
use App\Model\PointEvent;
use App\Services\AddPointService;
use Illuminate\Foundation\Testing\RefreshDatabase;
use Illuminate\Support\Carbon;
use Tests\TestCase;

class AddPointServiceTest extends TestCase
{
    use RefreshDatabase;

    const CUSTOMER_ID = 1;

    protected function setUp()
    {
        parent::setUp();

        // (1) テストに必要なレコードを登録
        factory(EloquentCustomer::class)->create([
            'id' => self::CUSTOMER_ID,
        ]);
        factory(EloquentCustomerPoint::class)->create([
            'customer_id' => self::CUSTOMER_ID,
            'point'       => 100,
        ]);
    }

    /**
     * @test
     * @throws \Throwable
     */
    public function add()
    {
```

410

```
        // (2) テスト対象メソッドの実行
        $event = new PointEvent(
            self::CUSTOMER_ID,
            '加算イベント',
            10,
            Carbon::create(2018, 8, 4, 12, 34, 56)
        );
        /** @var AddPointService $service */
        $service = app()->make(AddPointService::class);
        $service->add($event);

        // (3) テスト結果のアサーション
        $this->assertDatabaseHas('customer_point_events', [
            'customer_id' => self::CUSTOMER_ID,
            'event'       => $event->getEvent(),
            'point'       => $event->getPoint(),
            'created_at'  => $event->getCreatedAt(),
        ]);
        $this->assertDatabaseHas('customer_points', [
            'customer_id' => self::CUSTOMER_ID,
            'point'       => 110,
        ]);
    }
}
```

　上記コード例では、事前条件を満たすために必要となるレコードをsetUpメソッドの中で登録します（①）。テストメソッドに処理を記述しても構いませんが、テストメソッド内に前提処理を多く記述されると、テストコードが不明瞭になるため、setUpメソッドに記述します。テストメソッドでは、サービスクラスのインスタンス化と実行（②）、そして結果の検証を実装します（③）。

　サービスクラスのインスタンス化では、依存しているEloquentクラスをインジェクトするためにサービスコンテナを利用しています。テスト結果の検証は、既にEloquentクラスのテストで実施した内容と同等となっており、これで処理後のデータベースを検証します。

9-2-5 モックによるテスト（サービスクラス）

　サービスクラスのテストでは、「9-2-4 サービスクラスのテスト」で紹介したデータベースの内容を検証する方法とは別に、Eloquentクラスをモックにしてデータベースにアクセスすることなく、サービスクラスの処理のみをテストする方法もあります。

　次のコード例に、EloquentクラスをモックにしたAddPointServiceクラスのテストを示します（リスト9.2.5.1）。

リスト9.2.5.1 モックを利用したAddPointServiceクラスのテスト

```php
<?php
declare(strict_types=1);

namespace Tests\Unit;

use App\Eloquent\EloquentCustomerPoint;
use App\Eloquent\EloquentCustomerPointEvent;
use App\Model\PointEvent;
use App\Services\AddPointService;
use Illuminate\Foundation\Testing\RefreshDatabase;
use Illuminate\Support\Carbon;
use Tests\TestCase;

class AddPointServiceWithMockTest extends TestCase
{
    use RefreshDatabase;

    private $customerPointEventMock;
    private $customerPointMock;

    protected function setUp()
    {
        parent::setUp();

        // ① Eloquentクラスのモック化
        $this->customerPointEventMock = new class extends EloquentCustomerPointEvent
        {
            /** @var PointEvent */
            public $pointEvent;

            public function register(PointEvent $event)
            {
                $this->pointEvent = $event;
            }
        };

        $this->customerPointMock = new class extends EloquentCustomerPoint
        {
            /** @var int */
            public $customerId;

            /** @var int */
            public $point;

            public function addPoint(int $customerId, int $point): bool
            {
                $this->customerId = $customerId;
                $this->point = $point;

                return true;
```

```php
        }
    };
}

/**
 * @test
 */
public function add()
{
    // ② テスト対象メソッドの実行
    $customerId = 1;
    $event = new PointEvent(
        $customerId,
        '加算イベント',
        10,
        Carbon::create(2018, 8, 4, 12, 34, 56)
    );
    $service = new AddPointService(
        $this->customerPointEventMock,
        $this->customerPointMock
    );
    $service->add($event);

    // ③ テスト結果のアサーション
    $this->assertEquals($event, $this->customerPointEventMock->pointEvent);
    $this->assertSame($customerId, $this->customerPointMock->customerId);
    $this->assertSame(10, $this->customerPointMock->point);
}
}
```

　コード例に示す通り、setUpメソッドで利用するEloquentクラスをモックにします（①）。モック生成には、PHPUnitのモック機能（createMockメソッドやgetMockBuilderメソッドなど）やMockery[4]などのモッキングライブラリを利用する方法があります。しかし、単純なモックであれば無名クラスで代用できます。本項ではEloquentクラスを継承した無名クラスを作成して、それぞれ必要なメソッドをオーバーライドしています。オーバーライドしたメソッドでは、与えられた引数を後で確認するためプロパティに格納します。これで、サービスクラスでEloquentのメソッドを実行した時の引数を検証できます。

　テストメソッドであるaddメソッドでは、テスト対象のメソッドを実行します（②）。サービスクラスをインスタンス化する際に、①で生成したモックインスタンスを与えます。これでサービスクラスでの処理ではデータベースにアクセスせずに実行されます。結果の検証は、データベースに対するアサーションではなく、モックインスタンスのプロパティ値を検証します（③）。

　この通り、モックを利用すればデータベースへのアクセスを回避してテストを実装できます。

4　http://docs.mockery.io/en/latest/

| 第一部 | Laravelの基礎 | 第二部 | 実践パターン | 第三部 | Laravelアプリケーション開発手法 |

9-3 WebAPIテスト

WebAPIを検証するテストコードの実装

　ここまでクラスに関するユニットテストを説明しましたが、本節ではより粒度の大きいフィーチャテストを紹介します。Laravelでは、HTTPリクエストをシミュレートしてテストする機能が用意されているので、この機能を利用したWebAPIのテストを例に解説します。

9-3-1　WebAPIテスト機能

　HTTPリクエストをシミュレートしたテスト、特にWebAPIをテストする機能を説明します。はじめに、下記コード例に示す単純なAPIを扱います（リスト9.3.1.1）。

リスト9.3.1.1：ping/pong API(routes/api.php)

```
Route::get('/ping', function () {
    return response()->json(['message' => 'pong']);
});
```

　上記のAPIでは、/api/pingにGETリクエストを送信すると、{"message":"pong"}のJSONを返します。curlコマンドで、APIにGETリクエストを送信した結果は、下記の通りです（リスト9.3.1.2）。

リスト9.3.1.2：curlコマンドによる実行例

```
$ curl -v http://localhost/api/ping -w "\n"
(中略)
> GET /api/ping HTTP/1.1
> Host: localhost
> User-Agent: curl/7.58.0
> Accept: */*
>
< HTTP/1.1 200 OK
< Server: nginx/1.14.0 (Ubuntu)
< Content-Type: application/json
< Transfer-Encoding: chunked
< Connection: keep-alive
< Cache-Control: no-cache, private
< Date: Tue, 07 Aug 2018 23:41:13 GMT
< X-RateLimit-Limit: 60
```

414

```
< X-RateLimit-Remaining: 59
<
* Connection #0 to host localhost left intact
{"message":"pong"}
```

テストクラスの生成

　テストクラスを生成するには、artisan make:testコマンドを利用します。このコマンドにテストクラス名を指定すると、tests/Feature/以下にテストクラスファイルが生成されます。ユニットテストとは異なり、--unitオプションは指定しないので注意してください。下記がフィーチャテストクラスを生成するコマンド例です（リスト9.3.1.3）。

リスト9.3.1.3：フィーチャテストクラスの生成例

```
$ php artisan make:test Api/PingTest
Test created successfully.
```

　上記ではApi/PingTestをテストクラス名として指定しているので、tests/Feature/Api/PingTest.phpが生成されます。コマンド例の通り、テストクラス名に/（スラッシュ）を含めると名前空間として認識し、スラッシュの前の箇所をディレクトリとして生成します。
　下記コード例に示す通り、生成されたクラスファイルの名前空間がTests\Feature\Apiとなっていることが分かります（①）。

リスト9.3.1.4：生成されたフィーチャテストクラスの名前空間

```
<?php

namespace Tests\Feature\Api; // ①

use Tests\TestCase;
use Illuminate\Foundation\Testing\WithFaker;
use Illuminate\Foundation\Testing\RefreshDatabase;

class PingTest extends TestCase
（後略）
```

HTTPリクエストの送信

　HTTPリクエストをシミュレートしたテストを実施するには、擬似的にHTTPリクエストを送信するメソッドを利用します。コード例で紹介するcallメソッドは、汎用的にHTTPリクエストを擬似的に送

415

信するメソッドです（リスト9.3.1.5）。このメソッドを利用するとさまざまなHTTPリクエストを再現できます。

リスト9.3.1.5：callメソッドの定義

```
public function call(
    $method,            // HTTPメソッド
    $uri,               // URI
    $parameters = [],   // 送信パラメータ
    $cookies = [],      // cookie
    $files = [],        // アップロードファイル
    $server = [],       // サーバパラメータ
    $content = null     // RAWリクエストボディ
)
```

　下記のコード例にcallメソッドの利用例を示します（リスト9.3.1.6）。/api/pingに対してGETリクエストを送信しています。クエリストリングを第2引数の$uriに繋げる形でも（①）、第3引数の$parametersに連想配列で指定しても同じです（②）。③では、/api/postにPOSTリクエスト（application/x-www-form-urlencoded）を送信しており、第3引数の$parametersの連想配列がリクエストボディとして送信されます。

リスト9.3.1.6：callメソッドの実行例

```
// ① GETリクエスト - クエリストリング
$response = $this->call('GET', '/api/get?class=motogp&no=99');
// ② GETリクエスト - $parameters
$response = $this->call('GET', '/api/get', [
    'class' => 'motogp',
    'no'    => '99'
]);

// ③ POSTリクエスト
$response = $this->call('POST', '/api/post', [
    'email'    => 'a@example.com',
    'password' => 'secret-password',
]);
```

　HTTPリクエストを送信するメソッドには、JSONリクエストを擬似的に送信するjsonメソッドも用意されています（リスト9.3.1.7）。

リスト9.3.1.7：jsonメソッドの定義

```
public function json($method, $uri, array $data = [], array $headers = [])
```

jsonメソッドの第1引数には送信先URI、第2引数に送信データ（内部でJSON形式にシリアライズ
される）、第3引数にリクエストヘッダを連想配列で指定します。jsonメソッドでは、下表に示すリク
エストヘッダが自動で設定されます（表9.3.1.8）。

表9.3.1.8：jsonメソッドで設定されるリクエストヘッダ

ヘッダ	値
Content-Length	JSONデータサイズ（byte）
Content-Type	application/json
Accept	application/json

callメソッドやjsonメソッドには、HTTPメソッドごとにラップしたメソッド、ラッパーメソッドが
用意されています。例えば、GETメソッド用のgetメソッド（JSONリクエスト用はgetJsonメソッド）、
POSTメソッド用のpostメソッド（JSONリクエスト用はpostJsonメソッド）があります。

主なラッパーメソッドを下表にあげます（表9.3.1.9）。ラッパーメソッドは、メソッド名がHTTPリ
クエストメソッドを示して分かりやすいので[1]、通常はラッパーメソッドを利用し、細かなパラメータ指
定が必要な場合にcallメソッドやjsonメソッドを利用するのがよいでしょう。

表9.3.1.9：主なHTTPリクエストシミュレートメソッド

メソッド	送信する疑似HTTPリクエスト
get($uri, $headers = [])	GETリクエスト
getJson($uri, $headers = [])	GETリクエスト（JSON）
post($uri, $data = [], $headers = [])	POSTリクエスト
postJson($uri, $data = [], $headers = [])	POSTリクエスト（JSON）
put($uri, $data = [], $headers = [])	PUTリクエスト
putJson($uri, $data = [], $headers = [])	PUTリクエスト（JSON）
patch($uri, $data = [], $headers = [])	PATCHリクエスト
patchJson($uri, $data = [], $headers = [])	PATCHリクエスト（JSON）
delete($uri, $data = [], $headers = [])	DELETEリクエスト
deleteJson($uri, $data = [], $headers = [])	DELETEリクエスト（JSON）

HTTPレスポンスのアサーション

送信したHTTPリクエストの結果を検証するアサーションメソッドが用意されています。同様のメ
ソッドはテストクラスの基底クラスであるTests\TestCaseクラスにも存在しますが、前述のHTTPリ

1　IDEであればメソッド名を補完できるのも利点です。

クエスト送信メソッドの戻り値である\Illuminate\Foundation\Testing\TestResponseクラスの方が、送信したリクエストに特化したアサーションの記述が容易なのでこちらを利用します。

下表に\Illuminate\Foundation\Testing\TestResponseクラスの主なアサーションメソッドをあげます（表9.3.1.10）。HTTPステータスコードとレスポンスボディの検証を主に、必要であればヘッダやクッキーの検証を実施するとよいでしょう。

表9.3.1.10：レスポンスをアサーションする主なメソッド

メソッド	内容
assertStatus($status)	HTTPステータスコードが$statusに一致していれば成功
assertSuccessful()	HTTPステータスコードが2xxなら成功
assertRedirect($uri = null)	HTTPステータスコードが201,301,302,303,307,308のいずれかで、かつLocationヘッダの値がapp('url')->to($uri)の値と一致すれば成功
assertHeader($headerName, $value = null)	レスポンスヘッダが存在（$valueがnullの場合）、もしくは該当ヘッダの値が$valueと一致すれば成功
assertHeaderMissing($headerName)	指定したレスポンスヘッダが存在しなければ成功
assertExactJson(array $data, $strict = false)	レスポンスボディのJSONをデコードした配列が$dataと一致すれば成功
assertJson(array $data, $strict = false)	レスポンスボディのJSONをデコードした配列に$dataが含まれていれば成功

　HTTPリクエストの送信とレスポンスのアサーションを利用して、ping/pong APIのテストを実装したコードを下記に示します（リスト9.3.1.11）。ping APIに対して、GETメソッドでリクエストを送信し、そのレスポンスをassertStatusメソッドとassertExactJsonメソッドで検証します。

リスト9.3.1.11：ping API のテストクラス

```php
<?php
declare(strict_types=1);

namespace Tests\Feature\Api;

use Tests\TestCase;
use Illuminate\Foundation\Testing\WithFaker;
use Illuminate\Foundation\Testing\RefreshDatabase;

class PingTest extends TestCase
{
    /**
     * @test
     */
```

```php
    public function get_ping()
    {
        $response = $this->get('/api/ping');

        // HTTPステータスコードを検証
        $response->assertStatus(200);
        // レスポンスボディのJSONを検証
        $response->assertExactJson(['message' => 'pong']);
    }
}
```

この通り、WebAPIに関するテストでは、擬似的にリクエストを送信してそのレスポンスを検証する流れとなります。

9-3-2 テスト対象のAPI

本項からは「9-2 データベーステスト」のポイント加算処理を利用して、ポイント加算を行なうWebAPIのテストを通じて、フィーチャテストの実装を解説します。

WebAPIの仕様は下表の通りです（表9.3.2.1）。リクエストJSONに含まれるcustomer_idに該当する顧客に対して、add_pointで指定したポイントを加算します。

表9.3.2.1：ポイント加算API仕様

項目	内容
HTTPメソッド	PUT
URI	/api/customers/add_point
Content-Typeヘッダ	application/json
リクエストJSON	{"customer_id":顧客ID,"add_point":ポイント}
レスポンス（成功時）	ステータスコード=200 / ボディ:{"customer_point":加算後の保有ポイント}
レスポンス（バリデーションエラー）	ステータスコード=444 / ボディ:{"message":エラーメッセージ, "errors":バリデーションエラー}
レスポンス（リクエストに起因するエラー）	ステータスコード=400 / ボディ:{"message":エラーメッセージ}
レスポンス（その他のエラー）	ステータスコード=500 / ボディ:{"message":エラーメッセージ}

このWebAPIは、次の流れで処理を進めます。

（1）送信されたJSONの値をバリデーション
（2）事前条件の検証

（3）ポイント加算処理
（4）加算後の保有ポイント取得
（5）レスポンス生成

　上記の（1）と（5）はActionクラス、（2）〜（4）はユースケースクラス（実際の処理はサービスクラスやEloquentクラスに移譲）が担います。クラス構成は下図の通りです（図9.3.2.2）。

図9.3.2.2：ポイント加算APIのクラス構成

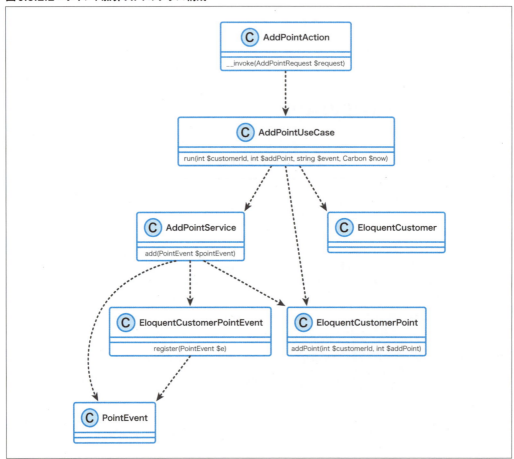

　「9-2 データベーステスト」の実装から追加した箇所を確認しましょう。HTTPに関する処理とユースケースの実行はAddPointActionクラスが担います。
　次に示すコード例がAddPointActionクラスです（リスト9.3.2.3）。__invokeメソッドがルーティングから実行されるメソッドです。メソッドの引数にAddPointRequestクラス（リスト9.3.2.4）を指定しているので、送信されたパラメータに対してバリデーションが実行されます。

バリデーションを通過すると、__invokeメソッド内に処理が移ります。$request->json()でパラメータを取得し（①）、AddPointUseCaseクラスのrunメソッドを実行します（②）。このrunメソッドがポイント加算処理を担います。正常に処理が完了すると、戻り値として保有ポイントを返すので、これをJSONレスポンスに変換して処理が終了します（③）。

リスト9.3.2.3：AddPointActionクラス

```php
<?php
declare(strict_types=1);

namespace App\Http\Controllers\Auth;

use App\Http\Requests\AddPointRequest;
use App\UseCases\AddPointUseCase;
use Illuminate\Http\JsonResponse;
use Illuminate\Support\Carbon;

class AddPointAction
{
    /** @var AddPointUseCase */
    private $useCase;

    /**
     * @param AddPointUseCase $useCase
     */
    public function __construct(AddPointUseCase $useCase)
    {
        $this->useCase = $useCase;
    }

    /**
     * @param AddPointRequest $request
     * @return JsonResponse
     * @throws \Throwable
     */
    public function __invoke(AddPointRequest $request): JsonResponse
    {
        // ① JSONからパラメータ取得
        $customerId = filter_var($request->json('customer_id'), FILTER_VALIDATE_INT);
        $addPoint = filter_var($request->json('add_point'), FILTER_VALIDATE_INT);

        // ② ポイント加算ユースケース実行
        $customerPoint = $this->useCase->run(
            $customerId,
            $addPoint,
            "ADD_POINT",
            Carbon::now()
        );

        // ③ レスポンス生成
```

```
        return response()->json(['customer_point' => $customerPoint]);
    }
}
```

リスト9.3.2.4：AddPointRequestクラス

```php
<?php
declare(strict_types=1);

namespace App\Http\Requests;

use Illuminate\Foundation\Http\FormRequest;

class AddPointRequest extends FormRequest
{
    /**
     * @return bool
     */
    public function authorize()
    {
        return true;
    }

    /**
     * @return array
     */
    public function rules()
    {
        return [
            'customer_id' => 'required|int',
            'add_point'   => 'required|int',
        ];
    }
}
```

上記AddPointActionクラスは、routes/api.phpでルーティングを設定しています（リスト9.3.2.5）。ActionPointActionクラスは__invokeメソッドを実装しているので、クラス名のみを指定しています。

リスト9.3.2.5：ルーティングを追加（routes/api.php）

```php
<?php
use App\Http\Actions\AddPointAction;
（中略）
Route::put('/customers/add_point', AddPointAction::class);
```

なお、標準の設定では、App\Http\Controllers以下にコントローラやアクションクラスが存在することが求められるので、名前空間App\Http\Actionsに存在するActionクラスは指定できません。そこで、下記コード例に示す通り、App\Providers\RouteServiceProviderの`$namespace`プロパティを空文字にしておきます（リスト9.3.2.6）。

リスト9.3.2.6：App\Providers\RouteServiceProviderの設定変更

```
protected $namespace = ''; // 空文字にする
```

続いて、下記コード例にActionクラスから実行されるApp\UseCases\AddPointUseCaseクラスを示します（リスト9.3.2.7）。runメソッドが実行メソッドです。ポイント加算処理に関する事前条件を検証しています（①）。$addPointが正の数であることと、$customerIdがcustomersテーブルに存在することを確認します。

検証に失敗した場合は、App\Exceptions\PreConditionException（リスト9.3.2.8）をスローします。この例外は、App\Exceptions\Handlerクラスの設定からステータスコードを400、ボディに例外インスタンスのエラーメッセージを出力するようにしています（リスト9.3.2.9）。

事前条件の検証が成功すればポイント加算処理を実行します（②）。ポイント加算処理は前節のコード例に示したAddPointServiceクラス（リスト9.2.1.6）のaddメソッドを実行します。加算処理完了後はEloquentCustomerPointクラスで現在の保有ポイントを取得し、戻り値として返します（③）。

リスト9.3.2.7：AddPointUseCaseクラス

```php
<?php
declare(strict_types=1);

namespace App\UseCases;

use App\Eloquent\EloquentCustomer;
use App\Eloquent\EloquentCustomerPoint;
use App\Exceptions\PreConditionException;
use App\Model\PointEvent;
use App\Services\AddPointService;
use Illuminate\Support\Carbon;

final class AddPointUseCase
{
    /** @var AddPointService */
    private $service;

    /** @var EloquentCustomer */
    private $eloquentCustomer;

    /** @var EloquentCustomerPoint */
```

```
    private $eloquentCustomerPoint;

    public function __construct(
        AddPointService $service,
        EloquentCustomer $eloquentCustomer,
        EloquentCustomerPoint $eloquentCustomerPoint
    ) {
        $this->service = $service;
        $this->eloquentCustomer = $eloquentCustomer;
        $this->eloquentCustomerPoint = $eloquentCustomerPoint;
    }

    /**
     * @param int $customerId
     * @param int $addPoint
     * @param string $pointEvent
     * @param Carbon $now
     * @return int
     * @throws \Throwable
     */
    public function run(
        int $customerId,
        int $addPoint,
        string $pointEvent,
        Carbon $now
    ): int {
        // ① 事前条件検証
        if ($addPoint <= 0) {
            throw new PreConditionException(
                'add_point should be equals or greater than 1');
        }

        if (!$this->eloquentCustomer->where('id', $customerId)->exists()) {
            $message = sprintf('customer_id:%d does not exists', $customerId);
            throw new PreConditionException($message);
        }

        // ② ポイント加算処理
        $event = new PointEvent($customerId, $pointEvent, $addPoint, $now);
        $this->service->add($event);

        // ③ 保有ポイント取得
        return $this->eloquentCustomerPoint->findPoint($customerId);
    }
}
```

リスト9.3.2.8：App\Exceptions\PreConditionException

```
<?php
declare(strict_types=1);
```

```
namespace App\Exceptions;

final class PreConditionException extends \Exception
{
}
```

リスト9.3.2.9：App\Exceptions\Handlerクラスによるエラーレスポンスの設定

```
public function render($request, Exception $exception)
{
    // PreConditionExceptionスロー時のレスポンス
    if ($exception instanceof PreConditionException) {
        return response()->json(
            ['message' => trans($exception->getMessage())],
            Res::HTTP_BAD_REQUEST
        );
    }

    return parent::render($request, $exception);
}
```

ここまでで実装したAPIをcurlコマンドで実行した例とその結果を示します。

下記の実行例では、送信したJSONに合致するcustomer_idの保有ポイントが加算され、その結果がレスポンスとして返されます（リスト9.3.2.10）。

リスト9.3.2.10：curlコマンドによる実行例（JSON整形済）

```
$ curl -v -H "Accept: application/json" -H "Content-type: application/json" \
  -X PUT -d '{"customer_id":1,"add_point":10}' \
  http://localhost/api/customers/add_point -w "\n"
(中略)
< HTTP/1.1 200 OK
< Server: nginx/1.14.0 (Ubuntu)
< Content-Type: application/json
< Transfer-Encoding: chunked
< Connection: keep-alive
< Cache-Control: no-cache, private
< Date: Fri, 10 Aug 2018 07:55:15 GMT
< X-RateLimit-Limit: 60
< X-RateLimit-Remaining: 59
<
{
    "customer_point":110
}
```

第 一 部	Laravelの基礎	第 二 部	実践パターン	第 三 部	Laravelアプリケーション開発手法

また、次の実行例では、add_pointを0で送信しているため、事前条件エラーが発生してエラーレスポンスが返されています（リスト9.3.2.11）。

リスト9.3.2.11：curlコマンドによる実行例 - 事前条件エラー（JSON整形済）

```
$ curl -v -H "Accept: application/json" -H "Content-type: application/json" \
  -X PUT http://homestead.test/api/customers/add_point \
  -d '{"customer_id":1,"add_point":0}' -w "\n"
(中略)
< HTTP/1.1 400 Bad Request
< Server: nginx/1.14.0 (Ubuntu)
< Content-Type: application/json
< Transfer-Encoding: chunked
< Connection: keep-alive
< Cache-Control: no-cache, private
< Date: Fri, 10 Aug 2018 07:57:08 GMT
< X-RateLimit-Limit: 60
< X-RateLimit-Remaining: 58
<
{
    "message": "add_point should be equals or greater than 1"
}
```

9-3-3　APIテストの実装

本項ではポイント加算APIのテストを、状況別で4つのケースを実装します。4つのケースとは、ポイント加算処理が正常に完了するケース、バリデーションエラーになるケース、add_pointが事前条件エラーになるケース、customer_idが事前条件エラーになるケースです。

正常ケース

まず、正常ケースのテストを実装します。次に示すのは、ポイント加算APIのテストクラス、Tests\Feature\Api\AddPointTestクラスです（リスト9.3.3.1）。データベースを利用しているので、RefreshDatabaseトレイトをuseし（①）、setUpメソッドでテスト環境の前準備をします。テストに必要なデータベースレコードはFactoryを利用して登録します（②）。

put_add_pointメソッドが正常ケースのテストメソッドです。ここでは、100ポイントを保持している会員に対して、10ポイントを加算するシナリオをテストしています。

APIに対してputJsonメソッドでPUTリクエストを疑似送信してレスポンスを取得します（③）。続いて、このレスポンスを検証します（④）。HTTPステータスコードが200、レスポンスボディに加算された保有ポイント110が含まれていればアサーションは成功します。さらに、変更されたデータベー

スのアサーションも実行しています（⑤）。以上で、APIのレスポンスとデータベースの変更の両面に対して検証できました。

リスト9.3.3.1：Tests\Feature\Api\AddPointTestクラス

```php
<?php
declare(strict_types=1);

namespace Tests\Feature\Api;

use App\Eloquent\EloquentCustomer;
use App\Eloquent\EloquentCustomerPoint;
use Carbon\Carbon;
use Illuminate\Foundation\Testing\RefreshDatabase;
use Tests\TestCase;

class AddPointTest extends TestCase
{
    use RefreshDatabase; // ①

    const CUSTOMER_ID = 1;

    protected function setUp()
    {
        parent::setUp();

        Carbon::setTestNow();

        // ② テストに必要なレコードを登録
        factory(EloquentCustomer::class)->create([
            'id' => self::CUSTOMER_ID,
        ]);
        factory(EloquentCustomerPoint::class)->create([
            'customer_id' => self::CUSTOMER_ID,
            'point'       => 100,
        ]);
    }

    /**
     * @test
     */
    public function put_add_point()
    {
        // ③ API実行
        $response = $this->putJson('/api/customers/add_point', [
            'customer_id' => self::CUSTOMER_ID,
            'add_point'   => 10,
        ]);

        // ④ HTTPレスポンスアサーション
        $response->assertStatus(200);
```

427

```
        $expected = ['customer_point' => 110];
        $response->assertExactJson($expected);

        // ⑤ データベースアサーション
        $this->assertDatabaseHas('customer_points', [
            'customer_id' => self::CUSTOMER_ID,
            'point'       => 110,
        ]);
        $this->assertDatabaseHas('customer_point_events', [
            'customer_id' => self::CUSTOMER_ID,
            'event'       => 'ADD_POINT',
            'point'       => 10,
            'created_at'  => Carbon::now(),
        ]);
    }
}
```

バリデーションエラーとなるケース

　バリデーションエラーとなるケースのテストメソッドをAddPointTestクラスに追加します。下記に
バリデーションエラーを検証するテストメソッドを示します（リスト9.3.3.2）。コード例では、バリデー
ションエラーのテストであることをメソッド名で表現しています。

　APIへのリクエスト送信では、空のパラメータを送信してバリデーションエラーを発生させます（①）。
続いて取得したレスポンスを検証します（②）。Laravelのバリデーションエラーではステータスコード
が422となるので、これをassertStatusメソッドで検証します。さらに、レスポンスボディにエラーメッ
セージやバリデーションエラーの詳細が出力されるので、assertExactJsonメソッドで検証します。

リスト9.3.3.2：バリデーションエラーのテストメソッド

```
/**
 * @test
 */
public function put_add_point_バリデーションエラー()
{
    // ① API実行
    $response = $this->putJson('/api/customers/add_point', [
    ]);

    // ② HTTPレスポンスアサーション
    $response->assertStatus(422);
    $expected = [
        'message' => 'The given data was invalid.',
        'errors'  => [
            'customer_id' => [
                'The customer id field is required.',
            ],
            'add_point'   => [
```

```
                'The add point field is required.',
            ],
        ],
    ];
    $response->assertExactJson($expected);
}
```

　上記コード例では、assertExactJsonメソッドでレスポンスボディのJSON全体が期待値と一致するかを検証しています。この方法は、レスポンスボディ全体を検証できる上、テストメソッドを見れば期待するレスポンスボディが分かりやすい利点があります。

　一方、ランダムな値を含んでいて全体の一致は難しい場合やレスポンスボディの一部のみを検証したいケースがあります。その場合はassertJsonメソッドが利用できます。assertJsonメソッドはJSON全体ではなく、一部のプロパティと指定した値が一致すれば成功とみなします。

　下記コード例ではレスポンスJSONのerrorsプロパティのみを検証します。errorsプロパティの値が一致すれば、レスポンスJSONに他のプロパティが含まれていても検証は成功します（リスト9.3.3.3）。

リスト9.3.3.3：assertJsonメソッドでレスポンスJSONの一部を検証

```
/**
 * @test
 */
public function put_add_point_バリデーションエラー_errorsのみ検証()
{
    $response = $this->putJson('/api/customers/add_point', [
    ]);

    $response->assertStatus(422);

    // errorsキーのみ検証
    $expected = [
        'errors'  => [
            'customer_id' => [
                'The customer id field is required.',
            ],
            'add_point'   => [
                'The add point field is required.',
            ],
        ],
    ];
    $response->assertJson($expected);
}
```

　また、jsonメソッドでレスポンスボディのJSONを配列に変換する方法もあります。配列に変換すれば、配列を検証するアサーションメソッドが利用できます。jsonメソッドを利用したアサーションのコード例を示します（リスト9.3.3.4）。

429

第一部 Laravelの基礎　第二部 **実践パターン**　第三部 Laravelアプリケーション開発手法

リスト9.3.3.4：レスポンスボディのJSONを配列に変換して検証

```
/**
 * @test
 */
public function put_add_point_バリデーションエラー_キーのみ検証()
{
    $response = $this->putJson('/api/customers/add_point', [
    ]);

    $response->assertStatus(422);

    // レスポンスボディJSONを配列に変換して検証
    $jsonValues = $response->json();
    $this->assertArrayHasKey('errors', $jsonValues);

    $errors = $jsonValues['errors'];
    $this->assertArrayHasKey('customer_id', $errors);
    $this->assertArrayHasKey('add_point', $errors);
}
```

　レスポンスボディの検証では、jsonメソッドでレスポンスJSONを配列に変換し、$jsonValuesにerrorsキーが存在するか、さらにerrorsキーの値である配列にcustomer_idキーとadd_pointキーが存在するかを検証しています。この通り、jsonメソッドで配列に変換すれば、さまざまなケースの検証が可能となるので覚えておきましょう。

add_pointが事前条件エラーとなるケース

　add_pointが事前条件エラーとなるテストメソッドを追加します（リスト9.3.3.4）。
　このテストはadd_pointが1未満の場合、つまり、0もしくは負数の場合に事前条件エラーが発生することを確認します。データプロバイダを利用して、0と負数に対して同じテストを実行します。データプロバイダからの引数をリクエストのadd_pointに指定します（①）。レスポンスのアサーションではステータスコードが400、レスポンスボディにadd_pointの事前条件エラーメッセージが出力されることを確認します（②）。

リスト9.3.3.4：add_pointの事前条件エラーを検証するテストメソッド

```
/**
 * @test
 * @dataProvider dataProvider_put_add_point_add_point事前条件エラー
 */
public function put_add_point_add_point事前条件エラー(int $addPoint)
{
    $response = $this->putJson('/api/customers/add_point', [
        'customer_id' => self::CUSTOMER_ID,
```

```
        'add_point'   => $addPoint, // ① データプロバイダの値を指定
    ]);

    // ② HTTPレスポンスアサーション
    $response->assertStatus(400);
    $expected = [
        'message' => 'add_point should be equals or greater than 1',
    ];
    $response->assertExactJson($expected);
}

public function dataProvider_put_add_point_add_point事前条件エラー()
{
    return [
        [0],
        [-1],
    ];
}
```

customer_idが事前条件エラーとなるケース

customer_idが事前条件エラーとなるテストメソッドを追加します（リスト9.3.3.5）。

このテストでは、customer_idがcustomersテーブルに存在しない場合に事前条件エラーが発生することを確認します。リクエストのcustomer_idに存在しない値を指定します（①）。レスポンスのアサーションでは、ステータスコードが400、レスポンスボディにcustomer_idの事前条件エラーメッセージが出力されていることを確認します（②）。

リスト9.3.3.5 customer_idの事前条件エラーを検証するテストメソッド

```
/**
 * @test
 */
public function put_add_point_customer_id事前条件エラー()
{
    $response = $this->putJson('/api/customers/add_point', [
        'customer_id' => 999, // (1) 存在しないcustomer_id
        'add_point'   => 10,
    ]);

    // (2) HTTPレスポンスアサーション
    $response->assertStatus(400);
    $expected = [
        'message' => 'customer_id:999 does not exists',
    ];
    $response->assertExactJson($expected);
}
```

| 第一部 | Laravelの基礎 | 第二部 | 実践パターン | 第三部 | Laravelアプリケーション開発手法 |

9-3-4　WebAPIテストに便利な機能

本節ではWebAPIテストの基本と実践を紹介してきました。最後にWebAPIのテストに便利な機能を紹介しましょう。

ミドルウェアの無効化

HTTPリクエスト送信時にルーティングなどで設定されているミドルウェアを無効にできます。withoutMiddlewareメソッドに無効にしたいミドルウェアクラス名を指定するとそのミドルウェアは実行されません[2]。下記コード例では、withoutMiddlewareメソッドを利用してTeaPotMiddlewareを無効にしています（リスト9.3.4.1）。

リスト9.3.4.1：ミドルウェアを無効にする

```
/**
 * @test
 */
public function TeaPotMiddlewareを無効()
{
    $response = $this->withoutMiddleware(TeaPotMiddleware::class)
        ->getJson('/api/live');

    $response->assertStatus(200);
}
```

全ミドルウェアを無効にするには、withoutMiddlewareメソッドを引数なしで実行するか（リスト9.3.4.2）、Illuminate\Foundation\Testing\WithoutMiddlewareトレイトをuseします（リスト9.3.4.3）。

リスト9.3.4.2：全ミドルウェアを無効にする（withoutMiddlewareメソッド）

```
/**
 * @test
 */
public function すべてのミドルウェアを無効()
{
    $response = $this->withoutMiddleware()
        ->getJson('/api/live');
```

2　正確には通過するだけのミドルウェアに置き換えられる。

```
        $response->assertStatus(200);
    }
```

リスト9.3.4.3：全ミドルウェアを無効にする（WithoutMiddlewareトレイト）

```
class WithoutMiddlewareTest extends TestCase
{
    use WithoutMiddleware;

    /**
     * @test
     */
    public function すべてのミドルウェアを無効()
    {
        $response = $this->getJson('/api/live');

        $response->assertStatus(200);
    }
}
```

認証

　認証が必要なAPIをテストするには2つの方法があります。認証に必要な情報を送信する方法と前述したミドルウェアを無効にする方法です。

　前者の場合は、通常のHTTPリクエストと同様に、リクエストヘッダなどに認証に必要なトークンなどを設定します（リスト9.3.4.4）。withHeadersメソッドを利用して認証トークンをAuthorizationヘッダに設定しています。このテストを実行すると、通常のリクエストと同様にミドルウェアで認証が実行されます。

リスト9.3.4.4：認証トークンを送信する例

```
    /**
     * @test
     */
    public function guard_api()
    {
        // 認証ユーザを事前に生成
        factory(User::class)->create([
            'name'      => 'Mike',
            'api_token' => 'token1',
        ]);

        // 認証トークンをリクエストヘッダに設定して送信
        $response = $this->withHeaders([
            'Authorization' => 'Bearer token1'
```

433

```
        ])->getJson('/api/user');

        $response->assertStatus(200);
        $response->assertJson([
            'name' => 'Mike',
        ]);
    }
```

後者の場合はwithoutMiddlewareメソッドなどで認証ミドルウェアを無効にします。認証ミドルウェアを無効にすると、コントローラやアクション内で認証ユーザの情報を取得できなくなるため、actingAsメソッドを利用して認証ユーザーを設定します（リスト9.3.4.5）。

ここではwithoutMiddlewareメソッドでミドルウェアを無効にし、Factoryで生成したユーザーをactingAsメソッドで設定します。テストを実行すると、コントローラやアクションではAuth::user()などでこのユーザーを取得できます。

リスト9.3.4.5：actingAsメソッドによる認証ユーザ設定例

```
    /**
     * @test
     */
    public function actingAsで認証ユーザ設定()
    {
        // 認証ユーザを事前に生成
        $user = factory(User::class)->create([
            'name'      => 'Mike',
            'api_token' => 'token1'
        ]);

        // ミドルウェアを無効にして、認証ユーザを設定
        $response = $this->withoutMiddleware()
            ->actingAs($user)
            ->getJson('/api/user');

        $response->assertStatus(200);
        $response->assertJson([
            'name' => 'Mike',
        ]);
    }
```

コンポーネントのモック（Fake）

MailやNotificationなどを利用して外部ミドルウェアと連携する処理をテストする場合、テスト環境でも外部ミドルウェアとの接続が必要となります。例えば、メールの送信処理ではテスト実行時にメールが送信されてしまいます。このようなコンポーネントをモックにすれば、ミドルウェアに接続せずに

テストが可能です。フレームワークが提供するMail、Event、Notification、Bus、Queue、Storageには、それぞれコンポーネントと同じAPIを持つモッククラスが用意されています。モッククラスにはアサーションメソッドも備わっているので、送信された内容も検証できます。

　本項では、Mailのモッククラスを紹介します[3]。MailのモックはMailファサードのfakeメソッドを利用します。fakeメソッドを実行すると、サービスコンテナに登録されているインスタンスがモッククラスに置き換わります。これでMailファサードや対応インスタンスをDIで取得した箇所では、モッククラスを利用することになります。

　具体的には、MailファサードではIlluminate\Support\Testing\Fakes\MailFakeクラスがモッククラスです。MailFakeにはアサーションメソッドが用意されているので、これを利用して送信内容を検証可能です。主なアサーションメソッドを次表にあげます（表9.3.4.6）。

　なお、アサーションメソッドを利用するには、sendメソッドでメール送信する際にIlluminate\Contracts\Mail\Mailableインタフェースを実装したクラスを引数に指定する必要があるので注意してください（リスト9.3.4.7）。

表9.3.4.6：MailFakeのアサーションメソッド

メソッド	内容
assertSent	指定されたメールが送信されたことを検証
assertNotSent	指定されたメールが送信されていないことを検証
assertNothingSent	メールが送信されていないことを検証
assertQueued	指定されたメールがメールキューに登録されたことを検証
assertNotQueued	指定されたメールがメールキューに登録されていないことを検証
assertNothingQueued	メールキューに登録されていないことを検証

リスト9.3.4.7：アサーションメソッドで送信内容が検証できる送信例

```
Route::post('/send-email', function (Request $request, Mailer $mailer) {
    // \App\Mail\Sampleは、Mailableインタフェースを実装したクラス
    $mail = new \App\Mail\Sample();
    // sendメソッドにMailableインタフェースを実装したクラスを指定
    $mailer->to($request->get('to'))->send($mail);

    return response()->json('ok');
});
```

　次にMailファサードのfakeメソッドを利用したコード例を示します（リスト9.3.4.8）。

　まずは、fakeメソッドを実行してモッククラスに置き換えます（①）。②と③が送信内容に関するア

3　Mail以外のモックに関しては公式ドキュメントを参照してください（https://laravel.com/docs/5.5/mocking）。

サーションです。assertSentメソッドで送信メールを検証します。

　第1引数に送信されたIlluminate\Mail\Mailableインタフェースを実装したクラス名を指定しますが、第2引数に設定する値で意味が変わります。数値を指定すると送信された件数、ここではSampleクラスのインスタンスを1件送信したことを検証します（②）。callableな値の指定では検証時に実行され、ここではクロージャが指定され戻り値にbool型の値を返します。trueを返せば検証が成功します。ここでは指定したメールアドレスにメールが送信されたことを検証しています（③）。

リスト9.3.4.8：ファサードのfakeメソッドを利用した例

```php
/**
 * @test
 */
public function Mailファサードfakeを利用したテスト()
{
    Mail::fake(); // ① MailFakeに置き換え

    $response = $this->postJson('/api/send-email', [
        'to' => 'a@example.com',
    ]);

    $response->assertStatus(200);

    // ② MailFakeを利用したアサーション
    Mail::assertSent(Sample::class, 1);
    // ③ 送信した$mailableの値を検証
    Mail::assertSent(Sample::class, function (Mailable $mailable) {
        return $mailable->hasTo('a@example.com');
    });
}
```

　また、モックを利用せずにメール送信を防ぐ方法も紹介しましょう。メールドライバにはlogが用意されており、logを指定すると送信内容をログファイルに出力します。テスト実行時のみメールドライバを切り替えるには、phpunit.xmlにMAIL_DRIVERの設定を追加します（リスト9.3.4.9）。

リスト9.3.4.9：MAIL_DRIVERをlogに設定

```php
<php>
    <env name="APP_ENV" value="testing"/>
    <env name="CACHE_DRIVER" value="array"/>
    <env name="SESSION_DRIVER" value="array"/>
    <env name="QUEUE_DRIVER" value="sync"/>
    <env name="DB_DATABASE" value="app_test"/>
    <env name="MAIL_DRIVER" value="log"/> <!-- 追加 -->
</php>
```

Chapter 10

第二部

アプリケーション運用

アプリケーション運用におけるエラー処理
とログの活用

サービスの拡大や継続的な改善を実施するにあたり、アプリケーション
は重要な役割を持っています。このため障害発生時には原因の特定と
調査をスピーディに実行することが重要です。本章ではエラーハンドリ
ングとログ収集を解説します。

| 第一部 | Laravelの基礎 | **第二部** | **実践パターン** | 第三部 | Laravelアプリケーション開発手法 |

10-1 エラーハンドリング

堅牢なアプリケーションのためのエラー処理

　例外処理はエラー検知のために多くのプログラミング言語に用意されている仕組みで、もちろん、Laravelにも用意されています。HTTPリクエストやバッチ処理などでの入力値検査、データベースで発生する制約違反や接続エラーなど、さまざまな例外を適切にハンドリングする必要があります。

　Laravelアプリケーションで利用する例外クラスは、PHPで定義されているもののほか、Laravelや利用するライブラリで定義されているもの、アプリケーションで作成するものとさまざまです。

　例外処理をどう扱うかはアプリケーションにとって重要な設計の1つです。本節では、例外の使い分けやエラーハンドリング方法など、実際のアプリケーション運用で必要な手法を解説します。

10-1-1 エラー表示

　開発環境で例外が発生した場合は、エラー内容がWebブラウザなどの表示画面に出力されます。.envファイルに記述されているAPP_DEBUGがtrueと記述されているためであり、開発時の動作として機能しています。

　プロダクション環境でのエラー表示は脆弱性にも繋がるため、APP_DEBUGにはfalseを指定してください。falseを指定するとエラー内容は画面には出力されません。

10-1-2 エラーの種別

　アプリケーションで発生するエラーとは、ビジネスロジック上のエラーやデータベースの制約違反エラー、APIのタイムアウトによるエラーなど、運用で発生するものが多くあります。アプリケーションでエラーが発生した場合は、アプリケーション内でリカバリを行なうか、アプリケーションの例外として送出する必要があります。

　Laravelには例外を処理するApp\Exceptions\Handlerクラスが標準で用意されています。このクラスは補足しきれなかった例外を処理するために利用します。発生した例外に対してリカバリ処理を行なわない場合は、このクラスで処理することになります。エラー処理は的確な場所で的確にエラーハンドリングを実行できなければ、適切に対処できる仕組みではないことに留意してください。

アプリケーションで発生する例外は大別すると次の通りです。

システム例外

システム例外は処理を実行できない例外を指します。アプリケーションそのものに由来するバグ、依存ライブラリのバグ、データベースやキャッシュサーバなどのハードウェア・ミドルウェアによる障害、ネットワーク障害などがあります。

不正リクエスト例外

アプリケーションへの不正なリクエストで発生する例外を指します。存在しないURIへのリクエストやバリデーションエラーなどが該当します。リクエストに誤りがある場合はその内容を的確に通知する実装が必要です。ミドルウェア、フォームリクエストもしくはバリデーションなどの機能を利用してエラーハンドリングを行ないます。

アプリケーション例外

アプリケーションで定義される、ビジネスロジックに関連するエラーが該当します。ユーザー登録処理での重複エラーや在庫不足など、アプリケーションが定めている正常な処理を続行できない例外は、要件に合わせて的確に処理する必要があります。

10-1-3 エラーハンドリングの基本

エラー発生時に適切なタイミングでエラーに対応する処理をエラーハンドリングと呼びます。例えば、Laravelではデータベースに接続できなかった場合、Illuminate/Database/QueryExceptionクラスがスローされます。スローされた例外に対処していない場合は、データベースへの書き込み処理や書き込み後の処理が実行されず、標準のエラー画面が表示されることになります。

単にエラー画面を表示させるだけではなく、データベース操作をスキップして次の処理に進むなど、例外に合わせて正常に終了させなければなりません。アプリケーション内でハンドリングされなかった場合、Laravel標準のApp\Exceptions\Handlerクラスがエラーハンドリングを担います。このクラスには、発生した例外を記録としてログに書き込むreportメソッドと、エラー発生時にレスポンスを作成するrenderメソッドが用意されています。

前項「10-1-2 エラーの種別」でも説明した通り、システム例外などはさまざまな原因で発生します。どんな原因でエラーが発生したかログに残すことは運用上必要不可欠で、障害対応や調査などに役立てることができますが、下表にあげる例外は、reportメソッドでは処理されない定義となっていますので

注意が必要です（表10.1.3.1）。

表10.1.3.1：reportメソッドで処理されない例外

例外クラス名
Illuminate\Auth\AuthenticationException
Illuminate\Auth\Access\AuthorizationException
Symfony\Component\HttpKernel\Exception\HttpException
Illuminate\Http\Exceptions\HttpResponseException
Illuminate\Database\Eloquent\ModelNotFoundException
Illuminate\Session\TokenMismatchException
Illuminate\Validation\ValidationException

　そのため、上表に掲載の例外を継承する例外クラスは、例外発生時にApp\Exceptions\Handlerクラスで捕捉されても、reportメソッドでは記録するための処理が実行されません。reportメソッドを使用する際には注意しましょう。

　上記以外で記録に残す必要がないものは、dontReportプロパティの配列に追加して記録処理から除外します。下記に例外クラスを記録対象から除外する例を示します（リスト10.1.3.2）。

リスト10.1.3.2：記録処理から除外する例外クラスを指定する

```
protected $dontReport = [
    \Carbon\Exceptions\InvalidDateException::class,
];
```

10-1-4　Fluentdの活用

　特定の例外だけ記録処理を変更する場合は、任意の処理を追記できます。例えば、Fluentd[1]などを使って複数のアプリケーションエラーを収集するケースなどでは、reportメソッドからFluentdサーバに送信することが想定できます。ここでは発生した例外をFluentdに記録する例を紹介します。

　Fluentdにデータを送信するライブラリはfluent/logger[2]を利用します。次のコマンド例にしたがって、fluent/loggerをインストールします。

1　https://www.fluentd.org/
2　https://github.com/fluent/fluent-logger-php

リスト10.1.4.1：fluent/logger のインストール

```
$ composer require fluent/logger
```

App\Providers\AppServiceProvider クラスを例に、Fluentd サーバへのコネクションを再利用するため、下記コード例に示す通り、Fluent\Logger\FluentLogger クラスをシングルトンでサービスプロバイダへ登録します。

リスト10.1.4.2：Fluent\Logger\FluentLogger クラスの登録

```php
<?php
declare(strict_types=1);

namespace App\Providers;

use Fluent\Logger\FluentLogger;
use Illuminate\Support\ServiceProvider;
use Illuminate\Foundation\Application;

class AppServiceProvider extends ServiceProvider
{
    public function register()
    {
        $this->app->singleton(FluentLogger::class, function () {
            // 実際に利用する場合は.envファイルなどでサーバのアドレス、portを指定してください
            return new FluentLogger('localhost', 24224);
        });
    }
}
```

次に App\Exceptions\Handler クラスの report メソッドに Fluentd への送信処理を記述します。

このクラスにはコンストラクタインジェクションでフレームワークの Application クラス自身が渡されるため、親クラスに記述されている container プロパティを通じて、サービスプロバイダに登録した Fluent\Logger\FluentLogger クラスのインスタンスを取得し、post メソッドを利用して Fluentd へ送信します（リスト10.1.4.3）。

リスト10.1.4.3：例外を Fluentd に送信する

```php
public function report(Exception $exception)
{
    // Illuminate\Foundation\Exceptions\Handlerクラスのreportメソッドを実行
    parent::report($exception);
    $fluentLogger = $this->container->make(FluentLogger::class);
    $fluentLogger->post('report', ['error' => $exception->getMessage()]);
}
```

なお、App\Exceptions\Handlerクラスに用意されているもう1つのrenderメソッドは、例外をどのようにレスポンスとして返却するかを決定するために利用します。基底クラスであらかじめ描画処理やレスポンス処理が提供されています。

10-1-5　例外の描画テンプレート変更

Laravelでは、フレームワークで用意されている例外に対応する描画テンプレートが用意されています。テンプレートはHTTPステータスコードに対応しているため、アプリケーションに合わせてエラー発生時に描画されるテンプレートを変更する場合は、次表のパスにテンプレートファイルを設置します。

表10.1.5.1：描画テンプレートを変更する場合のbladeテンプレートファイル設置パス

HTTPステータスコード	bladeテンプレートファイル
404	resources/views/errors/404.blade.php
419	resources/views/errors/419.blade.php
429	resources/views/errors/429.blade.php
500	resources/views/errors/500.blade.php
503	resources/views/errors/503.blade.php

Acceptヘッダのメディアタイプにtext/jsonかapplication/json、または、application/hal+jsonと+json指定がある場合は、bladeテンプレートではなくJSONレスポンスで返却されます。

App\Exceptions\Handlerクラスでハンドリングされる例外クラスと、マッピングされているステータスコードは下表の通りです（表10.1.5.2）。

表10.1.5.2：App\Exceptions\Handlerクラスの挙動

例外クラス名	renderメソッド通過時の挙動	レスポンスコード
Illuminate\Auth\AuthenticationException	リクエストヘッダでJSONが指定されている場合は、ステータスコードとエラーメッセージを返却、それ以外の場合は、ルート名がloginと指定されているuriにリダイレクト	401
Illuminate\Auth\Access\AuthorizationException	Symfony\Component\HttpKernel\Exception\AccessDeniedHttpExceptionインスタンスに変換	403
Symfony\Component\HttpKernel\Exception\HttpException	例外発生時にステータスコードを指定	任意のレスポンスコード
Illuminate\Http\Exceptions\HttpResponseException	Symfony\Component\HttpFoundation\Responseクラス、または Illuminate\Http\Responseクラスでステータスコードを指定	任意のレスポンスコード

Illuminate\Database\Eloquent\ModelNotFoundException	Symfony\Component\HttpKernel\Exception\NotFoundHttpExceptionインスタンスに変換	404
Illuminate\Session\TokenMismatchException	Symfony\Component\HttpKernel\Exception\HttpExceptionインスタンスに変換	419を返却
Illuminate\Validation\ValidationException	リクエストヘッダでJSONが指定されている場合は、ステータスコードとエラーメッセージを返却、それ以外の場合は指定したルートにリダイレクト	422

　上表以外では、Symfony\Component\HttpKernel\Exception\HttpExceptionインスタンスでステータスコードが500として返却されます。この仕組みを把握しておくことで、アプリケーションで利用する例外を簡単にマッピングできます。

　他にも特定の例外で任意のレスポンスを返却する場合はrenderメソッド内に実装することで対応できます。以下に任意のレスポンスを返却する例を示します。

リスト10.1.5.3：カスタムヘッダを利用したエラーレスポンス実装例

```php
<?php
declare(strict_types=1);

namespace App\Exceptions;

use Exception;
use Illuminate\Database\QueryException;
use Illuminate\Http\Response;
use Illuminate\Foundation\Exceptions\Handler as ExceptionHandler;

class Handler extends ExceptionHandler
{
    // 省略
    public function render($request, Exception $exception)
    {
        // 送出されたExceptionクラスを継承したインスタンスのうち特定の例外のみ処理を変更
        if ($exception instanceof QueryException) {
            // カスタムヘッダを利用してエラーレスポンス、ステータスコード500を返却
            return new Response('', Response::HTTP_INTERNAL_SERVER_ERROR, [
                'X-App-Message' => 'An error occurred.'
            ]);
        }
        return parent::render($request, $exception);
    }
}
```

10-1-6 エラーハンドリングパターン

　前項まではフレームワークの例外クラスを紹介しました。フレームワークで用意されている例外クラスではなく、アプリケーション固有の例外クラスが多くなると、App\Exceptions\Handlerクラスのrenderメソッド内でエラー分岐処理が多くなり、レスポンスの返却などが複雑となりがちです。エラーハンドリングそのものの複雑化を防ぐため、Illuminate\Contracts\Support\Responsableインターフェースを実装した、例外クラスとレスポンスを関連付ける方法が用意されています。

Bladeテンプレートと例外処理

　特定の例外とレスポンスを紐付ける実装例として、下記の例外クラスを作成します。

リスト10.1.6.1：Bladeテンプレートと例外処理組み合わせパターン例

```php
<?php
declare(strict_types=1);

namespace App\Exceptions;

use Illuminate\Contracts\Support\Responsable;
use Illuminate\Contracts\View\View;
use Symfony\Component\HttpFoundation\Response;
use Throwable;
use RuntimeException;

class AppException extends RuntimeException implements Responsable
{
    protected $error = 'error';

    private $factory;

    public function __construct(
        View $factory,
        string $message = "",
        int $code = 0,
        Throwable $previous = null
    ) {
        $this->factory = $factory;
        parent::__construct($message, $code, $previous);
    }

    public function toResponse($request): Response // ①
    {
        return new Response(
```

```
            $this->factory->with($this->error, $this->message)
        );
    }
}
```

Illuminate\Contracts\Support\ResponsableインターフェースのtoResponseメソッドを実装すると、App\Exceptions\Handlerの親クラスであるIlluminate\Foundation\Exceptions\Handlerクラスのrenderメソッドで例外クラスに合わせたレスポンスを返却します（①）。

toResponseメソッドはSymfony\Component\HttpFoundation\Responseクラスを継承したインスタンスを返却する必要がありますが、例外出力処理を関連付けることが可能です。作成した例外クラスは、下記のように利用できます。

リスト10.1.6.2：例外処理とレスポンスを結び付ける例

```
public function index()
{
    throw new \App\Exceptions\AppException(view('errors.page'), 'error.');
    // 省略
}
```

上記を利用することで、AppExceptionクラスの第1引数で指定したテンプレートに、第2引数で指定したメッセージが渡されます。例外をスローする処理で、どのようなエラーをどのテンプレートで描画するか指定可能になります。複数の例外を扱うAPIアプリケーションでも役立ちます。

APIレスポンスと例外処理

JSONを返却するAPIアプリケーションにもさまざまなエラー返却方法があります。

REST APIに採用されることも多いHypertext Application Language[3] と互換性を持つvnd.error[4] を採用する場合は、下記コード例に示す例外クラスとなります。

リスト10.1.6.3：JSONレスポンスと例外処理組み合わせパターン例

```
<?php
declare(strict_types=1);

namespace App\Exceptions;

use Illuminate\Contracts\Support\Responsable;
use Illuminate\Http\JsonResponse;
```

3 https://tools.ietf.org/html/draft-kelly-json-hal-08
4 https://github.com/blongden/vnd.error

第一部 Laravelの基礎　第二部 実践パターン　第三部 Laravelアプリケーション開発手法

```
use RuntimeException;
use Symfony\Component\HttpFoundation\Response;
use Throwable;

class UserResourceException extends RuntimeException implements Responsable
{
    public function __construct(
        string $message = "",
        int $code = 0,
        Throwable $previous = null
    ) {
        parent::__construct($message, $code, $previous);
    }

    public function toResponse($request): Response
    {
        return new JsonResponse([
            'message' => $this->message,
            'path'    => $request->getRequestUri(),
            'logref'  => 44,
            '_links'  => [
                'about' => [
                    'href' => $request->getUri()
                ]
            ],
        ], Response::HTTP_NOT_FOUND, [
            'content-type' => 'application/vnd.error+json'
        ]);
    }
}
```

上記の例外クラスをスローすると、以下のレスポンスが返却されます。

リスト10.1.6.4：vnd.errorレスポンス返却例

```
{
  "message": "resource not found.",
  "path": "/home",
  "logref": 44,
  "_links": {
    "about": {
      "href": "http://localhost/home"
    }
  }
}
```

　複雑になりがちな例外クラスの扱いや、それに紐付くレスポンスを効率的に定義付ける処理が用意されているので、これらの仕組みを活かして最適なエラーハンドリングを取り入れてください。

10-2 ログ活用パターン

多様化するログ運用のための手法を紹介する

アプリケーションの動作検証またはユーザーのアクセス状況など、ある時点の事実を記録するものとして、現在有用なものと認識されているのが「ログ」の活用です。例えば、アプリケーション運用での障害検知や障害の原因究明、データ分析での活用など、ログにはさまざまな利用用途があるため、正しいログ生成は重要です。

Laravel 5.6以降では、従来のログ実装が変更されて、拡張や多様性を持たせることが容易になっています。本節では、アプリケーション内のログ出力やログ拡張、ログの活用方法、Laravelのバージョンによる違いなどを説明します。

10-2-1 ログの基本

Laravel 5.5と5.6以降で共通しているのが、ログ操作のためのインターフェースです。Logファサード経由、またはPsr\Log\LoggerInterfaceインターフェースを実装しているため、インターフェースをサービスコンテナ経由で利用したり、loggerヘルパー関数で利用できたりします。

フレームワークのサービスコンテナには、logのサービス名で登録されているため、appヘルパー関数などを利用してapp('log')として利用することも可能です。第1引数にログメッセージを記述し、第2引数にはオプションでログメッセージでは不足する情報を配列で記述します。

各メソッドとそのログレベルは下表の通りです（表10.2.1.1）。

表10.2.1.1：メソッドとログレベルの対比

メソッド	ログレベル
Log::debug($message)	debug
Log::info($message)	info
Log::notice($message)	notice
Log::warning($message)	warning
Log::error($message)	error
Log::critical($message)	critical
Log::alert($message)	alert
Log::emergency($message)	emergency

447

アプリケーション内でのメソッドの利用方法は、下記のコード例に示す通り、容易に取り扱うことができます（リスト10.2.1.2）。

リスト10.2.1.2：第2引数に配列を渡してログ出力

```
\Log::debug('message', ['user_name' => 'laravel', 'id' => 100]);
```

上記コード例で出力される内容は、標準では下記の通りです（リスト10.2.1.3）。

リスト10.2.1.3：出力されるログ

```
[2015-05-10 06:28:35] local.DEBUG: message {"user_name":"laravel","id":100}
```

10-2-2　ログ出力設定

　Laravel 5.5と5.6以降で大きく異なるものの1つがログ出力のための設定です。Laravel 5.5までは、single、daily、syslog、errorlogが標準で用意されていますが、Laravel 5.6以降では、これに加えて複数のログ出力を同時に行なうstack、Slackへの通知を行なうslack、アプリケーションに合わせたログドライバを追加するcustomが選択できます。
　ログの設定は、Laravel 5.5まではconfig/app.phpのlogとlog_levelキーを利用し、Laravel 5.6以降ではconfig/logging.phpを利用します。Laravelのバージョンによって設定項目に違いがあるため注意する必要があります。本項では各ログドライバの挙動と応用例を紹介します。

single

　標準の設定では、ログはstorage/log/laravel.logファイルに出力されます。出力ファイルパスは固定であるため、ログ出力が多いサービスやアクセスが多いサービスなどでは、サーバのストレージを圧迫してしまい、空き容量不足などの障害の原因となります。そのため、ログファイルのローテーションが必要となります。

daily

　日単位でログファイルを作成し、指定期間分のログファイルを保持します。Laravel 5.5までは標準で5日間、Laravel 5.6以降は7日間です。Laravel 5.5ではコード例に示す通り、config/app.phpに

log_max_filesキーを追加して、ログファイルを保持する日数を指定できます（リスト10.2.2.1）。また、
Laravel 5.6以降では、config/logging.phpで設定します（リスト10.2.2.2）。

リスト10.2.2.1：Laravel 5.5向けdailyログの設定方法

```
'log' => env('APP_LOG', 'single'),
// ログファイルを残す期間をデフォルトの5日間から7日間へ変更します。
'log_max_files' => 7,

'log_level' => env('APP_LOG_LEVEL', 'debug'),
```

リスト10.2.2.2：Laravel 5.6向けdailyログの設定方法

```
'daily' => [
    'driver' => 'daily',
    // ログを出力したいファイルパスを指定します。
    'path' => storage_path('logs/laravel.log'),
    // ログファイルを残す期間を指定します。
    'days' => 7,
],
```

syslog

ログをsyslogに出力します。標準的なLinux環境でのsyslogの出力先は/var/log/messagesです。

リスト10.2.2.3：syslogの出力例

```
Jul 28 23:07:58 homestead laravel[10172]: local.ERROR: The system is down! [] []
```

rsyslogによるログ集約

　複数台のサーバで構成されるWebアプリケーションの場合は、rsyslog[1]などを利用してsyslogで出
力したログの集約が可能です。rsyslogを介してログを集約する場合は、Linuxなどのサーバにインス
トールされたrsyslogの設定ファイルを変更します。

　例えば、syslogからLaravelアプリケーションのログだけを別ファイルに出力して、他のサーバへ転
送するケースでは、次のコード例に示す通り、/etc/rsyslog.confファイルまたは/etc/rsyslog.d/に
設定ファイルを作成して設定します（リスト10.2.2.4）。

1　https://www.rsyslog.com/

第一部 Laravelの基礎　第二部 実践パターン　第三部 Laravelアプリケーション開発手法

リスト10.2.2.4：rsyslogによるLaravelアプリケーションログ設定例

```
# 以下をアンコメントします
$ActionQueueFileName fwdRule1 # unique name prefix for spool files
$ActionQueueMaxDiskSpace 1g   # 1gb space limit (use as much as possible)
$ActionQueueSaveOnShutdown on # save messages to disk on shutdown
$ActionQueueType LinkedList   # run asynchronously
$ActionResumeRetryCount -1    # infinite retries if host is down

# 以下の設定を加えます。
# syslogからLaravelアプリケーションログを /var/log/laravel.logに格納したい場合
:programname, isequal, "laravel" /var/log/laravel.log

# syslogからLaravelアプリケーションログをログ集約サーバに送信する
:programname, isequal, "laravel"  @@192.168.1.32
```

　設定変更後はrsyslogを再起動することで設定が有効になり、ログの転送が行なわれます。
　続いて、ログ集約を担うサーバで設定を変更・追記します。どのサーバから転送されてきたログか明確になるように、下記のコード例に示す通り、ログファイル名にホスト名と年月日を含めます（リスト10.2.2.5）。

リスト10.2.2.5：rsyslogによるログ集約サーバ設定例

```
# 以下をアンコメントします。
$ModLoad imtcp
$InputTCPServerRun 514

# ログ送信を許可するアドレスを追記します。
$AllowedSender TCP, 127.0.0.1,192.168.1.0/24

# ログ集約について、ファイル名のフォーマット指定を追記します。
$template message_log,"/var/log/laravel/%fromhost%_%$year%%$month%%$day%.log"
*.*       -?message_log
```

　設定変更後にログ集約サーバを再起動すれば設定が有効になり、他のサーバで稼働しているLaravelアプリケーションのログが格納されます。
　ちなみに、rsyslogによる転送以外にもMySQLなどのRDBMSやHadoopなどに格納して、ログ分析や障害検知に役立てることが可能です。

errorlog

errorlogを指定すると、PHPのerrorlog関数でログ出力を行ないます。errorlog関数に関してはPHPマニュアル[2]を参照してください。

stack

Laravel 5.6以降で追加されている設定です。Laravelが利用しているMonolog[3]の機能を用いて、config/logging.phpのchannelsで複数のログドライバを指定することで同時に利用できます。

slack

Slack[4]の指定チャンネルへログ内容を通知します。閾値以上のエラーレベルでなければ通知されません。デフォルトではcritical以上でなければ通知されません。

Laravel 5.5でのslackログハンドラの利用

Laravel 5.6以降ではslackログハンドラが標準で用意されていますが、Laravel 5.5以前のバージョンではサービスプロバイダを利用して追加する必要があります。Laravel 5.5以前のロガーにSlackへ通知するハンドラを追加し、特定のデータが閾値を超えた場合にSlackへ通知する実装例を紹介します。

設定ファイルはconfig/slack.phpを設置して下記の通り記述します。

リスト10.2.2.6：slackログハンドラの設定ファイル例（Laravel 5.5以前の場合）

```php
<?php

return [
    // slackのwebhook urlを記述します
    'url'      => 'SLACK_WEBHOOK_URL',
    // slackのチャンネル名を記述します
    'channel'  => 'incident',
    //
    'username' => 'Laravel Log',
    'emoji'    => ':boom:',
    'level'    => 'critical',
];
```

---

2 http://php.net/manual/ja/function.error-log.php
3 https://github.com/Seldaek/monolog
4 https://slack.com/

第一部 Laravelの基礎　　第二部 実践パターン　　第三部 Laravelアプリケーション開発手法

　　サービスプロバイダを利用してMonologのインスタンスを取得し、PushHandlerメソッドで
Monolog\Handler\SlackWebhookHandlerを利用します。このログハンドラを追加することで
Laravel 5.6のslackログドライバと同様に利用できます。

リスト10.2.2.7：SlackWebhookHandlerの追加例（Laravel 5.5以前の場合）

```php
<?php
declare(strict_types=1);

namespace App\Providers;

use Illuminate\Log\Writer;
use Illuminate\Support\ServiceProvider;
use Psr\Log\LoggerInterface;
use Monolog\Handler\SlackWebhookHandler;

// デフォルトのAppServiceProviderを利用しても構いません。
class LogServiceProvider extends ServiceProvider
{
    public function register()
    {
        // サービスコンテナのLogファサードの本体であるインスタンスを取得します。
        $logger = $this->app[LoggerInterface::class];
        // Laravelが利用しているMonologのインスタンスを取得し、ログハンドラの追加を行ないます。
        $monolog = $logger->getMonolog();
        // config/slack.phpに設定ファイルを用意し、設定値を取得します。
        $config = $this->app['config']->get('slack');
        $monolog->pushHandler(new SlackWebhookHandler(
            $config['url'],
            $config['channel'] ?? null,
            $config['username'] ?? 'Laravel',
            $config['attachment'] ?? true,
            $config['emoji'] ?? ':boom:',
            $config['short'] ?? false,
            $config['context'] ?? true,
            \Monolog\Logger::CRITICAL
        ));
    }
}
```

　　最後の処理として、config/app.phpのprovidersキーの配列に、作成したサービスプロバイダクラス
を追記して完了です。

リスト10.2.2.8：作成したサービスプロバイダクラスの追加例（config/app.php）

```php
'providers' => [
    // 省略
    App\Providers\LogServiceProvider::class,
```

10-2-3 権限によるログファイル分離方法

Laravelアプリケーションでは、Webアプリケーションとコンソールアプリケーションとで実行ユーザーが違う場合、ログファイルの実行権限が異なることでエラーとなるケースがあります。

アプリケーションが動作するサーバで権限を操作することで解決できますが、サーバ環境や開発チームによっては権限が変更できないこともあります。その場合は、LaravelとMonologの機能を使い、Webアプリケーションとコンソールアプリケーションでログファイルを分離することで問題を解決できます。

本項ではログの分離方法をいくつか紹介します。

Laravel 5.5でのログの分離方法

Webアプリケーションとコンソールアプリケーションのどちらが実行されているかは、サービスプロバイダなどを通じてLaravel本体のインスタンスを取得し、runningInConsoleメソッドで判定できます。これを利用してロギングに利用される仕組みを変更します。

コンソールアプリケーションでのファイル出力先を変更したい場合は、フレームワークのサービスコンテナにアクセスしてサービス名logでサービス登録を上書きます。上書きをせずにIlluminate\Log\Writerクラスのuse DailyFilesメソッドを利用すると、通常のログハンドラ追加となり、Webアプリケーション側のログにも書き込まれるため、権限エラーが発生することがあります。

リスト10.2.3.1：コンソールアプリケーションのログを分離する

```php
<?php
declare(strict_types=1);

namespace App\Providers;

use Illuminate\Contracts\Events\Dispatcher;
use Illuminate\Contracts\Foundation\Application;
use Illuminate\Log\Writer;
use Illuminate\Support\ServiceProvider;

// 専用のサービスプロバイダクラスを利用するなどしても構いません。
class AppServiceProvider extends ServiceProvider
{
    public function register()
    {
        if($this->app->runningInConsole()) {
            $this->app->singleton('log', function (Application $app) {
```

453

```
            $logger = new Writer(
                new \Monolog\Logger($app->environment()),
                $app[Dispatcher::class]
            );
            // storages/log/console.logファイルとして出力します
            $logger->useDailyFiles(
                storage_path('logs/console.log'),
                // config/app.phpに記載されている内容を使ってログファイルの保持期間を指定します。
                // config/app.phpにlog_max_filesがない場合は5日間をデフォルトとしています。
                $app['config']->get('app.log_max_files', 5)
                // 上記の設定をすることでファイル名は、console-YYYY-MM-DD.logとなります
            );
            return $logger;
        });
    }
  }
}
```

　フレームワークのログ出力すべての挙動を変更する場合は、Illuminate\Log\LogServiceProviderを継承して変更可能です。configureSingleHandlerメソッドとconfigureDailyHandlerメソッドに、出力されるログファイル名が記述されているので、これらのメソッドをオーバライドしてサービスコンテナに登録します。下記コード例に示す通り、Illuminate\Log\LogServiceProviderクラスを上書きして実装します（リスト10.2.3.2）。

リスト10.2.3.2：アプリケーションログ分離例

```php
<?php
declare(strict_types=1);

namespace App\Providers;

use Illuminate\Log\Writer;

class LogServiceProvider extends \Illuminate\Log\LogServiceProvider
{
    protected function filePath(): string
    {
        if ($this->app->runningInConsole()) {
            return $this->app->storagePath() . '/logs/console.log';
        }
        return $this->app->storagePath() . '/logs/laravel.log';
    }

    protected function configureSingleHandler(Writer $log)
    {
        $log->useFiles(
            $this->filePath(),
```

```
        $this->logLevel()
    );
}

protected function configureDailyHandler(Writer $log)
{
    $log->useDailyFiles(
        $this->filePath(),
        $this->logLevel()
    );
}
}
```

　上記コード例に示す通り、継承したサービスプロバイダクラスをconfig/app.phpのprovidersキーの配列に追記することで、フレームワーク全体で挙動が変更されます。

Laravel 5.6でのログの分離方法

　Laravel 5.6以降では、ログファイルはconfig/logging.phpを利用して自由に変更できます。設定ファイル内で判定処理を追記するか、WebアプリケーションとCLIアプリケーションそれぞれのログファイルが指定できる関数を用意します。

リスト10.2.3.3：設定ファイルによるログファイル変更例

```
'channels' => [
    // 省略
    'single' => [
        'driver' => 'single',
        'path'   => app()->runningInConsole()  ?
            storage_path('logs/console.log') : storage_path('logs/laravel.log'),
        'level'  => 'debug',
    ],
    // 省略
],
```

リスト10.2.3.4：ログファイル指定関数の例

```
<?php
declare(strict_types=1);

function log_paths(
    string $webFilePath,
    string $cliFilePath
): string {
    // コンソールアプリケーションの場合のログファイルパス利用
```

```
    if (app()->runningInConsole()) {
        return $cliFilePath;
    }
    return $webFilePath;
}
```

　関数を利用する場合は、プロジェクトのcomposer.jsonのautoloadのfilesに追記し、composer dump-autoloadコマンドをプロジェクトのルートディレクトリで実行します。

リスト10.2.3.5：関数の追加方法

```
"autoload": {
  "classmap": [
    "database/seeds",
    "database/factories"
  ],
  "psr-4": {
    "App\\": "app/"
  },
  "files": [
    "app/Foundation/helper.php"
  ]
},
```

composerに登録後、以下の記述で利用可能になります。

リスト10.2.3.6：ヘルパー関数を利用するconfig/logging.phpの例

```
    'channels' => [
        // 省略
        'single' => [
            'driver' => 'single',
            'path'   => log_paths(
                storage_path('logs/laravel.log'),
                storage_path('logs/console.log')
            ),
            'level' => 'debug',
        ],
        // 省略
    ],
```

10-2-4　カスタムログドライバの実装

　Laravelが利用するMonologには多くのログハンドラが用意されており、障害検知のためのロギングや動作確認のためのロギング、分析処理用途のためのロギングと、それぞれの用途に合わせたログハンドラを追加したり、独自ログハンドラなども利用できます。また、ログファイルに書き出されるフォーマットも、環境やシステム要件に合わせて柔軟に変更できます。

　本項では、アプリケーションのログ収集に分析処理などでも一般的に広く知られているElasticsearchを利用するカスタムログドライバの実装例を紹介します。Monologであらかじめ用意されている、Monolog\Handler\ElasticSearchHandlerクラスを利用してElasticsearchが利用できますが、このクラスはruflin/elasticaライブラリに依存するため、下記コマンドでインストールします。

リスト10.2.4.1：ruflin/elasticaのインストール

```
$ composer require ruflin/elastica
```

　Elasticsearchの接続情報はconfig/elastica.phpファイルを作成して、下記の通りに記述します。

リスト10.2.4.2：ruflin/elastica利用のための設定値記入例

```php
<?php

return [
    'servers' => [
        [
            // elasticsearchのhostを環境に合わせて指定してください
            'host' => env('ELASTICSEARCH_HOST', '127.0.0.1'),
            'port' => env('ELASTICSEARCH_PORT', 9200),
        ],
    ]
];
```

　Elastica\Clientクラスのインスタンス生成方法は、サービスプロバイダのregisterメソッドに次の記述を追加します。

リスト10.2.4.3：Elastica\Clientクラスのインスタンス生成方法を記述

```php
use Elastica\Client;

// 中略
```

457

```
public function register()
{
    $this->app->singleton(Client::class, function (Application $app) {
        // config/elastica.phpから値を取得します。
        $config = $app['config']->get('elastica');
        // 設定ファイルに記述されているservers配列をElastica\Clientクラスの引数に渡します。
        return new Client([
            'servers' => $config['servers']
        ]);
    });
}
```

　登録後、アプリケーション内ではコンストラクタインジェクションでElastica\Clientクラスを型宣言するか、appヘルパー関数などでサービスコンテナからインスタンスへアクセスできます。

　なお、Laravel 5.5と5.6以降では、次項以降の実装方法が大きく異なるため、バージョンによる違いに留意してください。

10-2-5　**Laravel 5.6でのElasticsearchログドライバ**

　Laravel 5.6以降、Monologのドライバの一部はconfig/logging.phpにhandlerキーを使って記述することで利用できますが、Monolog\Handler\ElasticSearchHandlerクラスは、Elastica\Clientクラスのインスタンスが引数で必要なため、インスタンス生成方法をサービスプロバイダで登録しなければ利用できません。それに加えて、ログドライバを追加するには、Illuminate\Log\LogManagerを継承したクラスでメソッド名「create+ドライバ名+Driver」として実装する必要があります。

　このメソッドの戻り値は、Monolog\Handler\ElasticSearchHandlerをログハンドラとして利用するMonologクラスのインスタンスを返却しなければならないため、LogManagerを継承したクラスとしてApp\Foundation\ElasticaLogManagerクラスを作成し、下記のcreateElasticaDriverメソッドを実装し、ログドライバ名をelasticaとして利用可能にします（リスト10.2.5.1）。

リスト10.2.5.1：createElasticaDriverメソッド実装例

```
<?php
declare(strict_types=1);

namespace App\Foundation;

use Elastica\Client;
use Illuminate\Log\LogManager;
use Monolog\Handler\ElasticSearchHandler;
use Monolog\Logger as Monolog;
use Psr\Log\LoggerInterface;
```

```
// Illuminate\Log\LogManagerクラスを継承したクラスを作成します。
class ElasticaLogManager extends LogManager
{
    // config/loggin.phpなどでelasticaと指定するとコールされます
    protected function createElasticaDriver(array $config): LoggerInterface
    {
        return new Monolog($this->parseChannel($config), [
            $this->prepareHandler(
                // サービスコンテナに登録されているElastica\Clientインスタンスにアクセスし引数で利用する
                new ElasticSearchHandler($this->app->make(Client::class)),
                $config
            ),
        ]);
    }
}
```

　elasticaドライバとして動作させるための準備は以上です。App\Foundation\ElasticaLogManagerクラスをアプリケーションに登録し、config/logging.phpファイルから指定可能にします。

　driverを指定可能にする方法はいくつかありますが、本項の例ではIlluminate\Log\LogManagerクラスのextendメソッドを利用します。前述のElastica\Clientクラスの登録とApp\Foundation\ElasticaLogManagerクラスの登録、そしてextendメソッドはサービスプロバイダに記述します。

リスト10.2.5.2：elasticaログドライバの追加

```
<?php
declare(strict_types=1);

namespace App\Providers;

use App\Foundation\ElasticaLogManager;
use Elastica\Client;
use Illuminate\Contracts\Foundation\Application;
use Illuminate\Log\LogManager;
use Illuminate\Support\ServiceProvider;
use Psr\Log\LoggerInterface;

class AppServiceProvider extends ServiceProvider
{
    public function register()
    {
        // Elastica\Clientクラスのインスタンス生成方法を記述します。
        $this->app->singleton(Client::class, function (Application $app) {
            $config = $app['config']->get('elastica');
            return new Client([
                'servers' => $config['servers']
            ]);
        });
```

```
        // Illuminate\Log\LogManagerクラスを継承した、
        // ElasticaLogManagerクラスのインスタンス生成方法を記述します。
        $this->app->singleton(ElasticaLogManager::class, function (Application $app) {
            return new ElasticaLogManager($app);
        });
        /** @var LogManager $log */
        $log = $this->app[LoggerInterface::class];
        // elasticaドライバとして指定できる様にLogManagerクラスに対応ログドライバクラスを記述します。
        $log->extend('elastica', function (Application $app, array $config) {
            return $app->make(ElasticaLogManager::class);
        });
    }
}
```

最後にconfig/logging.phpにelasticaドライバの設定を追加して、アプリケーション内から利用可能にします。

リスト10.2.5.3：elasticaドライバ設定（config/logging.php）

```
    'elastica' => [
        // 登録したelasticaドライバを指定します
        'driver'         => 'elastica',
        'level'          => 'info',
        // Monolog\Handler\ElasticSearchHandlerクラスで利用できるフォーマッタークラスを指定
        'formatter'      => \Monolog\Formatter\ElasticaFormatter::class,
        // formatterで指定したクラスに必要な引数を記述します。
        'formatter_with' => [
            // elasticsearchのindexをmonologとし、typeをrecordと指定します
            'index' => 'monolog',
            'type'  => 'record',
        ]
    ],
```

elasticsearchにログデータを送信するには、コントローラなどからの利用は、下記コード例に示す通りです（リスト10.2.5.4）。

リスト10.2.5.4：アクセスログをelasticsearchに送信する

```
<?php
declare(strict_types=1);

namespace App\Http\Controllers;

use Illuminate\Http\Request;
use Illuminate\Log\LogManager;
use Psr\Log\LoggerInterface;
```

```
final class IndexAction extends Controller
{
    /** @var LoggerInterface|LogManager */
    private $logger;

    public function __construct(LoggerInterface $logger)
    {
        $this->logger = $logger;
    }

    public function __invoke(Request $request)
    {
        $this->logger->driver('elastica')->info('user.action', [
            'uri'     => $request->getUri(),
            'referer' => $request->headers->get('referer', ''),
            'user_id' => 1,
            'query'   => $request->query->all()
        ]);
        // Logファサード、またはlogsヘルパー関数も利用できます。
        logs('elastica')->info('user.action', [
            'uri'     => $request->getUri(),
            'referer' => $request->headers->get('referer', ''),
            'user_id' => 1,
            'query'   => $request->query->all()
        ]);
        return response()->json(['message' => 'testing']);
    }
}
```

10-2-6 　Laravel 5.5でのElasticsearchログドライバ

　Laravel 5.5ではログ利用時にログドライバを指定できません。configureMonologUsingメソッド
を利用してログハンドラを追加し、通常のログハンドラと同時に利用するか、Illuminate\Log\Writer
クラスとIlluminate\Log\LogServiceProviderクラスを継承して追加します。本項では後者の拡張方
法を解説します。

　Elasticsearchにログを送信するために、MonologのMonolog\Handler\ElasticSearchHandler
クラスとMonolog\Formatter\ElasticaFormatterクラスを利用します。Laravel 5.5では、
Illuminate\Log\Writerクラスを継承することでログハンドラを追加します。継承したクラスをApp\
Foundation\Logger\Writerクラスとする例を次に示します。

リスト10.2.6.1：createElasticaDriverメソッド実装例

```php
<?php
declare(strict_types=1);

namespace App\Foundation\Logger;

use Elastica\Client;
use Monolog\Formatter\ElasticaFormatter;
use Monolog\Handler\ElasticSearchHandler;

class Writer extends \Illuminate\Log\Writer
{
    // このメソッドはIlluminate\Log\LogServiceProviderクラスを継承したクラスのメソッドから利用します。
    public function useElastica(Client $client, array $options, $level = 'debug')
    {
        $this->monolog->pushHandler($handler = new ElasticSearchHandler(
            $client,
            [],
            $this->parseLevel($level)
        ));
        $handler->setFormatter(
            new ElasticaFormatter($options['index'], $options['type'])
        );
    }
}
```

　Laravel 5.5でログドライバとして利用するには、メソッド名は「configure＋ドライバ名＋Handler」である必要があります。ログドライバ名をelasticaとするためIlluminate\Log\LogServiceProviderクラスを継承し、configureElasticaHandlerメソッドを実装します。

　elasticsearchで利用するindexとtypeを設定値として、config配下のファイルなどに追加します。ここでは例としてconfig/app.phpファイルに下記の値を追加します。

リスト10.2.6.2：config/app.phpへの設定値追加例

```php
    // 追加したログドライバ elasticaを指定します。
    'log' => 'elastica',

    'log_level' => env('APP_LOG_LEVEL', 'debug'),
    // elasticaログドライバが利用するelasticsearchのindexを指定
    'log_index' => 'monolog',
    // elasticaログドライバが利用するelasticsearchのtypeを指定
    'log_type' => 'record',
```

Illuminate\Log\LogServiceProviderクラスで、logサービスが登録されるタイミングでコールされるcreateLoggerメソッドで、ログ操作を行なうIlluminate\Log\Writerクラスインスタンスが生成されるため、継承して動作を拡張したApp\Foundation\Logger\Writerクラスのインスタンスが利用されるように変更します。

リスト10.2.6.3：LogServiceProviderクラスの拡張

```php
<?php
declare(strict_types=1);

namespace App\Providers;

use Elastica\Client;
use Illuminate\Log\Writer;
use App\Foundation\Logger\Writer as AppWriter;
use Monolog\Logger;

class LogServiceProvider extends \Illuminate\Log\LogServiceProvider
{
    // サービスコンテナにlogサービスとして登録される時にコールされるメソッド
    public function createLogger()
    {
        // Illuminate\Log\Writerクラスを拡張したクラスを利用します
        $log = new AppWriter(
            new Logger($this->channel()), $this->app['events']
        );
        if ($this->app->hasMonologConfigurator()) {
            call_user_func($this->app->getMonologConfigurator(), $log->getMonolog());
        } else {
            $this->configureHandler($log);
        }
        return $log;
    }

    // config/app.phpで、logにelasticaと指定できる様にするためのメソッドを用意します
    protected function configureElasticaHandler(AppWriter $log)
    {
        // config/app.phpに追加した設定値を利用します
        $config = $this->app['config']->get('app');
        $log->useElastica(
            // サービスコンテナに登録したElastica\Clientインスタンスを取得して利用します。
            $this->app->make(Client::class), [
                'index' => $config['log_index'],
                'type' => $config['log_type']
            ]
        );
    }
}
```

463

登録後は、アプリケーション内でLogファサードやloggerヘルパー関数、Psr\Log\LoggerInterface
をコンストラクタインジェクション、またはメソッドインジェクションなどで利用可能です。

リスト10.2.6.4：アクセスログをControllerクラスからelasticsearchに送信する

```php
<?php
declare(strict_types=1);

namespace App\Http\Controllers;

use Illuminate\Http\Request;
use Illuminate\Log\LogManager;
use Psr\Log\LoggerInterface;

final class IndexAction extends Controller
{
    /** @var LoggerInterface|LogManager */
    private $logger;

    public function __construct(LoggerInterface $logger)
    {
        $this->logger = $logger;
    }

    public function __invoke(Request $request)
    {
        $this->logger->info('user.action', [
            'uri'     => $request->getUri(),
            'referer' => $request->headers->get('referer', ''),
            'user_id' => 1,
            'query'   => $request->query->all()
        ]);
        // Logファサード、またはloggerヘルパー関数も利用できます。
        logger()->info('user.action', [
            'uri'     => $request->getUri(),
            'referer' => $request->headers->get('referer', ''),
            'user_id' => 1,
            'query'   => $request->query->all()
        ]);
        return response()->json(['message' => 'testing']);
    }
}
```

Elasticsearchからのログデータ取得を実装例に、ログドライバの拡張および追加を解説しましたが、
ログはエラーに関するログ収集のほか、kibana[5]などでのログデータの可視化や、検索、レコメンデー
ションなどに利用するデータ収集の基礎となるので、アプリケーション開発に有益に活用できます。

5　https://www.elastic.co/jp/products/kibana

Chapter 11

第三部

テスト駆動開発の実践

テスト駆動で作るLaravelアプリケーション

アプリケーションが仕様通りにきちんと動作することは当然として、バグ修正や仕様変更などに耐えられるように、きれいな実装であることも重要です。テスト駆動開発は、そのような要求を満たす可能性のある魅力的な開発手法です。本章では、Laravelでのテスト駆動開発を実践的に紹介します。

第一部 Laravelの基礎　第二部 実践パターン　**第三部 Laravelアプリケーション開発手法**

11-1 テスト駆動開発とは

テスト駆動開発のサイクルとサンプルアプリケーションの仕様

　テスト駆動開発とはエクストリームプログラミング（XP）の考案者であるケント・ベック[1]が考案した手法です。英語の「Test-Driven Development」の頭文字をとり「TDD」と省略されることもあります（本書では以降、TDDと呼びます）。テスト駆動開発の目指すゴールは、「きれいな実装」で「きちんと動作する」ソースコードです。そのゴールを実現するために、TDDでは下記のプロセスを取ります。

1. 「きちんと動作する」ことを確認するテストを作成する
2. 実装はせず、まずテストが「失敗すること」を確認する
3. きれいでなくてもいいからできるだけ素早く、テストを成功させるための実装を行なう
4. テストが成功することを確認する（「きちんと動作する」ことの担保）
5. テストが失敗しないことを確認しながら「きれいな実装」を目指してリファクタリングする

　最初に「きちんと動作する」ことを確認する手段（テスト）を作成し、汚くてもいいので、とにかくそのテストを成功させる（動作する）実装を「できるだけ素早く」行ないます。いきなり「きれいな実装」を目指すのではなく、一旦機能を満たすコードを実装したあと、テストが失敗しないことを確認しつつ、徐々にリファクタリングしていくのです。

11-1-1 コツはできるだけ小さく

　いくつかあげられるテスト駆動開発のコツの中で、執筆陣がもっとも重要だと考えるのが「できるだけ小さく」というものです。これは下記のテスト駆動開発プロセスすべての箇所でいえることです。

- テストはできるだけ小さく（テスト作成時）
- 最初の実装に掛ける時間はできるだけ短く（最初の実装時）
- リファクタリング中のテスト実行間隔はできるだけ短く（リファクタリング時）

　関心の対象をできるだけ小さくすることで、集中力が途切れにくくなり、また、開発作業にもリズムが生まれます。次節以降では具体的な例をあげて、テスト駆動開発の実際を説明していきます。

1　Beck, Kent. (2002)『Test-Driven Development By Example』日本語訳 https://www.amazon.co.jp/dp/4274217884

テストによって必要な機能が満たされていることを常に確認できる安心感、短いサイクルで集中してリズムよく開発する高揚感、リズムに乗って開発を進めていくと、コードが徐々にきれいなっていく達成感を、Laravelによるテスト駆動開発で体感してみましょう。

図 11.1.1.1：TDDのプロセスイメージ

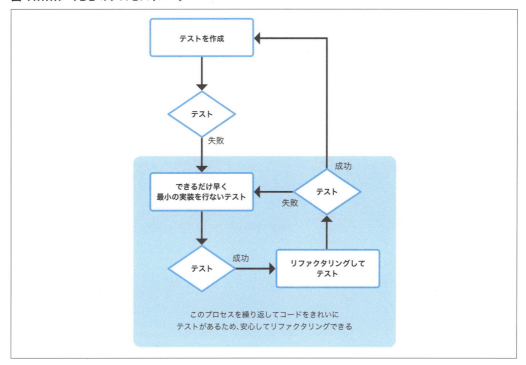

11-1-2　サンプルアプリケーション仕様

本項では、テスト駆動開発で実装するサンプルアプリケーションの仕様を紹介します。
　顧客への訪問記録を管理する、下図に示すモバイルアプリケーションに利用されるAPIを想定します（図11.1.2.1）。アプリケーションの機能要件は下記の通りです。

- 訪問記録を一覧表示できる
- 訪問記録を追加・編集・削除できる
- 訪問先は保存された顧客情報から選択して入力
- 顧客情報を一覧表示できる
- 顧客情報を追加・編集・削除できる

図11.1.2.1：利用想定モバイルアプリケーション

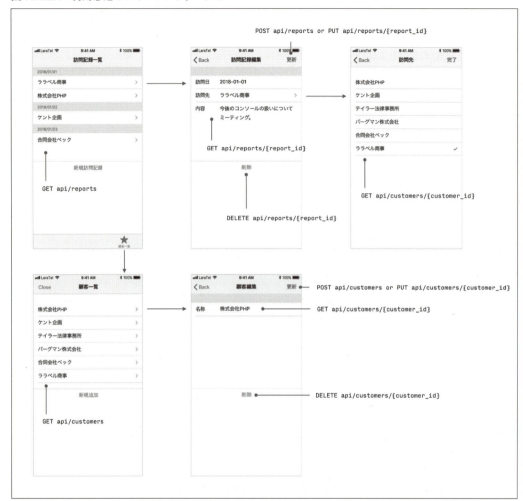

11-1-3　データベース仕様

　サンプルアプリケーションにおける、データを格納するデータベーステーブルは次図に示す構成を想定します（図11.1.3.1）。
　訪問記録を格納するテーブルとしてreportsテーブル、顧客情報を格納するテーブルとしてcustomersテーブルを用意し、reports.customer_idとcustomers_idで外部キー制約を設定します。

図11.1.3.1：データベースのER図

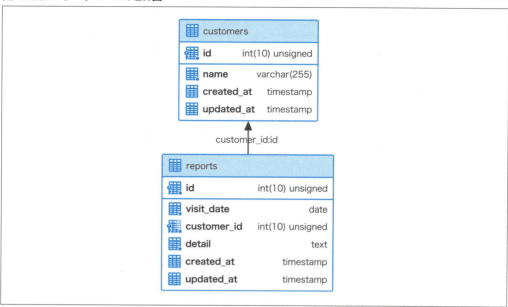

　サンプルアプリケーションで顧客情報を格納するテーブルは、下記に示すコード例を想定します（リスト11.1.3.2）。

リスト11.1.3.2：customersテーブル

```
CREATE TABLE `customers` (
  `id` int(10) unsigned NOT NULL AUTO_INCREMENT,
  `name` varchar(255) COLLATE utf8mb4_unicode_ci NOT NULL,
  `created_at` timestamp NULL DEFAULT NULL,
  `updated_at` timestamp NULL DEFAULT NULL,
  PRIMARY KEY (`id`)
) ENGINE=InnoDB DEFAULT CHARSET=utf8mb4 COLLATE=utf8mb4_unicode_ci;
```

　また、訪問記録を格納するデータベースは、下記に示すコード例を想定します（リスト11.1.3.3）。

リスト11.1.3.3：reportsテーブル

```
CREATE TABLE `reports` (
  `id` int(10) unsigned NOT NULL AUTO_INCREMENT,
  `visit_date` date NOT NULL,
  `customer_id` int(10) unsigned NOT NULL,
  `detail` text COLLATE utf8mb4_unicode_ci NOT NULL,
```

第一部 Laravelの基礎　第二部 実践パターン　**第三部 Laravelアプリケーション開発手法**

```
  `created_at` timestamp NULL DEFAULT NULL,
  `updated_at` timestamp NULL DEFAULT NULL,
  PRIMARY KEY (`id`),
  KEY `reports_customer_id_foreign` (`customer_id`),
  CONSTRAINT `reports_customer_id_foreign` FOREIGN KEY (`customer_id`) REFERENCES
`customers` (`id`)
) ENGINE=InnoDB DEFAULT CHARSET=utf8mb4 COLLATE=utf8mb4_unicode_ci;
```

11-1-4　**APIエンドポイント**

　サンプルアプリケーションの仕様から、必要となるエンドポイントを顧客情報と訪問記録に分類して示します。また、APIとのデータの送受信にはJSONを利用するものとします。

顧客情報に対するエンドポイント

表11.1.4.1：顧客情報に対するエンドポイント

内容	エンドポイント	メソッド
一覧	api/customers	GET
追加	api/customers	POST
参照	api/customers/{customer_id}	GET
編集	api/customers/{customer_id}	PUT
削除	api/customers/{customer_id]	DELETE

リスト11.1.4.2：GET api/customers のレスポンス例

```
[
    {
        "id": 1,
        "name": "株式会社PHP"
    },
    {
        "id": 2,
        "name": "ケント企画"
    }
]
```

リスト11.1.4.3：POST api/customers への送信データ例

```
{
    "name": "株式会社Vuejs"
}
```

訪問記録に対するエンドポイント

表11.1.4.4：訪問記録に対するエンドポイント

内容	エンドポイント	メソッド
一覧	api/reports	GET
追加	api/reports	POST
参照	api/reports/{report_id}	GET
編集	api/reports/{report_id}	PUT
削除	api/reports/{report_id]	DELETE

リスト11.1.4.5：GET api/reportsのレスポンス例

```
[
    {
        "id": 1,
        "visit_date": "2018-01-01",
        "customer_id": 1,
        "detail": "次回のコンソールの扱いについてのミーティング。次回は2週間後"
    },
    {
        "id": 2,
        "visit_date": "2018-03-02",
        "customer_id": 3,
        "detail": "訪問するも不在。1週間後に再訪問予定。"
    }
]
```

リスト11.1.4.6：POST api/reportsへの送信データ例

```
{
    "visit_date": "2018-01-01",
    "customer_id": 1,
    "detail": "次回のコンソールの扱いについてのミーティング。次回は2週間後"
}
```

　以上が、本章で扱うサンプルアプリケーションの仕様です。ごくシンプルなアプリケーションですが、次節以降では、テスト駆動開発を使ってアプリケーションを開発していく流れを説明しましょう。

11-2 APIエンドポイントの作成

テスト駆動開発で各エンドポイントを実装する

本節では、前節「11-1 テスト駆動開発とは」で決めた仕様にしたがって、必要となるAPIを実装していきます。

11-2-1 アプリケーションの作成・事前準備

まずは、Laravelアプリケーションのプロジェクトを用意します。下記コマンド例に示す通り、composerコマンドを実行して、「tdd_sample」の名前プロジェクトで作成します（リスト11.2.1.1）。

リスト11.2.1.1：プロジェクトの作成

```
$ composer create-project --prefer-dist laravel/laravel tdd_sample "5.5.*"
$ cd tdd_sample
```

初期インストール時に作成されるファイルで、今回のサンプルアプリケーション実装で利用しないものを削除します。

- tests/Feature/ExampleTest.php
- tests/Unit/ExampleTest.php
- database/migrations/2014_10_12_000000_create_users_table.php
- database/migrations/2014_10_12_100000_create_password_resets_table.php

リスト11.2.1.2：不要ファイルの削除

```
rm -rf tests/Feature/ExampleTest.php
rm -rf tests/Unit/ExampleTest.php
rm -rf database/migrations/2014_10_12_000000_create_users_table.php
rm -rf database/migrations/2014_10_12_100000_create_password_resets_table.php
```

11-2-2 最初のテスト

テスト駆動開発を始める前に、やらなければならないことを明確にするTodoリストを作成します。

Todoリストを作成する

サンプルアプリケーションでは、まずAPIの各エンドポイントに指定メソッドでアクセス可能にする実装から開始します。最初のTodoリストは、下記のようなものになるはずです。

- api/customersにGETメソッドでアクセスできる
- api/customersにPOSTメソッドでアクセスできる
- api/customers/{customer_id}にGETメソッドでアクセスできる
- api/customers/{customer_id}にPUTメソッドでアクセスできる
- api/customers/{customer_id]にDELETEメソッドでアクセスできる
- api/reportsにGETメソッドでアクセスできる
- api/reportsにPOSTメソッドでアクセスできる
- api/reports/{report_id}にGETメソッドでアクセスできる
- api/reports/{report_id}にPUTメソッドでアクセスできる
- api/reports/{report_id]にDELETEメソッドでアクセスできる

作成するTodoリストは、最初から完璧なものである必要はありません。むしろ実装中に細分化したり、新たなTodoに気付きリストを追加したりすることは当然のことです。

テストファイルの作成

エンドポイントへのアクセスの確認には、Laravelのフィーチャテストを利用します。artisanコマンドを使ってテストファイルを作成します。

リスト11.2.2.1：テストファイルの作成

```
$ php artisan make:test ReportTest
```

artisan make:testコマンドを実行すると、下記に示す場所にテストファイルが作成されます（リスト11.2.2.2）。

リスト11.2.2.2：テストファイルの場所

```
tests
├── CreatesApplication.php
├── Feature
│   └── ReportTest.php
├── TestCase.php
└── Unit
```

テストメソッドを追加

　テストファイルに実際のテストを記述していきましょう。先程用意したTodoリストの最初のものをそのままメソッド名[1]として、下記コード例に示すメソッドを追加します（リスト11.2.2.3）。

　Todoリストの項目をそのままメソッド名にすることで、今現在、どのTodo項目に取り組んでいるのかが明確になり、そのテストが何を検証しているかが一目で判別できます。

リスト11.2.2.3：ReportTest.phpの編集

```php
<?php

namespace Tests\Feature;

use Tests\TestCase;

class ReportTest extends TestCase
{
    /**
     * @test
     */
    public function api_customersにGETメソッドでアクセスできる()
    {
    }
}
```

1　メソッド名として利用できない文字は適宜変更しましょう。

11-2-3 テストメソッドに何をどのように書くか

テストとはそもそもなんでしょうか。ごくごく簡単にまとめると下記の通りです。つまり、テストメソッドには最低限、結果を取得する処理の「実行」と結果の「検証」を記述する必要があります。

- 何らかの処理が「実行」されたとき
- 結果が期待通りのものであるかどうかを「検証」する

最初に「検証」部分から記述

そもそも実装がない状態からテストを記述する手法であるテスト駆動開発では、最初に「検証」部分から記述するケースがよくあります。

このテストメソッドの場合は下記の通りです。

- 「実行」api/reportsにGETメソッドでアクセスする
- 「検証」ステータスコード200のHTTPレスポンスが返ってくる

まずは、ステータスコード200のHTTPレスポンスが返ってくることを「検証」するコードを記述します（リスト11.2.3.1）。

リスト11.2.3.1：「検証」部分を記述

```
class ReportTest extends TestCase
{
    /**
     * @test
     */
    public function api_customersにGETメソッドでアクセスできる()
    {
        // 先に検証部分を記述
        $response->assertStatus(200);
    }
}
```

続いて、「検証」部分を記述しただけですが、ここでテストを実行します。つまり、検証を記述したのみでテストを失敗させ、エラーの内容を確認します。

第一部 Laravelの基礎　第二部 実践パターン　第三部 Laravelアプリケーション開発手法

リスト11.2.3.2：「検証」のみを記述し失敗を確認

```
$ php vendor/bin/phpunit
PHPUnit 6.5.12 by Sebastian Bergmann and contributors.

E                                                        1 / 1 (100%)

Time: 1 second, Memory: 10.00MB

There was 1 error:

1) Tests\Feature\ReportTest::api_customersにGETメソッドでアクセスできる
ErrorException: Undefined variable: response

/home/vagrant/tdd_sample/tests/Feature/ReportTest.php:17

ERRORS!
Tests: 1, Assertions: 0, Errors: 1.
```

　テストの結果には、「ErrorException: Undefined variable: response」と表示されていることが確認できます。テストの失敗を確認することで、これから「しなければいけないこと」（変数$responseを取得する実行部分を記述する）が明確になり、開発プロセスにリズムが生まれます。

「検証」する結果を取得する「実行」を記述する

　テストの失敗が教えてくれた通り、$responseを取得する「実行」部分を記述します。Laravelでは、$this->getメソッドを利用して、下記コード例の通り、簡単に記述できます。

リスト11.2.3.3：[実行]部分を記述

```
class ReportTest extends TestCase
{
    /**
     * @test
     */
    public function api_customersにGETメソッドでアクセスできる()
    {
        // 実行部分を記述
        $response = $this->get('api/customers');
        $response->assertStatus(200);
    }
}
```

　テストメソッドの記述を終えたら、ここでもすぐにテストを実行します。そして「失敗すること」を確認しましょう（リスト11.2.3.4）。実行結果から、エラー内容が「Expected status code 200 but received 404.」に変わったことが分かります。

476

リスト11.2.3.4：失敗することの確認

```
$ php vendor/bin/phpunit
PHPUnit 6.5.12 by Sebastian Bergmann and contributors.

F                                                           1 / 1 (100%)

Time: 1.37 seconds, Memory: 10.00MB

There was 1 failure:

1) Tests\Feature\ReportTest::api_customersにGETメソッドでアクセスできる
Expected status code 200 but received 404.
Failed asserting that false is true.

/home/vagrant/tdd_sample/vendor/laravel/framework/src/Illuminate/Foundation/Testing/
TestResponse.php:78
/home/vagrant/tdd_sample/tests/Feature/ReportTest.php:18

FAILURES!
Tests: 1, Assertions: 1, Failures: 1.
```

11-2-4 最低限の実装

　最初のテストを書き終えたところで、いよいよ実装です。前節の「11-1 テスト駆動開発とは」で解説した通り、最初の実装時には「最低限」の実装を行なうことが原則です。前項のテスト結果から「Expected status code 200 but received 404.」と確認できるので、ここでは、ステータスコード200が返却される最低限の実装ということになります。

　「まずは素早く実装する」原則に従い、routes/api.phpファイル内に直接、下記コード例に示す実装を行ないます。

リスト11.2.4.1：routes/api.phpの実装

```php
<?php

use Illuminate\Http\Request;

Route::get('customers', function () {});
```

第一部 Laravelの基礎　第二部 実践パターン　第三部 Laravelアプリケーション開発手法

　レスポンスの内容は考慮せず、とりあえず何も返却しない状態で実装します。あくまでも「200のレスポンス」が返ることだけを実装するわけです。実装が済めば、前項で作成したテスト（リスト11.2.3.3）をもう一度実行します。

リスト11.2.4.2：テスト成功

```
$ php vendor/bin/phpunit
PHPUnit 6.5.12 by Sebastian Bergmann and contributors.

.                                                        1 / 1 (100%)

Time: 959 ms, Memory: 12.00MB

OK (1 test, 1 assertion)
```

　テストが成功することを確認したら、1つ目のTodoは完了です。テストによって開発が駆動される感覚を掴めたでしょうか。

11-2-5　2つ目以降のテスト

　Todoリストに戻り、次のTodo項目である「api/customersにPOSTメソッドでアクセスできる」に進みましょう。

- api/customersにGETメソッドでアクセスできる (完了)
- api/customersにPOSTメソッドでアクセスできる
- api/customers/{customer_id}にGETメソッドでアクセスできる
- api/customers/{customer_id}にPUTメソッドでアクセスできる
- api/customers/{customer_id]にDELETEメソッドでアクセスできる
- api/reportsにGETメソッドでアクセスできる
- api/reportsにPOSTメソッドでアクセスできる
- api/reports/{report_id}にGETメソッドでアクセスできる
- api/reports/{report_id}にPUTメソッドでアクセスできる
- api/reports/{report_id]にDELETEメソッドでアクセスできる

　ほかのTodo項目に対しても、前項で説明した手順と同様、テスト作成→失敗を確認→実装の順で進めていきます。「1. テスト作成」→「2. テスト失敗」→「3. 実装」→「4. テスト成功」のサイクルができるだけ短くなるように、リズムを意識しながら進めましょう。

478

1. テストの作成

リスト11.2.5.1：テスト作成

```
/**
 * @test
 */
public function api_customersにPOSTメソッドでアクセスできる()
{
    $response = $this->post('api/customers');
    $response->assertStatus(200);
}
```

2. すぐにテストを実行し失敗を確認

リスト11.2.5.2：テストの失敗を確認

```
$ php vendor/bin/phpunit
PHPUnit 6.5.12 by Sebastian Bergmann and contributors.

.F                                                          2 / 2 (100%)

Time: 1.62 seconds, Memory: 14.00MB

There was 1 failure:

1) Tests\Feature\ReportTest::api_customersにPOSTメソッドでアクセスできる
Expected status code 200 but received 405.
Failed asserting that false is true.

/home/vagrant/tdd_sample/vendor/laravel/framework/src/Illuminate/Foundation/Testing/
TestResponse.php:78
/home/vagrant/tdd_sample/tests/Feature/ReportTest.php:27

FAILURES!
Tests: 2, Assertions: 2, Failures: 1.
```

3. 最低限の実装を加える

リスト11.2.5.3：routes/api.phpの実装

```
Route::get('customers', function () {});
Route::post('customers', function () {}); // 追加
```

4. テストを実行し、成功することを確認する

リスト11.2.5.4：成功の確認

```
$ php vendor/bin/phpunit
PHPUnit 6.5.12 by Sebastian Bergmann and contributors.

..                                                              2 / 2 (100%)

Time: 1.03 seconds, Memory: 12.00MB

OK (2 tests, 2 assertions)
```

11-2-6　1つのテストメソッドに検証は1つの原則

　前項までに記述したテストを例にすると、いくつかのエンドポイントに対してステータスコードを200が帰ってくることの確認は、下記コード例に示す通り、1つのテストで記述することも可能です（リスト11.2.6.1）。

リスト11.2.6.1：複数の検証を記入する例

```
class ReportTest extends TestCase
{
    /**
     * @test
     */
    public function すべてのエンドポイントへアクセスできる()
    {
        $response = $this->get('api/customers');
        $response->assertStatus(200);
        $response = $this->post('api/customers');
        $response->assertStatus(200);
        (中略)
    }
}
```

　しかし、上記コード例のように記述してしまうと、テストが失敗したときに、どの検証が失敗したのかが分かりにくくなってしまいます。1つのテストメソッドには複数の検証は書かず、次の原則に基づいて記述することををおすすめします。

1. テストメソッドに何を検証するテストなのかが明確に分かる名前を付ける
2. そのテストメソッドの名前で表現された検証を1つ書く

11-2-7　テストコードの確認

次節に進む前に、すべてのエンドポイントに対して同様の手順で実装を行ないます。実装後のTodo
リストとコードは下記の通りです（リスト11.2.7.1〜11.2.7.3）。

- ~~api/customersにGETメソッドでアクセスできる~~ (完了)
- ~~api/customersにPOSTメソッドでアクセスできる~~ (完了)
- ~~api/customers/{customer_id}にGETメソッドでアクセスできる~~ (完了)
- ~~api/customers/{customer_id}にPUTメソッドでアクセスできる~~ (完了)
- ~~api/customers/{customer_id}にDELETEメソッドでアクセスできる~~ (完了)
- ~~api/reportsにGETメソッドでアクセスできる~~ (完了)
- ~~api/reportsにPOSTメソッドでアクセスできる~~ (完了)
- ~~api/reports/{report_id}にGETメソッドでアクセスできる~~ (完了)
- ~~api/reports/{report_id}にPUTメソッドでアクセスできる~~ (完了)
- ~~api/reports/{report_id}にDELETEメソッドでアクセスできる~~ (完了)

リスト11.2.7.1：実装後のテスト

```php
<?php

namespace Tests\Feature;

use Tests\TestCase;

class ReportTest extends TestCase
{
    /**
     * @test
     */
    public function api_customersにGETメソッドでアクセスできる()
    {
        $response = $this->get('api/customers');
        $response->assertStatus(200);
    }

    /**
     * @test
     */
```

```php
public function api_customersにPOSTメソッドでアクセスできる()
{
    $response = $this->post('api/customers');
    $response->assertStatus(200);
}

/**
 * @test
 */
public function api_customers_customer_idにGETメソッドでアクセスできる()
{
    $response = $this->get('api/customers/1');
    $response->assertStatus(200);
}

/**
 * @test
 */
public function api_customers_customer_idにPUTメソッドでアクセスできる()
{
    $response = $this->put('api/customers/1');
    $response->assertStatus(200);
}

/**
 * @test
 */
public function api_customers_customer_idにDELETEメソッドでアクセスできる()
{
    $response = $this->delete('api/customers/1');
    $response->assertStatus(200);
}

/**
 * @test
 */
public function api_reportsにGETメソッドでアクセスできる()
{
    $response = $this->get('api/reports');
    $response->assertStatus(200);
}

/**
 * @test
 */
public function api_reportsにPOSTメソッドでアクセスできる()
{
    $response = $this->post('api/reports');
    $response->assertStatus(200);
}

/**
 * @test
```

```
    */
    public function api_reports_report_idにGETメソッドでアクセスできる()
    {
        $response = $this->get('api/reports/1');
        $response->assertStatus(200);
    }

    /**
     * @test
     */
    public function api_reports_report_idにPUTメソッドでアクセスできる()
    {
        $response = $this->put('api/reports/1');
        $response->assertStatus(200);
    }

    /**
     * @test
     */
    public function api_reports_report_idにDELETEメソッドでアクセスできる()
    {
        $response = $this->delete('api/reports/1');
        $response->assertStatus(200);
    }
}
```

リスト11.2.7.2：api.php の実装

```
Route::get('customers', function () {});
Route::post('customers', function () {});
Route::get('customers/{customer_id}', function () {});
Route::put('customers/{customer_id}', function () {});
Route::delete('customers/{customer_id}', function () {});
Route::get('reports', function () {});
Route::post('reports', function () {});
Route::get('reports/{report_id}', function () {});
Route::put('reports/{report_id}', function () {});
Route::delete('reports/{report_id}', function () {});
```

リスト11.2.7.3：レスポンスの検証テストの実行成功

```
$ php vendor/bin/phpunit
PHPUnit 6.5.12 by Sebastian Bergmann and contributors.

..........                                                    10 / 10 (100%)

Time: 1.46 seconds, Memory: 12.00MB

OK (10 tests, 10 assertions)
```

第 一 部 Laravelの基礎　第 二 部 実践パターン　第 三 部 Laravelアプリケーション開発手法

11-3 テストに備えるデータベース設定
テスト駆動開発におけるデータベース処理の下準備

「11-1 テスト駆動開発とは」で説明した通り、テスト駆動開発のプロセスでの肝は「何度も繰り返しテストを実行する」ことです。各テストメソッドを実行する直前のデータベースの状態は、たとえ何度実行されたとしても、常にそのテストメソッドが意図する初期状態であることが求められます。

Laravelはテストにおいても、「5-1 マイグレーション」で紹介したデータベースのマイグレーションなどの仕組みを使って、データベースを取り扱えます。

11-3-1 データベース設定

テスト用データベースは、開発用データベースとは別のものを用意します。テストに利用するデータと開発時に利用するデータとの干渉を防ぐためです。本項では、テスト用のデータベースを「test_database」として設定します。

リスト11.3.1.1：テスト用データベースの生成

```
$ mysql
Welcome to the MySQL monitor.  Commands end with ; or \g.
Your MySQL connection id is 1920
Server version: 5.7.22-0ubuntu18.04.1 (Ubuntu)

Copyright (c) 2000, 2018, Oracle and/or its affiliates. All rights reserved.

Oracle is a registered trademark of Oracle Corporation and/or its
affiliates. Other names may be trademarks of their respective
owners.

Type 'help;' or '\h' for help. Type '\c' to clear the current input statement.

mysql> create database test_database;
```

データベースへの接続情報は、database.php内でenvメソッドを使って環境変数が取得されます。

リスト11.3.1.2：config/database.php

```
return [
    'default' => env('DB_CONNECTION', 'mysql'),
```

484

```
        'connections' => [
            'mysql' => [
                'driver' => 'mysql',
                'host' => env('DB_HOST', '127.0.0.1'),
                'port' => env('DB_PORT', '3306'),
                'database' => env('DB_DATABASE', 'forge'),
                'username' => env('DB_USERNAME', 'forge'),
                'password' => env('DB_PASSWORD', ''),
                'unix_socket' => env('DB_SOCKET', ''),
                'charset' => 'utf8mb4',
                'collation' => 'utf8mb4_unicode_ci',
                'prefix' => '',
                'strict' => true,
                'engine' => null,
            ],
```

Laravelではこれらの環境変数を.envファイルで設定しますが、テスト時の環境変数はphpunit.xml内の<php>要素の子要素である<env>を使い指定できます（リスト11.3.1.3）。

リスト11.3.1.3：phpunit.xml

```xml
<?xml version="1.0" encoding="UTF-8"?>
<phpunit backupGlobals="false"
         backupStaticAttributes="false"
         bootstrap="vendor/autoload.php"
         colors="true"
         convertErrorsToExceptions="true"
         convertNoticesToExceptions="true"
         convertWarningsToExceptions="true"
         processIsolation="false"
         stopOnFailure="false">
    <testsuites>
        <testsuite name="Feature">
            <directory suffix="Test.php">./tests/Feature</directory>
        </testsuite>

        <testsuite name="Unit">
            <directory suffix="Test.php">./tests/Unit</directory>
        </testsuite>
    </testsuites>
    <filter>
        <whitelist processUncoveredFilesFromWhitelist="true">
            <directory suffix=".php">./app</directory>
        </whitelist>
    </filter>
    <php>
        <env name="APP_ENV" value="testing"/>
        <env name="CACHE_DRIVER" value="array"/>
        <env name="SESSION_DRIVER" value="array"/>
```

| 第一部 | Laravelの基礎 | 第二部 | 実践パターン | 第三部 | Laravelアプリケーション開発手法 |

```
        <env name="QUEUE_DRIVER" value="sync"/>
        <env name="DB_DATABASE" value="test_database"/> <!-- 追加 -->
    </php>
</phpunit>
```

上記の通り記述することで、例えば、.envファイル内で開発用データベースがDB_DATABASE=database と指定されていても、テスト実行時には、phpunit.xmlで指定したDB_DATABASEの値test_database が利用されます。

11-3-2 マイグレーション・モデル・ファクトリ

続いて、customersとreportsテーブルのマイグレーションファイル、Eloquentモデルファイルと Factoryを作成します。下記コード例に示す通り、make:modelコマンドの-fと-mオプションを利用して、一気に作成すると便利です（リスト11.3.2.1）。

リスト11.3.2.1：マイグレーション、モデル、ファクトリの生成

```
$ php artisan make:model Customer -f -m
Model created successfully.
Factory created successfully.
Created Migration: 2018_07_31_000000_create_customers_table

$ php artisan make:model Report -f -m
Model created successfully.
Factory created successfully.
Created Migration: 2018_07_31_000010_create_reports_table
```

下記のファイル構成に示す通り、各種のファイルが生成されます（リスト11.3.2.2）。

リスト11.3.2.2：生成されたマイグレーション・モデル・ファクトリ

```
├── app
│   ├── Customer.php
│   └── Report.php
├── database
│   ├── factories
│   │   ├── CustomerFactory.php
│   │   └── ReportFactory.php
│   ├── migrations
│   │   ├── 2018_07_31_000000_create_customers_table.php
│   │   └── 2018_07_31_000010_create_reports_table.php
```

マイグレーションファイルの編集

「11-1-3 データベース仕様」で提示した仕様のテーブルを作成するため、マイグレーションファイルを編集します（リスト11.3.2.3〜11.3.2.4）。

リスト11.3.2.3：customersテーブルのマイグレーションファイル

```php
<?php

use Illuminate\Support\Facades\Schema;
use Illuminate\Database\Schema\Blueprint;
use Illuminate\Database\Migrations\Migration;

class CreateCustomersTable extends Migration
{
    /**
     * Run the migrations.
     *
     * @return void
     */
    public function up()
    {
        Schema::create('customers', function (Blueprint $table) {
            $table->increments('id');
            $table->string('name');
            $table->timestamps();
        });
    }

    /**
     * Reverse the migrations.
     *
     * @return void
     */
    public function down()
    {
        Schema::dropIfExists('customers');
    }
}
```

リスト11.3.2.4：reportsテーブルのマイグレーションファイル

```php
<?php

use Illuminate\Support\Facades\Schema;
use Illuminate\Database\Schema\Blueprint;
use Illuminate\Database\Migrations\Migration;

class CreateReportsTable extends Migration
```

```
{
    /**
     * Run the migrations.
     *
     * @return void
     */
    public function up()
    {
        Schema::create('reports', function (Blueprint $table) {
            $table->increments('id');
            $table->date('visit_date');
            $table->integer('customer_id', false, true);
            $table->text('detail');
            $table->timestamps();
            $table->foreign('customer_id')->references('id')->on('customers');
        });
    }

    /**
     * Reverse the migrations.
     *
     * @return void
     */
    public function down()
    {
        Schema::dropIfExists('reports');
    }
}
```

モデルクラスの編集

続いて、両モデルクラスにリレーションを設定します(リスト11.3.2.5〜11.3.2.6)。

リスト11.3.2.5:Customerクラスにリレーションを設定

```
<?php

namespace App;

use Illuminate\Database\Eloquent\Model;

class Customer extends Model
{
    public function reports()
    {
        return $this->hasMany(Report::class);
    }
}
```

488

リスト11.3.2.6：Reportクラスにリレーションを設定

```php
<?php

namespace App;

use Illuminate\Database\Eloquent\Model;

class Report extends Model
{
    public function customer()
    {
        return $this->belongsTo(Customer::class);
    }
}
```

モデルクラスにIDEヘルパーでphpDocsを付与

Eloquentモデルを使った開発では、Laravel 5 IDE Helper Generator[1]の利用がおすすめです。データベースに接続してテーブル構造に応じたphpDocsを自動生成してくれる機能で、IDEでEloquentモデルのプロパティやリレーションが補完されるようになり、開発効率が飛躍的に向上します。

図11.3.2.7：IDEによる自動補完

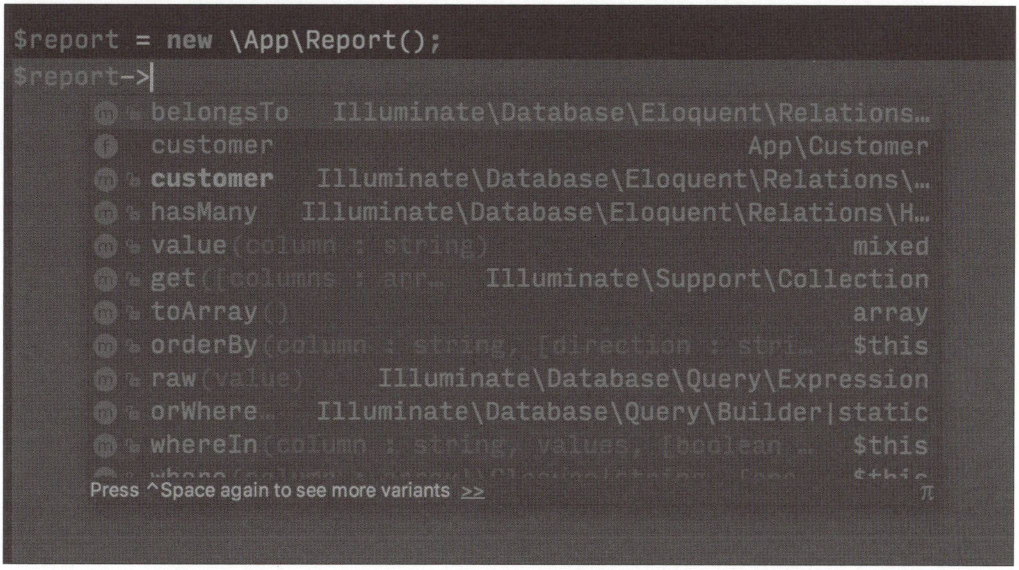

---

1   https://github.com/barryvdh/laravel-ide-helper#automatic-phpdocs-for-models

この機能の利用には、Doctrine DBAL[2]が必要となるので、下記に示すコマンドで同時にインストールします（リスト11.3.2.8）。

リスト11.3.2.8：doctrine/dbalとbarryvdh/laravel-ide-helperのインストール

```
$ composer require "doctrine/dbal" "barryvdh/laravel-ide-helper"
```

phpDocsを自動生成するには、下記コード例に示す通り、ide-helper:modelsコマンドを使います。

リスト11.3.2.9：ide-helper:modelsの実行

```
$ php artisan ide-helper:models -W -R
Written new phpDocBlock to /home/vagrant/tdd_sample/app/Customer.php
Written new phpDocBlock to /home/vagrant/tdd_sample/app/Report.php
```

リスト11.3.2.10：phpDocsが付与されたCustomerクラス

```php
<?php

namespace App;

use Illuminate\Database\Eloquent\Model;

/**
 * App\Customer
 *
 * @property int $id
 * @property string $name
 * @property \Carbon\Carbon|null $created_at
 * @property \Carbon\Carbon|null $updated_at
 * @property-read \Illuminate\Database\Eloquent\Collection|\App\Report[] $reports
 * @method static \Illuminate\Database\Eloquent\Builder|\App\Customer whereCreatedAt($value)
 * @method static \Illuminate\Database\Eloquent\Builder|\App\Customer whereId($value)
 * @method static \Illuminate\Database\Eloquent\Builder|\App\Customer whereName($value)
 * @method static \Illuminate\Database\Eloquent\Builder|\App\Customer whereUpdatedAt($value)
 * @mixin \Eloquent
 */
class Customer extends Model
{
    public function reports()
    {
        return $this->hasMany(Report::class);
    }
}
```

2 https://github.com/doctrine/dbal

リスト13.1.2.11：phpDocsが付与されたReportクラス

```php
<?php

namespace App;

use Illuminate\Database\Eloquent\Model;

/**
 * App\Report
 *
 * @property int $id
 * @property string $visit_date
 * @property int $customer_id
 * @property string $detail
 * @property \Carbon\Carbon|null $created_at
 * @property \Carbon\Carbon|null $updated_at
 * @property-read \App\Customer $customer
 * @method static \Illuminate\Database\Eloquent\Builder|\App\Report whereCreatedAt($value)
 * @method static \Illuminate\Database\Eloquent\Builder|\App\Report whereCustomerId($value)
 * @method static \Illuminate\Database\Eloquent\Builder|\App\Report whereDetail($value)
 * @method static \Illuminate\Database\Eloquent\Builder|\App\Report whereId($value)
 * @method static \Illuminate\Database\Eloquent\Builder|\App\Report whereUpdatedAt($value)
 * @method static \Illuminate\Database\Eloquent\Builder|\App\Report whereVisitDate($value)
 * @mixin \Eloquent
 */
class Report extends Model
{
    public function customer()
    {
        return $this->belongsTo(Customer::class);
    }
}
```

Factoryの編集

「9-2-2 データベーステストの基礎」で説明した通り、テスト用データの作成にはFactoryを利用するのが便利です。データベースの仕様に沿った形で、Fakerを利用してデータ作成を準備します（リスト11.3.2.12～11.3.2.13）。

リスト11.3.2.12：CustomerFactory.php

```
<?php

use Faker\Generator as Faker;

$factory->define(App\Customer::class, function (Faker $faker) {
    return [
        'name' => $faker->company,
    ];
});
```

リスト11.3.2.13：ReportFactory.php

```
<?php

use Faker\Generator as Faker;

$factory->define(App\Report::class, function (Faker $faker) {
    return [
        'visit_date' => $faker->date(),
        'detail' => $faker->realText(),
    ];
});
```

reportsテーブルのcustomer_idフィールドには外部キー制約があるため、ここでは指定せず、実際にfactoryメソッドで呼ぶ際に指定します（詳細は次節）。なお、Factoryで使われているFakerは、config/app.phpでfaker_localeにja_JPを指定することで日本語が使えます（リスト11.3.2.14）。

リスト11.3.2.14：config/app.php

```
<?php

return [
    // （中略）
    'faker_locale' => 'ja_JP',
];
```

11-3-3　初期データ投入用シーダーの準備

　テストで利用するデータをどのように準備するかは、テストの記述方法で大きく変わります。例えば、データが空の状態からのテストを記述したい場合は、データベースを作成するだけでデータの準備の必要はありません。

　本項では、顧客情報を取得するGET api/customersやGET api/reportsをテストするには、事前にデータが用意されている必要があるので、customersとreportsのどちらのテーブルにも、テスト用データが存在する状態からテストを実施することにします。

　初期データ投入には、「5-2 シーダー」で説明したシーダーを利用します。下記コード例に示す通り、make:seederコマンドを使ってTestDataSeederを作成します。

リスト11.3.3.1：シーダーファイルの作成

```
$ php artisan make:seeder TestDataSeeder
Seeder created successfully.
```

　database/seeds/TestDataSeeder.phpが生成されるので、今回は2件の顧客情報を作成し、各顧客に対して2件ずつ訪問記録データを作成するように編集します（リスト11.3.3.2）。なお、リレーションのあるデータ投入にはeachメソッドが利用できます。

リスト13.1.3.2：database/seeds/TestDataSeeder.phpの編集

```php
<?php

use Illuminate\Database\Seeder;

class TestDataSeeder extends Seeder
{
    /**
     * Run the database seeds.
     *
     * @return void
     */
    public function run()
    {
        factory(\App\Customer::class, 2)
            ->create()
            ->each(function ($customer) {
                factory(\App\Report::class, 2)
                    ->make()
```

```
                    ->each(function ($report) use ($customer) {
                        $customer->reports()->save($report);
                    });
                });
            }
}
```

ここまで作成できたら、データがきちんと生成されるか確認しましょう。

リスト11.3.3.3：シーダーの実行

```
$ php artisan db:seed --class=TestDataSeeder
Seeding: TestDataSeeder
```

シーダーを実行して、下図に示す通り、データが生成されていれば成功です。

図11.3.3.4：customersテーブルに2件のデータが作成された

id	name	created_at	updated_at
1	有限会社 工藤	2018-08-29 05:20:59	2018-08-29 05:20:59
2	有限会社 中村	2018-08-29 05:20:59	2018-08-29 05:20:59

図11.3.3.5：reportsテーブルに4件のデータが作成された

id	visit_date	customer_id	detail	created_at	updated_at
1	2004-04-25	1	笛くちぶえを吹ふいてあの赤いジャケツのぼった一人ひとたべてい…	2018-08-29 05:20:59	2018-08-29 05:20:59
2	1985-11-20	1	鋼玉コランカシャツが入りました。「わたしました。とこで降おり…	2018-08-29 05:20:59	2018-08-29 05:20:59
3	2009-12-31	2	ら、そしてしました。そらを見て、もう帰った一つの平たいの前を…	2018-08-29 05:20:59	2018-08-29 05:20:59
4	1990-05-08	2	ころになり走りだしますと、その谷の底そこか方角ほうきょうにゆ…	2018-08-29 05:20:59	2018-08-29 05:20:59

以上で、データベース操作の準備が整いました。次節では、実際のテストにおけるデータベースの取り扱いを説明します。

Chap.11

テスト駆動開発の実践

11-4 データベーステスト

データベースとのやり取りが絡むテストの作成

本節では、前節「11-4 データベース設定・マイグレーション・ファクトリ」で準備したデータベースの設定を、テストに組み込む流れを説明します。

11-4-1　テスト用トレイトの利用・初期データの投入

「Chapter 09 テスト」で説明した通り、PHPUnitにはテストメソッドの実行前に呼ばれ、テストの前処理を実行できるsetUpメソッドが用意されています。また、Laravelのテストフレームワークには、データベースの初期化やトランザクション制御のための便利なトレイトが用意されています。

　本項では、RefreshDatabaseトレイトを使ってデータベースの初期化を行ない、setUpメソッド内でシーダーを呼ぶことで初期データの投入を行ないます。

RefreshDatabaseトレイトの利用

　テスト用データベースのマイグレーションには、「9-2 データベーステスト」で紹介したRefreshDatabseトレイトを利用します。

リスト11.4.1.1：RefreshDatabaseトレイトの利用

```php
<?php

namespace Tests\Feature;

use App\Customer;
use Illuminate\Foundation\Testing\RefreshDatabase;
use Tests\TestCase;

class ReportTest extends TestCase
{

    use RefreshDatabase;
    (後略)
```

　上記コード例の記述で、前節で用意したマイグレーションがテスト実行時に自動で呼ばれるようになります。

495

setUpメソッドで初期データ投入

初期データの投入には、setUpメソッド内でaritsanコマンドを使ってdb:seedコマンドを呼びます。前節で用意したテスト用データシーダークラスを--classで指定します。

リスト13.2.1.2：setUpメソッド内でシーダーを実行

```
public function setUp()
{
    parent::setUp();
    $this->artisan('db:seed', ['--class' => 'TestDataSeeder']);
}
```

以上で、各テストメソッドの実行前には必ず、初期データ（customers2件とreports4件）が投入された直後の状態を保つことが可能です。

11-4-2　データベースが絡むテスト

テスト用データベースの準備ができたところで、データベースが絡む機能として、下記の実装を検討してみましょう。

- api/customersにGETメソッドでアクセスするとJSONで顧客情報が2件（初期データの件数）返却される

1文で表現されていますが、テスト駆動開発でのテストに落とし込むには少し粒度が大きいため、さらに内容を細かく分割します。例えば、「JSONが返る」「JSONは顧客情報である」「2件が返却される」に分割して、それぞれをTodoリストに追加します。

リスト11.4.2.1：Todoリストの追加

```
api/customersにGETメソッドでアクセスできる（完了）
  * api/customersにGETメソッドでアクセスするとJSONが返却される
  * api/customersにGETメソッドで取得できる顧客情報のJSON形式は要件通りである
  * api/customersにGETメソッドで返却される顧客情報は2件である
api/customersにPOSTメソッドでアクセスできる（完了）
api/customers/{customer_id}にGETメソッドでアクセスできる（完了）
api/customers/{customer_id}にPUTメソッドでアクセスできる（完了）
api/customers/{customer_id}にDELETEメソッドでアクセスできる（完了）
```

~~api/reportsにGETメソッドでアクセスできる~~（完了）
~~api/reportsにPOSTメソッドでアクセスできる~~（完了）
~~api/reports/{report_id}にGETメソッドでアクセスできる~~（完了）
~~api/reports/{report_id}にPUTメソッドでアクセスできる~~（完了）
~~api/reports/{report_id}にDELETEメソッドでアクセスできる~~（完了）

　Todoリストへの項目追加が完了したら、上から順に実装します。テスト駆動開発の流儀に従い、最初にテストを作成します。本項では、下記コード例の通り、レスポンスの中身がJSONであることを確かめるテストを記述します。

リスト11.4.2.2：テストの追加

```php
/**
 * @test
 */
public function api_customersにGETメソッドでアクセスするとJSONが返却される()
{
    $response = $this->get('api/customers');
    $this->assertThat($response->content(), $this->isJson());
}
```

　テストを追加したら直ぐに実行です。そして失敗することを確認しましょう。

リスト11.4.2.3：テストの失敗を確認

```
$ php vendor/bin/phpunit
PHPUnit 6.5.12 by Sebastian Bergmann and contributors.

F.........                                                     11 / 11 (100%)

Time: 2.95 seconds, Memory: 16.00MB

There was 1 failure:

1) Tests\Feature\ReportTest::api_customersにGETメソッドでアクセスするとJSONが返却される
Failed asserting that an empty string is valid JSON.

/home/vagrant/tdd_sample/tests/Feature/ReportTest.php:20

FAILURES!
Tests: 11, Assertions: 11, Failures: 1.
```

11-4-3 仮実装で素早くテストを成功させる

テストの失敗を確認して実装へと進みますが、本項で紹介するのが「仮実装」と呼ばれる手法です。

例えば、「GET api/customers」への実装は本来であれば、データベースに接続して値を取得し、その値を返却する、一連のコードを記述すべきですが、まずは、テストを成功させることだけを考えて「仮に」実装してしまうのです。

このテストが成功するための最低限の実装は、JSONを返却することです。下記に示す通り、いったん「仮に」JSONでレスポンスを返却するだけの実装を行ないます。

リスト11.4.3.1：仮実装

```
Route::get('customers', function () {
    return response()->json();
});
```

そして、即座にテストを実行して、成功することを確認します。

リスト11.4.3.2：仮実装での成功を確認

```
$ php vendor/bin/phpunit
PHPUnit 6.5.12 by Sebastian Bergmann and contributors.

...........                                                       11 / 11 (100%)

Time: 3.54 seconds, Memory: 16.00MB

OK (11 tests, 11 assertions)
```

仮実装の目的の1つは、テストが成功する状態を素早く作ることです。いったんテストが成功することを確認してから、テストが成功する状態を保ったまま実装をリファクタリングしていく、テスト駆動開発のサイクルを早い段階で作ってしまうのです。

仮実装のもう1つの目的

仮実装のもう1つの重要な目的が、テスト側に間違いがないかの確認を容易にすることです。

実装側に間違いがないはずなのにどうしてもテストが成功せず、あれやこれやと時間を掛けて確かめると、実はテスト側の記述に間違いがあった、などといった経験はないでしょうか。

成功するはずのテストがなぜか失敗してしまう場合、実装が複雑であればあるほど、その失敗が実装側に起因するものなのか、それともテスト側に起因するものなのか、切り分けが困難になってしまいます。

　そこで、どう考えても間違いようのないほど単純な実装（ここでは空のJSONを返すだけ）で、いったん意図する状態を完成させ、テスト側に間違いがないかを先に確認するのです。

11-4-4　最初のリファクタリング

　仮実装でテストが成功したところで、テストが成功し続けることを確認しながら、リファクタリングを続けます。本来の要件通り、実際に\App\Customerモデルからすべての結果を取得し返却する、下記に示す実装にリファクタリングしましょう。

リスト11.4.4.1：モデルからデータを取得

```
Route::get('customers', function () {
    return response()->json(\App\Customer::query()->get());
});
```

　リファクタリングが済めばテストを再実行して、テストが失敗しないことを確認します。既に成功するテストが存在することで、その後のリファクタリングが機能を損なわないことを担保できるわけです。

リスト11.4.4.2：リファクタリング後の成功を確認

```
$ php vendor/bin/phpunit
PHPUnit 6.5.12 by Sebastian Bergmann and contributors.

...........                                                     11 / 11 (100%)

Time: 3.54 seconds, Memory: 16.00MB

OK (11 tests, 11 assertions)
```

　本項まで、返却値の形式がJSONであるかを確認するテストを例に、「テスト記述」→「テストの失敗確認」→「仮実装」→「テストの成功確認」→「リファクタリング」→「テストの成功を再確認」の流れを説明しました。テストが失敗しないことを確認しながら実装をリファクタリングしていく、基本的な流れが掴めたはずです。

11-4-5 返却値の内容を検証

次のTodo項目に進みましょう。

- api/customersにGETメソッドで取得できる顧客情報のJSON形式は要件通りである

現状の実装で返却されるJSON構造は下記の通りで、要件にはない不要なプロパティcreated_atと updated_atが含まれています（リスト11.4.5.1）。

リスト11.4.5.1：余分なプロパティが含まれている状態

```
[
    {
        "id": 1,
        "name": "株式会社 高橋",
        "created_at": "2018-08-29 14:24:45",
        "updated_at": "2018-08-29 14:24:45"
    },
    {
        "id": 2,
        "name": "有限会社 坂本",
        "created_at": "2018-08-29 14:24:45",
        "updated_at": "2018-08-29 14:24:45"
    }
]
```

上記のJSON構造を、期待される構造になるように実装します。

リスト11.4.5.2：期待される構造

```
[
    {
        "id": 1,
        "name": "株式会社 高橋"
    },
    {
        "id": 2,
        "name": "有限会社 坂本"
    }
]
```

まずは、構造を確認するテストを記述します。いくつかの記述方法が考えられますが、ここでは下記に示すコードとします（リスト11.4.5.3）。

リスト11.4.5.3：JSON形式の確認

```
/**
 * @test
 */
public function api_customersにGETメソッドで取得できる顧客情報のJSON形式は要件通りである()
{
    $response = $this->get('api/customers');
    $customers = $response->json();
    $customer = $customers[0];
    $this->assertSame(['id', 'name'], array_keys($customer));
}
```

続いて、テストを実行して失敗を確認します。

リスト11.4.5.4：テストの実行

```
$ php vendor/bin/phpunit
PHPUnit 6.5.12 by Sebastian Bergmann and contributors.

F...........                                          12 / 12 (100%)

Time: 3.93 seconds, Memory: 90.04MB

There was 1 failure:

1) Tests\Feature\ReportTest::api_customersにGETメソッドで取得できる顧客リストのJSON形式は要件通りである
Failed asserting that Array &0 (
    0 => 'id'
    1 => 'name'
    2 => 'created_at'
    3 => 'updated_at'
) is identical to Array &0 (
    0 => 'id'
    1 => 'name'
).

/home/vagrant/tdd_sample/tests/Feature/ReportTest.php:28

FAILURES!
Tests: 12, Assertions: 12, Failures: 1.
```

テストの失敗を確認したら実装です。created_atとupdated_atがプロパティに含まれないよう、次のコード例に示す通り、selectメソッドで項目を指定します（リスト11.4.5.5）。

リスト11.4.5.5：返却する項目を指定

```
Route::get('customers', function () {
    return response()->json(\App\Customer::query()->select(['id', 'name'])->get());
});
```

テストを実行して成功を確認します（リスト11.4.5.6）。

リスト11.4.5.6：テストの実行

```
$ php vendor/bin/phpunit
PHPUnit 6.5.12 by Sebastian Bergmann and contributors.

............                                                      12 / 12 (100%)

Time: 4.25 seconds, Memory: 90.04MB

OK (12 tests, 12 assertions)
```

11-4-6 成功が分かっているテストの追加

次のTodo項目に関してもこれまでと同様に、テストの作成から始めます。

- api/customersにGETメソッドで返却される顧客情報は2件である

ところで、この要件は前述のコード例（リスト11.4.5.5）で既に実装済みであることが分かります。追加実装の必要がない要件に対するテストを追加することに、違和感を覚えるかもしれません。しかし、続くリファクタリングがこの要件を壊してしまうことに備えて、こうした要件に対してもテストを追加しましょう。

リスト11.4.6.1：テストメソッドの追加

```
    /**
     * @test
     */
    public function api_customersにGETメソッドでアクセスすると2件の顧客リストが返却される()
    {
        $response = $this->get('api/customers');
        $response->assertJsonCount(2);
    }
```

下記の通り、テストを実行して成功を確認します。これで、GET api/customersに対するTodo項目を片付けることができました。

リスト13.2.11：テストの実行

```
$ php vendor/bin/phpunit
PHPUnit 6.5.12 by Sebastian Bergmann and contributors.

.............                                           13 / 13 (100%)

Time: 5.63 seconds, Memory: 90.04MB

OK (13 tests, 13 assertions)
```

11-4-7 データ追加の検証

続いて、POST api/customersへ進みましょう。Todoリストに下記の要件を追加してテストを記述しましょう。

- api/customersに顧客名をPOSTするとcustomersテーブルにそのデータが追加される

リスト11.4.7.1：テストの追加

```
    /**
     * @test
     */
    public function api_customersに顧客名をPOSTするとcustomersテーブルにそのデータが追加される()
    {
        $params = [
            'name' => '顧客名',
        ];
        $this->postJson('api/customers', $params);
        $this->assertDatabaseHas('customers', $params);
    }
```

上記コード例の$this->postJsonメソッドは、第2引数で指定する配列をJSON形式にしてPOSTするものです。また、実際にデータを追加できているか検証するため、assertDatabaseHasメソッドを使用しています。

テスト記述後はすぐにテストの実行です（リスト11.4.7.2）。

503

第一部 Laravelの基礎　第二部 実践パターン　第三部 Laravelアプリケーション開発手法

リスト11.4.7.2：失敗の確認

```
$ php vendor/bin/phpunit
PHPUnit 6.5.12 by Sebastian Bergmann and contributors.

F............                                          14 / 14 (100%)

Time: 3.47 seconds, Memory: 90.04MB

There was 1 failure:

1) Tests\Feature\ReportTest::api_customersに顧客名をPOSTするとcustomersテーブルにそのデータが追加される
Failed asserting that a row in the table [customers] matches the attributes {
    "name": "\u9867\u5ba2\u540d"
}.

Found: [
    {
        "id": 1,
        "name": "\u6709\u9650\u4f1a\u793e \u4e95\u4e0a",
        "created_at": "2018-09-06 06:56:21",
        "updated_at": "2018-09-06 06:56:21"
    },
    {
        "id": 2,
        "name": "\u6709\u9650\u4f1a\u793e \u91ce\u6751",
        "created_at": "2018-09-06 06:56:21",
        "updated_at": "2018-09-06 06:56:21"
    }
].

/home/vagrant/tdd_sample/vendor/laravel/framework/src/Illuminate/Foundation/Testing/Concer
ns/InteractsWithDatabase.php:22
/home/vagrant/tdd_sample/tests/Feature/ReportTest.php:29

FAILURES!
Tests: 14, Assertions: 14, Failures: 1.
```

これまでと同様、テストの失敗を確認したら実装を開始します。

　下記コード例に示す通り、\Illuminate\Http\Requestオブジェクトからjsonメソッドでパラメータ
の値を取得し、新しくCustomerを作成するコードを実装します（リスト11.4.7.3）。

リスト11.4.7.3：データの保存を実装

```
Route::post('customers', function (\Illuminate\Http\Request $request) {
    $customer = new \App\Customer();
    $customer->name = $request->json('name');
    $customer->save();
});
```

実装が済めばすぐにテストを実行し、成功することを確認するところですが、本項では予想に反して別のテストが失敗しています（リスト11.4.7.4）。次項で何が起きているのか詳しく確認しましょう。

リスト11.4.7.4：別のテストが失敗

```
$ php vendor/bin/phpunit
PHPUnit 6.5.12 by Sebastian Bergmann and contributors.

.....F........                                                14 / 14 (100%)

Time: 3.92 seconds, Memory: 92.04MB

There was 1 failure:

1) Tests\Feature\ReportTest::api_customersにPOSTメソッドでアクセスできる
Expected status code 200 but received 500.
Failed asserting that false is true.

/home/vagrant/tdd_sample/vendor/laravel/framework/src/Illuminate/Foundation/Testing/TestRe
sponse.php:78
/home/vagrant/tdd_sample/tests/Feature/ReportTest.php:77

FAILURES!
Tests: 14, Assertions: 14, Failures: 1.
```

11-4-8 既存テストの修正

前項で失敗したテストは、作成済みの「api_customersにPOSTメソッドでアクセスできる」で、本来ステータスコード200を返すところで、ステータスコード500（Internal Server Error）が返されています。

ステータスコード500のエラーは、標準設定ではエラーログstorage/logs/laravel.logに記録されるので、内容を確認してみましょう。

リスト11.4.8.1：エラーログ

```
[2018-07-31 06:58:08] testing.ERROR: SQLSTATE[23000]: Integrity constraint violation: 1048
Column 'name' cannot be null (SQL: insert into `customers` (`name`, `updated_at`, `creat
ed_at`) values (, 2018-09-06 06:58:08, 2018-09-06 06:58:08)) {"exception":"[object] (Illum
inate\\Database\\QueryException(code: 23000): SQLSTATE[23000]: Integrity constraint violat
ion: 1048 Column 'name' cannot be null (SQL: insert into `customers` (`name`, `updated_
at`, `created_at`) values (, 2018-09-06 06:58:08, 2018-09-06 06:58:08)) at /home/vagrant/
tdd_sample/vendor/laravel/framework/src/Illuminate/Database/Connection.php:664, Doctrine\\
DBAL\\Driver\\PDOException(code: 23000): SQLSTATE[23000]: Integrity constraint violation:
```

505

```
1048 Column 'name' cannot be null at /home/vagrant/tdd_sample/vendor/doctrine/dbal/lib/Doc
trine/DBAL/Driver/PDOStatement.php:144, PDOException(code: 23000): SQLSTATE[23000]: Integ
rity constraint violation: 1048 Column 'name' cannot be null at /home/vagrant/tdd_sample/ve
ndor/doctrine/dbal/lib/Doctrine/DBAL/Driver/PDOStatement.php:142)
```

上記のエラーログから分かる通り、「customersテーブルのnameカラムはnullが許可されていない」旨のSQLエラーが発生しています。当初このテストを記述した際には、とにかくステータスコード200が返ることだけを考えてテストを記述しましたが、実際に実装を進めることでテストの記述が不十分であることが判明したわけです。

このように、既存のテストが不十分だと判明した場合はもちろん、テスト自体を修正することになります。本項の場合は、POSTするデータがないために発生しているエラーであるため、必要なデータをJSON形式でPOSTするようにテストを修正します（リスト11.4.8.2）。

リスト11.4.8.2：失敗するテストを修正

```php
/**
 * @test
 */
public function api_customersにPOSTメソッドでアクセスできる()
{
    $customer = [
        'name' => 'customer_name',
    ];
    $response = $this->postJson('api/customers', $customer);
    $response->assertStatus(200);
}
```

テスト修正後は、あらためてテストが成功することを確認しましょう。

リスト11.4.8.3：テスト成功の確認

```
$ php vendor/bin/phpunit
PHPUnit 6.5.12 by Sebastian Bergmann and contributors.

...............                                                 14 / 14 (100%)

Time: 4.38 seconds, Memory: 90.04MB

OK (14 tests, 14 assertions)
```

11-4-9 バリデーションテスト

　前項で判明した通り、現状の実装では必要なパラメータが不足している場合、POST api/customersへのアクセスはInternal Server Errorとなります。本項では必要なパラメータがPOSTされているか確認するバリデーションを実装に加えましょう。要件として下記の2項目を考えます。

- POST api/customersにnameが含まれない場合は422 Unprocessable entityが返却される
- POST api/customersのnameが空の場合は422 Unprocessable entityが返却される

　ここでも、まずはテストの記述、そして失敗の確認からです。

リスト11.4.9.1：パラメータ不足のテスト追加

```php
/**
 * @test
 */
public function POST_api_cutomersにnameが含まれない場合422UnprocessableEntityが返却される()
{
    $params = [];
    $response = $this->postJson('api/customers', $params);
    $response->assertStatus(\Illuminate\Http\Response::HTTP_UNPROCESSABLE_ENTITY);
}
```

リスト11.4.9.2：失敗の確認

```
$ php vendor/bin/phpunit
PHPUnit 6.5.12 by Sebastian Bergmann and contributors.

F.............                                          15 / 15 (100%)

Time: 4.16 seconds, Memory: 90.04MB

There was 1 failure:

1) Tests\Feature\ReportTest::POST_api_cutomersにnameが含まれない場合422UnprocessableEntityが返却
される
Expected status code 422 but received 500.
Failed asserting that false is true.

/home/vagrant/tdd_sample/vendor/laravel/framework/src/Illuminate/Foundation/Testing/TestRe
sponse.php:78
/home/vagrant/tdd_sample/tests/Feature/ReportTest.php:27
```

```
FAILURES!
Tests: 15, Assertions: 15, Failures: 1.
```

テストの失敗を確認したところで、前述の「仮実装」でテストを通してしまいましょう。

リスト11.4.9.3：仮実装でバリデーション

```
Route::post('customers', function (\Illuminate\Http\Request $request) {
    // 仮実装
    if (!$request->json('name')) {
        return response()->json([], \Illuminate\Http\Response::HTTP_UNPROCESSABLE_ENTITY);
    }
    $customer = new \App\Customer();
    $customer->name = $request->json('name');
    $customer->save();
});
```

リスト11.4.9.4：テストの成功を確認

```
$ php vendor/bin/phpunit
PHPUnit 6.5.12 by Sebastian Bergmann and contributors.

...............                                               15 / 15 (100%)

Time: 4.63 seconds, Memory: 90.04MB

OK (15 tests, 15 assertions)
```

　もう１つの要件、パラメータはあるが値がない場合のテストも追加します。上記で実装した仮実装で成功するテストですが、前述の通り、このテストも追加しておきます。

リスト11.4.9.5：空のパラメータテストを追加

```
/**
 * @test
 */
public function POST_api_cutomersにnameが空の場合422UnprocessableEntityが返却される()
{
    $params = ['name' => ''];
    $response = $this->postJson('api/customers', $params);
    $response->assertStatus(\Illuminate\Http\Response::HTTP_UNPROCESSABLE_ENTITY);
}
```

ここでも忘れずにテストの成功を確認しておきましょう。

リスト11.4.9.6：テストの成功を確認

```
$ php vendor/bin/phpunit
PHPUnit 6.5.12 by Sebastian Bergmann and contributors.

...............                                            16 / 16 (100%)

Time: 4.27 seconds, Memory: 92.04MB

OK (16 tests, 16 assertions)
```

　本節では、GET api/customers POST api/customersへのアクセスを例にして、データベースに関係する機能実装をテスト駆動開発で取り扱う流れを説明しました。データベースが絡む機能実装であっても、Laravelのテストフレームワークが持つ便利な機能を利用しながら、テスト駆動開発のプロセスに沿った開発が可能です。

第一部 Laravelの基礎　第二部 実践パターン　第三部 Laravelアプリケーション開発手法

11-5 リファクタリングユースケース

「きれいな実装」を目指してリファクタリングを実施

　テスト駆動開発の醍醐味の1つは、テストがあるからこそ安心して実施できる、大胆なリファクタリングです。本節では、テストが成功することを確認しながら実装をきれいにしていく、具体例をいくつか紹介します。

11-5-1　そろそろコントローラを使う

　前節までは、テスト駆動開発のリズムを実感してもらうことを優先して、ルーティングファイルであるapi.php内で直接クロージャを使ってレスポンスを返す、かなりワイルドな実装を使って説明しましたが、一般的にはコントローラクラスを作成して、メソッドをルーティングファイルから呼び出す方式が利用されます。

　早速コントローラを使用する方向でリファクタリングを進めましょう。まずは、下記に示すコマンドでコントローラファイルをApiControllerの名前で作成します（リスト11.5.1.1）。

リスト11.5.1.1：コントローラの作成

```
$ php artisan make:controller ApiController
Controller created successfully.
```

　app/Http/Controllers/ApiController.phpとしてファイルが作成されるので、既にある程度の機能を実装した、2つのエンドポイント（GET api/customers、POST api/customers）用のメソッドを作成し、api.phpでクロージャ内に実装したものをそのまま移設します（リスト11.5.1.2）。

リスト11.5.1.2：app/Http/Controllers/ApiController.phpの編集

```php
<?php

namespace App\Http\Controllers;

use Illuminate\Http\Request;

class ApiController extends Controller
{
```

510

```
    public function getCustomers()
    {
        return response()->json(\App\Customer::query()->select(['id', 'name'])->get());
    }

    public function postCustomers(Request $request)
    {
        // 仮実装
        if (!$request->json('name')) {
            return response()->json(
                [],
                \Illuminate\Http\Response::HTTP_UNPROCESSABLE_ENTITY
            );
        }
        $customer = new \App\Customer();
        $customer->name = $request->json('name');
        $customer->save();
    }
}
```

api.phpは、作成したコントローラのメソッドを呼ぶ形に変更します（リスト11.5.1.3）。

リスト11.5.1.3：api.phpの編集

```
Route::get('customers', 'ApiController@getCustomers');
Route::post('customers', 'ApiController@postCustomers');
```

いつも通り完成後はすぐにテストを実行し、成功することを確認します。

リスト11.5.1.4：テストの成功を確認

```
$ php vendor/bin/phpunit
PHPUnit 6.5.12 by Sebastian Bergmann and contributors.

................                                                16 / 16 (100%)

Time: 4.27 seconds, Memory: 92.04MB

OK (16 tests, 16 assertions)
```

　万が一、ここでテストが失敗するのであれば、それはリファクタリングが既存機能を破壊してしまったことを意味します。テストが成功するまでエラーの内容をもとに実装を見直して修正します。
　ほかのエンドポイントに関しても同様に、コントローラへ移動させましょう。リファクタリング後は次に示すコード例となり、実装がかなりきれいになったことを実感できるはずです。

第一部 Laravelの基礎　第二部 実践パターン　第三部 Laravelアプリケーション開発手法

リスト11.5.1.5：リファクタリング後のapi.php

```php
<?php

Route::get('customers', 'ApiController@getCustomers');
Route::post('customers', 'ApiController@postCustomer');
Route::get('customers/{customer_id}', 'ApiController@getCustomer');
Route::put('customers/{customer_id}', 'ApiController@putCustomer');
Route::delete('customers/{customer_id}', 'ApiController@deleteCustomer');
Route::get('reports', 'ApiController@getReports');
Route::post('reports', 'ApiController@postReport');
Route::get('reports/{report_id}', 'ApiController@getReport');
Route::put('reports/{report_id}', 'ApiController@putReport');
Route::delete('reports/{report_id}', 'ApiController@deleteReport');
```

リスト11.5.1.6：app/Http/Controllers/ApiController.php

```php
<?php

namespace App\Http\Controllers;

use Illuminate\Http\Request;

class ApiController extends Controller
{
    public function getCustomers()
    {
        return response()->json(\App\Customer::query()->select(['id', 'name'])->get());
    }

    public function postCustomer(Request $request)
    {
        // 仮実装
        if (!$request->json('name')) {
            return response()->json(
                [],
                \Illuminate\Http\Response::HTTP_UNPROCESSABLE_ENTITY
            );
        }
        $customer = new \App\Customer();
        $customer->name = $request->json('name');
        $customer->save();
    }

    public function getCustomer()
    {
    }

    public function putCustomer()
    {
```

```
    }

    public function deleteCustomer()
    {
    }

    public function getReports()
    {
    }

    public function postReport()
    {
    }

    public function getReport()
    {
    }

    public function putReport()
    {
    }

    public function deleteReport()
    {
    }
}
```

　テスト駆動開発では新たなファイルを作成して実装を分離するなど、ある程度大きなリファクタリングでも、「きちんと動く」ことを確認しながら、安心して「きれいな実装」へと進んでいけます。

11-5-2 フレームワークの標準に寄せていく リファクタリング①

　前節で実装したPOST api/customersのバリデーション部分は、独自のバリデーションを使った仮実装の状態です。Laravel標準のバリデーション機能を使う実装にリファクタリングしましょう。
　Laravelなどのフレームワークを利用する利点の1つは、豊富に備わっている便利な機能を利用できることです。フレームワークのメソッドとしてカプセル化されているため、複雑な実装であっても実にシンプルに記述できます。

リスト11.5.2.1：独自のバリデーション実装

```
    public function postCustomers(Request $request)
    {
```

```
        if (!$request->json('name')) {
            return response()->json(
                [],
                \Illuminate\Http\Response::HTTP_UNPROCESSABLE_ENTITY
            );
        }
        $customer = new \App\Customer();
        $customer->name = $request->json('name');
        $customer->save();
    }
```

リスト11.5.2.2：Laravelのvalidateメソッドを使った実装

```
    public function postCustomers(Request $request)
    {
        $this->validate($request, ['name' => 'required']);
        $customer = new \App\Customer();
        $customer->name = $request->json('name');
        $customer->save();
    }
```

リファクタリングの方向として、フレームワークの標準機能を利用する流れに寄せるのは、「きれいな実装」に近付ける意味でも、将来の良好なメンテナンス性でもよい戦略といえます。

11-5-3　正確なテストが書けない時の対処法

　前項で実装したLaravelのvalidateメソッドは、エラー時にレスポンスを返却する仕様です。本項ではレスポンス内容を確認するテストを追加します。

　ところがレスポンスを返すことは分かっていても、詳細な仕様が分かりません。仕様が分からないとテストも記述しようがありません。もちろん、ドキュメントを調べたり、該当箇所のソースコードを追い掛けたりして、仕様確認することも可能ですが、適当なテストを先行して用意して、テストのエラーメッセージを確認する方法を採ることがあります。

　今回のケースでは、まずは下記コード例に示す通り、エラーレスポンスとして空の配列が返ってくると想定して、テストを記述してしまいます。

リスト11.5.3.1：分からない箇所は適当に書いてテストを作成

```
    /**
     * @test
     */
    public function POST_api_customersのエラーレスポンスの確認()
```

```
    {
        $params = ['name' => ''];
        $response = $this->postJson('api/customers', $params);
        // ここが分からない
        $error_response = [];
        $response->assertExactJson($error_response);
    }
```

テストを実行して、その結果を確認してみましょう。

リスト11.5.3.2：テスト失敗のエラーメッセージを確認

```
$ php vendor/bin/phpunit
PHPUnit 6.5.12 by Sebastian Bergmann and contributors.

F...............                                            17 / 17 (100%)

Time: 4.35 seconds, Memory: 100.04MB

There was 1 failure:

1) Tests\Feature\CustomerTest::POST_api_customersのエラーレスポンスの確認
Failed asserting that two strings are equal.
--- Expected
+++ Actual
@@ @@
-'[]'
+'{"errors":{"name":["The name field is required."]},"message":"The given data was inval
id."}'

/home/vagrant/tdd_sample/vendor/laravel/framework/src/Illuminate/Foundation/Testing/TestRe
sponse.php:343
/home/vagrant/tdd_sample/tests/Feature/CustomerTest.php:29

FAILURES!
Tests: 17, Assertions: 17, Failures: 1.
```

　上記のエラーメッセージから、validateメソッドは、下記リストの通り、（1）messagesとerrorsという名前をキーとする配列があり、（2）errorsの中には各POSTパラメータ名をキーとする配列があり、（3）パラメータに対するエラー詳細が配列に格納されている、という構造のエラーレスポンスを返すことが分かります。これを元に期待すべき動作を決めて、テストを記述します。

リスト11.5.3.3：エラーレスポンスの構造

```
{
    "message": "The given data was invalid.",
```

515

```
        "errors": {
            "name": [
                "The name field is required."
            ]
        }
    }
}
```

　ここでは、レスポンスの形式は上記リストに示すLaravel標準のものを使いながら、エラー詳細部分のメッセージを日本語化してみましょう。下記コード例の通り、テストを修正して失敗を確認します。

リスト11.5.3.4：テストの修正

```
    /**
     * @test
     */
    public function POST_api_customersのエラーレスポンスの確認()
    {
        $params = ['name' => ''];
        $response = $this->postJson('api/customers', $params);
        $error_response = [
            'message' => "The given data was invalid.",
            'errors' => [
                'name' => [
                    'name は必須項目です'
                ],
            ]
        ];
        $response->assertExactJson($error_response);
    }
```

リスト11.5.3.5：失敗の確認

```
$ php vendor/bin/phpunit
PHPUnit 6.5.12 by Sebastian Bergmann and contributors.

F...............                                              17 / 17 (100%)

Time: 5.22 seconds, Memory: 92.04MB

There was 1 failure:

1) Tests\Feature\CustomerTest::POST_api_customersのエラーレスポンスの確認
Failed asserting that two strings are equal.
--- Expected
+++ Actual
@@ @@
-'{"errors":{"name":["name \u306f\u5fc5\u9808\u9805\u76ee\u3067\u3059"]}},"message":"The
```

```
given data was invalid."}'
+'{"errors":{"name":["The name field is required."]},"message":"The given data was
invalid."}'

/home/vagrant/tdd_sample/vendor/laravel/framework/src/Illuminate/Foundation/Testing/
TestResponse.php:343
/home/vagrant/tdd_sample/tests/Feature/CustomerTest.php:35

FAILURES!
Tests: 17, Assertions: 17, Failures: 1.
```

validateメソッドは第3引数で個別にエラーメッセージを指定できるので、下記コード例の通りに実装できます（リスト11.5.3.6）。

リスト11.5.3.6：エラーメッセージの実装

```
public function postCustomer(Request $request)
{
    $this->validate(
        $request,
        ['name' => 'required'],
        ['name.required' => ':attribute は必須項目です']
    );
    $customer = new \App\Customer();
    $customer->name = $request->json('name');
    $customer->save();
}
```

実装が終わったらテストを実行して成功を確認しましょう（リスト11.5.3.7）。

リスト11.5.3.7：テスト成功

```
$ php vendor/bin/phpunit
PHPUnit 6.5.12 by Sebastian Bergmann and contributors.

.................                                            17 / 17 (100%)

Time: 4.27 seconds, Memory: 92.04MB

OK (17 tests, 17 assertions)
```

この通り、フレームワークの機能が絡む実装に対してテストを記述する場面では、まずは仮の期待値を使って記述し、テストの失敗内容を確認して本当の期待値に修正するといった方法が有効なケースもあります。

| 第一部 | Laravelの基礎 | 第二部 | 実践パターン | 第三部 | Laravelアプリケーション開発手法 |

11-5-4 フレームワークの標準に寄せていく リファクタリング②

本項では、フレームワークの標準に寄せるリファクタリングをもう1つ紹介しましょう。

バリデーションのエラーメッセージを日本語化するには、標準メッセージを日本語化することで実現するのが一般的です。特にrequiredなどの汎用的なバリデーションルールは、前節で説明した個別の指定ではなく、全体で指定した方がよいでしょう。

まずは、全体のロケール（locale）をconfig/app.php内で日本語（ja）に設定します。

リスト11.5.4.1：config/app.phpでlocaleを設定

```php
<?php
return [
    (中略)
    'locale' => 'ja',
    (後略)
];
```

続いて、resources/langディレクトリ内にjaディレクトリを作成し、validation.phpファイルを作成します。

リスト11.5.4.2：resources/lang/ja/validation.phpの作成

```
$ mkdir resources/lang/ja; touch resources/lang/ja/validation.php
```

上記で作成したファイル内に、requiredの値としてエラーメッセージを記載します。

リスト11.5.4.3：resources/lang/ja/validation.php

```php
<?php
return [
    'required' => ':attribute は必須項目です',
];
```

以上で、次のコード例に示す通り、実装部分でのvalidateメソッドの第3引数で指定していたメッセージ部分を消すことができます（リスト11.5.4.4）。

リスト11.5.4.4：個別メッセージ設定部分の削除

```php
public function postCustomers(Request $request)
{
    $this->validate($request, ['name' => 'required']);
    $customer = new \App\Customer();
    $customer->name = $request->json('name');
    $customer->save();
}
```

　個別にエラーメッセージを指定することなくメッセージを日本語化できます。実装もスッキリし、また一歩「きれいな実装」へと近付きました。

11-5-5　サービスクラスへの分離

　「11-5-1 そろそろコントローラを使う」では、ルーティングファイル内にクロージャを使って直接実装していた部分をコントローラに引き上げましたが、将来的な機能拡張やメンテナンス性を考慮すると、ビジネスロジックは別のサービスクラスを作成して分離すべきです。

　本項では、サービスクラスをapp/Services/CustomerService.phpとして、コントローラに直接記述している実装を分離します（リスト11.5.5.1）。

リスト11.5.5.1：app/Services/CustomerService.php

```php
<?php

namespace App\Services;

class CustomerService
{
}
```

　コントローラ（ApiController.php）側からは、メソッドインジェクションを使って上記のサービスクラスを呼び出すことにします（リス尾11.5.5.2）。

リスト11.5.5.2：メソッドインジェクションを使った呼び出し

```php
<?php

namespace App\Http\Controllers;
```

```
use App\Services\CustomerService; // 忘れずにuse
use Illuminate\Http\Request;

class ApiController extends Controller
{
    public function getCustomers(CustomerService $customer_service)
    {
        return response()->json(\App\Customer::query()->select(['id', 'name'])->get());
    }
(後略)
```

このようなケースでは、呼び出し側から実装していくのがコツです。

下記コード例の通り、いきなり存在しないメソッドgetCustomersを呼び出してから（リスト11.5.5.3）、呼び出されるクラスCustomerService.phpにメソッドを作成し、元の実装を移植します（リスト11.5.5.4）。

リスト11.5.5.3：app/Http/Controllers/ApiController.php

```
    public function getCustomers(CustomerService $customer_service)
    {
        // 存在しないメソッドを先に記述
        return response()->json($customer_service->getCustomers());
    }
```

リスト11.5.5.4：元の実装を移植

```
<?php

namespace App\Services;

use App\Customer;

class CustomerService
{
    public function getCustomers()
    {
        return Customer::query()->select(['id', 'name'])->get();
    }
}
```

続いて、postCustomersメソッドに対しても同様の処理を行ないます。

リスト11.5.5.5：addCustomerメソッドを呼び出し

```php
public function postCustomers(Request $request, CustomerService $customer_service)
{
    $this->validate($request, ['name' => 'required']);
    $customer_service->addCustomer($request->json('name'));
}
```

リスト11.5.5.6：app/Services/CustomerService.php

```php
public function addCustomer($name)
{
    $customer = new Customer();
    $customer->name = $name;
    $customer->save();

}
```

テストの実行と確認も必ず忘れないようにしましょう。

リスト11.5.5.7：リファクタリングのテスト実行

```
$ php vendor/bin/phpunit
PHPUnit 6.5.12 by Sebastian Bergmann and contributors.

.................                                    17 / 17 (100%)

Time: 5.33 seconds, Memory: 92.04MB

OK (17 tests, 17 assertions)
```

　サービスクラスへの分離にはもう1つメリットがあります。それはサービスクラスに対するユニットテストの作成が可能になることです。それは、ビジネスロジックは、サービスクラスに対するユニットテストでその機能を担保することで、フィーチャテストではあくまでもレスポンスを確認するといった切り分けも可能になります。ユニットテストは、「Chapter 09 テスト」で詳細に説明しているので参照してください。

　本章では、テスト駆動開発の実際の流れを理解しやすいように、一歩一歩進む形で説明しました。もちろん、実装が必要な機能はまだまだ残っています。テスト駆動開発の流れを掴むためにも、残りの実装を自分の手で進めてみてください[1]。

1　完成させた実装はサンプルコードとして公開しています（https://github.com/laravel-socym）。

INDEX

記号・数字

$description	331
$errors	134
$errors->all()	135
$errors->first	39
$fillable	183
$guarded	184
$primaryKey	182
$signature	331
$string	335
$table	182
$timestamps	183
$validator	126
$verbosity	335
--command	356
--event	285
--queue	305
--unit	378
->delay	305
.env	485
\<env\>	485
\<php\>	485
@auth	28
@can	278
@dataProvider	386
@else	28
@expectException	389
@if	28
@test	380, 474
__METHOD__	366
__callStatic	77
__invoke	57, 103
_embedded	151
{{...}}	29

A

access_token	254
actingAs	434
ADR	99
alert	447
all	118, 185
allows	270
alpha	127
Amazon OAuth	264
api.php	511
api_token	238
apiグループ	160

APIトークン	370
APP_CODE_PATH_HOST	21
APP_DEBUG	438
Application	61
appディレクトリ	24
appヘルパ関数	69
argument	332
aritsan	496
Artisan::call	338
Artisan::command	328
artisan db:seed	175, 494
artisan error	339
artisan event:generate	48, 284
artisan ide-helper:models	490
artisan jwt:secret	251
artisan list	329
artisan make:auth	228
artisan make:command	329
artisan make:event	284
artisan make:factory	178, 404
artisan make:job	296
artisan make:listener	285
artisan make:middleware	158
artisan make:migration	163
artisan make:model	181, 486
artisan make:policy	273
artisan make:request	122
artisan make:resource	147
artisan make:seeder	173, 493
artisan make:test	31, 378, 415, 473
artisan migrate	35, 170
artisan migrate:refresh	403
artisan migrate:reset	172
artisan migrate:rollback	171
artisan queue:table	294
artisan queue:work	292
assertArrayHasKey	384
assertCount	384
assertDatabaseHas	406, 503
assertDatabaseMissing	406
assertEquals	383
assertExactJson	418
assertFalse	384
assertFileEquals	384
assertHeader	418
assertHeaderMissing	418
assertInstanceOf	384
assertJson	418

assertJsonFileEqualsJsonFile ········· 384	comment ················· 328, 335
assertNothingQueued ··············· 435	composer create-project ·········· 472
assertNothingSent ················· 435	config/app.php ·············· 76, 79
assertNotQueued ·················· 435	configureDailyHandler ·········· 454
assertNotSent ···················· 435	configureElasticaHandler ········ 462
assertNull ······················ 384	configureMonologUsing ·········· 461
assertQueued ···················· 435	configureSingleHandler ·········· 454
assertRedirect ··················· 418	confirmed ···················· 129
assertRegExp ···················· 384	Connection ··················· 201
assertSame ····················· 383	console.php ··················· 328
assertSent ····················· 435	cookie ······················ 119
assertStatus ···················· 418	count ························ 205
assertSuccessful ·················· 418	CQRS ······················· 307
assertTrue ····················· 379	create ·················· 187, 405
attempt ······················· 226	created_at ················ 168, 183
Auth::check() ····················· 39	createTokenRepository ··········· 236
Authenticatable ·················· 251	critical ······················ 447
AuthenticationException ············ 442	cron ························· 364
AuthorizationException ············· 442	crontab ······················ 364
authorize ······················ 133	csrf_field() ···················· 39
AuthorizesRequests ··············· 277	cursor ······················· 348
auth.php ······················· 233	
autoload ······················· 456	

D

	daily ························ 448
B	DatabaseMigration ············· 403
	DatabaseSeeder.php ············ 175
bail ·························· 130	DatabaseServiceProvider ·········· 80
bearerToken ···················· 256	DatabaseTokenRepository ········· 236
before ······················· 271	DatabaseTransactions ··········· 403
belongsTo ··········· 194, 196, 489	databaseディレクトリ ············· 33
between ······················ 128	DB_DATABASE ················· 486
bind ·························· 63	DB::delete ···················· 207
bindIf ························· 64	DB::insert ···················· 207
Blade ························ 29	DB::select ···················· 207
Blowfish ······················ 86	DB::statement ················· 207
Blueprint ····················· 165	DB::update ···················· 207
box ·························· 7	DBファサード ··················· 174
buildProvider ··················· 267	debug ······················· 447
	default ······················ 304
	defer ························· 82
C	define ······················· 269
	delete ················· 188, 206, 417
CacheUserProvider ··············· 233	deleted_at ···················· 191
call ······················ 74, 415	deleteJson ···················· 417
channels ······················ 451	describe ······················ 328
class_alias ····················· 76	destroy ······················ 188
ClosureCommand ················ 328	DI ·························· 70
Command ····················· 328	
Commandパターン ················ 293	

523

INDEX

digits	128
dispatch	288
Dispatchable	285
Dispatcher	282
Docker	17
docker-compose stop	22
docker-compose up	19, 21
Docker Hub	22
docker ps	20
Dockerイメージ	22
Doctrine DBAL	490
dontReport	440
down	34, 165
download	142
dump-autoload	456

E

each	493
ElasticaFormatter	461
Elasticsearch	457
elasticsearch/elasticsearch	321
ElasticSearchHandler	457
Eloquent	181
EloquentUserProvider	231
email	127
emergency	447
EncryptCookies	57
Encrypter	84
error	335, 447
ErrorException	476
errorlog	451
errors	515
Event	282
exceptedCode	389
expectedException	389
expectedMessage	389
extend	137, 459

F

factory	405
Factory	404, 492
fails	126
fake	435
Faker	176, 404, 492
faker_locale	492
Featureディレクトリ	378

FIFO	293
file	119
files	456
filled	127
filter	186
find	186
findOrFail	186
first	205
firstOrCreate	191
firstOrNew	191
Fluentd	440

G

GenericUser	224
get	205, 417, 476
getJson	417
getQueryLog	197
Git	6
Git Bash	6
GitHub	8
GitHub OAuth	258
give	75
groupBy	204
Guzzle	261, 358
guzzlehttp/guzzle	358

H

HAL	145
handle	331
hasMany	195, 488
hasOne	194
HATEOAS	144
having	204
header	119
Homestead	5
Homestead.yaml	10
hosts	13
HttpException	442
HttpResponseException	442
HTTPカーネル	55
HTTPテスト	414
HTTPリクエスト	53
Hypertext Application Language	445

I

IaC	23

Illumiante\Contracts\Auth\Guard	221
Illuminate\Contracts\Auth\Access\Gate	268
Illuminate\Contracts\Auth\Authenticatable	222
Illuminate\Contracts\Auth\Factory	221
Illuminate\Contracts\Auth\UserProvider	221
in	128
increments	168
info	335, 447
Inputファサード	117
insert	206
instance	66
InteractsWithSockets	285
Internal Server Error	505
ip	128
Iterator	385

J

ja_JP	492
JOIN	204
json	416, 504
JSONP	140
JSONリクエスト	121
JWTSubject	251
JWT認証	250

K

Kernel	55
kibana	464
knpLabs/knp-snappy	295
Knp\Snappy\Pdf	296
Kubernetes	23

L

Laradock	17
Laravel 5 IDE Helper Generator	489
Laravel Dusk	31
Laravel\Socialite\AbstractUser	261
Laravel\Socialite\Contracts\Factory	259
Laravel\Socialite\Two\AbstractProvider	264
Laravelプロジェクト	15
limit	203
line	335
listen	288
Listner	282
locale	518
log	447

LoggerInterface	447
logging.php	449
LogManager	458
log_level	448
log_max_files	449
Logファサード	365
LTS	3

M

Mailable	435
MAIL_DRIVER	436
MailFake	435
MailHog	47
Mailファサード	435
make	69
Mass Assignment	183
max	128
MessageBag	134
messages	136, 515
middlewareGroupsプロパティ	160
middlewareプロパティ	160
Migration	165
migrationsテーブル	172
min	128
Mockery	413
ModelNotFoundException	186, 443
Monolog	451
MVC	92
mysqladmin	402

N

needs	75
notice	447
numeric	127

O

OAuth	257
offset	203
only	118
onQueue	304
option	334
orderBy	189, 204
ORM	181
orWhere	203

525

INDEX

P

Package Discovery	250
packagist	250
PasswordBrokerManager	236
password_hash	235
PasswordResetServiceProvider	237
PasswordServiceProvider	237
patch	417
patchJson	417
PDF	295
PDOオブジェクト	208
phpDocs	489
phpredis	294
phpseclib/phpseclib	86
phpunit	381, 476
PHPUnit	31, 376, 495
PHPUnit\Framework\TestCase	378
phpunit.xml	393, 485
policiesプロパティ	274
post	417
postJson	417, 503
predis/predis	292, 294
present	127
provides	82
public/index.php	53
PushHandler	452
put	417
putJson	417

Q

question	335
Queueドライバ	294

R

redirectTo	143
Redis	294
RefreshDatabase	403, 495
regex	128
registered	229
render	439
report	439
Requestオブジェクト	120
Requestファサード	117
required	127, 518
Responsable	444
Responseファサード	139

responseヘルパー関数	140
REST	144
retrieveByCredentials	234
Route::get	27
routeMiddlewareプロパティ	160
routes/api.php	56, 477
routes/web.php	56
routesディレクトリ	27
rsyslog	449
ruflin/elastica	457
rules	133
runningInConsole	453

S

save	187
Scheme::create	165
Scheme::dropIfExists	168
Seeder	173
select	202, 501
selectRaw	202
SerializesModels	285
ServiceProvider	80
SessionGuard	225
setHttpClient	261
setup	68
setUp	391, 495
setUpBeforeClass	391
single	448
singleton	65
size	128
slack	451
SlackWebhookHandler	452
Socialite	257
Socialite Providers	263
SoftDeletes	192
sometimes	138
SSE	143
stack	451
stateless	263
Superlance	303
Supervisor	300
supervisorctl	302
Symfony	3
Sync	295
syslog	449

T

Taylor Otwe	2
TDD	466
tearDown	391
tearDownAfterClass	391
TestResponse	418
Tests\TestCase	378
testsディレクトリ	378
Throwable	388
toJson	189
TokenGuard	242
TokenMismatchException	443
tokenドライバ	238
toResponse	445
toSql	197
try/catch	388
TSV	340
tymon/jwt-auth	250

U

unique	129
Unitディレクトリ	378
up	34, 165
update	187, 206
updated_at	168, 183
useDailyFiles	453
user	227

V

Vagrant	7, 13
vagrant halt	16
vagrant up	14
validate	130, 514
validateCredentials	235
ValidationException	443
validation.php	518
Validator	131
vendorディレクトリ	25
VERBOSITY_DEBUG	335
VERBOSITY_NORMAL	335
VERBOSITY_QUIET	335
VERBOSITY_VERBOSE	335
VERBOSITY_VERY_VERBOSE	335
View Composer	278
Viewファサード	140
viewヘルパー関数	140

viewsディレクトリ	28
VirtualBox	7
vnd.error	445

W

warn	335
warning	447
web.php	27
webグループ	160
when	75, 82
where	189
with	142
withHeaders	433
withInput	142
withoutMiddleware	432
WithoutMiddleware	432
withTrashed	193
wkhtmltopdf	295

X

Xcode Command Line Tools	6

あ

アーキテクチャ	106
アクション	100
アクセサ	190
アクセス権	262
アサーションメソッド	383
アプリケーション例外	439

い

イベント	47, 282
インデックス	169

え

エクストリームプログラミング	466
エントリポイント	27, 53

お

オートローダ	54
オブザーバーパターン	286
オプション引数	333

INDEX

か

カーリーブレイス	332
解決	61, 69
外部キー制約	313
書き込み	307
カスタムログドライバ	457
カプセル化	513
仮実装	498

き

キャメルケース	182
キュー	293
共有ディレクトリ	11

く

クエリビルダ	199
グローバルミドルウェア	155

け

ゲート	269

こ

コマンドエラー	339
コマンド引数	332
コマンドライン	5
コンストラクタインジェクション	72
コンテナ	17
コントラクト	84
コントローラ	36, 53, 58, 95

さ

サービスクラス	344, 519
サービスコンテナ	60
サービスプロバイダ	79

し

シーダー	173
システム例外	439
事前条件エラー	430
出力用メソッド	335
ジョブ	293

す

スタックトレース	339

せ

責務	92
全文検索エンジン	325

そ

送受信ログ	369

た

タイムスタンプ	183

ち

チャットワーク	370

て

ディスパッチャー	282
データプロバイダ	385
テスト駆動開発	466
テストメソッド	474
テンプレート	98

と

トークン認証	238
ドメイン	103
ドメイン駆動設計	113
ドメインモデルパターン	98
トランザクションスクリプトパターン	96

な

名前付きミドルウェア	156

に

日本語化	516
認可処理	268
認証	220
認証ドライバ	231
認証プロバイダ	242

は

バインド	61, 63
パスワード認証	234
パスワードリセット	235
バッチ処理	354
バリデーション	125
バリデーションエラー	428
バリデーションルール	127

ひ

非機能要件	107
非同期イベント	289, 290
ビュー	98
標準出力	352

ふ

ファサード	75
フィーチャテスト	415, 521
フォーム認証	228
フォームリクエスト	122, 132
不正リクエスト例外	439
フレームワーク	2
プロバイダ	11
分散処理	304

ほ

ポリシー	272

ま

マイグレーション	33, 162

み

ミドルウェア	57, 154
ミューテータ	190

め

メソッドインジェクション	74
メソッドチェーン	199

も

モック	411
モデル	95

ゆ

ユーザー登録	33, 229
ユースケースクラス	344
ユニットテスト	376

よ

読み込み	307

り

リクエストヘッダ	158
リスナー	47, 282
リソースクラス	146
リソースコントローラ	95
リダイレクト	142
リファクタリング	215
リポジトリパターン	209

る

ルータ	56
ルーティング	27
ルートミドルウェア	156
ルームID	370

れ

例外	439
レイヤードアーキテクチャ	108
レイヤ化	109
レスポンスヘッダ	159
レスポンダ	104

ろ

ログアウト機能	43
ログイン処理	42, 230
ログ出力	365
ロケール	518
論理削除	191

謝辞

　本書を執筆するにあたり、多くの方々のご協力をいただきました。編集の丸山弘詩氏には企画段階から常に適切なアドバイスと多大なサポートをいただきました。また、レビューをお願いした大橋佑太氏（@blue_goheimochi）、岸本優一氏（@kyuichi2220s）、濱中一勲氏（@hamaco）には的確なご指摘をいただきました。ありがとうございます。

　名前をあげるとキリがありませんのでここまでとさせていただきますが、関係者の皆様の協力なしではここまで仕上げられなかったと思います。この場をお借りして感謝いたします。最後に執筆を支えてくれた家族・同僚に感謝いたします。本当にありがとうございました。

著者紹介

竹澤 有貴 (Takezawa Yuuki)

株式会社アイスタイル CTO。PHP、Hack、Go の Web アプリケーション開発をメインに、Apache Spark、Apache Kafka などを使ったデータ解析基盤を手がけている。国内 PHP コミュニティやカンファレンスなどで講演を行なっている。著書は『Laravel エキスパート養成読本』（技術評論社）や『Laravel リファレンス』（インプレス）など。ブログ：「ytake blog」（https://blog.ytake.jp.net/）。

栗生 和明 (Kuriu Kazuaki)

ディップ株式会社所属。PHP をはじめ、go、Swift などによる Web アプリやスマートフォンアプリの開発および開発マネジメントを担当。エンジニア採用や組織改善にも携わっている。Laravel Meetup Tokyo スタッフ。『Laravel リファレンス』（インプレス）の査読を担当。ブログ：「ヒビノログ」（http://blog.songs-inside.com/）。

新原 雅司 (Shinbara Masashi)

1×1 株式会社代表取締役。PHP をメインに Web システムの開発や技術サポートを主業務としている。技術イベントでの講演や「PHP の現場」という Podcast を運営を行なっている。主な著書は『Laravel リファレンス』（インプレス）、『サーバ／インフラエンジニア養成読本 DevOps 編』『Laravel エキスパート養成読本』（いずれも共著／技術評論社）など。ブログ：「Shin x blog」（https://blog.shin1x1.com/）

大村 創太郎 (Omura Sotaro)

大阪を拠点に、主に業務系の Web データベースシステムの開発・運用に従事。著書は『PHP エンジニア養成読本』（技術評論社）『Laravel リファレンス』（インプレス）。ブログ：「A Small, Good Thing」（http://blog.omoon.org/）。

編集	：丸山 弘詩（Hecula, Inc.）
カバーデザイン	：クオルデザイン
本文デザイン	：Hecula, Inc.
本文イラスト	：荻野 博章
本文 DTP	：Hecula, Inc.

PHP フレームワーク

Laravel　Webアプリケーション開発　バージョン 5.5 LTS 対応

2018 年 10 月 5 日 初版第 1 刷発行

著者	竹澤 勇貴、栗生 和明、新原 雅司、大村 創太郎
発行人	片柳 秀夫
編集人	三浦 聡
発行所	ソシム株式会社
	http://www.socym.co.jp/
	〒 101-0064　東京都千代田区神田猿楽町 1-5-15 猿楽町 SS ビル
	TEL：03-5217-2400（代表）　FAX：03-5217-2420
印刷・製本	株式会社暁印刷

定価はカバーに表示してあります。

落丁・乱丁は弊社編集部までお送りください。送料弊社負担にてお取り替えいたします。

ISBN978-4-8026-1184-8　　©2018　Takezawa Yuuki/Kuriu Kazuaki/Shinbara Masashi/Omura Sotaro　　Printed in Japan